大数据技术丛书

Doris 实时数仓实战

王春波 著

BUILD REALTIME DATA WAREHOUSE ON DORIS

图书在版编目（CIP）数据

Doris 实时数仓实战 / 王春波著 . —北京：机械工业出版社，2023.3（2024.10 重印）
（大数据技术丛书）
ISBN 978-7-111-72631-9

I. ① D… II. ①王… III. ①关系数据库系统 IV. ① TP311.132.3

中国国家版本馆 CIP 数据核字（2023）第 028888 号

机械工业出版社（北京市西城区百万庄大街 22 号 邮政编码：100037）
策划编辑：杨福川 责任编辑：杨福川 董惠芝
责任校对：韩佳欣 张 薇 责任印制：常天培
固安县铭成印刷有限公司印刷
2024 年 10 月第 1 版第 3 次印刷
186mm × 240mm · 20.25 印张 · 437 千字
标准书号：ISBN 978-7-111-72631-9
定价：99.00 元

电话服务 网络服务
客服电话：010-88361066 机 工 官 网：www.cmpbook.com
010-88379833 机 工 官 博：weibo.com/cmp1952
010-68326294 金 书 网：www.golden-book.com
封底无防伪标均为盗版 机工教育服务网：www.cmpedu.com

Forword 推荐序一

和春波老师的相识缘于共同服务的国内某一线零售企业的数据仓库建设项目。彼时春波老师作为项目架构师，大胆抛弃了传统 Hive 离线数据仓库的建设思路，直接从原有的数据仓库一体机一步进化至基于 Apache Doris 的 MPP 架构大数据平台，并推动了 Apache Doris 在该企业的大规模落地应用。而我作为 Apache Doris 社区维护团队的一员，在项目上线及运行过程中与春波老师有过多次交流和探讨，对春波老师在企业数字化转型之道上的思考印象深刻。

说来惭愧，时至 2022 年年末，已经进入 Doris 在 OLAP 领域深耕的十年之际，至今市面上很少有系统介绍 Apache Doris 的书籍，期间自己有多次念头想付诸笔墨，但一直因各种事务缠身未有机会落笔。春波老师的大作无疑是一场及时雨，拿到春波老师的书稿后，迫不及待地读完全文。书中内容翔实、案例贴切，由浅入深、娓娓道来，无不体现春波老师在行业大数据领域多年丰富的实践经验，对于想要学习 Doris 以及大数据和数据库知识的读者来说是一个非常棒的选择。

作为一款成熟的分析型数据库，Apache Doris 有性能优异、简单易用、架构精简、稳定可靠、生态丰富等优势，不仅可以支持高并发的点查询场景，还能支持高吞吐的复杂分析场景。从最初的在线报表服务，到多维分析、即席查询，再到半结构化支持、联邦查询、数据湖加速，Apache Doris 在实时报表、用户画像、用户行为分析、日志检索、统一查询网关、湖仓一体等诸多业务领域得到了很好的应用。

Apache Doris 支持用户构建多种不同场景的数据分析服务，同时支持在线与离线的业务负载、高吞吐的交互式分析与高并发的点查询；通过一套架构实现湖仓一体、在数据湖和多种异构存储上提供无缝且极速的分析服务；通过对日志、文本等半结构化乃至非结构化的多模数据进行统一管理和分析，满足多样化数据分析需求。

正是由于以上优势，过去几年，Apache Doris 获得了更多开发者和用户的认可：社区贡献者规模呈现急剧增长的态势，截至2022年年底已经突破400人，并且目前仍在持续增长中。这些贡献者分布在全球不同地域、不同行业的超百家企业中。

随着社区开发者和用户的共同努力，Apache Doris正朝着成为一款极速、易用、实时、统一的多模分析型数据库的目标大步前行。这也是我们希望Apache Doris能够带给用户的价值，不再让用户在多套系统之间权衡，仅通过一套系统即可解决绝大部分问题，降低复杂技术栈带来的开发、运维和使用成本，最大化提升生产力。

期待本书的出版能让更多人认识到Apache Doris，也期待未来有更多人可以参与到Apache Doris社区的建设中，帮助中国开源力量在全球舞台发光发热。

陈明雨

Apache Doris PMC Chair（项目管理委员会主席）

Foreword 推荐序二

回顾数字化历史，从20世纪80年代首次提出大数据概念到今天，全球经济已经完全迈入数据和智能驱动的数字经济时代。数据分析技术也已经成为数字经济时代的核心生产力工具，需要持续革新，以应对组织在数字化转型过程中面临的海量数据、实时分析、敏捷开发等一系列挑战。

经历传统数仓时代和湖仓并存时代，大数据分析技术已经发展到数据湖和实时数仓等技术。这些技术普遍以开源为主，比如Hadoop、Hive、Spark、Flink等，用于满足PB级数千台机器规模的离线计算存储；又比如Druid、ClickHouse、Doris等，用于满足高并发、低延时特点的在线报表与分析、行为分析和画像构建等新型数据应用。

随着云计算的广泛普及和产业互联网的到来，这些技术系统的复杂性和开发维护成本给它们在更广泛产业群体中应用和普及带来很多障碍。用户普遍需要的是一个系统复杂度低、性价比高、简单易用的数据分析平台，这也成为全球范围内数据分析技术的发展潮流。因此，一个全新的现代数据栈时代已经来临，其最重要的特征就是以云数仓为中心，这将是一次数据分析技术的革新和普惠。

作为现代数据栈的核心，云数仓已经呈现出三大变革趋势，即实时化、统一化与云原生化。

- 实时化：从千万级高并发、毫秒级延时、高吞吐走向分钟级的数据产出效率成为数据分析技术的关键词。
- 统一化：湖仓一体、在离线一体、流批一体等智能湖仓的理念加速了平台和接口的统一；计算模型的融合、多模数据类型支持进一步提高存储计算的效能，降低运维门槛。
- 云原生化：数据仓库结合云的软硬件创新、资源弹性、安全可靠、随需而用等云原生特色，从根本上带给用户极致性价比和极简使用体验。

技术和产品创新的本质是契合广大用户的诉求和新技术的演进趋势，SelectDB Cloud 在这样的时代背景下应运而生，引领最新的数仓技术和产品创新。

SelectDB 作为 Apache Doris 的商业化公司，是实时数仓技术的引领者。而此次发布的 SelectDB Cloud 也是当前国内首个真正实现多云中立的云原生实时数仓。作为一个采用完全存算分离架构、随需而用的企业级云数仓，SelectDB Cloud 的 5 项优势在于极致性价比、融合统一、简单易用、企业特性和开源开放。

下面介绍 SelectDB Cloud 的特性和优势。

首先是超高的性能表现。对于一款数据分析基础软件，性能对于用户来说是关键。与同类产品相比，SelectDB Cloud 性能遥遥领先，在宽表聚合场景和多表关联场景上均表现出巨大的性能优势。其中，在宽表聚合场景下，使用 SSB-flat 测试，SelectDB Cloud 是 ClickHouse 的 3.4 倍，是 Presto 的 92 倍，是业界标杆产品 Snowflake 的 6 倍。在多表关联场景下，使用 TPC-Hsf100 测试，SelectDB Cloud 的性能是是 RedShit 的 1.5 倍，是 ClickHouse 的 49 倍，是业界标杆产品 Snowflake 的 2.5 倍。而 2022 年 11 月，SelectDB 利用强大的技术优势在全球分析型数据库排行榜 Click Bench 上取得了领先全球知名品牌的优异成绩，多项指标位于世界第一。例如在常用机型 c6a.4xlarge、500gbgp2 的测试下，SelectDB 在未进行任何调优的情况下，查询性能在所有同类产品中位列第一，Hot Run 和 Cold Run 性能得分分别领先第二位 35% 和 25%。在汇集了多个不同机型的总榜中，SelectDB 在所有同类型产品中依旧取得了 Cold Run 查询性能第一，Hot Run 查询性能第二的优异成绩。在全部 43 个 SQL 中，SelectDB 在近半数的查询语句上性能表现最优，成为新的性能标杆。

而 SelectDB Cloud 如此优异的性能背后有哪些科技支撑呢？首先，SelectDB 采用 MPP 查询框架，这可以充分利用多节点并行和节点内多核并行特性，支持多张大表的分布式重组，以及自适应动态执行技术；其次，向量化的执行引擎可以大幅减少虚函数调用，提高 Cache 命中率，高效利用 SIMD 指令，从而使算子的性能提升数十倍；同时，SelectDB 采用了列式存储，使得编码、压缩、处理都非常高效，以丰富的索引结构加速数据过滤，以物化视图加速查询效率，同时多种存储模型可以实现不同场景的优化；最后，SelectDB 采用 RBO 和 CBO 结合的智能优化策略实现性能和效率并重，以短路径优化数万个并发点查询。依靠这些核心技术，SelectDB Cloud 成为一款可以在全球市场与一流品牌相媲美的中国新一代云数仓产品。

在用户感知里，高性能往往伴随着高成本。但是，SelectDB Cloud 区别于同类产品的一大优势恰恰就是极致的性价比。SelectDB Cloud 依托全新的云原生架构设计将成本降低。它全新的存算分离架构，实现了本地磁盘缓存和对象存储的分层分级存储引擎，也实现了计算分离，以及计算资源根据业务的波峰、波谷特点随需弹性扩缩容。这些技术使得 SelectDB Cloud 的综合成本低至自有部署成本的 20% ～ 50%，而性能依然比同类产品快至少 1.5 倍。当前，不少客户已经享受到 SelectDB 产品的收益，例如 SelectDB 帮助海程邦达完成了数仓构建，在供应链物流业务的多样分析场景中，查询延时从 56.6s 降低到 0.649s，查询时间足足降低了 99%。

除了高性价比，融合统一也是 SelectDB Cloud 的一项卖点。SelectDB Cloud 致力于解决湖仓并存方案的复杂性和冗余性。传统的企业因系统过多、架构复杂而存在组件多、接口多、维护困难、资源浪费等问题。相比较而言，用户仅需安装 SelectDB Cloud 一个系统就可以满足多种负载，还能同时支持结构化和半结构化数据分析，以及负载隔离，大大提高了计算效率。而这背后的技术优化来源于 3 个核心技术，即混合负载、结构化和半结构化数据支持、湖仓一体。

除了上述优势，SelectDB Cloud 兼容 MySQL 连接协议、面向管理员简单便捷的管理控制台、丰富的数据导入方式、分层的用户权限体系、安全便捷的连接方式、开源开放、多云中立等特色，都能很好地满足众多行业用户尤其是传统行业用户的建设需求。

时至今日，SelectDB 已经为很多客户提供了产品和服务。在互联网、物流、金融、汽车、交通、零售、制造等领域，帮助用户落地数仓平台，解决业务分析、运营管理、用户洞察、智能决策等多方面需求。例如趣头条、海程邦达、航旅纵横、安踏、BOSS 直聘、360 数科等诸多知名企业已经开启 SelectDB 云数仓应用之旅。

创新产品是为了价值赋能！ SelectDB 将坚持“开源 + 云”的产品战略，以及开放共赢的合作服务理念，践行“技术普惠”和“价值赋能”。我们愿与全球用户和合作伙伴一起迎接挑战，秉承谦逊之心，持续保持创新，共同勾勒云数仓的未来！为数而生，因云而新，未来一路同行！

连林江

SelectDB 创始人兼 CEO

前　言 Preface

为何写作本书

在参与了 Apache Doris 与 Yandex ClickHouse 的项目实践后，我深刻认识到了 Doris 极简架构的优点。相较于 ClickHouse，Doris 有以下几方面优势。

- Doris 依赖 FE 节点管理元数据，可用性高，不依赖外部组件；ClickHouse 依赖 ZooKeeper 管理元数据，容易出现数据不同步的情况。
- Doris 按照“Bucket+ 副本”来分布数据，灵活度更高；ClickHouse 只支持全节点分布数据或者每个节点分布一份数据，灵活度不高。
- 在多表关联上，ClickHouse 仅完整支持 Broadcast Join、Colocate Join，并未实现完整意义上的 Shuffle Join；Doris 支持 Shuffle Join 和 Bucket Shuffle Join，可以满足更多的 Join 场景需求。
- ClickHouse 的函数、字段类型、字段名严格区分大小写，为开发增加了难度；Doris 语法完全兼容 MySQL，对大小写不敏感，开发简单。
- ClickHouse 集群分布式表的创建和删除都需要分别操作本地表和分布式表引擎，比较麻烦；Doris 默认创建分布式表，建表过程和 MySQL 的建表过程一致，只是建表语句多一些分布式参数。
- ClickHouse 物理表中数据的删除和更新是异步执行的，命令执行完以后数据的清理时间不确定，对开发人员非常不友好；Doris 支持按照 Key 字段删除和更新数据，执行完 SQL 命令后数据即时更新。

目前，Apache Doris 已经进入开源的第六年，并于 2022 年 6 月成功从 Apache 孵化器“毕业”，成为 Apache 顶级项目。据公开资料显示，Apache Doris 在美团、小米、京东、百度、网易、字节跳动、快手、腾讯、华为、新浪、知乎、360 等大型互联网企业有深入的应用和稳定的生产运行，全球范围内的企业用户规模已超过 1000 家。

同时，飞轮数据科技（SelectDB）提供了基于开源 Doris 的云原生实时数据仓库 SelectDB Cloud，百度智能云、腾讯云、阿里云、火山引擎等知名云厂商也提供了基于开源 Doris 的云上托管服务。无论私有化部署，还是云化服务，Apache Doris 吸引了越来越多的用户和开发者的关注。

但是截至目前，Apache Doris 的学习资料主要依靠社区的技术分享和官方文档（https://doris.apache.org），很少有系统化介绍 Doris 使用的书籍。作为 Doris 的早期用户和企业数据仓库架构师，我觉得我有义务为 Doris 的推广做出一点贡献。所以，我结合数据仓库开发和系统运维过程中积累的一些实战经验，编辑成书，分享给各位读者。与此同时，我也希望将这款优秀的开源软件介绍给更多的朋友，相信 Doris 一定可以给更多的企业带来价值，帮助企业在数字化转型之路上走得更轻松。

本书主要内容

这是一本全方位介绍 Doris 数据库的技术书，主要内容分为四部分。

第一部分　基础（第 1 ～ 4 章）：介绍 Doris 数据库的入门知识，以及编译、安装、建表等基础操作。

第二部分　进阶（第 5 ～ 7 章）：包括数据导入、数据查询和查询优化，内容层层递进。

第三部分　拓展（第 8 ～ 10 章）：结合目前流行的 Flink 框架和各种常用外部表，拓展 Doris 的应用场景。

第四部分　实战（第 11 ～ 14 章）：从具体应用角度介绍了离线数据仓库和实时数据仓库搭建的痛点和难点，结合 Doris 实现离线数据仓库和实时数据仓库搭建项目。

读者对象

本书适合以下读者阅读。

- 大数据架构师。
- 数据仓库工程师。
- 数据平台研发工程师。
- 计算机专业的高校学生。

内容特色

本书全面、翔实地介绍了Doris数据库架构设计、安装、常用操作和运维管理，并结合数据仓库的应用场景分享了两个项目实战，帮助读者更好地使用Doris。本书的特点在于实战性强，并配有丰富的案例和图片，能帮助读者更好地理解Doris原理和应用Doris数据库进行开发。

资源和勘误

由于水平有限，书中难免会出现一些错误或者不准确的地方，恳请读者批评指正。为此，我特意创建了一个提供在线支持与应急方案的站点，网址为https://gitee.com/SQLWang/doris-book。你可以将书中的错误发布在Bug勘误表中，也可以将遇到的任何问题发布在Q&A页面，我将尽量在线上提供令你满意的解答。如果你有更多宝贵意见，也欢迎发送邮件至524427858@qq.com。期待得到你的真挚反馈。同时，你也可以关注我的微信公众号“数据中台研习社”（BigData_Club），我会在这里定期分享Doris和数据仓库开发的最新资讯、技术总结、使用经验等。

致谢

首先，感谢Doris社区的小伙伴，是陈明雨、鲁志敬、张家锋、缪翎、李昊鹏、赵纯等技术功底深厚的开发者一场一场的关于Doris的分享和普及，让我能够快速入门和掌握Doris数据库的使用要领。为了让本书的内容更有深度，在编写过程中，我多次重复学习他们分享的课程，例如鲁志敬的“百度数据仓库Palo技术特性解读与实践应用”、陈明雨的“建表语句的执行过程”、缪翎的“查询优化器讲解”和“一条SQL的执行过程”、李昊鹏的“Doris向量化的设计与实现”等。

其次，感谢我的领导杨宏武和我的家人，是他们的鼓励和支持，促使我坚持完成了本书。

最后，希望Doris生态圈发展得越来越好，代表国产开源软件发挥世界级的影响力。

Contents 目　录

第二部分 进阶

第三部分 拓展

第四部分 实战

第一部分 Part 1

基　　础

在数据库领域，Doris是一个全新的平台，也是一款定向用于大数据分析和处理的平台。Doris的一切设计都是为了更好地进行联机分析处理（OLAP），应用了默认的行列混合存储、向量化执行引擎、改进的MPP架构。同时，Doris充分考虑了产品易用性，只需简单的操作就可以完成集群扩容、表属性变更和数据导入。

第一部分在详细介绍Doris集群安装、数据定义、模型解析的同时，兼顾应用场景的介绍，帮助读者加深理解Doris的设计。三大表引擎是Doris设计的核心，也是开发者需要重点掌握的知识。结合实际应用场景，选择合适的模型和表参数，Doris才能发挥卓越的性能。

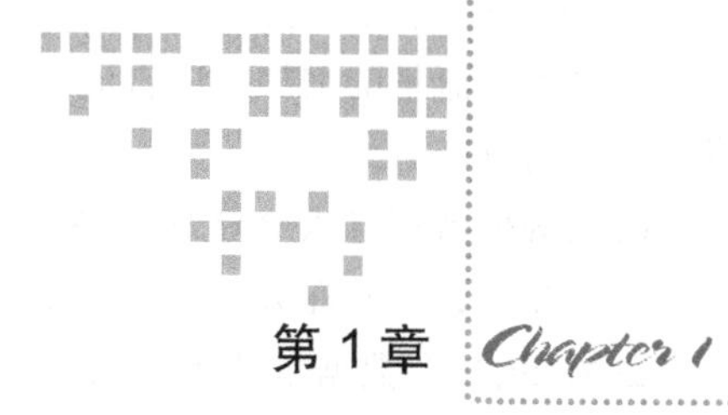

第 1 章 Chapter 1

Doris 概述

Doris 是由百度自研并开源的 OLAP 数据库，以易用的特点被业内熟知。Doris 支持标准的 SQL 并且完全兼容 MySQL 协议，仅需亚秒级响应时间即可返回海量数据下的查询结果。

1.1 Doris 的前世今生

Doris 是一款为数据分析而生的数据库。从诞生之日起，Doris 的每一次进步都是为了解决切实的 OLAP 业务痛点，每一次转变都是在应对不同的业务挑战。Doris 的发展历程大致如图 1-1 所示。

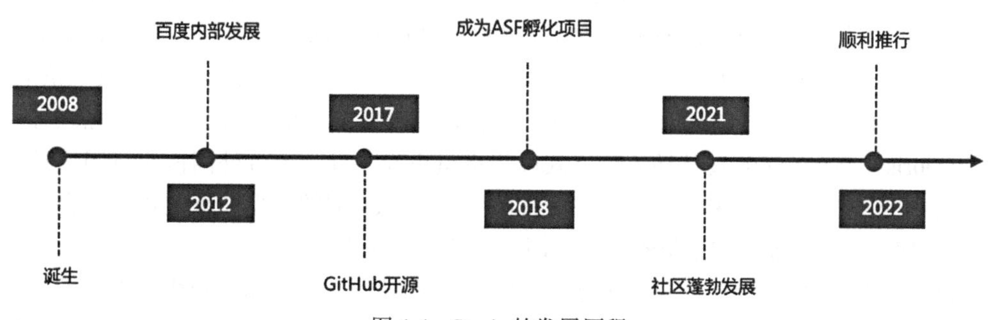

图 1-1 Doris 的发展历程

1.1.1 Doris 应需而生

在 Doris 诞生之前，百度和大多数互联网公司一样，使用 MySQL 的 Sharding 为 OLAP 报表业务提供支持。在早些年，百度的主要收入来源是广告，广告主需要通过报表查看广告的展现效果、点击量、收入等信息，并且根据不同维度分析制定后续广告的投放策略。随着百度本身流量的增加，广告流量也随之增加，MySQL 的 Sharding 方案无法满足业务需求，主要痛点如下。

- 大规模数据导入会导致 MySQL 的读性能大幅降低，有时还会出现锁表现象，导致查询超时，尤其在频繁导入数据时，问题更为明显。
- MySQL 在数据量达千万级别时性能很差，只能从产品层面来限制用户的查询时间，抑制了用户需求，增加了很多后台取数的需求。
- MySQL 单表存储的数据有限，如果数据量过大，查询就会变慢。而且随着数据量的快速增长，Sharding 方案维护成本飙升。

上述痛点也是目前大多数未引入 Doris 的企业所面临的，特别是在互联网行业，数据量大，且较少采用商业软件，主要以开源 MySQL 为核心构建报表查询系统，需要将在线分析处理结果进行多次聚合，才能满足报表的查询需求。

在 2008 年那个时间点，处理数据存储和计算的成熟开源产品很少，HBase 的导入性能只有约 2000 条 /s，不能满足业务快速增长需求。另外，业务还在不断增加，数据存储和数据分析的压力越来越大。于是，百度选择了自主研发之路，Doris 由此诞生。

在 Doris 1 版本中，数据仍然通过用户 ID 进行哈希分布，将同一个用户 ID 的数据交由一台机器处理，这样大量的 Join 操作都可以在本地完成。Doris 1 架构包含数据存储、元数据管理、数据导入和 API 网关 4 个部分，其中数据存储组件负责数据的存储和读写，元数据管理组件负责数据文件的目录管理和表信息管理，数据导入组件负责写入外部导入的数据，API 网关负责接收、解析、规划查询请求。

相比于 MySQL 的 Sharding 方案，Doris 主要在如下几个方面进行了改进。

- Doris 1 的数据模型将数据分为 Key 列、Value 列。比如一条交易数据的 Key 列包括用户 ID、时间、地域、来源等，Value 列包括展现次数、点击次数、消费额等。在这样的数据模型下，所有 Key 列相同的行对应的 Value 列能够进行聚合，比如数据的时间维度最细粒度为小时，那么同一小时内多次导入的数据能够合并成一条记录，这样对于同样的查询来说，Doris 1 需要扫描的数据条目相比 MySQL 会少很多。
- Doris 1 将 MySQL 逐条插入的方式改为批量更新，并且通过外围模块将同一批次数据进行排序以及预聚合。这样一个批次中相同 Key 列的数据能够被预先聚合，另外排序后的数据能起到聚集索引的作用，提升查询性能。
- Doris 1 提供了天表、月表这种类似物化视图的功能。比如用户想将数据按天进行汇聚展现，那么可以通过天表来实现。而相对于小时表，天表数据量会少很多，相应的查询性能也会提升几倍。

至此，Doris 已经有了聚合模型、物化视图、批量读写 3 个基本特点了。Doris 2 主要将 Doris 1 进行通用化改造，包括支持自定义表结构等，使 Doris 能够应用于其他产品，拓展了一些应用场景。

1.1.2 Doris架构重组

Doris 变化和升级比较大的版本是 Doris 3，这也是开发时间跨度比较长的一个版本，重大的改进主要有以下几点。

- Doris 3 在架构上引入了 ZooKeeper 来存储元数据，解耦组件，实现了系统无单点故障，提高了系统稳定性。在 Doris 3 的组件中，DT（Data Transfer）模块负责数据导入，DS（Data Searcher）模块负责数据查询，DM（Data Master）模块负责集群元数据管理。数据存储在分布式 Key-Value 引擎中。数据导入和数据查询时，Doris 3 直接读取存储在 ZooKeeper 中的元数据，不再依赖元数据管理组件提供的服务。
- Doris 3 在数据分布方面引入了分区。数据会按照时间进行分区（比如天分区、月分区）。在同一个分区里，数据会根据用户 ID 进行分布。这样，同一个用户的数据会落在不同的分区，而在进行数据查询时，多台机器能同时处理一个用户的数据，实现了单用户数据分布式计算。
- 为了实现数据的多维分析，Doris 3 采用了 MySQL Storage Handler 方案。通过这种方案，Doris 3 伪装成一个 MySQL 的存储后端，类似于 MyISAM、InnoDB。这样既能利用 MySQL 对 SQL 的支持，也能利用 Doris 3 对大量数据的快速处理；同时又引入了 MySQL 的 BKA（Batched Key Access，批量索引访问）算法和 MRR（Multi-Range Read，多范围读取优化）特性，尽量将计算下推给 Doris 3 来完成，从而减轻 MySQL 的计算压力，避免了单点故障。
- Doris 3 重构了存储引擎。在多维报表分析场景中，原来底层通用 Key-Value 系统的弊端也逐渐显露。由于 Key-Value 系统只能够读取完整的 Key 和完整的 Value，而报表分析系统中的大部分查询并不需要读取所有列，这样会带来不必要的 I/O 开销。同时，Key-Value 系统无法感知数据内容，只能使用通用压缩算法，导致数据压缩效率低，读写性能差。为了在底层存储引擎上有所突破，百度启动了 OLAP Engine 项目，参考 Google Mesa 系统重构了存储引擎。

新的存储引擎主要有以下特点。

- 引擎端原生就支持 Schema，并且所有的列分为 Key 列、Value 列，能够和上层的业务模型相对应，查询部分列时，无须加载全部列，减少不必要的 I/O 开销。
- 独特的数据模型。Value 列支持聚合操作，包括 SUM、MIN、MAX 等。在 Key 列相同的情况下，Value 列能够按照聚合操作类型完成对应的聚合操作。而引擎存储数据类似于 LSM 树，这样在后台执行聚合操作时，就能够将相同 Key 的 Value 字段按照对应的聚合操作类型进行聚合，无须在外部增加数据合并作业。
- 数据批量导入，批量生效。每个批次的导入都会生成一个增量文件，并且会有一个版本号。在查询任务中，只需要在最开始的时候确定读取哪个文件，这样就会只读取生效版本的数据，不会读取没有生效版本的数据，更不会浪费 CPU 资源进行版本号的过滤。

- 行列式存储。多行数据存储在一个块（Block）内，块内相同列的数据一同压缩与存放，这样可以根据数据特征，利用不同的压缩算法（比如对时间字段使用 RLE 算法等）来提高数据压缩效率。

另外，Doris 3 在日常运维，包括表结构变更、集群扩容、集群缩容等方面，都做了针对性的设计，实现了自动化操作。

1.1.3 Doris 引擎升级

在完成存储引擎的重构以后，Doris 的 I/O 瓶颈得到突破。随着 Doris 性能的提升，Doris 的查询和应用场景也变得越来越复杂，原本采用的 MySQL 查询引擎逐渐出现瓶颈。

幸运的是，2013 年各种 SQL on Hadoop 项目正蓬勃发展。经过对比，百度研发团队选取 Impala 作为后续系统的分布式查询引擎。当时选择 Impala 的主要原因是 C++ 性能较高，并且跟 Doris 后端开发语言一致，可以省去一部分数据序列化开销。

基于 Impala 改进的新产品被命名为 Palo。Palo 除了增加分布式查询层之外，还将 Doris 3 的 OLAP 作为单机存储引擎。由于没有分布式 Key-Value 系统，最初的 Palo 版本需要自己完成数据分片管理、副本管理等工作。后来为了增加灵活性，MySQL 替换 ZooKeeper 实现元数据存储，整体架构如图 1-2 所示。

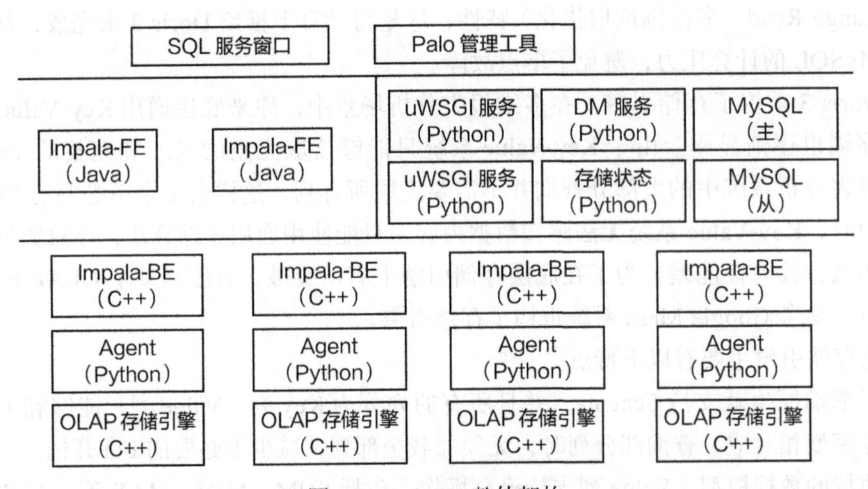

图 1-2 Palo 1.x 整体架构

从图 1-2 可以看出，Palo 1.x 的组件非常多，运维难度非常大。于是，在随后的 Palo 2 版本中，元数据管理、分片管理和元数据副本管理合并到 Frontend（Doris 前端模块，以下简称为 FE）组件，OLAP 存储引擎和查询引擎合并到 Backend（Doris 后端模块，以下简称为 BE）组件，减少了 Agent 组件和 uWSGI 服务组件。FE 负责接收用户的查询请求，对查询进行规划，监督查询执行情况，并将查询结果返给用户。BE 负责数据的存储，维护多副本数据，以及具体的查询执行。简化后的 Doris 架构如图 1-3 所示。

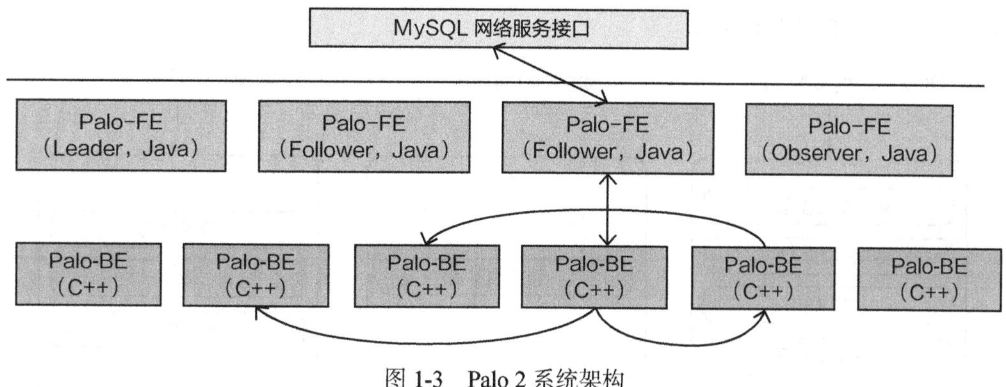

图 1-3 Palo 2 系统架构

经过 Palo 2 版本的改进，Doris 的架构变得相当简洁，并且不再需要任何外部依赖。在此之后，虽然 Doris 经过几次改进，但是整体架构仍然保持 Palo 2 的架构。Palo 2 在 2015 年左右开始大面积推广使用。

1.1.4 Doris 拥抱开源

到 2017 年，Palo 2 在百度内部几乎满足了所有的报表统计、多维分析需求，获得了非常高的评价。为了帮助更多的企业能更加高效、方便地完成类似业务，百度选择开源这款产品。Palo 于 2017 年正式在 GitHub 上开源，并且在 2018 年接入 Apache 社区，名字改为 Apache Doris，正式成为 Apache 基金会的孵化项目。

自开源以来，Doris 以上手简单、性能卓越、运维高效等特点被越来越多的用户认可和使用。经过三年多的孵化，Doris 开发者数量增长了 20 倍，在 GitHub 上的 Star 数量翻了 6 倍，被百度、美团、京东、小米、网易等头部企业广泛使用，覆盖互联网、金融、电商、教育、文娱等多个行业。鉴于 Apache Doris 各项指标良好，项目趋于成熟，2022 年 6 月 16 日，Apache Doris 顺利通过 ASF 项目管理委员会的评估，晋升为 Apache 基金会顶级项目，也成了 Apache 基金会的第 200 个顶级项目。

1.2 Doris 的特点

Doris 是一款基于 MPP 技术的分析型数据库，能够在海量数据场景下提供毫秒级查询服务。Doris 脱胎于 Apache Impala 和 Google Mesa 系统，并进行了大量改造和优化，最终形成了今天大家看到的架构简洁、性能卓越、功能丰富、简单易用的 OLAP 数据库。

1.2.1 极简架构

从设计上来说，Doris 融合了 Google Mesa 的数据存储模型、Apache 的 ORCFile 存储格式、Apache Impala 的查询引擎和 MySQL 交互协议，是一个拥有先进技术和先进架构的领先设计产品，如图 1-4 所示。

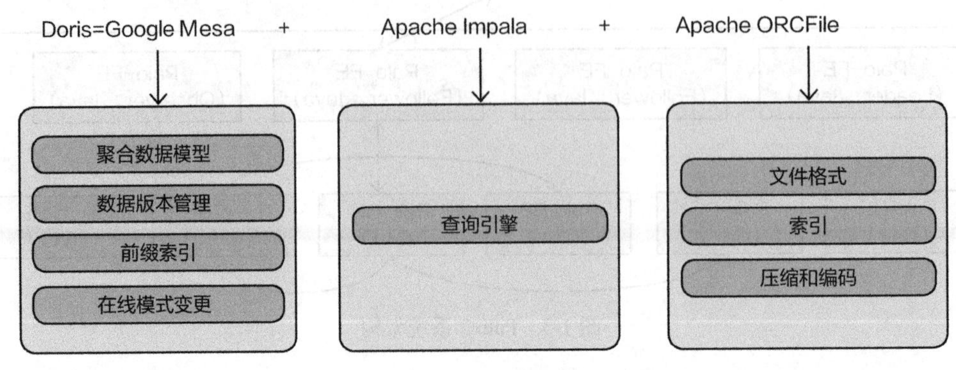

图 1-4 Doris 技术分解

在架构方面，Doris 只有两类进程：一类是 FE，可以理解为 Doris 的管理节点，主要负责用户请求的接入、查询计划的解析、元数据的存储和集群管理相关工作；另一类是 BE，主要负责数据存储、查询计划执行。这两类进程都可以横向扩展。除此之外，Doris 不依赖任何第三方系统（如 HDFS、ZooKeeper 等）。这种高度集成的架构极大地降低了运维成本。

FE 节点包含 Leader、Follower 和 Observer 三种角色。默认一个集群只能有一个 Leader，可以有多个 Follower 和 Observer。其中，Leader 和 Follower 组成一个 Paxos 选择组，如果 Leader 宕机，剩下的 Follower 会自动选出新的 Leader，保证写入高可用。Observer 同步 Leader 的数据，但是不参加选举。如果只部署一个 FE，FE 默认就是 Leader。

FE 节点主要包含存储管理模块、状态管理模块、协调模块、元数据模块和元数据缓存模块。存储管理模块负责管理所有的元数据信息，包括表信息、Tablet 信息、Tablet 的副本信息等，还负责管理用户的权限信息（即用户的认证信息和授权信息）和数据的导入任务等。状态管理模块负责管理所有 BE 进程的存活状态、查询负载等非持久化信息，并提供发布订阅接口。协调模块负责接收用户发来的请求，然后进行语句解析、生成执行规划，根据当前集群的状态，对执行规划进行调度。元数据模块负责对元数据的读写，只有 Leader 角色拥有此权限。元数据缓存模块负责同步元数据，以供语句解析、生成执行规划，主要是 Follower 和 Observer 角色拥有此权限。

BE 节点可以无限扩展，并且所有 BE 节点的角色都是对等的。在集群足够大的情况下，部分 BE 节点下线不影响集群提供服务。BE 节点主要由存储引擎和查询执行器组成。存储引擎负责管理节点本地的 Tablet 数据，发送或者接收数据并保存副本，定期合并、更新多个版本的数据，以减少存储占用。存储引擎还负责接收来自查询执行器的数据读取请求和批量数据导入请求。在 MPP 集群中执行查询时，会分解为一个树状的执行树，由 Coordinator 来协调执行，树的叶子节点也叫计划片断（PlanFragment），每个 PlanFragment 分配一个 BE 节点的查询执行器。

1.2.2　使用简单

Doris不仅架构简单，开发和使用也很简单。对于一款OLAP数据库来说，性能不是优劣评估的全部，易用性才是决定是否可持续使用的关键。Doris从设计之初就一直以易用性为出发点。

数据分析全周期一般包含数据建模、数据导入、用户上手分析、持续使用以及维护升级，无不体现Doris的易用性。

在数据建模方面，Doris支持Aggregate、Unique和Duplicate三种模型，可以满足OLAP领域的各种应用场景。同时，相对于MySQL，Doris只增加了一些分布式系统所具有的特性，比如分布键、分桶等。Doris建表语句如图1-5所示。

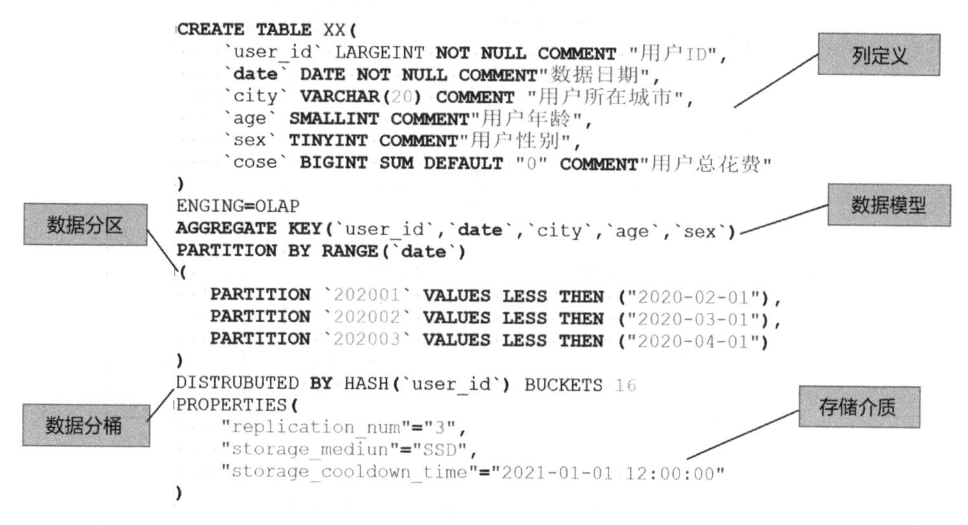


```
CREATE TABLE XX(
    `user_id` LARGEINT NOT NULL COMMENT "用户ID",
    `date` DATE NOT NULL COMMENT"数据日期",
    `city` VARCHAR(20) COMMENT "用户所在城市",
    `age` SMALLINT COMMENT"用户年龄",
    `sex` TINYINT COMMENT"用户性别",
    `cose` BIGINT SUM DEFAULT "0" COMMENT"用户总花费"
)
ENGING=OLAP
AGGREGATE KEY(`user_id`,`date`,`city`,`age`,`sex`)
PARTITION BY RANGE(`date`)
(
    PARTITION `202001` VALUES LESS THEN ("2020-02-01"),
    PARTITION `202002` VALUES LESS THEN ("2020-03-01"),
    PARTITION `202003` VALUES LESS THEN ("2020-04-01")
)
DISTRUBUTED BY HASH(`user_id`) BUCKETS 16
PROPERTIES(
    "replication_num"="3",
    "storage_mediun"="SSD",
    "storage_cooldown_time"="2021-01-01 12:00:00"
)
```

图1-5　Doris建表语句示意图

在数据导入方面，Doris提供多种数据导入方案（如图1-6所示），同时在数据导入过程中保证原子性。不论使用Broker Load进行批量导入，还是使用INSERT语句进行单条导入，都是一个完整的事务操作。导入事务可以保证一个批次内的数据原子性生效，不会出现部分数据写入的情况。

Broker Load	Stream Load	Routine Load	BinlogLoad
HDFS或所有支持S3协议的对象存储	通过HTTP导入本地文件或数据流中的数据	生成例行作业，直接订阅Kafka消息队列中的数据	增量同步用户在MySQL数据库中对数据更新的CDC
Flink Connector	**Spark Load**	**Insert Into**	**……**
在Flink中注册数据源，实现对Doris中数据的读写	通过外部的Spark资源实现对导入数据的预处理	库内数据ETL转换或者ODBC外表数据导入	更多数据导入方式在陆续丰富中

图1-6　Doris数据导入方案

同时，每一个导入作业都会生成一个 Label，这个 Label 在数据库内用于唯一区分导入作业。Label 用于保证对应的导入作业仅能成功导入一次。一个成功导入的 Label 再次调用时，会被拒绝并报错：Label already used。通过这个机制，数据消费侧可以实现 At-Most-Once 语义。如果结合上游系统的 At-Least-Once 语义，我们可以实现端到端数据导入的 Exactly-Once 语义。数据导入流程如图 1-7 所示。

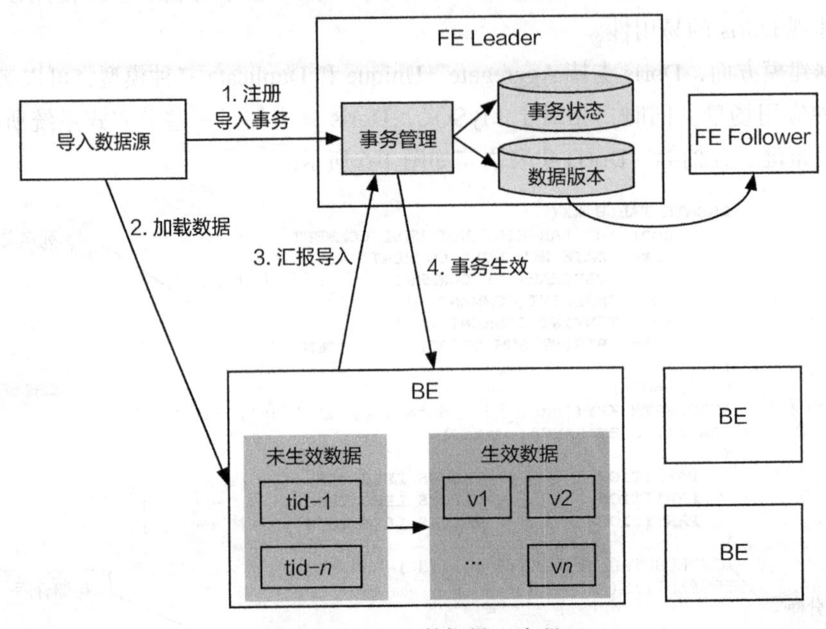

图 1-7 Doris 数据导入流程

在 SQL 应用方面，Doris 支持标准的 SQL 语言，在方言方面与 MySQL 兼容。不论简单的单表聚合、排序过滤，还是复杂的多表关联、子查询等，Doris 都可以通过 SQL 语句轻松完成，极大地降低了用户的学习迁移和使用成本。高吞吐的即席查询和库内 ETL 也是 Doris 的强项。Doris 还支持复杂的 SQL 语法，包括 Grouping Set 等高级语法功能，还支持通过 UDF 或 UDAF 自定义。在 TB 级别数据上，Doris 可以代替部分 Hive 等离线系统功能，使得用户在一套数据库中满足所有需求。

在工具方面，Doris 在 FE 节点实现了兼容 MySQL 协议，方便用户使用标准的 MySQL 客户端或各种语言的类库进行连接，对各种工具的支持都非常好。在数据库开发方面，Doris 支持用户无缝使用 DBeaver、DataGrip、Navicat 等主流开发工具；在编程应用方面，Doris 完全支持 MySQL 的 JDBC 和 ODBC 接口，支持 C、Python、Java、Shell 等开发语言；在 BI 应用方面，Doris 支持帆软 BI、观远 BI、永洪 BI、Tableau 等各种敏捷 BI 软件；在 ETL 调度方面，Doris 支持 Kettle、DolphinScheduler 等主流软件。

在集群可靠性方面，Doris 使用“内存存储 + 检查点 + 镜像日志文件”模式，使用 BTBJE（类似于 Raft ）协议实现元数据的高可用和高可靠。Doris 内部自行管理数据的多副本并自动修复，保证数据的高可用、高可靠。在部分服务器宕机情况下，集群依然可以正常运行，数据也不会丢失。Doris 部署无外部依赖，只需要部署 BE 和 FE 模块即可搭建集群。Doris 支持在线更改表（加减列、创建 Rollup ），不会影响当前服务，不会阻塞读写等操作。

在集群扩缩容方面，Doris 基于分布式管理框架，自动管理数据副本的分布、修复和均衡。比如对于副本损坏情况，Doris 会自动感知并进行修复。而对于节点扩缩容，Doris 会自动进行数据分片均衡，整个过程完全不影响其他服务，无须运维人员进行任何额外的操作。

在集群升级方面，Doris 只需要替换二进制程序，滚动重启集群即可。在设计上，Doris 完全向前兼容，支持通过灰度发布方式进行新版本的验证和测试。而 Doris 本身的一些失败重试和故障路由功能也极大地降低了集群升级过程中发生的错误对业务的影响。

1.2.3　功能丰富

Doris 提供了非常丰富的功能来应对不同的业务场景。下面重点介绍一些 Doris 特色功能。

首先是分区分桶裁剪功能。Doris 支持两个层次的数据划分：第一层是分区（Partition），支持 Range 和 List 的划分方式；第二层是分桶（Bucket），将数据通过 Hash 值进行水平划分，数据分片（Tablet）在集群中被均匀打散。Doris 数据分布示例如图 1-8 所示。

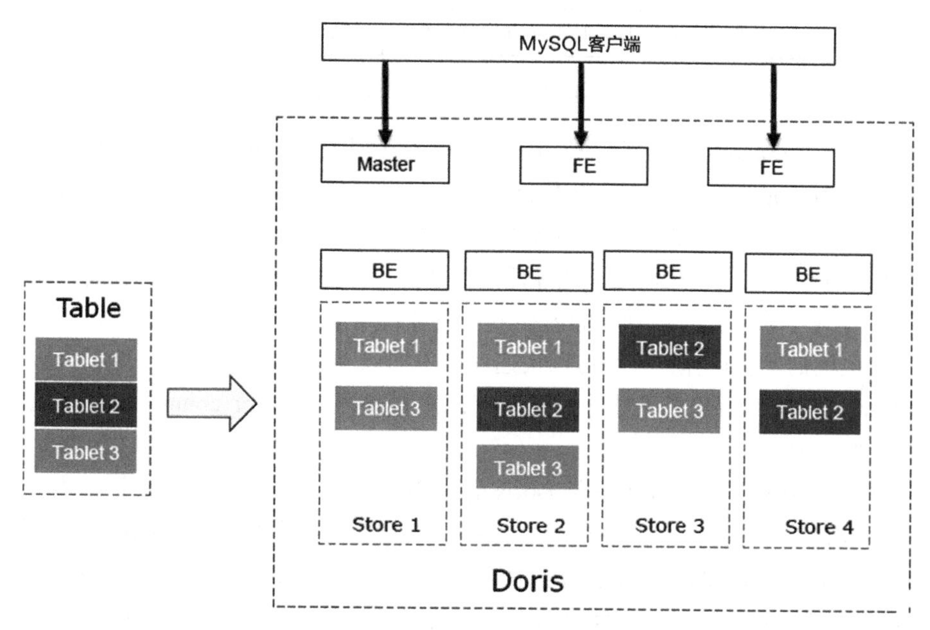

图 1-8　Doris 数据分布示例

利用分桶裁剪功能，Doris 可以将查询固定到极少数分片上，从而有效降低单个查询对系统资源的消耗，提升集群整体的并发查询能力。在高并发查询场景中，Doris 单节点可以支持每秒上千的查询请求。

其次是合理的缓存功能。Doris 支持 SQL 级别和 Partition 级别的查询缓存，如图 1-9 所示。其中，SQL 级别的缓存以 SQL 语句的 Hash 值为 Key，直接缓存 SQL 查询结果，非常适合更新频率不高，但是查询非常频繁的场景。而 Partition 级别的缓存会智能地将 SQL 查询结果中不同分区的数据进行存储，之后的查询中可以利用已缓存分区的数据及新分区实时查询数据得到最终结果，从而降低重复数据查询，减少对系统资源的消耗。

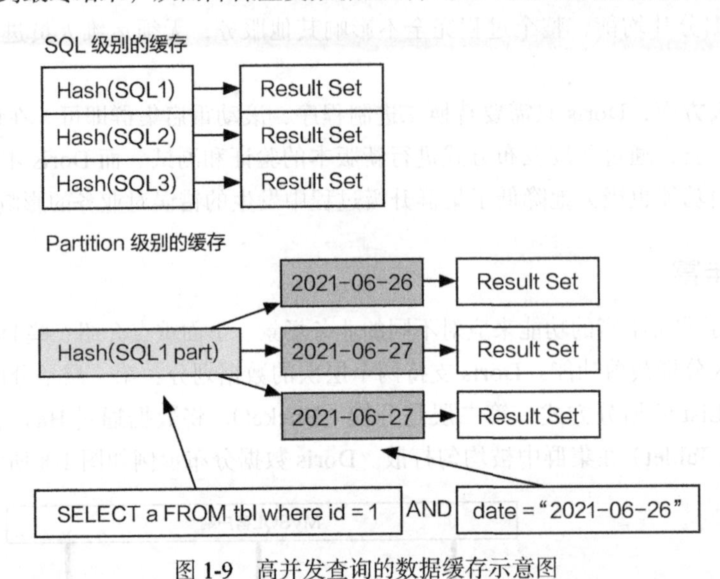

图 1-9　高并发查询的数据缓存示意图

再次是支持 Bitmap 数据类型，利用位图来存储整型数据，并且可以通过位图进行一些集合类操作。Bitmap 可以应用于高基数精确去重场景。传统的实时计算去重算法需要在内存中构建 Hash 表，在基数非常高的情况下会占用大量内存。而使用 Bitmap 可以将数值类型转换成位图上的 0 和 1，从而极大地降低内存开销，并且对于去重，只需要将多个位图求交集后计算 1 的个数，从而在有限的内存下快速进行高基数精确去重计算。在用户画像场景中，通过位图的集合运算，我们可以快速获取不同标签组合的人群包。同时，Doris 内置了很多 Bitmap 相关的函数，以计算留存率等，比如通过 intersect_count() 函数可以方便地计算用户的留存率。

最后是物化视图。物化视图也是 Doris 的核心特点之一。物化视图是将预先计算（根据定义好的 SELECT 语句）好的数据集存储在一个对用户透明且有真实数据的视图表格中。物化视图主要是为了满足用户对原始明细数据任意维度分析，快速对固定维度进行分析、查询，在统一视角下对明细、聚合数据进行分析的需求。在 Doris 中，用户可以使用明细数据模型存储明细数据，之后在明细数据上，选择任意维度和指标创建聚合物化视图，如 SUM、MIN、MAX、COUNT 等。Doris 会保证明细表和物化视图中的数据完全一致。如果导入或删除物理表中的数据，Doris 会自动更新，保证原始表和物化视图中的数据一致。同时，物化视图对用户是透明的。Doris 会自动根据查询语句，匹配到最合适的物化视图进行查询。通过物化视图功能，Doris 支持在一张表中统一明细数据模型和聚合模型，以加速某些固定模式的查询。

Doris 还支持基于主键的数据更新。通过 Unique 模型，用户可以对数据基于主键进行更新。在实现层面，Doris 采用 Merge-on-Read 方式提供更新后的数据。此外，用户还可以使用 REPLACE_IF_NOT_NULL 聚合方式，实现部分列更新。基于 Unique 模型，Doris 还支持通过 Marked Delete 和 Sequence Column 等功能，实现对上游交易数据库数据同步更新，并且保证事务的原子性以及数据同步的顺序性。

1.2.4 开源开放

Doris 还有一个重要的特点，即完全开源开放。Doris 作为 Apache 基金会的项目，遵守 Apache License 2.0。Apache License 2.0 作为主流的开源协议，被 OSI 认定为“受欢迎且被广泛使用的许可证”。

有关 Apache License 2.0 的具体内容，读者可以在 Apache 官网查阅，简单来说，包括分发完全自由、允许项目代码被修改、允许作为开源或商业化软件再次发布，一旦授权永久有效，修改代码或衍生代码中需要带有原来代码的协议、专利声明等。这是对任何商业公司和用户都极其友好的协议。

1.3 Doris 核心设计

对于一个分析型数据库，最核心的 3 个组成部分是存储引擎、查询引擎和查询优化器，这也是 Doris 具有优越性能的关键。除此之外，向量化执行引擎的加入让 CPU 能力得到更充分的发挥，进一步提升了 Doris 查询性能。

1.3.1 存储引擎

和大多数分析型数据库一样，Doris 也是以列存格式存储数据的。数据以列进行连续存储，因为类型相同，因此压缩率极高，节省了磁盘空间。Doris 对不同的数据类型还提供了不同的编码方式，如 INT 类型数据存储会使用 BitShuffle 编码方式，而字符串类型数据存储会使用字典编码方式。更进一步，Doris 还会自动根据列的值的分布情况来切换编码类型，比如对于字符串类型，如果列中的重复值比较多，则不再使用字典编码，而直接切换为 Plain Text 编码，以避免不必要的空间浪费。

从文件格式看，Doris 支持的文件格式和 Parquet 比较类似。一个数据版本会被分割成最大空间为 256MB 的 Segment，每个 Segment 对应一个物理文件。Segment 通常分为 Header、Data Region、Index Region、Footer 几个部分。Data Region 用于按列存储数据，每一列又被分为多个 Page，而 Page 是 Doris 的最小数据存储单元，如图 1-10 所示。

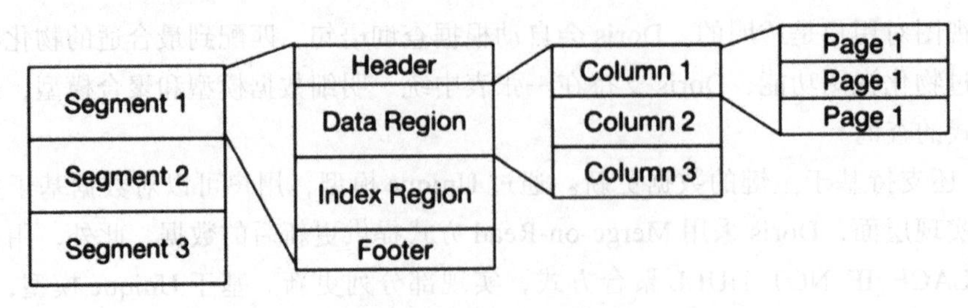

图 1-10 Doris 文件格式

Index Region 负责存储数据的索引。Doris 提供了丰富的索引来帮助加速数据的读取和过滤。索引类型大体可分为智能索引和二级索引两种。其中，智能索引是在数据写入时自动生成的，无须用户干预，包括前缀稀疏索引、Min Max 索引等。而二级索引是用户可以选择性地在某些列上添加的辅助索引，需要自主选择是否创建，比如 Bloom Filter 索引、Bitmap 索引等。

前缀稀疏索引是建立在排序列结构上的一种索引。存储在文件中的数据是按照排序列有序存储的。基于排序列数据，Doris 会每 1024 行创建一个稀疏索引项，如图 1-11 所示。索引的 Key 即当前 1024 行中第一行的前缀排序列的值。当用户的查询条件包含这些排序列时，Doris 可以通过前缀稀疏索引快速定位到起始行。

Min Max 索引是建立在 Segment 和 Page 上的索引。对于 Page 级别，Doris 都会记录每一列中的最大值和最小值。同样，对于 Segment 级别，Doris 也会记录每一列中的最大值和最小值，如图 1-11 所示。这样当进行等值或范围查询时，Doris 可以通过 Min Max 索引快速过滤掉不需要读取的行。

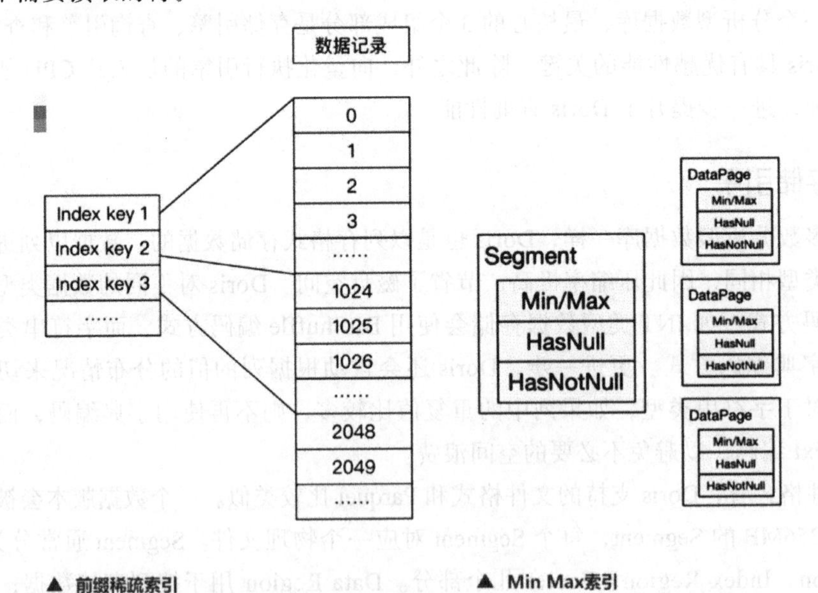

图 1-11 Doris 前缀稀疏索引和 Min Max 索引示例

当对某一列创建 Bloom Filter 索引后，Doris 会在 Page 级别创建该列的 Bloom Filter 数据结构。Bloom Filter 索引使用固定空间的位图来快速判断一个值是否存在，非常适合高基数列上的等值查询。

Bitmap 索引的 Key 值是实际的列值，Value 值是 Key 在数据文件中的偏移量。通过 Bitmap 索引，Doris 可以快速定位到列值对应的行号，并且快速取数。该索引比较适合基数较低的列上的等值查询。

除了存储方式和索引结构，Doris 在读取逻辑上也有很多优化，比如延迟物化功能会先根据有索引的列，定位一个查询范围，然后根据有过滤条件的列进一步过滤以缩小查询范围，最后读取其他需要读取的列。这种方式可以减少不必要的数据读取，降低查询对 I/O 的资源消耗。

1.3.2 查询引擎

Doris 的查询引擎是基于 MPP 框架的火山模型，是从早期的 Apache Impala 演化而来的。Doris 会基于 SQL 语句先生成一个逻辑执行计划，然后根据数据的分布，形成一个物理执行计划。物理执行计划涉及多个 Fragment，Fragment 之间的数据传输则是由 Exchange 模块完成的。通过 Exchange 模块，Doris 在执行查询任务时就有了数据重分布（Reshuffle）能力，让查询不再局限于数据存储节点，从而更好地利用多节点资源并行进行数据处理。基于 MPP 框架的查询引擎执行流程示意图如图 1-12 所示。

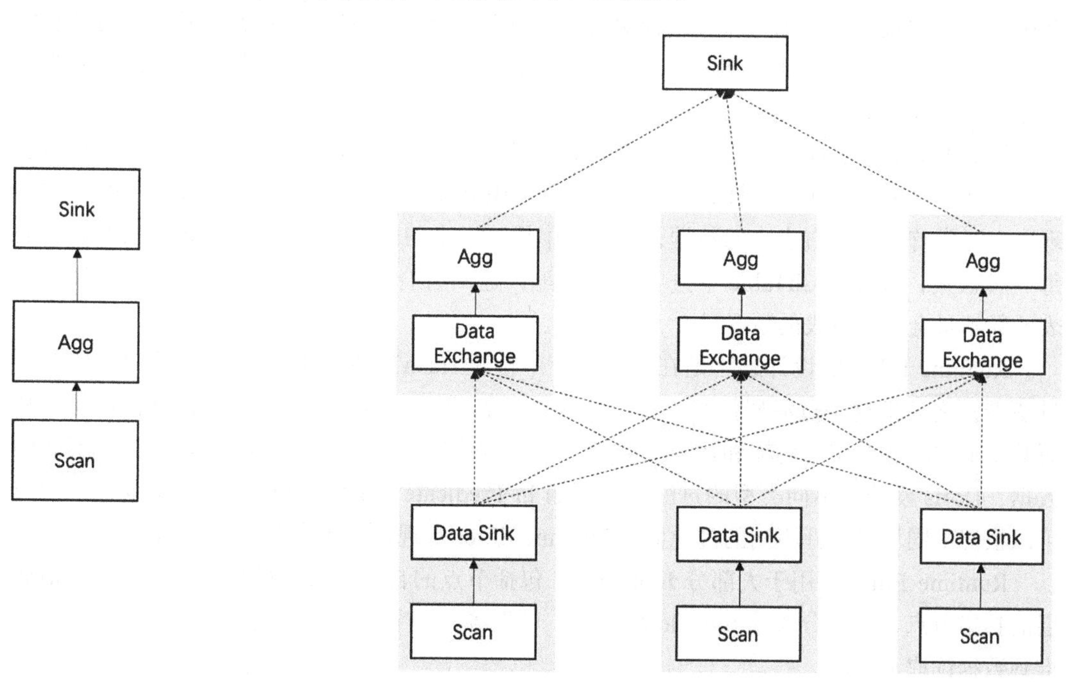

图 1-12 基于 MPP 框架的查询引擎执行流程示意图

逻辑执行计划的 Agg 阶段分为先重分布数据再汇总两个步骤，这个过程和 Hadoop 类似，都是按照相同的 Key 进行数据重分布。

除了通过并行设计来提高查询效率外，Doris 还对很多具体的查询算子进行了优化，比如图 1-13 中的聚合算子。

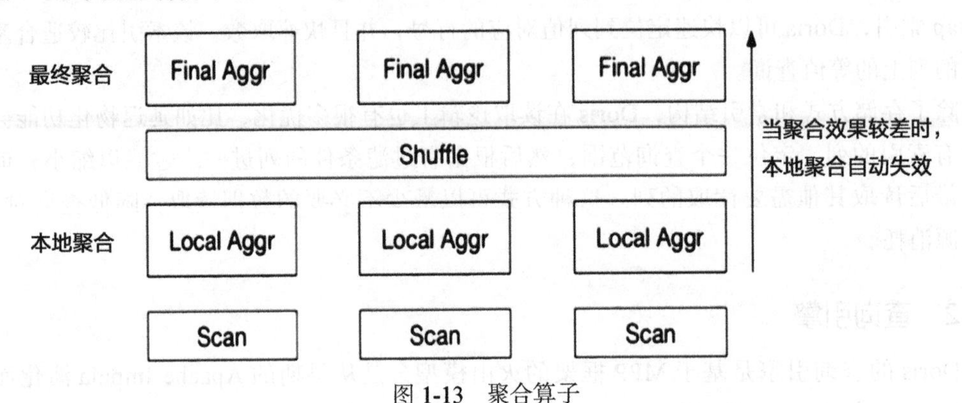

图 1-13 聚合算子

在 Doris 中，聚合算子被拆分成两级聚合：第一级聚合是在数据所在节点，以减少第二级聚合的数据；而第二级聚合将 Key 相同的数据汇聚到同一个节点，进行最终的聚合。

在此基础上，Doris 还实现了自适应聚合。首先我们要知道，聚合算子是一种阻塞型算子，需要等全部数据处理完后，才会将数据发送给上层节点。而自适应聚合是在第一级聚合中，如果发现聚合效果很差，即使聚合后也无法有效减少需要传输的数据，则会自动停止第一级聚合，转换为非阻塞的流式算子，直接将读取的数据发送到上层节点，从而避免不必要的阻塞等待。

针对 Join 算子，Doris 也进行了大量优化，其中 Runtime Filter 是一种很重要的优化方式。在两个表的 Join 操作中，我们通常将右表称为 BuildTable，将左表称为 ProbeTable。在实现上，通常首先读取右表中的数据，在内存中构建一个 HashTable，然后开始读取左表中的每一行数据，并在 HashTable 中进行连接匹配，返回符合连接条件的数据。通常来说，左表的数据量会大于右表的数据量。

Runtime Filter 的设计思路是在右表内存中构建 HashTable 的同时，为连接列生成一个过滤器，之后把这个过滤器推给左表。这样，左表就可以利用过滤器对数据进行过滤，从而减少 Probe 节点需要传输和比对的数据。这种过滤器被称为 Runtime Filter。针对不同的数据，Doris 设计了不同类型的过滤器，例如 In Predicate、Bloom Filter 和 Min Max。用户可以根据不同场景选择不同的过滤器。Runtime Filter 实现逻辑示意图如图 1-14 所示。

Runtime Filter 适用于大部分 Join 场景，包括节点的自动穿透，可将过滤器下推到最底层的扫描节点，例如分布式 Shuffle Join 中，可先将多个节点产生的过滤器进行合并，再下推到数据读取节点。

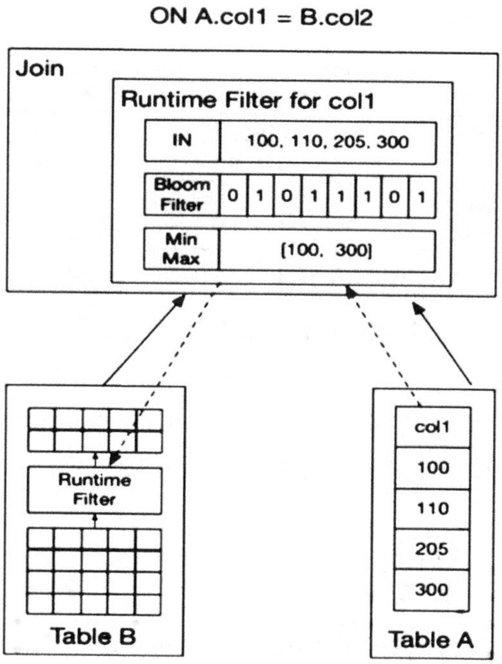

图 1-14 Runtime Filter 实现逻辑示意图

1.3.3 查询优化器

除了查询执行层面的优化，Doris 在查询优化器方面也做了大量改进。Doris 中的查询优化器能够同时进行基于规则和基于代价的查询优化。在基于规则的查询优化方面，Doris 完成了包括但不限于以下方面的改进。

1）常量折叠。常量折叠可以预先对常量表达式进行计算，计算后的结果有助于规划器进行分区分桶裁剪，以及执行层利用索引进行数据过滤等。例如将 where event_dt>=cast（add_months（now（ ）,-1）as date）折叠成 where event_dt >=2022-02-20。

2）子查询改写。将子查询改写为 Join 操作，从而利用 Doris 在 Join 算子上做的一系列优化来提升查询效率，例如将 select * from tb1 where col1 in（select col2 from tb2）a 改写成 select tb1.* from tb1 inner join tb2 on tb1.col1=tb2.col2。

3）提取公共表达式。提取公共表达式可以将 SQL 中的一些析取范式转换成合取范式，而合取范式通常对执行引擎是比较友好的，可以将查询条件重组或者下推，减少数据扫描和读取的行数，例如将条件 where(a>1 and b=2) or (a>1 and b=3) or (a>1 and b=4) 转化成 where a>1 and b in (2,3,4)，明显后者的判断速度比前者的快很多。

4）智能预过滤。智能预过滤可以将 SQL 中的析取范式转换成合取范式并提炼出公共条件，以便预先过滤部分数据，从而减少数据处理量。

5）谓词下推。Doris 中的谓词下推不仅可以穿透查询层，还能进一步下推到存储层，利用索引进行数据过滤，如图 1-15 所示。

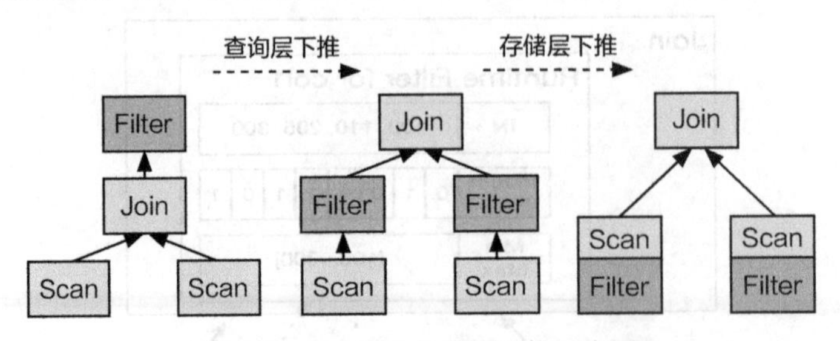

图 1-15 Doris 中的谓词下推示意图

而在基于代价的查询优化方面，Doris 主要针对 Join 算子进行了大量优化。

Join Reorder 可以通过一些表的统计信息，自动调整 Join 顺序。而 Join 顺序的调整可有效减小 Join 操作中生成的中间数据集的大小，从而加速查询的执行，如图 1-16 所示。

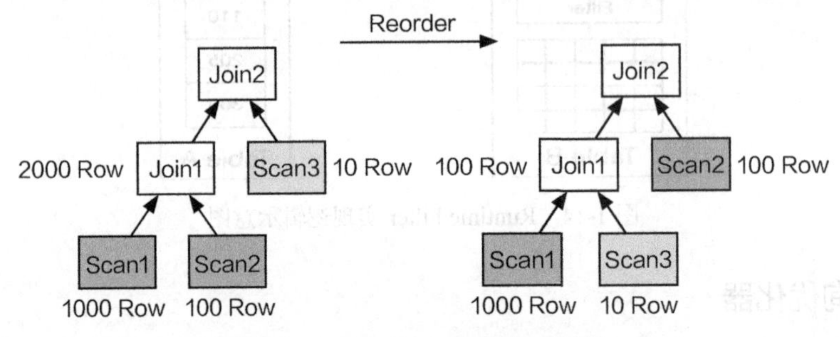

图 1-16 Join Reorder 优化示意图

Colocation Join 可以利用数据的分布情况，将原本需要去重后才能进行关联的数据，在本地完成关联，从而避免去重时大量的数据传输，如图 1-17 所示。

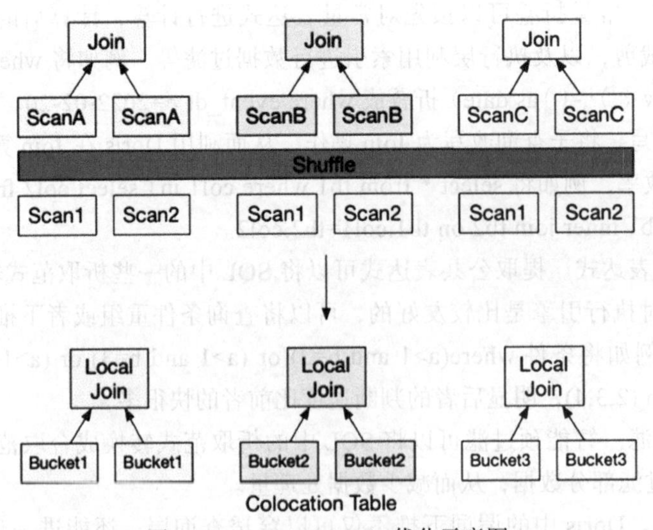

图 1-17 Colocation Join 优化示意图

Bucket Join 是 Colocation Join 的通用版本。Colocation Join 需要用户在建表时就指定表的分布，以保证需要关联查询的若干表有相同的数据分布。而 Bucket Join 会更智能地判断 SQL 中关联条件和数据分布之间的关系，将原本需要同时去重左右两张表中数据的操作，变成将右表数据重分布到左表所在节点，从而减少数据的移动，如图 1-18 所示。

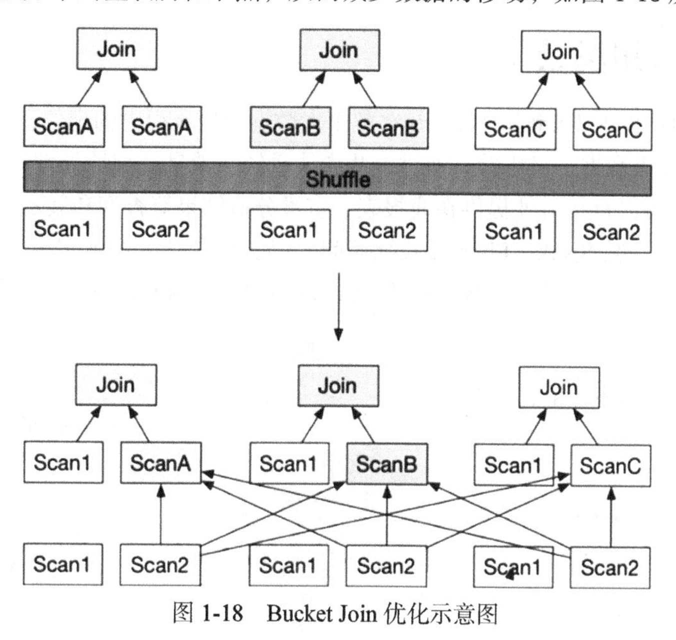

图 1-18 Bucket Join 优化示意图

1.3.4 向量化执行引擎

传统的数据库都是典型的迭代模型，执行计划中的每个算子通过调用下一个算子的 next() 方法来获取数据，从最底层的数据块中一条一条读取数据，最终返给用户。它的问题在于每个 Tuple 都要调用一次函数，开销太大，而且因为 CPU 每次只处理一条数据，无法利用 CPU 技术升级带来的新特性，比如 SIMD。向量化模型每次处理的是一批数据，这些数据会被保存在一种叫作向量的数据结构里，由于每次处理的是一批数据，因此可以在每个 Batch 内做各种优化。简单地说，向量化执行引擎 = 高效的向量数据结构（Vector）+ 批量化处理模型（nextBatch）+ Batch 内性能优化（例如 SIMD 等）。

原本向量化执行引擎只是一个概念，是 ClickHouse 将其变成了现实，并展示出强大性能。通过向量化执行引擎原理的介绍，我们可以看出，向量化执行引擎非常适合基于列存储的 OLAP 数据库，可以极大地提高并行查询效率。在 ClickHouse 之后，OLAP 数据库配套向量化执行引擎几乎已经成为标配。目前，除了 Doris 以外，openGuass、Polar-x、TDSQL 实现了部分或所有向量化执行引擎功能。

Doris 是在 0.15 版本中引入向量化执行引擎的，并在 1.0 版本中逐渐成熟。根据 Doris 的演进计划，向量化执行引擎会逐步替换当前的行式 SQL 执行引擎，以充分释放 CPU 的计算能力，达到更强大的查询性能。

在绝大多数场景中，用户只需要将 Session 变量 enable_vectorized_engine 设置为 true，FE 节点在进行查询规划时就会默认将 SQL 算子与 SQL 表达式转换为向量化的执行计划，从而提升 SQL 执行性能。

1.4 Doris 应用场景

我们从图 1-19 中可以大致了解 Doris 在整个大数据处理流程中的定位。上游各类数据如事务型数据库中的埋点数据、日志等，通过一些离线系统、消息系统等处理后，再导入 Doris 进行存储，而 Doris 可以直接对外提供在线报表、多维分析结果等查询和展示服务。同时，Doris 也可以作为数据源，被 Spark、Flink 等系统访问，以实现联邦查询或多源数据处理。Doris 本身的分布式查询框架也可以为一些外部系统如 MySQL、ElasticSearch 等提供 SQL 查询服务。

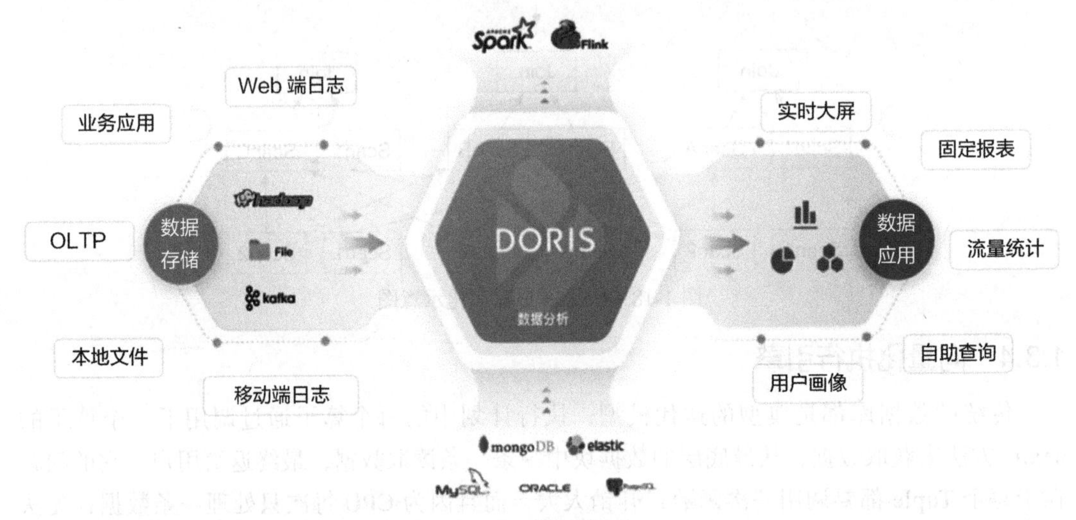

图 1-19 Doris 在大数据处理流程中的定位

Doris 在企业大数据处理体系中有多种应用场景。

1. 实时大屏

实时大屏一般通过简单直观的结果展示最关键的指标，汇总的数据量比较大，并且要求查询低时延。实时大屏最难的是数据高频写入和实时查询，而 Doris 对接 Kafka 和 Flink，可以实现实时数据查询，完美满足海量数据秒级查询需求。例如，百度统计为网站站长提供流量分析、网站分析、受众分析等多种分析服务，服务网站数量超过 450 万，每天查询量达到 1500 万，QPS（Queries Per Second，每秒查询率）峰值超过 1400，每日新增数据量超过 2TB，数据导入频次为 5min，平均查询时延 30ms。

2. 固定报表

一般的报表类数据分析的查询模式比较固定，而且后台执行的 SQL 语句往往都是确定的。针对此类应用场景，以前的方案是使用MySQL数据库存储结果数据，用户需要将数据仓库中的数据高度汇总并写入MySQL。而Doris可以基于明细数据或者轻度汇总数据直接进行查询，可以大大减轻数据开发压力。Doris固定报表查询的时延一般在秒级以下，并且Doris通过MySQL交互协议支持各种报表工具，可以极大地提高报表开发效率。同时，Doris对多表关联的支持，也可以满足基于星型模型或星座模型的多维报表查询需求。

以百度为例，百度广告的用户后台管理系统支持一系列统计分析，例如流量分析、来源分析、访问分析、转化分析、访客分析、优化分析等，不仅包括区间统计，还包括各类筛选、同/环比、趋势分析，如图1-20所示。

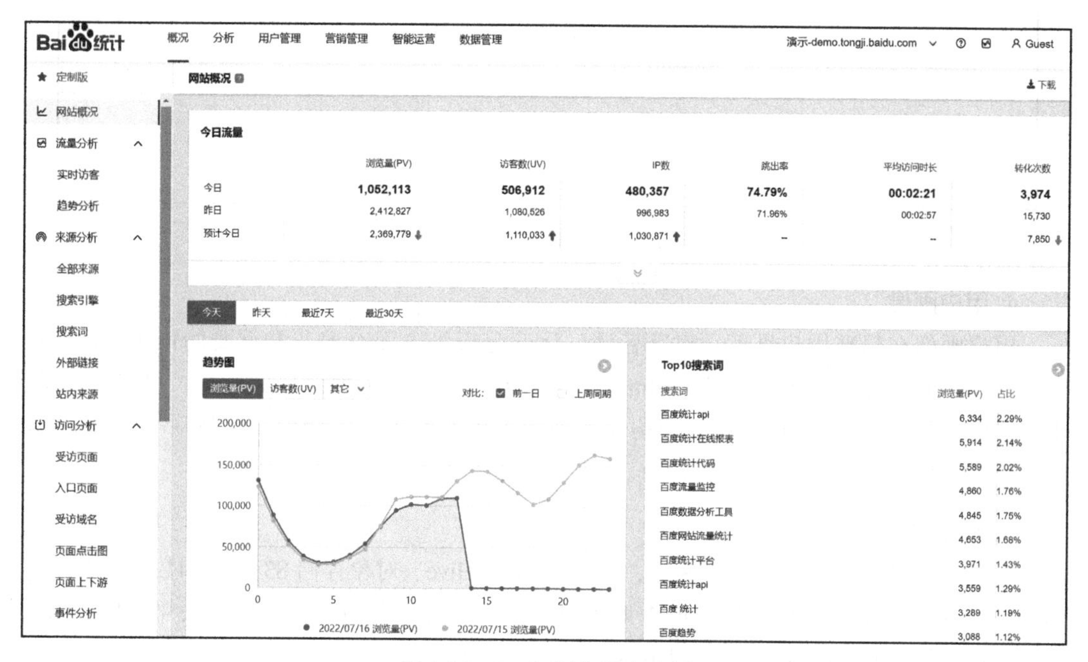

图1-20 Doris固定报表案例

3. 自助分析

自助分析也叫多维分析，是指IT人员根据业务需求预先加工好维度数据和事实数据，供业务人员按照自由组合维度进行数据分析的一种新型数据分析方式。相较于传统的固定报表，自助分析使用更为灵活，支持任意粒度的组合查询数据，以便查找异常数据和分析变动原因。

针对自助分析需求，我们一般基于轻度汇总数据或者明细数据构建星座模型，Doris支持丰富的Join操作和高效的Join查询，非常适合用于多维分析中的多表关联场景。Doris基于行列混合存储数据，针对多维分析场景只需要读取部分列进行计算，可以极大地减少磁盘的I/O操作。Doris支持丰富的索引来对数据进行预过滤，减少参与计算的数据量，也可以带来查询性能的大幅提升。在自助分析场景中，Doris是目前最契合用户需求的数据库产品。图1-21是百度分析基于Doris提供的自助分析案例截图。

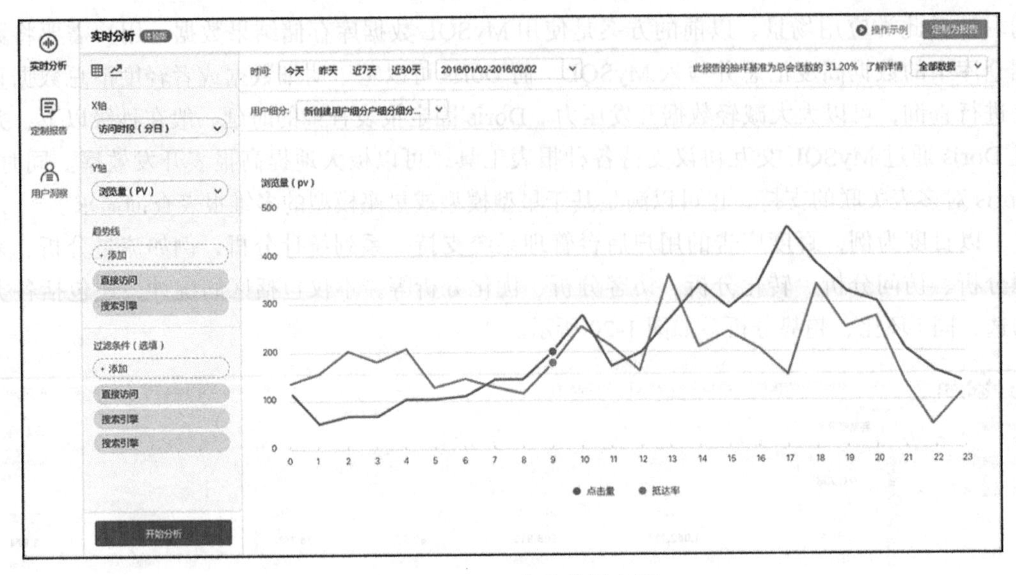

图 1-21 Doris 自助分析案例

4. 用户画像

用户画像在精准用户推荐、对客营销、运营分析等方面有着非常重要的作用，已经成为互联网企业的标配。Doris 支持 Bitmap 去重，在用户圈选方面有巨大优势，可以更优雅、快速地筛选用户。Doris 在用户画像构建方面提供了非常丰富的函数，支持对非 Bitmap 表和 Bitmap 表做交集、并集、补集运算。

5. 多源联邦查询

Doris 支持无缝对接多种数据来源，包括 JDBC、Hive、对象存储 S3/OSS 和数据湖 Iceberg Hudi 等。大型企业需要构建统一的查询入口，实现实时数据和离线数据的联邦分析，满足数据分析人员多元化的查询需求。Doris 已经成为这方面的最优选择之一。

通过 Multi-Catalog 功能，Doris 提供了快速接入外部数据源进行访问的能力。用户可以通过 CREATE CATALOG 命令连接到外部数据源，Doris 会自动映射外部数据源的库、表信息。之后，用户可以像访问普通表一样，对这些外部数据源中的数据进行访问，避免了对每张表手动建立外表映射的复杂操作。

同时，结合自身的高性能执行引擎和查询优化器，Doris 实现了在数据湖上极速、易用的分析体验，较 Presto、Trino 有 3~5 倍的性能提升。

6. 实时数据仓库

将 Doris 作为实时数据仓库的底座，是目前最常见的应用场景。业界主要利用 Canal 解析 MySQL 的 binlog 日志，利用 Flume 采集 Web 日志，最终写入 Kafka 并进行削峰填谷，提供稳定的流数据。Kafka 数据可以直接通过 Routine Load 进入 Doris，也可以经由 Flink 加工处理后写入 Doris，然后通过视图或者物化视图进行数据处理，由前端应用直接查询实时数据。

这种方案的数据链路短、实时性更高，同时开发和运维成本低。

7. 流批一体数据仓库

Doris 不仅支持秒级查询，对库内 ETL 场景的支持也非常好。不少企业直接基于 Doris 构建企业级离线数据仓库。例如特步基于 Doris 打造了流批一体的数据仓库，既配有零售模型，又配有库存模型。系统架构如图 1-22 所示。

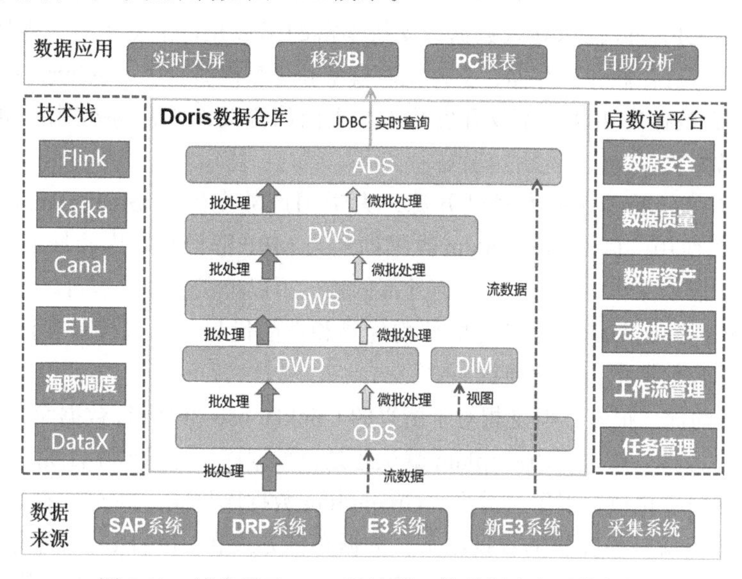

图 1-22　特步基于 Doris 的流批一体数据仓库系统架构

Doris 在架构中的工作任务如下。

- 基于 DataX 的全量或者增量数据加载入库；
- 基于 Kafka 的实时流式数据加载入库；
- 基于视图的数据增量和全量加工；
- 基于 DELETE、INSERT INTO 语句的批处理、微批处理；
- 针对不同业务场景实现差异化的实时性要求。

这样做的好处是：

- 开发简单，运维简单；
- 一套代码实现全量和增量逻辑，简化工作流；
- 在确保数据准确性的前提下满足数据实时性要求；
- 避免了数据跨库移动和多份存储，节省了硬件开销。

1.5　Doris 的竞争对手

虽然 Doris 很优秀，但它也不是所向披靡的，毕竟开源比较晚。下面针对其他更早开源的竞品进行对比。

1.5.1 Doris的“前浪”——Greenplum

Greenplum数据库非常适合中小企业。Greenplum数据库于2015年开源，生态圈非常丰富，支持通过PXF读取Hadoop集群中的数据，支持通过GPSS组件连接Spark完成数据的快速读取和写入，支持通过GPText分析文本数据，支持集成开源的MADlib基础机器学习算法、支持集成PostGIS插件分析时空数据。Greenplum数据库具有非常丰富的ETL功能，例如支持GPLoad快速导入数据，支持丰富的函数和自定义函数，支持通过函数完成数据处理，支持行存储和列存储，支持宽表模型和星型模型。Greenplum数据库几乎完全兼容PostgreSQL数据库语法，不仅开发简单，入门门槛低，并且与外围的BI工具和ETL工具兼容得非常好。

正是因为Greenplum数据库对外开源，大量国产数据库在Greenplum的基础上进行优化后对外发布使用，因此Greenplum数据库还是MPP框架数据库领域的“带头大哥”。Greenplum安装非常简单、便捷，无任何外部依赖，可以单机部署，也可以多服务器集群部署。Greenplum具有比Oracle更领先的架构优势和性能优势，很适合单表百万级别到十亿级别的数据仓库和数据中台构建项目。

Greenplum的优点很多，但是相对于新兴的ClickHouse和Doris数据库，Greenplum在性能上有一定的劣势。首先，Greenplum默认还是行数据库，这导致不能完全发挥列存储优势，也没有实现向量化执行引擎。其次，Greenplum数据库只能选择所有节点平均分布数据或者所有节点都保留一份完整的数据副本，数据存储方式和ClickHouse比较类似，但是没有Doris灵活。最后，Greenplum查询特别依赖底层存储设备，在数据存储格式优化和索引方面不及ClickHouse和Doris数据库。基于以上原因，Greenplum数据库在千万级以上数据量的查询场景下，性能会逊色很多。

相比于Doris的高内存和多节点要求，Greenplum对内存要求非常低，并且单台服务器上可以部署多个节点。对于硬件资源投入比较少的企业，Greenplum仍是最好的选择。更多关于Greenplum构建数据仓库、数据中台的内容，读者可以阅读本人的上一部作品《高效使用Greenplum：入门、进阶和数据中台》。

1.5.2 Doris的“表哥”——Kylin

Kylin是一个开源的、分布式的分析型数据仓库，提供基于Hadoop、Spark的SQL查询接口及多维分析（OLAP）能力，以支持对超大规模数据的查询。Kylin架构如图1-23所示。

根据官方介绍，Kylin仅需三步即可实现对超大规模数据的亚秒级查询。

1）定义一个星型模型或雪花形模型的数据集。

2）在定义的数据集上构建Cube。

3）使用标准SQL语法通过ODBC、JDBC或RESTful接口查询Cube数据。

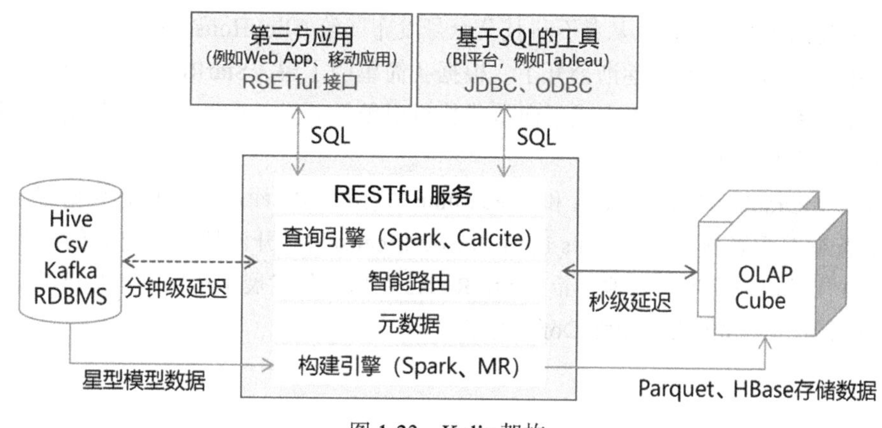

图 1-23　Kylin 架构

但是当 ClickHouse 横空出世后，Kylin 这种架构劣势就显现出来了。诚如官方介绍，Kylin 实现亚秒级查询需要三步，而 Doris 或者 ClickHouse 只需要一步——完成数据同步。而且，Kylin 构建时间较长，为了提高命中率，还需要占用更多的存储空间，这些对于开发者来说都是不太友好的。

当然，Kylin 作为一款和 Hive 大数据集群深度集成的查询引擎，功能成熟稳定，仍然有一定的应用市场。最新版的 Kyligence 已经支持通过微批处理方式集成准实时数据，实现近实时查询。

1.5.3　Doris 的“知音”——ClickHouse

ClickHouse 作为一款开源的列存储数据库管理系统，支持线性扩展，具有安装简单、高可靠性、高性能等特点。ClickHouse 也正是以“快”闻名于世。在标准查询场景中，ClickHouse 平均比 Vertica 快 5 倍，比 Greenplum 快 10 倍，比 Hive 快 279 倍，比 MySQL 快 800 倍，并且可处理的数据级别已达到 10 亿级别。

ClickHouse 和 Doris 一样，诞生于搜索引擎公司，主要用于数据查询场景，但是 ClickHouse 关注点在用户点击流，而 Doris 关注点在 OLAP 业务。二者都支持单机部署和 MPP 框架的分布式部署。ClickHouse 从底层存储到上层查询引擎都做了大量优化，在查询性能方面做到了极致，尤其是在首次实现向量化执行引擎后，成为很多后来者的“学习榜样”。

ClickHouse 的优点很多，缺点也不少。首先，ClickHouse 的集群模式不灵活，数据必须平均分布，并发支持度也不太高。其次，ClickHouse 的表引擎太多，但是大部分表引擎缺陷太明显，不能满足实际应用场景。最后，ClickHouse 的语法不太友好，无论建表语句，还是删除数据，在具体项目实战中都会出现很多问题。

1.5.4　Doris 的“伤痕”——StarRocks

谈到 Doris，不得不谈鼎石科技的 StarRocks（早期叫作 DorisDB）。鼎石科技成立之初，我就关注到了这家公司。从鼎石科技公众号发布《给 ClickHouse 用户的一封信》开始，Doris 和 StarRocks 的裂痕就逐渐公开了。根据我简单的了解，StarRocks 在开源 Doris 的基础上进行了一系列优化，率先完成了向量化执行引擎的开发，成为一款商业化的数据库产品，并对外提供社区版。

作为一个 Oracle、DB2、Hana 和 Greenplum 数据库的资深用户，我对数据库厂商提供商业化服务举双手赞成。StarRocks 选用 Elastic License 2.0 开源协议，更大的可能是为了在云原生时代求得一席生存之地。希望 StarRocks 在后期的发展中可以利用自己的优势反哺 Doris 开源社区，一起做大、做强 Doris 生态。

第2章 Chapter 2

Doris的安装与部署

第1章从研发背景、功能特点、应用场景以及竞品对比等多方面介绍了Doris，让读者对Doris有了一个基本了解。本章将正式带领读者安装和部署Doris，开始上手使用Doris。

2.1 集群规划和环境准备

Doris作为一款MPP架构的OLAP数据库，可以在绝大多数主流的商用服务器上运行。

2.1.1 环境要求

一般推荐使用Linux系统，版本要求是CentOS 7.1及以上或者Ubuntu 16.04及以上，这也是目前服务器市场最主流的操作系统。

操作系统小知识

Linux系统主要分Debian系和Red Hat系，还有其他自由版本。Debian系主要有Debian、Ubuntu、Mint等及其衍生版本；Red Hat系主要有Red Hat、Fedora、CentOS等，其他自由版本有Slackware、Gentoo、Arch Linux、LFS、SUSE等。根据调查资料，2016年中国服务器操作系统市场中CentOS占28%，排名第一，Ubuntu占26%，Red Hat占19%，其余共占27%。其余版本中有部分是Debian系和Red Hat系，所以三类系统所占比例在75%以上。就目前来说，CentOS系统既免费，又稳定，也是云厂商推荐的服务器操作系统，因此首选CentOS 7.x版本。

虽然CentOS官方已经放弃8.0以后版本的升级维护，但是各软件、硬件厂商和云平台都会基于CentOS 7.x继续升级和提供相应的服务。

在操作系统配置方面除了关闭 Swap 以外没有其他要求。关闭 Swap 只是为了避免使用磁盘缓冲区影响性能，并非强制性要求。在这一点上，比其他数据库安装前进行一系列参数调整和系统配置要省事很多。

在 Doris 中，FE 是基于 Java 语言开发的，BE 是基于 C++ 语言开发的，所以二者需要依赖对应语言的编译器。其中，Java 运行环境要求 JDK8 及以上版本（从 Doris 1.0 版本开始强制要求 JDK11 及以上版本），C++ 运行环境要求 GCC4.8.2 及以上版本。

2.1.2 硬件要求

为了提高 Doris 数据库的性能，单台服务器也有硬件要求。Doris 的开发测试环境和生产环境要求分别如表 2-1 和表 2-2 所示。

表 2-1 开发测试环境要求

模块	CPU	内存	磁盘	网络	实例数量
FE	8 核 +	8GB+	SSD 或 SATA，10GB+	千兆网卡	1
BE	8 核 +	16GB+	SSD 或 SATA，50GB+	千兆网卡	1 ～ 3

表 2-2 生产环境要求

模块	CPU	内存	磁盘	网络	实例数量
FE	16 核 +	64GB+	SSD 或 RAID 卡，100GB+	万兆网卡	1 ～ 5
BE	16 核 +	64GB+	SSD 或 SATA，100G+	万兆网卡	10 ～ 100

具体来说，FE 的磁盘空间主要用于存储元数据，包括元数据变更日志和元数据镜像版本，大小通常在几百兆字节到几吉字节不等。BE 的磁盘空间主要用于存储用户数据，总磁盘空间按用户总数据量 ×3（3 副本）计算，然后额外预留 40% 用于存储后台合并数据以及一些中间数据。

一台机器上可以部署多个 BE 实例，但是只能部署一个 FE 实例。如果需要 3 副本数据，至少需要 3 台机器各部署 1 个 BE 实例（而不是 1 台机器部署 3 个 BE 实例）。多个 FE 所在服务器的时钟必须保持一致（允许最多 5s 的时钟偏差）。

在测试环境中，可以仅用 1 个 BE 实例进行测试，但是 1 个 BE 实例只能创建 1 个副本数据。实际生产环境中，BE 实例数量直接决定了集群整体查询性能。

2.1.3 节点规划

为了充分利用 MPP 架构的并发优势，以及 Doris 的高可用性，我们需要足够的服务器节点来支撑 Doris 的运行。Doris 的性能与服务器数量及配置正相关。通常，建议部署 10 ～ 100 台服务器（其中 3 台部署 FE，剩余的部署 BE）。但在部署 4 台服务器（1 台部署 FE，3 台部署 BE，其中 1 台 BE 混部一个观察者角色的 FE 来提供元数据备份），以及服务器配置较低的情况下，Doris 依然可以平稳运行。

如果 FE 和 BE 混部，我们需要注意资源竞争问题，并保证元数据目录和数据目录分属于不同磁盘。Broker是访问外部数据源（如HDFS）的进程。通常，每个FE节点上部署一个Broker实例即可。

关于FE节点的角色，我们需要注意以下几点。

- FE角色分为Leader、Follower和Observer。Leader和Follower角色都是Follower组的成员，以下统称为Follower。Leader是Follower组中选举出来的主节点，有且仅有一个。Observer即观察者角色，仅能复制元数据，不能参与Follower组的选举。
- FE节点数至少为1（1个Follower）。部署1个Follower和1个Observer可以实现读高可用，部署3个Follower可以实现读写高可用。
- Follower的数量必须为奇数，Observer的数量随意。
- 根据以往经验，当集群可用性要求很高时（比如提供在线业务），可以部署3个Follower和1～3个Observer。如果是离线业务，建议部署1个Follower和1～3个Observer。

假设使用3个FE、5个BE节点来搭建Doris集群，部署角色如表2-3所示。

表2-3 8节点高可用Doris集群配置

IP	节点名称	角色
192.168.1.10	doris-fe-01	Leader、Broker
192.168.1.11	doris-fe-02	Follower、Broker
192.168.1.12	doris-fe-03	Follower、Broker
192.168.1.13	doris-be-01	BE
192.168.1.14	doris-be-02	BE
192.168.1.15	doris-be-03	BE
192.168.1.16	doris-be-04	BE
192.168.1.17	doris-be-05	BE

2.1.4 通信端口

Doris的各个实例之间通过网络进行通信，表2-4展示了各服务组件的通信端口。

表2-4 Doris服务组件之间的通信端口

实例名称	端口名称	默认端口	通信方向	说明
BE	be_port	9060	FE → BE	BE上Thrift Server的端口，用于接收来自FE的请求
BE	webserver_port	8040	BE ↔ BE	BE上HTTP Server的端口
BE	heartbeat_service_port	9050	FE → BE	BE上心跳服务端口，用于接收来自FE的心跳
BE	brpc_port	8060	FE ↔ BE BE ↔ BE	BE上的bRPC端口，用于BE之间的通信
FE	http_port	8030	FE ↔ FE，用户	FE上HTTP Server端口
FE	rpc_port	9020	BE → FE FE ↔ FE	FE上Thrift Server的端口，每个FE的配置需要保持一致

（续）

实例名称	端口名称	默认端口	通信方向	说明
FE	query_port	9030	用户	FE 上 MySQL Server 的端口
FE	edit_log_port	9010	FE ↔ FE	FE 上 BDB JE 之间通信的端口
Broker	broker_ipc_port	8000	FE → Broker BE → Broker	Broker 上 Thrift Server 的端口，用于接收请求

当部署多个 FE 实例时，要保证 FE 的 http_port 配置相同。部署前确保各个端口在应有方向上的访问权限：如果是局域网，建议直接关掉防火墙；如果是云平台，还需要开放客户端访问 FE 节点的 8030 端口和 9030 端口。

2.1.5 IP 地址绑定

因为有多网卡情况，或安装过 Docker 等环境而存在虚拟网卡，同一个主机可能存在多个不同的 IP。Doris 启动时不能自动识别可用 IP，因此当主机上存在多个 IP 时，必须通过 priority_networks 配置项强制指定正确的 IP。

priority_networks 是 FE 和 BE 都有的一个配置项，配置项需写在 fe.conf 和 be.conf 中。该配置项用于在 FE 或 BE 启动时，告诉进程应该绑定哪个 IP，示例如下：

```
priority_networks=10.1.3.0/24
```

这是一种 CIDR（Classless Inter-Domain Routing，无类别域间路由）表示方法。FE 或 BE 会根据该配置项来寻找匹配的 IP，并将其作为本地 IP。

注意　配置 priority_networks，只是保证了 FE 或 BE 进行了正确的 IP 绑定。在 ADD BACKEND 或 ADD FRONTEND 语句中也需要指定和 priority_networks 配置匹配的 IP，否则集群无法建立。例如 BE 的配置为 priority_networks=10.1.3.0/24，但 ADD BACKEND 语句是 ALTER SYSTEM ADD BACKEND "192.168.0.1:9050"，则 FE 和 BE 将无法正常通信。这时，必须删掉添加错误的 BE，重新使用正确的 IP 执行 ADD BACKEND。FE 配置也是一样的。

Broker 则不需要配置 priority_networks。Broker 默认绑定在 IP0.0.0.0 上。在执行 ADD BROKER 语句时，只需要配置 Broker 可访问的 IP 即可。

2.2 Doris 源码编译

为了避免源码编译过程中出现异常，Doris 提供了用于源码编译的 Docker 镜像，所以，我们需要掌握一定的编程知识和 Docker 使用方法。

2.2.1 环境准备

安装编译环境，包括 Maven、Git 和 Docker，依次执行如下命令：

```
#先安装 yum 辅助工具
yum -y install yum-utils
#然后一键更换 yum 源为阿里云 repo
yum-config-manager --add-repo http://mirrors.aliyun.com/docker-ce/linux/centos/
    docker-ce.repo
#初始化编译过程中必需的 3 个软件：Maven、Git 和 Docker CE
yum -y install maven git docker-ce
#启动 Docker
systemctl start docker
#设置开机自启动 Docker
systemctl enable docker
```

2.2.2 通过 Git 下载 Doris 源码

百度版本的 Doris 不再单独提供分支，可直接进入 GitHub 主页下载（地址为：https://github.com/apache/incubator-doris）。在 GitHub 主页的 Releases 页面，我们可以看到最近发布的 Doris 版本。图 2-1 是 Doris1.0.0 版本发布截图，发布时间为 2022 年 4 月 2 日。

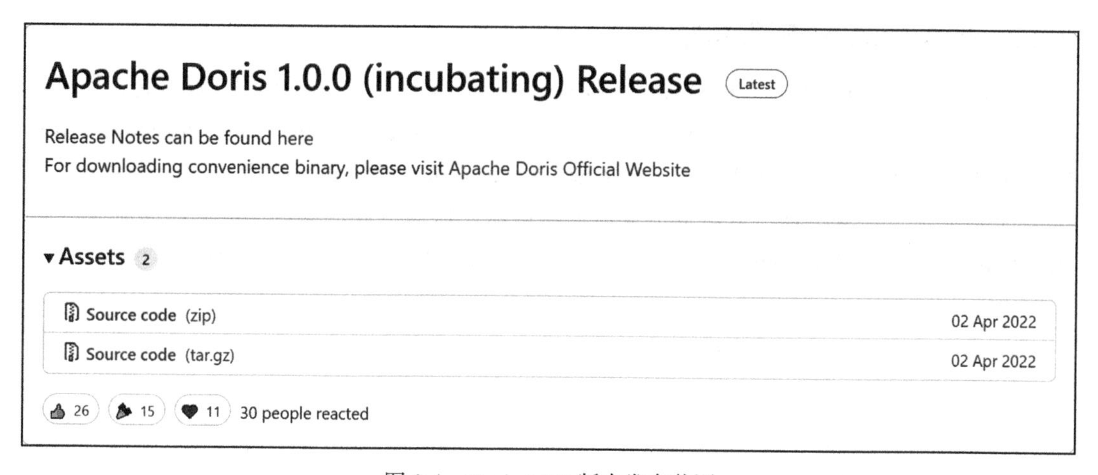

图 2-1 Doris 1.0.0 版本发布截图

下载 Doris 源码并解压到指定目录，例如放到 /root/doris 目录。

```
#创建 Doris 文件夹
mkdir -p /root/doris/
#进入 Doris 文件夹
cd /root/doris
#通过 wget 下载 Doris 1.0.0 版本
wget
https://github.com/apache/incubator-doris/archive/refs/tags/1.0.0-rc03.tar.gz
#解压
tar -zxvf 1.0.0-rc03.tar.gz -C incubator-doris
```

如果云平台访问 GitHub 太慢，我们可以在本地下载压缩包然后解压。源码包解压后的截图如图 2-2 所示。

```
[root@my-bigdata incubator-doris]# pwd
/root/doris/incubator-doris
[root@my-bigdata incubator-doris]# ls
be              CODE_OF_CONDUCT.md  DISCLAIMER  fe           NOTICE.txt       run-regression-test.sh  ui
bin             conf                docker      fe_plugins   README.md        samples                 webroot
build_plugin.sh contrib             docs        fs_brokers   regression-test  thirdparty
build.sh        CONTRIBUTING_CN.md  env.sh      gensrc       run-be-ut.sh     tools
build-support   CONTRIBUTING.md     extension   LICENSE.txt  run-fe-ut.sh     tsan_suppressions
[root@my-bigdata incubator-doris]#
```

图 2-2 Doris 1.0.0 版本源码包解压后的截图

为了提高 FE 编译速度，我们需要将 Central 的地址换为阿里云的地址——https://maven.aliyun.com/repository/central，操作如下。

```
vi /root/doris/incubator-doris/fe/pom.xml
    <repository>
        <id>central</id>
        <name>central maven repo https</name>
        <!--<url>https://repo.maven.apache.org/maven2</url>-->
        <url>https://maven.aliyun.com/repository/central</url>
    </repository>
```

2.2.3 拉取 Docker 编译环境

针对不同的 Doris 版本，我们需要下载对应版本的镜像。从 Doris 0.15 版本起，后续镜像的版本号将与 Doris 的版本号统一，比如可以使用镜像 apache/incubator-doris:build-env-for-0.15.0 来编译 Doris 0.15.0 版本。apache/incubator-doris:build-env-ldb-toolchain-latest 用于编译最新主干版本代码，会随主干版本不断更新。这里，我们编译 Doris 1.0.0 版本，使用 apache/incubator-doris:build-env-for-1.0.0 镜像，操作过程截图如图 2-3 所示。

```
# 拉取 Doris 最新版本的 Docker 编译环境
docker pull apache/incubator-doris:build-env-for-1.0.0
# 查看本地 Docker 清单
docker images
```

```
[root@my-bigdata incubator-doris]# docker pull apache/incubator-doris:build-env-for-1.0.0
build-env-for-1.0.0: Pulling from apache/incubator-doris
0b5490052713: Pull complete
Digest: sha256:b8ecf321acfe6a14d4c636ba0ebeb8b41a446dea51d9390f541d52052f750812
Status: Downloaded newer image for apache/incubator-doris:build-env-for-1.0.0
docker.io/apache/incubator-doris:build-env-for-1.0.0
[root@my-bigdata incubator-doris]# docker images
REPOSITORY               TAG                   IMAGE ID       CREATED        SIZE
apache/incubator-doris   build-env-for-1.0.0   bc54bb07cd7b   3 weeks ago    4.59GB
apache/incubator-doris   build-env-1.4.1       3710fac0d36a   7 months ago   3.44GB
[root@my-bigdata incubator-doris]#
```

图 2-3 Doris 的 Docker 编译环境操作过程截图

2.2.4 启动编译环境

根据最佳实践，我们以挂载本地 Doris 源码目录的方式运行镜像，这样编译产出的二进制文件会存储在宿主机中，不会因为镜像退出而消失。同时，建议将镜像中 Maven 的 m2 目录挂载到宿主机目录，以防每次启动镜像编译时，重复下载 Maven 的依赖库。

这里挂载源码目录以及 m2 目录的命令如下：

```
# 启动 Docker 编译环境
docker run -it -v /root/.m2:/root/.m2 -v /root/doris/incubator-doris/:/usr/local/
    src/doris/incubator-doris/ --privileged=true apache/incubator-doris:build-
    env-for-1.0.0
```

上述命令运行以后直接进入 Docker，没有任何输出。

2.2.5　进入 Docker 进行编译

进入 Docker，执行编译命令：

```
# 切换到编译目录
cd /usr/local/src/doris/incubator-doris
# 编译生成 Doris 安装包，编译后 BE 和 FE 安装包在生成的 output/ 目录下
sh build.sh
```

从编译过程可以看出，BE 节点的 C++ 代码编译比较费时，大约需要 1h；FE 节点的 Java 代码编译大约需要 25min。sh build.sh 命令是依次编译 BE 和 FE 组件的，待编译完成后，我们可以看到图 2-4 所示的界面，这就说明编译成功了。

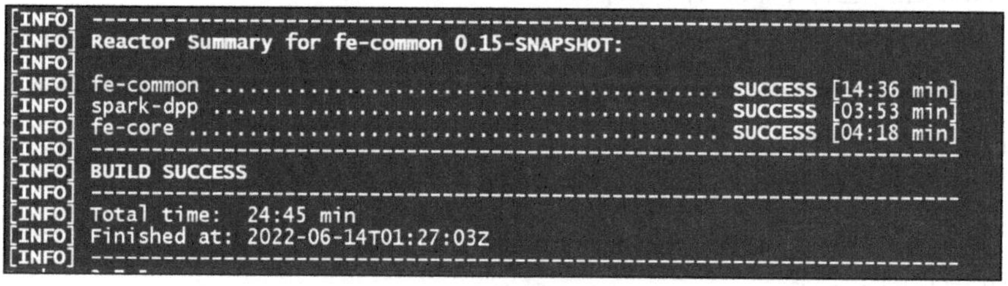

```
[INFO] ------------------------------------------------------------------------
[INFO] Reactor Summary for fe-common 0.15-SNAPSHOT:
[INFO]
[INFO] fe-common .......................................... SUCCESS [14:36 min]
[INFO] spark-dpp .......................................... SUCCESS [03:53 min]
[INFO] fe-core ............................................ SUCCESS [04:18 min]
[INFO] ------------------------------------------------------------------------
[INFO] BUILD SUCCESS
[INFO] ------------------------------------------------------------------------
[INFO] Total time:  24:45 min
[INFO] Finished at: 2022-06-14T01:27:03Z
[INFO] ------------------------------------------------------------------------
```

图 2-4　FE 源码编译成功界面

编译好的安装包在源码根目录的 output 路径下，将文件夹复制到集群节点就可以使用了。编译产出文件截图如图 2-5 所示。

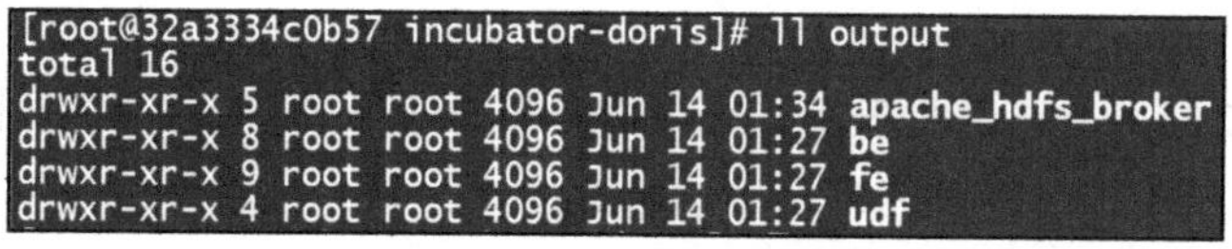

```
[root@32a3334c0b57 incubator-doris]# ll output
total 16
drwxr-xr-x 5 root root 4096 Jun 14 01:34 apache_hdfs_broker
drwxr-xr-x 8 root root 4096 Jun 14 01:27 be
drwxr-xr-x 9 root root 4096 Jun 14 01:27 fe
drwxr-xr-x 4 root root 4096 Jun 14 01:27 udf
```

图 2-5　编译产出文件截图

2.2.6　编译 Broker

Doris 1.0 以后的版本会自动编译 Broker，如果没有自动编译，则需要执行以下命令：

```
# 进入 HDFS Broker 对应的目录
cd fs_brokers/apache_hdfs_broker
# 执行编译命令
sh build.sh
```

待编译完成后，可以在 output 目录下看到编译好的 apache_hdfs_broker 文件（见图 2-6），复制文件夹到对应的 FE 节点即可。

```
[INFO] ------------------------------------------------------------------------
[INFO] BUILD SUCCESS
[INFO] ------------------------------------------------------------------------
[INFO] Total time:  24:16 min
[INFO] Finished at: 2022-06-11T02:38:35Z
[INFO] ------------------------------------------------------------------------
Install broker...
Finished
[root@163cd7b2f7c3 apache_hdfs_broker]# ll output/
total 4
drwxr-xr-x 5 root root 4096 Jun 11 02:38 apache_hdfs_broker
```

图 2-6 编译产出截图

除了以上 Doris 组件，我们还可以编译其他 Doris 扩展包。Doris 扩展包可以参照官网扩展功能说明进行编译及使用，这里不做介绍。

2.3 安装和部署

有 Java 开发经验的读者可以按照 2.2 节的操作进行源码编译，如果不想编译直接使用，则可以到 Palo 官网进行下载。作为 Apache Doris 社区的主要维护团队，百度 Doris 团队同时维护了完全兼容 Apache Doris 的发行版本 Palo。百度发行版本 Palo 具有 Bug 修复和新功能更新功能。百度开源版本不是 Apache Release 版本，但具有全部 Apache Doris 功能，并与 Apache 社区版本兼容。百度发行版本 Palo 在百度内部做过测试，推荐使用，而且用户可以免费下载，安装和部署方式同 Apache Doris。

百度发行版本 Palo 下载地址为：http://palo.baidu.com/docs/ 下载专区 / 预编译版本下载 /。下载页面截图如图 2-7 所示。

百度提供的预编译二进制文件仅可在 CentOS 7.3、Intel（R）Xeon（R）Gold 6148 CPU @ 2.40GHz 上执行通过，在其他系统或 CPU 型号下可能会因为 Glibc 版本或者 CPU 支持的指令集不同而无法运行。Palo 0.14.13.1 及之后的版本需要运行环境下的 CPU 支持 avx2 指令。用户可以通过 cat /proc/cpuinfo 查看 CPU 是否支持该指令，如果不支持，请使用带 no-avx2 后缀的版本。avx2 指令会显著提升 Bloom Filter 等的计算效率，从而提升索引效率。ARM 版本为实验性质版本，以在 ARM 环境下运行 Palo。另外，预编译二进制文件的 FE 部分使用 Oracle JDK 1.8 编译，请确保运行时环境为 Oracle JDK 1.8。

百度提供的预编译环境中包含如下组件：

- Frontend；
- Backend；
- Broker；
- Frontend plugins jars；
- Spark-Doris-Connector jars；

❑ Flink-Doris-Connector jars（0.14.12+ 版本）。

← → C ▲ 不安全 palo.baidu.com/docs/下载专区/预编译版本下载/

Bai du 大脑 | 百度数据仓库　首页　文档　案例　社区

PALO

搜索本产品文档内容

安装部署
快速入门
开始使用
操作手册
最佳实践
SQL手册
下载专区
预编译版本下载
Docker编译环境镜像下载
生态工具
版本发布历史

2. Backend
3. Broker
4. Frontend plugins jars
5. Spark-Doris-Connector jars
6. Flink-Doris-Connector jars (0.14.12+ 版本)

版本号	大小	下载链接	更新时间
0.12.21	447MB	Link	2020-08-11
0.13.15	554MB	Link	2021-01-05
0.14.7	611MB	Link	2021-04-06
0.14.12.4	783MB	Link	2021-06-22
0.14.13.1	847MB	Link	2021-09-17
0.14.13.1-no-avx2	847MB	Link	2021-09-17
0.15.1-rc09	1.05GB	Link	2021-11-15
0.15.1-rc09-no-avx2	1.05GB	Link	2021-11-15
0.15.3	1.03GB	Link	2022-03-21
0.15.3-no-avx2	1.03GB	Link	2021-03-21
1.0.0-preview2	1.24GB	Link	2022-03-21
1.0.0-preview2-no-avx2	1.23GB	Link	2021-03-21

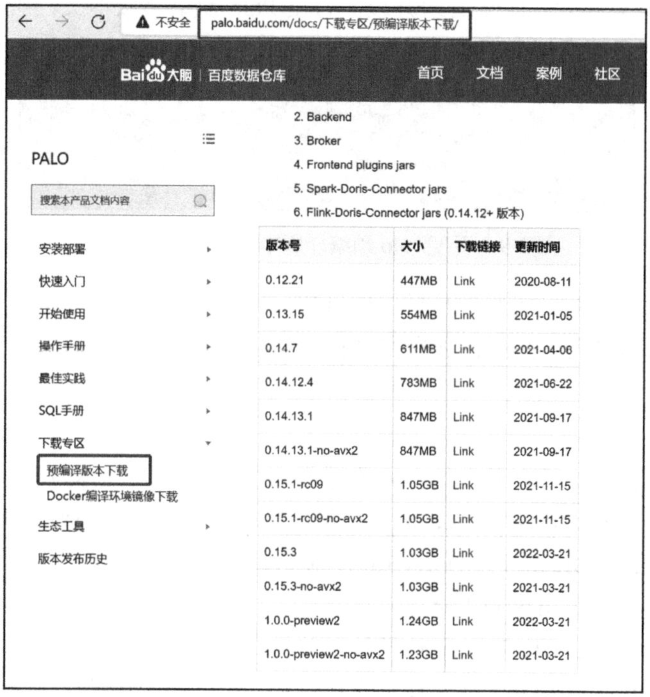

图 2-7　百度发行版本 Palo 下载页面截图

2022 年 6 月中旬，Apache Doris 官网全新升级，也提供了二进制安装包（下载链接为 https://doris.apache.org/zh-CN/download）。

2.3.1　安装前的准备

目前，主流的大数据平台都是基于云主机或者虚拟主机安装和部署的，且一般采用 64 位的 Linux 操作系统，所以本书对天翼云平台弹性云主机 CentOS 7.7 进行安装和部署。

在 CentOS 系统中通过 wget 命令下载百度 Palo 预编译版本，如图 2-8 所示。

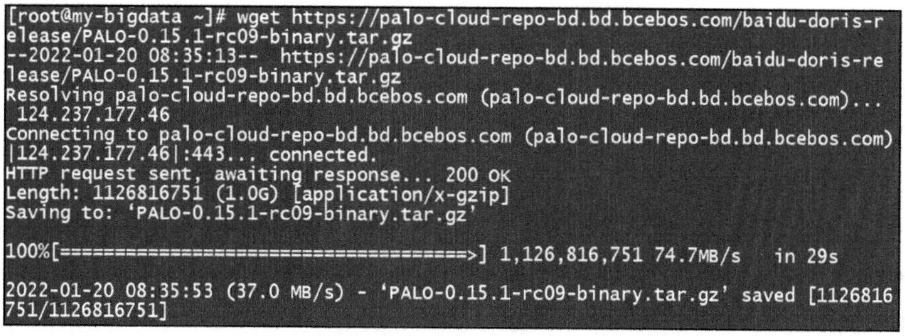

```
[root@my-bigdata ~]# wget https://palo-cloud-repo-bd.bd.bcebos.com/baidu-doris-r
elease/PALO-0.15.1-rc09-binary.tar.gz
--2022-01-20 08:35:13--  https://palo-cloud-repo-bd.bd.bcebos.com/baidu-doris-re
lease/PALO-0.15.1-rc09-binary.tar.gz
Resolving palo-cloud-repo-bd.bd.bcebos.com (palo-cloud-repo-bd.bd.bcebos.com)...
 124.237.177.46
Connecting to palo-cloud-repo-bd.bd.bcebos.com (palo-cloud-repo-bd.bd.bcebos.com)
|124.237.177.46|:443... connected.
HTTP request sent, awaiting response... 200 OK
Length: 1126816751 (1.0G) [application/x-gzip]
Saving to: 'PALO-0.15.1-rc09-binary.tar.gz'

100%[===================================>] 1,126,816,751 74.7MB/s   in 29s

2022-01-20 08:35:53 (37.0 MB/s) - 'PALO-0.15.1-rc09-binary.tar.gz' saved [1126816
751/1126816751]
```

图 2-8　通过 wget 命令下载百度 Palo 预编译版本

下载完成后解压文件包并重命名。正式部署版本建议文件夹名中去掉版本名或者通过Link文件生成虚拟文件夹，便于后续升级。百度Palo预编译版本文件解压后截图如图2-9所示。

```
[root@my-bigdata ~]# mv PALO-0.15.1-rc09-binary doris
[root@my-bigdata ~]# cd doris
[root@my-bigdata doris]# ls
apache_hdfs_broker  doris-flink-1.0-SNAPSHOT.jar    udf
auditloader.zip     doris-spark-1.0.0-SNAPSHOT.jar
be                  fe
```

图2-9 百度Palo预编译版本文件解压后截图

如果是集群部署，我们可将对应的BE和FE分布到需要安装的服务器。本次部署服务器资源有限，仅单机部署，集群部署操作过程也是一样的。

2.3.2 安装FE

由于FE是基于Java语言开发的，因此部署FE之前需要先安装JDK。正常情况下，安装Oracle JDK和Open JDK都可以，但是预编译版本文件是采用Oracle JDK编译的，所以我们依然采用Oracle JDK版本。Doris 1.0以前的版本只需安装JDK8版本即可，Doris 1.0及以后版本要求必须安装JDK11版本。

到Oracle官网下载JDK需要注册账号，并且登录速度比较慢，这里推荐到华为云下载。下载完成后解压，并将解压文件移到指定目录，配置环境变量。

FE组件的安装非常简单，最新Doris版本的安装包自动创建了doris-meta目录，我们可以直接到bin目录下执行命令sh start_fe.sh --daemon来启动FE。执行该命令后如果没有任何输出，FE启动成功。我们也可以通过jps命令验证FE是否启动成功，有PaloFe进程表示启动成功。FE节点启动及验证过程如图2-10所示。

```
[root@bigdata bin]# sh start_fe.sh --daemon
[root@bigdata bin]# jps
24913 PaloFe
24950 Jps
812 WrapperSimpleApp_
```

图2-10 FE节点启动及验证过程

在正式环境中安装FE节点有以下注意事项：

- FE节点的配置文件为fe/conf/fe.conf。
- FE作为管理节点存放数据库的元数据，默认保存在fe/doris-meta/路径下。我们也可以通过调整fe.conf中的meta_dir切换到独立的目录。生产环境中强烈建议单独指定目录，不要放在Doris安装目录下，最好是单独的磁盘（如果有SSD最好）。
- fe.conf中JAVA_OPTS默认Java最大堆内存为4GB，生产环境中建议调整至8GB以上。
- priority_networks配置可以具体参考2.1.5节内容。
- 默认第一个启动的是Leader角色，也就是Follower组中的主节点。

fe.conf 重要参数说明

lower_case_table_names 参数用于配置用户表表名大小写是否敏感，默认为 0，表示表名大小写敏感。该参数需在集群初始化时进行配置。集群初始化完成后无法通过 set 语句修改该参数，也无法通过重启、升级修改该参数。该参数还可以设置为 1 或者 2，都表示表名大小写不敏感，区别是值为 1 时，任何场景下表名无论大小写都表示同一张表，而值为 2 时，同一语句中表名要么大写，要么小写。

FE 节点的服务进程启动后进入后台执行，日志默认存放在 fe/log/ 目录下。如果服务进程启动失败，我们可以通过日志文件 fe/log/fe.log 或者 fe/log/fe.out 查看错误信息。

安装完 FE 节点后，我们有两种方式进行访问。

第一种是在网络无限制的情况下，直接打开网址 http://fe_ip：8030，进入管理页面，如图 2-11 所示。

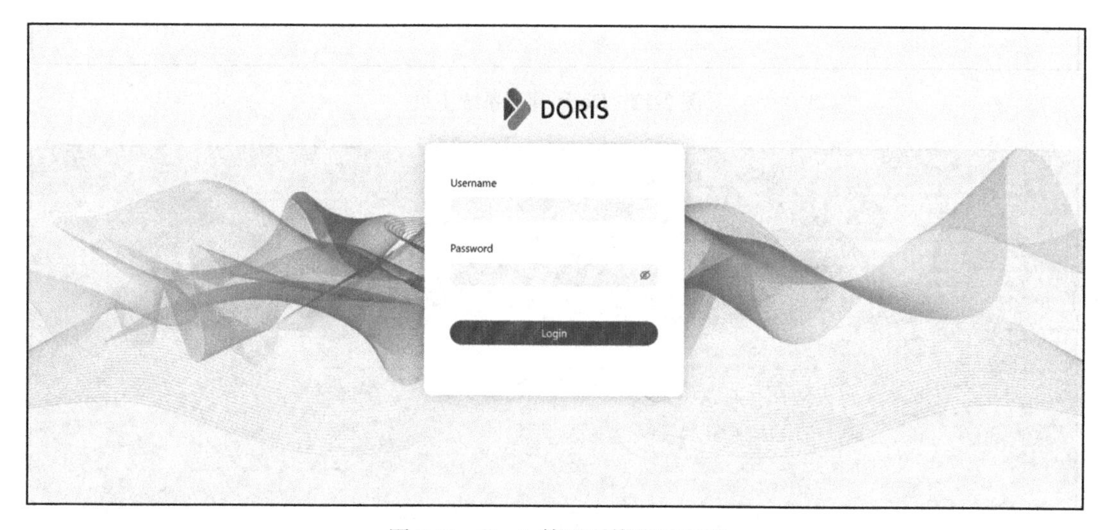

图 2-11 Doris 管理系统登录页面

用户名是 admin，默认密码为空。登录后的界面如图 2-12 所示。

第二种方式是通过 MySQL 客户端访问。这里我们既可以直接在服务器上通过 MySQL 命令访问 FE，也可以通过客户端软件配置 JDBC 访问，默认 root 密码为空。数据库安装人员必须要掌握命令行模式，因此这里需要先安装 MySQL 客户端，具体如下。

```
# 先添加 RPM 源
rpm -ivh https://repo.mysql.com//mysql57-community-release-el7-11.noarch.rpm
# 然后安装 x64 位的 MySQL 客户端，这里仅安装 MySQL 客户端即可操作 Doris
yum install mysql-community-client.x86_64 -y
```

实际在安装时，执行 yum install mysql-community-client.x86_64 -y 命令可能会遇到图 2-13 所示的错误。

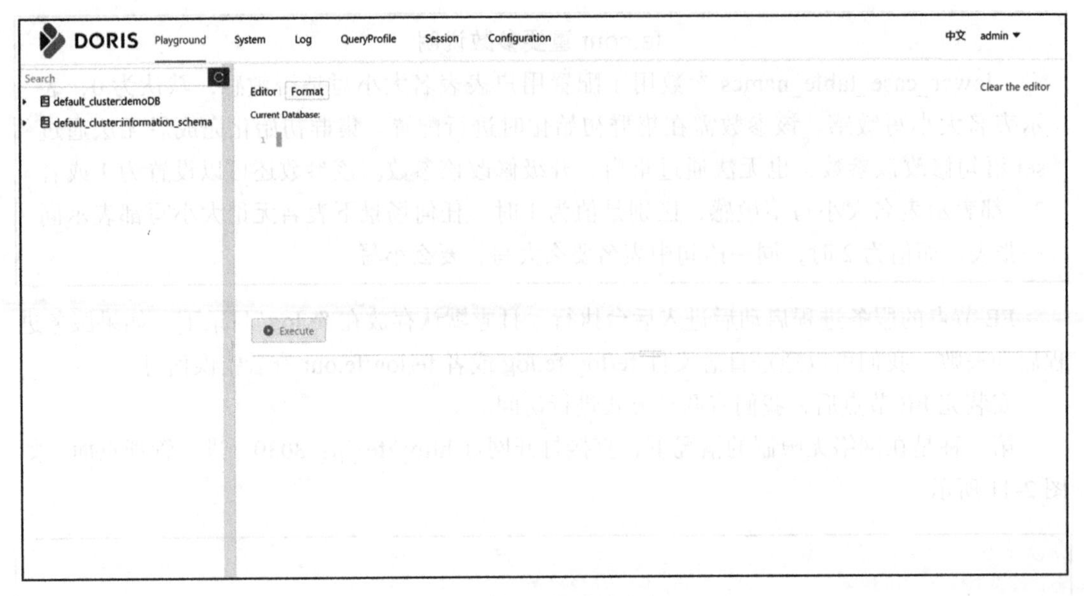

图 2-12 Doris 管理系统主页

```
Install  2 Packages (+1 Dependent package)

Total download size: 28 M
Downloading packages:
warning: /var/cache/yum/x86_64/7/mysql57-community/packages/mysql-community-common-5.7.37-1.el7.x86_64.rpm: Header V4 RSA/SHA256
 Signature, key ID 3a79bd29: NOKEY
Public key for mysql-community-common-5.7.37-1.el7.x86_64.rpm is not installed
(1/3): mysql-community-common-5.7.37-1.el7.x86_64.rpm                              | 311 kB  00:00:01
(2/3): mysql-community-libs-5.7.37-1.el7.x86_64.rpm                                | 2.4 MB  00:00:01
(3/3): mysql-community-client-5.7.37-1.el7.x86_64.rpm                              |  25 MB  00:00:04
---------------------------------------------------------------------------------------------------------
Total                                                                     6.5 MB/s |  28 MB  00:00:04
Retrieving key from file:///etc/pki/rpm-gpg/RPM-GPG-KEY-mysql
Importing GPG key 0x5072E1F5:
 Userid     : "MySQL Release Engineering <mysql-build@oss.oracle.com>"
 Fingerprint: a4a9 4068 76fc bd3c 4567 70c8 8c71 8d3b 5072 e1f5
 Package    : mysql57-community-release-el7-11.noarch (installed)
 From       : /etc/pki/rpm-gpg/RPM-GPG-KEY-mysql


Public key for mysql-community-libs-5.7.37-1.el7.x86_64.rpm is not installed


 Failing package is: mysql-community-libs-5.7.37-1.el7.x86_64
 GPG Keys are configured as: file:///etc/pki/rpm-gpg/RPM-GPG-KEY-mysql
```

图 2-13 MySQL 客户端安装报错截图

报错显示软件签名验证不通过。解决方法是忽略签名验证：

```
# 安装 MySQL 社区版客户端，并忽略检查
yum install mysql-community-client.x86_64 -y --nogpgcheck
```

安装成功后的结果如图 2-14 所示。

然后通过命令 mysql -h host -P port -uroot 即可连接 FE 节点，其中：IP 地址为 FE 节点的 IP；端口号默认为 9030，对应 fe.conf 文件中的 query_port；默认使用 root 账户，无密码登录。登录过程截图如图 2-15 所示。

```
Install  2 Packages (+1 Dependent package)

Total size: 28 M
Downloading packages:
Running transaction check
Running transaction test
Transaction test succeeded
Running transaction
Warning: RPMDB altered outside of yum.
** Found 1 pre-existing rpmdb problem(s), 'yum check' output follows:
glibc-headers-2.17-307.el7.1.x86_64 has missing requires of kernel-headers >= ('0', '2.2.1', None)
  Installing : mysql-community-common-5.7.37-1.el7.x86_64                                   1/4
  Installing : mysql-community-libs-5.7.37-1.el7.x86_64                                     2/4
  Installing : mysql-community-client-5.7.37-1.el7.x86_64                                   3/4
  Erasing    : 1:mariadb-libs-5.5.65-1.el7.x86_64                                           4/4
  Verifying  : mysql-community-libs-5.7.37-1.el7.x86_64                                     1/4
  Verifying  : mysql-community-common-5.7.37-1.el7.x86_64                                   2/4
  Verifying  : mysql-community-client-5.7.37-1.el7.x86_64                                   3/4
  Verifying  : 1:mariadb-libs-5.5.65-1.el7.x86_64                                           4/4

Installed:
  mysql-community-client.x86_64 0:5.7.37-1.el7              mysql-community-libs.x86_64 0:5.7.37-1.el7

Dependency Installed:
  mysql-community-common.x86_64 0:5.7.37-1.el7

Replaced:
  mariadb-libs.x86_64 1:5.5.65-1.el7

Complete!
```

图 2-14　MySQL 客户端安装成功截图

```
[root@my-doris palo-0.15.1-rc09]# mysql -h 127.0.0.1 -P 9030 -uroot
Welcome to the MySQL monitor.  Commands end with ; or \g.
Your MySQL connection id is 0
Server version: 5.1.0 Doris version 0.15.1-rc09-Unknown

Copyright (c) 2000, 2022, Oracle and/or its affiliates.

Oracle is a registered trademark of Oracle Corporation and/or its
affiliates. Other names may be trademarks of their respective
owners.

Type 'help;' or '\h' for help. Type '\c' to clear the current input statement.

mysql> SHOW PROC '/backends';
Empty set (0.01 sec)
```

图 2-15　MySQL 客户端连接 FE

2.3.3　安装 BE

BE 是由 C++ 语言开发的，所以不需要安装其他依赖软件。BE 安装过程和 FE 一样，也非常简单，直接进入 bin 目录执行 sh start_be.sh --daemon 命令即可。启动及验证过程截图如图 2-16 所示。

```
[root@my-bigdata bin]# pwd
/data/palo-0.15.1-rc09/be/bin
[root@my-bigdata bin]# ls
be.pid  start_be.sh  stop_be.sh
[root@my-bigdata bin]# sh start_be.sh --daemon
[root@my-bigdata bin]# ps -ef|grep be
root      5786     1  2 10:55 pts/1    00:00:00 /data/palo-0.15.1-rc09/be/lib/palo_be
root      6174 29002  0 10:55 pts/1    00:00:00 grep --color=auto be
```

图 2-16　BE 启动及验证过程

在正式环境中安装 BE 节点，也有以下注意事项：

- BE 节点的配置文件为 be/conf/be.conf。
- BE 作为数据的实际存储节点，需要大量存储空间，建议用可扩容的外挂磁盘。数据磁盘主要通过 be.conf 文件中的 storage_root_path 参数来配置。数据文件存储目录需要提前创建好，多个目录通过“;”来分隔。（注意：最后一个路径后面不需要分号。）

- 存储介质可以是 HDD 或 SSD，并且可以限制每个目录的最大使用空间。

> 存储路径的配置有两种格式，具体如下。
>
> 方式一：通过在目录后面增加“.”和“,”分步追加磁盘类型和限制存储容量（默认单位是 GB），例如：“storage_root_path=/home/disk1/doris.HDD,50;/home/disk2/doris.SSD,10;/home/disk3/doris”表示有 3 个盘，磁盘一 /home/disk1/doris.HDD, 50 表示存储限制为 50GB 的 HDD; 磁盘二 /home/disk2/doris.SSD 10 表示存储限制为 10GB 的 SSD；磁盘三 /home/disk3/doris 表示存储限制为磁盘最大容量，默认为 HDD。
>
> 方式二：在目录后面通过键值对区分存储类型和存储空间（默认单位也是 GB），例 如：storage_root_path=/home/disk1/doris,medium:hdd,capacity:50;/home/disk2/doris,medium:ssd,capacity:10;/home/disk3/doris,medium:hdd”表示的结果和方式一致。

- priority_networks 参数的配置同 FE 节点，可以参考 2.1.5 节。
- BE 节点之间是平等关系，无主从、主备关系，系统会自动均衡地分布数据。

BE 节点的日志默认存放在 be/log/ 目录下，如启动失败，可以通过日志文件 be/log/be.log 或者 be/log/be.out 查看错误信息。

BE 节点启动后，需要向 FE 节点注册信息才可加入集群，具体如下（这里要用到前面安装的 MySQL 客户端）：

```
# 添加 FE 的配置
ALTER SYSTEM ADD BACKEND "192.168.1.17:9050";
# 查看后台任务
SHOW PROC '/backends';
```

其中，IP 为配置文件中 priority_networks 参数对应的 IP，端口为 heartbeat_service_port 参数对应的值。

配置过程截图如图 2-17 所示。

```
mysql> ALTER SYSTEM ADD BACKEND "192.168.1.17:9050";
Query OK, 0 rows affected (0.04 sec)

mysql> SHOW PROC '/backends';
+-----------+-----------------+--------------+----------+---------------+--------+----------+----------+---------------------+--
-------------------+-------+----------------------+-----------------------+-----------+------------------+---------------+-----
--------+---------+----------------+-----------------------+--------+---------------------+-------------------------------
------------------------------------------+
| BackendId | Cluster         | IP           | HostName | HeartbeatPort | BePort | HttpPort | BrpcPort | LastStartTime       | L
astHeartbeat        | Alive | SystemDecommissioned | ClusterDecommissioned | TabletNum | DataUsedCapacity | AvailCapacity | Total
Capacity | UsedPct | MaxDiskUsedPct | Tag                      | ErrMsg | Version             | Status
                                          |
+-----------+-----------------+--------------+----------+---------------+--------+----------+----------+---------------------+--
-------------------+-------+----------------------+-----------------------+-----------+------------------+---------------+-----
--------+---------+----------------+-----------------------+--------+---------------------+-------------------------------
------------------------------------------+
| 10002     | default_cluster | 192.168.1.17 | my-doris | 9050          | 9060   | 8040     | 8060     | 2022-01-19 22:47:23 | 2
022-01-19 23:03:06 | true  | false                | false                 | 0         | 0.000            | 26.508 GB     | 35.30
9 GB     | 24.93 % | 24.93 %        | {"location" : "default"} |        | 0.15.1-rc09-Unknown | {"lastSuccessReportTabletsTime":
"2022-01-19 23:03:03","lastStreamLoadTime":-1} |
+-----------+-----------------+--------------+----------+---------------+--------+----------+----------+---------------------+--
-------------------+-------+----------------------+-----------------------+-----------+------------------+---------------+-----
--------+---------+----------------+-----------------------+--------+---------------------+-------------------------------
------------------------------------------+
1 row in set (0.00 sec)
```

图 2-17 BE 节点配置过程截图

如存在多个BE节点，需要依次添加。BE节点运作状态可以通过SHOW PROC '/backends'；命令查看，如节点服务正常，isAlive列应为true。

2.3.4 安装Broker

Broker是访问外部数据源（如HDFS）的进程。通常，我们只在FE节点上部署Broker实例。Broker以插件的形式独立于Doris部署。如果从第三方存储系统导入数据，我们需要部署相应的Broker组件。Doris默认提供了读取HDFS和BOS源码的fs_broker。fs_broker是无状态的，建议每一个FE和BE节点都部署。

Broker安装过程如下。

1）修改相应Broker配置。在broker/conf/目录下对应的配置文件中可以修改相应配置。

2）启动Broker。用sh bin/start_broker.sh --daemon命令启动Broker。

3）添加Broker。要想让Doris的FE和BE知道Broker在哪些节点上，通过SQL命令添加Broker节点列表。使用mysql-client连接已启动的FE节点，命令如下：

```
ALTER SYSTEM ADD BROKER broker_name "host1:port1","host2:port2",...;
```

其中，host为Broker节点对应的IP；port为Broker配置文件中broker_ipc_port对应的值。

使用mysql-client连接已启动的FE节点，执行SHOW PROC "/brokers"命令查看Broker状态。操作示例如下：

```
mysql -u root  -h  192.168.1.10 -P  9030
mysql> ALTER SYSTEM ADD BROKER broker_01 "192.168.1.10:8000";
mysql> ALTER SYSTEM ADD BROKER broker_01 "192.168.1.11:8000";
mysql> ALTER SYSTEM ADD BROKER broker_01 "192.168.1.12:8000";
```

2.4 数据库访问和常用命令

作为Doris集群的安装者和使用者，我们不可能避免地需要用到一些管理命令来查看和修改Doris服务或者管理Doris用户密码。这里介绍一下常用命令。

2.4.1 访问Doris数据库

访问Doris数据库，首先必须掌握通过MySQL客户端连接的方式。选择MySQL客户端版本时建议采用5.1之后的版本，因为5.1之前的版本不支持长度超过16字符的用户名。这里推荐使用5.7版本的MySQL客户端，安装过程见2.3.2节。

安装完成以后，我们可以通过MySQL命令连接Doris数据库，操作如下：

```
[root@node02 conf]# mysql -u root -P 9030 -h 192.168.1.17
Welcome to the MySQL monitor.  Commands end with ; or \g.Your MySQL connection id
    is 9Server version: 5.1.0 Doris version 0.15.1-rc09-Unknown
Copyright (c) 2000, 2017, Oracle and/or its affiliates. All rights reserved.
```

```
Oracle is a registered trademark of Oracle Corporation and/or its
affiliates. Other names may be trademarks of their respective
owners.
Type 'help;' or '\h' for help. Type '\c' to clear the current input statement.
mysql>
```

"工欲善其事，必先利其器"，除了在服务器上通过MySQL命令直接连接FE以外，我们还需要通过客户端软件连接Doris进行日常数据查询和数据库对象创建。这里推荐Navicat和DBeaver。

Navicat是一款可以连接多个关系型数据库的商业软件，优点是可以简单、快速地连接MySQL、Oracle、PostgreSQL、SQL Server等常用数据库；缺点是对Doris视图和表结构支持不友好。Navicat无须任何配置，用户直接填数据库连接信息即可访问Doris，操作过程和连接MySQL一样。Navicat连接Doris的操作截图如图2-18所示。

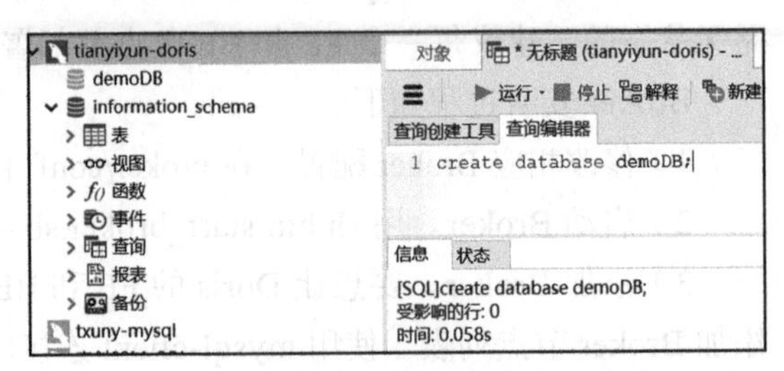

图2-18　Navicat连接Doris的操作截图

DBeaver是一款专门为开发人员和数据库管理员开发的通用数据库工具，具有操作简单、免费开源、跨平台等优点。DBeaver支持任何一个具有JDBC驱动程序的数据库，因此支持的数据库范围非常广泛。DBeaver不仅可以很好地支持各种查询操作，还支持查看视图和建表语句等操作，是数据库开发者的好助手。DBeaver连接Doris的操作截图如图2-19所示。

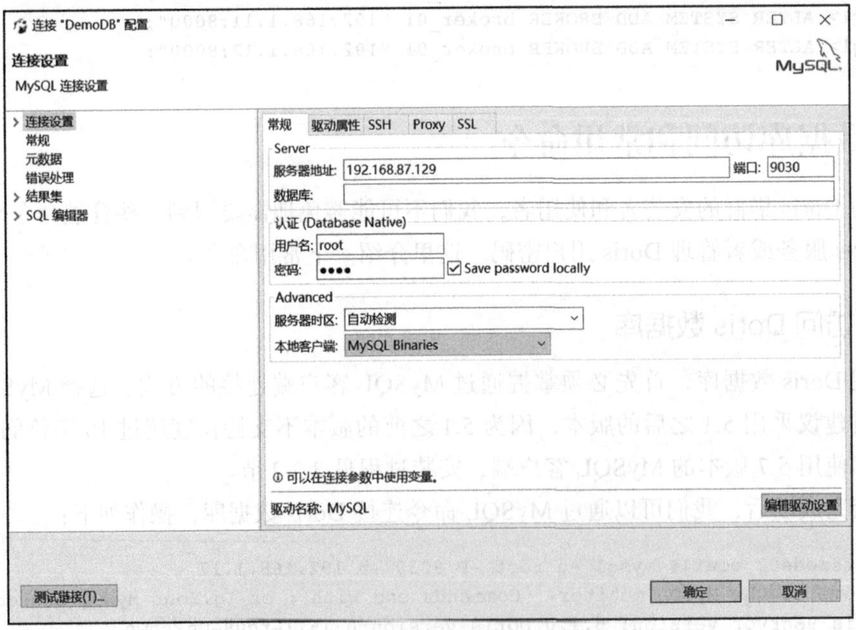

图2-19　DBeaver连接Doris的操作截图

使用 Java 语言开发时，我们也可以直接通过配置 JDBC 驱动连接数据库。

```
<!--https://mvnrepository.com/artifact/mysql/mysql-connector-java -->
    <dependency>
        <groupId>mysql</groupId>
        <artifactId>mysql-connector-java</artifactId>
        <version>5.1.47</version>
    </dependency>
```

在某些场景下，例如 Tableau 服务端连接 Doris 时，我们还需要安装 ODBC 驱动，以 CentOS 7 为例，操作如下。

第一步，安装相关驱动软件。

```
# 安装 ODBC 驱动
yum install unixODBC unixODBC-devel libtool-ltdl libtool-ltdl-devel
# 安装 MySQL 驱动
yum install mysql-connector-odbc -y --nogpgcheck
# 验证驱动是否安装正确
odbcinst -j
```

安装成功后，验证结果如图 2-20 所示。

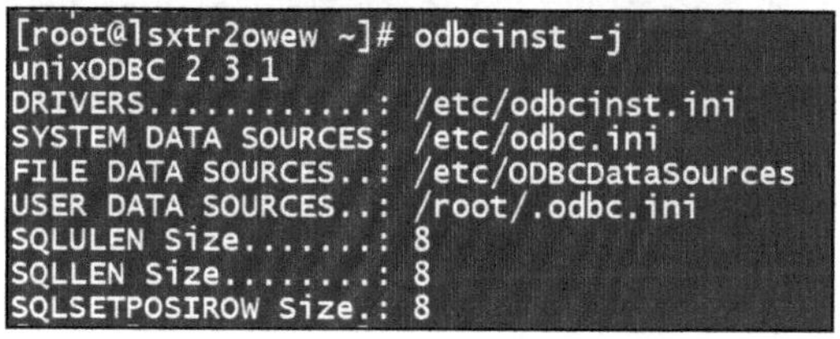

```
[root@lsxtr2owew ~]# odbcinst -j
unixODBC 2.3.1
DRIVERS............: /etc/odbcinst.ini
SYSTEM DATA SOURCES: /etc/odbc.ini
FILE DATA SOURCES..: /etc/ODBCDataSources
USER DATA SOURCES..: /root/.odbc.ini
SQLULEN Size.......: 8
SQLLEN Size........: 8
SQLSETPOSIROW Size.: 8
```

图 2-20　ODBC 驱动验证成功截图

第二步，配置 ODBC 驱动。

```
vim  /etc/odbcinst.ini
# 在文件中添加如下内容
[MySQLw]
Description      = ODBC for MySQL w
Driver           = /usr/lib/libmyodbc5w.so
Setup            = /usr/lib/libodbcmyS.so
Driver64         = /usr/lib64/libmyodbc5w.so
Setup64          = /usr/lib64/libodbcmyS.so
FileUsage        = 1
```

默认 libmyodbc5.so 只支持 ANSI 字符集，如果想支持中文字符，需要使用 libmyodbc5w.so。配置完成后，通过 odbcinst -q -d 查看已安装的驱动，如图 2-21 所示。

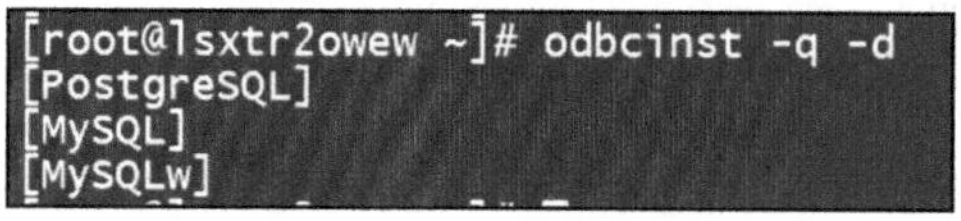

```
[root@lsxtr2owew ~]# odbcinst -q -d
[PostgreSQL]
[MySQL]
[MySQLw]
```

图 2-21　已安装的驱动

第三步，添加MySQL的ODBC连接信息。

```
vim /etc/odbc.ini
[my_doris]
Description      = Data source MySQL w
Driver           = MySQLw
Server           = 127.0.0.1
Host             = 127.0.0.1
Database         = example_db
Port             = 9030
User             = root
Password         = ******
CHARSET          = UTF8
```

保存配置以后，通过isql -v my_doris验证Doris数据源连接是否成功。连接成功的返回结果如图2-22所示。

```
[root@lsxtr2owew ~]# isql -v my_doris
+---------------------------------------+
| Connected!                            |
|                                       |
| sql-statement                         |
| help [tablename]                      |
| quit                                  |
|                                       |
+---------------------------------------+
SQL>
```

图2-22 ODBC驱动连接Doris数据源成功

2.4.2 Doris常用命令

为了更好地使用Doris，我们还需要掌握一些常用命令。

1）查看前端节点命令如下：

```
SHOW PROC '/frontends'
```

2）查看后端节点命令如下：

```
SHOW PROC '/backends'
```

3）查看本地数据的label任务执行情况命令如下：

```
SHOW LOAD WHERE label="my_label1"
```

4）重命名表命令如下：

```
ALTER TABLE test_table RENAME new_table_name
```

5）查询表结构命令如下：

```
-- 查看表的字段及物化视图
DESC table_name ALL;
-- 查表的字段信息
```

```
DESC table_name;
-- 查看表的创建语句
SHOW CREATE TABLE table_name;
```

6）查看分区信息命令如下：

```
-- 查看表的临时分区
SHOW TEMPORARY PARTITIONS FROM table_name;
-- 查看表的分区
SHOW PARTITIONS FROM table_name;
```

7）查看某一个数据库下所有表的动态分区信息命令如下：

```
SHOW DYNAMIC PARTITION TABLES FROM database;
```

8）查看表的数据量命令如下：

```
-- 查看默认 DB 下各个表的数据量、副本数量、汇总数据量和汇总副本数量
SHOW DATA;
-- 查看指定 DB 下指定表的细分数据量、副本数量和统计行数
SHOW DATA FROM example_db.test;
-- 查看当前数据块下所有的表和物化视图，按照副本数量和行数等进行排序
SHOW DATA ORDER BY ReplicaCount DESC,Size ASC;
```

注：表的数据量可以通过 SHOW DATA 命令查看到的汇总数据量除以副本数获得。

2.4.3　Doris 用户管理

1. 创建用户和数据库

用户在创建 Doris 集群时设置的密码为 Doris 的 admin 用户的密码。Doris 集群初始默认包含一个 admin 用户，用户可以通过 admin 用户和 Doris 进行初次连接：

```
mysql -hDORIS_HOST -PDORIS_PORT -uadmin -pyour_password
```

如果使用的是 8.0 以上版本的 MySQL 客户端，请添加参数：

```
mysql  --default-auth=mysql_native_password -hDORIS_HOST -PDORIS_PORT -uadmin
    -pyour_password
```

这里的 host 和 port 是 Doris 控制台给出的 MySQL 连接目标，如果绑定了 EIP，则替换为 EIP 即可。

admin 用户拥有集群的全部操作权限。管理员可以通过 admin 用户创建普通用户并授予相应的权限。

通过以下命令创建普通用户：

```
CREATE USER 'jack' IDENTIFIED BY 'jack_passwd';
```

新创建的普通用户默认没有任何权限，接下来可以创建数据库并授权给用户 jack：

```
CREATE DATABASE example_db;
```

```
GRANT ALL ON example_db TO "jack";
```

之后，用户 jack 可以登录并查看数据库：

```
mysql -hDORIS_HOST -PDORIS_PORT -ujack -pjack_password
```

2. 修改用户密码

Doris 内置 root 用户和 admin 用户，密码默认都为空。启动 Doris 后，可以通过 root 用户或 admin 用户连接到集群。通过以下命令可登录 Doris：

```
mysql -h FE_HOST -P9030 -uroot
```

其中，FE_HOST 是任一 FE 节点的 IP 地址，9030 是 fe.conf 文件中的 query_port 配置。

登录后，可以通过以下命令修改 root 密码：

```
SET PASSWORD FOR 'root' = PASSWORD ('your_password');
```

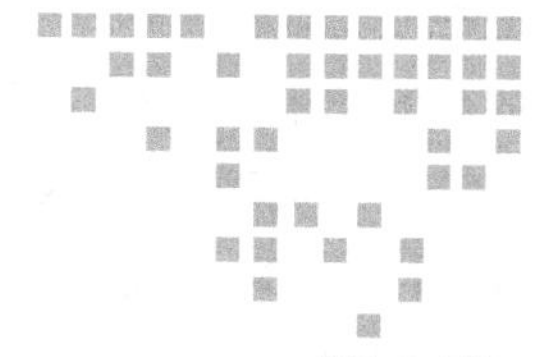

第 3 章 Chapter 3

Doris 数据对象

作为一款高性能 MPP 架构的数据库，Doris 提供了完备的 DDL 和 DML 功能，并且支持大部分标准的 SQL 语言。DDL 操作包括 CREATE、ALTER、DROP 等，DML 操作包括 INSERT、SELECT、UPDATE、DELETE 等，功能齐全。其中，UPDATE、DELETE 操作会有一些限制，但是仍然可以满足用户大多数需求。

Doris 作为一款简单、易用的分布式数据库，入门非常简单。如果你已经使用过 MySQL 数据库或者其他数据库，那么你在了解 Doris 的数据模型和基本数据类型以后，就可以马上上手使用 Doris 数据库了。作为一款面向未来的 OLAP 数据库，用户友好是 Doris 极其看重的一个方向，我们几乎可以参考 MySQL 来使用 Doris 数据库。这里说几乎，是因为 Doris 作为一款分布式架构的分析型数据库，在某些操作上还是会受到分布式架构的影响，和 MySQL 分库分表的集群模式还是有很大不同。比如，Doris 是基于列存储数据的，这和 MySQL 的行存储有着截然不同的逻辑，在更新、查询、索引等方面也会有很大不同。

在数据类型、系统函数、分布式建表等方面，Doris 比同赛道的 ClickHouse 要好用很多。ClickHouse 的数据类型和系统函数名都是由大小写字母组合而成的，并且对大小写敏感，例如 Float64、Decimal32（4）、DateTime64 等类型和 toString、toDecimal64OrZreo 等函数。并且，字段类型不能隐式转换，必须要使用相应的函数。

3.1 数据类型

作为一款兼容 MySQL 的分析型数据库，Doris 提供了多种数据类型。Doris 支持的数据类型主要分为数值类型、日期时间类型、字符串类型和其他扩展类型。

3.1.1 数值类型

Doris支持的数值类型主要有以下几种形式，和MySQL比，只少了MEDIUMINT类型，并且新增了LARGEINT类型。Doris支持的数值类型及其范围如表3-1所示。

从表3-1可以看出，Doris定义的数值类型不仅可以满足我们日常开发需求，而且使用非常简单。在实际项目中，我们一般使用INT表示整数类型、使用DECIMAL表示金额或者比率等，较少使用其他类型。

3.1.2 日期时间类型

Doris支持的日期时间类型较MySQL有所精简，仅保留了DATE和DATETIME类型。在实际项目中，我们也仅需这两种类型。当输入的日期格式不合法时，字段自动变成NULL值。Doris支持的日期时间类型及其格式如表3-2所示。

对于其他数据库常用的TIMESTAMP类型，Doris没有提供，如果确实有需要，可以用BIGINT类型代替。但是作为一款OLAP数据库，TIMESTAMP类型有最大和最小时间限制，且容易受时区影响。站在数据仓库角度考虑，TIMESTAMP类型的可读性差，我们在数据建模时应该将其转化成DATETIME类型。

3.1.3 字符串类型

相对于MySQL，Doris支持的字符串类型精简了很多，仅保留CHAR、VARCHAR及TEXT类型。Doris支持的字符串类型及其用途表述如表3-3所示。

其中，VARCHAR和TEXT类型的变长字符串是以UTF-8编码存储的，因此通常英文字符占1 B，中文字符占3 B。

VARCHAR类型的字符串长度比较确定，便于数据库分配存储空间，在构建索引时也方便确定存储位置和偏移量；TEXT类型的数据长度则比较灵活，支持用户根据需要变动长度，避免字段长度溢出造成数据插入失败。根据经验，字符串长度比较稳定且总长度在255 B以下时，推荐用VARCHAR类型存储，字符串长度变化比较大时，推荐用TEXT类型存储。

3.1.4 其他扩展类型

1. BITMAP类型

BITMAP类型只能用于Aggregate数据模型的表，并且不能用在Key列，建表时需搭配BITMAP_UNION使用。用户不需要指定BITMAP类型数据长度和默认值，长度根据数据的聚合程度调整。BITMAP类型数据只能通过配套的BITMAP_UNION_COUNT、BITMAP_UNION、BITMAP_HASH等函数进行查询或调用。

表 3-1 Doris 支持的数值类型及其范围

类型	大小	范围（有符号）	范围（无符号）	用途
TINYINT	1 B	（−128，127）	（0，255）	小整数值
SMALLINT	2 B	（−32 768，32 767）	（0，65 535）	大整数值
INT 或 INTEGER	4 B	（−2 147 483 648，2 147 483 647）	（0，4 294 967 295）	大整数值
BIGINT	8 B	（−9 223 372 036 854 775 808，9 223 372 036 854 775 807）	（0，18 446 744 073 709 551 615）	极大整数值
LARGEINT	16 B 有符号整数	−2^127 + 1 ～ 2^127 − 1		
FLOAT	4 B	（−3.402 823 466 E+38，−1.175 494 351 E−38），0，（1.175 494 351 E−38，3.402 823 466 351 E+38）	0，（1.175 494 351 E−38，3.402 823 466 E+38）	单精度浮点数值
DOUBLE	8 B	（−1.797 693 134 862 315 7 E+308，−2.225 073 858 507 201 4 E−308），0，（2.225 073 858 507 201 4 E−308，1.797 693 134 862 315 7 E+308）	0，（2.225 073 858 507 201 4 E−308，1.797 693 134 862 315 7 E+308）	双精度浮点数值
DECIMAL	对 DECIMAL(M, D)，如果 $M > D$，为 M+2；否则为 D+2	依赖 M 和 D 的值	依赖 M 和 D 的值	小数值

表 3-2 Doris 支持的日期时间类型及其格式

类型	大小	范围	格式	用途
DATE	3 B	1000-01-01/9999-12-31	YYYY-MM-DD	日期值
DATETIME	8 B	1000-01-01 00:00:00 /9999-12-31 23:59:59	YYYY-MM-DD HH:MM:SS	混合日期和时间值

表 3-3 Doris 支持的字符串类型及其用途

类型	大小	用途
CHAR	0 ～ 255 B	存储定长字符串，CHAR(M)，M 代表定长字符串的长度，M 的范围是 1 ～ 255
VARCHAR	0 ～ 65 535 B	存储变长字符串，VARCHAR(M)，M 代表变长字符串的长度，M 的范围是 1 ～ 65533
TEXT	0 ～ 2 147 483 643 B	存储长文本数据，也可以写成 STRING 类型

离线场景下，BITMAP 类型数据导入速度慢，在数据量大的情况下查询速度慢于 HLL 类型数据的查询速度，但优于 COUNT DISTINCT。注意：实时场景下，BITMAP 如果不使用全局字典，使用 BITMAP_HASH（ ）函数计算去重值可能导致千分之一左右的误差。下面展示构建 BITMAP 类型计算去重值的典型案例。

```
    -- 利用 BITMAP 查询每小时累计 UV
SELECT hour, BITMAP_UNION_COUNT (pv) OVER (ORDER BY hour) uv
    FROM (
        SELECT hour, BITMAP_UNION (device_id) AS pv
        FROM event_log
        WHERE dt= ' 2020-06-22 '
    GROUP BY hour ORDER BY 1
) final;
```

在实际项目中，对于千万级以下数据去重，不推荐使用 BITMAP 类型，直接用 COUNT DISTINCT，两者性能差不多。

2. HLL 类型

HLL 类型源自 HLL 算法。HLL（英文全称 HyperLogLog）算法是统计数据集中唯一值个数的高效近似算法，有着计算速度快、节省空间的特点，不需要直接存储集合本身，而是存储一种名为 HLL 的数据结构。

HLL 算法在计算速度和存储空间上都有优势。在时间复杂度上，Sort 算法排序时长至少为 $O(n\log n)$。虽然 Hash 算法和 HLL 算法一样只需扫描一次全表，仅需 $O(n)$ 的时间就可以得出结果，但是存储空间上，Sort 算法和 Hash 算法都需要先把原始数据存储起来再进行统计，会导致存储空间消耗巨大，而 HLL 算法不需要存储原始数据，只需要维护 HLL 数据结构，故占用空间始终是 1280 B。

HLL 类型的用法和 BITMAP 类型类似，仅用于 Aggregate 数据模型的表，且不能用在 Key 列，建表时需搭配 HLL_UNION 使用。用户不需要指定 HLL 类型数据长度和默认值。长度根据数据的聚合程度调整。HLL 类型数据只能通过配套的 HLL_UNION_AGG、HLL_RAW_AGG、HLL_CARDINALITY、HLL_HASH 进行查询或调用。

在数据量大的情况下，HLL 类型模糊去重性能优于 COUNT DISTINCT 和 BITMAP_UNION_COUNT。HLL 算法的误差率通常在 1% 左右，默认可计算去重数据的最大数量为 $1.6e^{12}$，误差率最大可达 2.3%。注意：如果去重结果超过默认规格会导致计算结果误差变大，或计算失败并报错。下面展示构建 HLL 类型计算去重值的典型案例。

```
-- 利用 HLL 查询每小时累计 UV
SELECT hour, HLL_UNION_AGG (pv) OVER (ORDER BY hour) uv
    FROM (
        SELECT hour, HLL_RAW_AGG (device_id) AS pv
        FROM event_log
        WHERE dt='2020-06-22'
    GROUP BY hour oRDER BY 1
) final;
```

3. BOOLEAN 类型

BOOLEAN 类型也可以简写成 BOOL，在各种数据库中都很常见。BOOLEAN 类型只有 0、1、NULL 三个值。在实际项目中，建议用 CHAR(1) 或者 VARCHAR(1) 来代替 BOOLEAN 类型，字段值用 Y 表示“是”，用 N 表示“否”。

3.2 OLAP 表定义

有了数据类型，我们就可以定义 Doris 表对象。虽然 Doris 数据类型和 MySQL 数据类型非常类似，但是两个数据库的建表语句差异还是非常大的。

建表的基本语法如下：

```
CREATE [EXTERNAL] TABLE [IF NOT EXISTS] [database.]table_name
    (column_definition1[, column_definition2, ...]
    [, index_definition1[, index_definition2, ...]])
[ENGINE = [olap|mysql|broker|hive|iceberg]]
[key_desc]
[COMMENT "table comment"];
[partition_desc]
[distribution_desc]
[rollup_index]
[PROPERTIES ("key" = "value", ...)]
[BROKER PROPERTIES ("key" = "value", ...)]
```

ENGINE 默认支持表类型为 OLAP，还支持 MySQL、Broker、Hive、Iceberg 四种外部表。本节聚焦于 OLAP 表定义说明，关于外部表在 3.4 节展开说明。OLAP 表定义主要包含列定义、键描述、分区描述、分布描述和键值对五部分内容，其中列定义、键描述、分布描述是必需的，键值对根据需求添加，分区描述在 3.3 节展开说明。

3.2.1 列定义

列定义即确定表的每一列对应的属性，包括列名、列类型、可选的聚合类型、是否为空和默认值。列定义的语法如下：

```
col_name col_type [agg_type] [NULL | NOT NULL] [DEFAULT "default_value"]
```

其中，agg_type 仅用于 Aggregate 模型，且仅支持 SUM、MAX、MIN、REPLACE、BITMAP_UNION、HLL_UNION 等聚合类型。agg_type 是可选项，如果不指定，说明该列是维度列（Key 列），否则是事实列（Value 列）。在建表语句中，所有的 Key 列必须在 Value 列之前，一张表可以没有 Value 列（这样的表叫作维度表），但不能没有 Key 列。

默认情况下，所有的列允许值为 NULL（导入时用 \N 来表示）。

3.2.2 键描述

键描述是指对表的数据模型及主键进行明确定义。键描述是 Doris 特有的建表特性。键描述内容包括键类型和键清单。

目前，Doris 键类型有 Aggregate Key、Unique Key、Duplicate Key。StarRocks 在 Doris 键类型 Unique Key 的基础上增加了 Primary Key，用“Delete+Insert”策略替换 Unique Key 的 Merge 策略，实现了更高效的查询性能。键清单用来确定 Doris 的 Key 列排序，且不同的键类型有不同的键清单要求，具体如下。

- Aggregate Key：Key 列相同的记录，Value 列按照指定的聚合类型进行聚合，要求所有未定义聚合类型的列都写入键清单。
- Unique Key：Key 列相同的记录，Value 列按导入顺序进行覆盖，键清单为该表的主键字段（支持联合主键）。
- Duplicate Key：Key 列相同的记录，键清单一般为排序字段或者查询字段，主要用于索引优化。在不指定的情况下，Doris 表默认为 Duplicate Key 类型，Key 列为列定义中前 36 B，如果前 36 B 的列数小于 3，将使用前三列。

再次强调，在建表时，除 Aggregate Key 外，Value 列不需要指定聚合类型。

3.2.3 分布描述

分布描述用于定义表数据的分桶数和分布键。分桶数是指数据切分份数，分布键是切分的依据，推荐使用 Hash 分桶。Hash 分桶语法如下：

```
DISTRIBUTED BY HASH (k1[,k2 ...]) [BUCKETS num]
```

相对于其他 MPP 架构数据库的分桶和分布机制，Doris 的分桶和分布更为灵活。以最常用的 Greenplum 和 ClickHouse 为例，这两个数据库的分桶数只能是集群节点数（Greenplum 分桶数是 Primary Segment，ClickHouse 分桶数是主分片数），也就是说数据必须按照指定分布规则分布到每一个节点（Greenplum 6.0 之后版本提供了复制表，支持每个节点分布一份数据，提高了小表的 JOIN 效率，但是浪费了存储空间），不便于扩大集群和提高并发能力。而 Doris 支持自定义分桶数，如果集群规模比较小，可以选择 2、4、6 等分桶数；如果集群规模比较大，可以选择 8、10、16、32 等分桶数。在分布键方面，Greenplum 和 ClickHouse 只支持单字段作为分布键，而 Doris 支持多个字段组合作为分布键，在建模方面更具优势。

一般来说，数据仓库中的大表和小表是遵循“二八原则”分布的：20% 的大表存储 80% 以上的数据，80% 的小表存储不到 20% 的数据。按照 Greenplum 和 ClickHouse 数据库推荐的数据分布方式，数据平均分布到各个节点，如果集群达几十台，甚至上百台，任何表中的数据都需要切分成几十分之一或者几百分之一，而且任何一次查询都需要所有主节点参与计算和数据交互，这显然会耗费大量网络资源，也不利于提高查询并发能力。如果采用类似于复制表的模式，针对 80% 的小表，每个节点保存一份数据，存储膨胀和数据同步的瓶颈又是很难突破的。Doris 是基于分桶数来分布数据的，支持用户根据不同的表设置不同的分桶数，并将数据随机分布到部分节点上。

灵活的分桶数、支持联合字段的分布键，再配合表级副本，Doris 可以完美地将数据分布在集群的部分 BE 节点，这样在读取数据时就有了更高的灵活度、更高的并发度。

3.2.4 键值对

针对 OLAP 类型的表引擎，PROPERTIES 主要用于设置表的存储特性、索引特性、动态分区特性、内存表特性等。键值对表达式为：

```
PROPERTIES (
    "key1" = "value1",
    "key2" = "value2",
    "key3" = "value3",
    ...
    )
```

其中，键值对分类及其说明如表 3-4 所示。

表 3-4 键值对分类及其说明

Key 值	Value 可选值	说明
storage_medium	[SSD|HDD]	用于指定该分区的初始存储介质，可选择 SSD 或 HDD，默认初始存储介质可通过 FE 的配置文件 fe.conf 指定 default_storage_medium=xxx，如果没有指定，默认为 HDD
replication_num	${integer_value}	指定分区的副本数，默认为 3
storage_cooldown_time	yyyy-MM-dd HH:mm:ss	当设置存储介质为 SSD 时，指定该分区 SSD 上的存储到期时间，默认存放 30 天
replication_allocation	xxx	按照资源标签指定副本分布
bloom_filter_columns	col1,col2,...	指定某列使用 Bloom Filter 索引。Bloom Filter 索引仅适用于查询条件为 in 和 equal 的情况，该列的值越分散效果越好
colocate_with	GroupA	用于表示 GroupA 内的表进行关联时，希望使用 Colocate Join 特性
dynamic_partition.enable	true|false	用于指定表级别动态分区功能是否开启，默认为 true
dynamic_partition.time_unit	HOUR|DAY|WEEK|MONTH	用于指定动态添加分区的时间单位，可选择为 HOUR（小时）、DAY（天）、WEEK（周）、MONTH（月）
dynamic_partition.start	${integer_value}	用于指定向前删除多少个分区，值必须小于 0，默认为 Integer.MIN_VALUE
dynamic_partition.end	${integer_value}	用于指定提前创建的分区数量，值必须大于 0
dynamic_partition.prefix	${string_value}	用于指定创建的分区名前缀，例如分区名前缀为 p，则自动创建分区名为 p20200108
dynamic_partition.buckets	${integer_value}	用于指定自动创建的分区分桶数
dynamic_partition.create_history_partition	true|false	用于指定创建历史分区功能是否开启，默认为 false
dynamic_partition.history_partition_num	${integer_value}	当开启创建历史分区功能时，指定创建历史分区数

（续）

Key 值	Value 可选值	说明
dynamic_partition.reserved_history_periods	${string_value}	用于指定保留的历史分区的时间段
in_memory	true|false	当 in_memory 属性为 true 时，Doris 会尽可能将该表的数据和索引缓存到 BE 内存

键值对相关注意事项如下。

1）当 FE 配置项 enable_strict_storage_medium_check 为 true，且集群中没有设置对应的存储介质时，建表语句会报错：Failed to find enough host in all backends with storage medium is SSD|HDD。

2）当表为单分区表时，以上键值对为表的属性。当表为两级分区时，这些属性附属于每一个分区。如果希望不同分区有不同的属性，我们可以通过 ADD PARTITION 或 MODIFY PARTITION 进行指定。

3）目前，Bloom Filter 索引只支持除了 TINYINT、FLOAT、DOUBLE 类型以外的 Key 列及聚合类型为 REPLACE 的 Value 列。

4）动态分区的键值对需要组合使用，并且动态分区只支持 RANGE 分区，以小时为单位的分区列，数据类型不能为时间日期类型。

下面举几个具体的例子。

示例 1：创建一个 OLAP 表，使用 Hash 分桶，使用列存，覆盖相同 Key 的记录，设置初始存储介质和冷却时间。

```
CREATE TABLE example_db.table_hash (
    k1 BIGINT,
    k2 LARGEINT,
    v1 VARCHAR (2048) REPLACE,
    v2 SMALLINT SUM DEFAULT "10"
    ) ENGINE=olap
    AGGREGATE KEY (k1, k2)
    DISTRIBUTED BY HASH (k1, k2) BUCKETS 16
    PROPERTIES (
        "storage_medium" = "SSD",
        "storage_cooldown_time" = "2015-06-04 00:00:00",
        "replication_num" = "3"
  );
```

示例 2：创建一个动态分区表（需要在 FE 配置中开启动态分区功能），该表每天提前创建 3 天的分区，并删除 3 天前的分区。例如今天为 2020-01-08，则创建名为 p20200108、p20200109、p20200110、p20200111 的分区。

```
CREATE TABLE example_db.dynamic_partition (
    k1 DATE,
    k2 INT,
```

```
    k3 SMALLINT,
    v1 VARCHAR (2048),
    v2 DATETIME DEFAULT "2014-02-04 15:36:00"
) ENGINE=olap
DUPLICATE KEY (k1, k2, k3)
PARTITION BY RANGE  (k1) ()
DISTRIBUTED BY HASH (k2) BUCKETS 32
PROPERTIES (
    "storage_medium" = "SSD",
    "dynamic_partition.time_unit" = "DAY",
    "dynamic_partition.start" = "-3",
    "dynamic_partition.end" = "3",
    "dynamic_partition.prefix" = "p",
    "dynamic_partition.buckets" = "32"
 );
```

除了根据基础语句创建表外，Doris 还支持 CREATE TABLE LIKE 建表语句（用于创建一个表结构和另一张完全相同的空表），同时支持可选复制一些 ROLLUP 对象。语法模板如下：

```
CREATE [EXTERNAL] TABLE [IF NOT EXISTS] [database.]table_name LIKE [database.]
    table_name [WITH ROLLUP (r1,r2,r3,...)]
```

复制的表结构包括 Column Definition、PARTITIONS、TABLE PROPERTIES 等属性，也可以同步复制 OLAP 表的 ROLLUP 对象。复制表只需要拥有 SELECT 权限即可。外部表也支持复制功能。

LIKE 模式建表有很多小窍门，在不同的需求场景中，使用的语句不一样。

示例 1：在 test2 库下创建一张表结构和 test1.table1 相同的空表，表名为 table2。

```
CREATE TABLE test2.table2 LIKE test1.table1
```

示例 2：在 test1 库下创建一张表结构和 table1 相同的空表，表名为 table2，同时复制 table1 的 r1、r2 两个 ROLLUP 对象。

```
CREATE TABLE test1.table2 LIKE test1.table1 WITH ROLLUP (r1,r2)
```

示例 3：在 test1 库下创建一张表结构和 table1 相同的空表，表名为 table2，同时复制 table1 的所有 ROLLUP 对象。

```
CREATE TABLE test1.table2 LIKE test1.table1 WITH ROLLUP
```

3.3　分区表定义

Doris 分区表定义有两种模式：一种是 3.2 节 OLAP 表定义中介绍的通过 PROPERTIES 设置动态分区模式；另一种是自定义分区模式。自定义分区模式是通过 PARTITION BY 关键字实现的，主要分为 Range 分区和 List 分区两种。无论 Range 分区还是 List 分区，只要是分区字段值不在分区范围内的数据都会被丢弃。

3.3.1 Range 分区

Range 分区也叫范围分区，是通过划定分区键范围来划分分区的。这里主要包括 Less Than 分区和 Fixed Range 分区。

Less Than 分区使用指定的 Key 列和指定的数值范围进行分区，一般用于时间维度的划分，有如下限制。

1）分区名称仅支持以字母开头，由字母、数字和下划线组成。

2）目前，Doris 仅支持 TINYINT、SMALLINT、INT、BIGINT、LARGEINT、DATE、DATETIME 类型的列作为 Range 分区列。

3）分区为左闭右开区间，首个分区的左边界为最小值。

4）NULL 值只会存放在包含最小值的分区。当包含最小值的分区被删除后，NULL 值将无法导入。

5）可以指定一列或多列作为分区列。如果分区值缺省，默认填充最小值。

Fixed Range 分区比 Less Than 分区灵活些，左右区间完全由用户自己确定，不受其他分区的影响。

示例 1：创建 Less Than 分区。

```
CREATE TABLE example_db.table_less_range (
k1 DATE,
k2 INT,
k3 SMALLINT,
v1 VARCHAR (2048),
v2 DATETIME DEFAULT "2014-02-04 15:36:00"
) ENGINE=olap
DUPLICATE KEY (k1, k2, k3)
PARTITION BY RANGE (k1)
(
PARTITION p1 VALUES LESS THAN ("2014-01-01"),
PARTITION p2 VALUES LESS THAN ("2014-07-01"),
PARTITION p3 VALUES LESS THAN ("2014-12-01")
)
DISTRIBUTED BY HASH (k2) BUCKETS 32
PROPERTIES (
    "storage_medium" = "SSD",
    "replication_num" = "3"

);
```

上述代码会将数据划分成 3 个分区：[MIN，"2014-01-01")，["2014-01-01"，"2014-07-01")，["2014-07-01"，"2014-12-01")。不在这些分区范围内的数据将被视为非法数据而过滤。

示例 2：创建 Fixed Range 分区，并且按照 3 个字段划分分区。

```
CREATE TABLE table_fixed_range (
k1 DATE,
k2 INT,
k3 SMALLINT,
v1 VARCHAR (2048),
v2 DATETIME DEFAULT "2014-02-04 15:36:00"
) ENGINE=olap
DUPLICATE KEY (k1, k2, k3)
PARTITION BY RANGE (k1, k2, k3)
(
PARTITION p1 VALUES [("2014-01-01", "10", "200"), ("2014-01-01", "20", "300")),
PARTITION p2 VALUES [("2014-06-01", "100", "200"), ("2014-07-01", "100", "300"))
)
DISTRIBUTED BY HASH (k2) BUCKETS 32
PROPERTIES (
    "storage_medium" = "SSD",
    "replication_num" = "3"
);
```

3.3.2 List 分区

List 分区是指分区值被明确定义的分区表，主要分为单列分区和多列分区。

单列分区是指仅对单列值进行分区，支持 BOOLEAN、TINYINT、SMALLINT、INT、BIGINT、LARGEINT、DATE、DATETIME、CHAR、VARCHAR 等类型字段，分区为枚举值集合，各个分区之间值不能重复。

多列分区是指包含多个字段的分区，并且多个字段的值组成元组集合，每个元组包含值的个数必须与分区列数相等。

示例 1：创建单列分区。

```
CREATE TABLE example_db.table_single_list(
k1 INT,
k2 VARCHAR (128),
k3 SMALLINT,
v1 VARCHAR (2048),
v2 DATETIME DEFAULT "2014-02-04 15:36:00"
) ENGINE=olap
DUPLICATE KEY (k1, k2, k3)
PARTITION BY LIST (k1)
(
PARTITION p1 VALUES IN ("1", "2", "3"),
PARTITION p2 VALUES IN ("4", "5", "6"),
PARTITION p3 VALUES IN ("7", "8", "9")
)
DISTRIBUTED BY HASH (k2) BUCKETS 32
PROPERTIES (
    "replication_num" = "3"
);
```

上述代码将数据划分成3个分区：("1", "2", "3")、("4", "5", "6")、("7", "8", "9")。不在这些分区范围内的数据将被视为非法数据而被过滤掉。

示例2：创建多列分区。

```
CREATE TABLE example_db.table_multi_list (
k1 INT,
k2 VARCHAR (128),
k3 SMALLINT,
v1 VARCHAR (2048),
v2 DATETIME DEFAULT "2014-02-04 15:36:00"
) ENGINE=olap
DUPLICATE KEY (k1, k2, k3)
PARTITION BY LIST (k1, k2)
(
PARTITION p1 VALUES IN (("1","beijing"), ("1", "shanghai")),
PARTITION p2 VALUES IN (("2","beijing"), ("2", "shanghai")),
PARTITION p3 VALUES IN (("3","beijing"), ("3", "shanghai"))
)
DISTRIBUTED BY HASH (k2) BUCKETS 32
PROPERTIES (
    "replication_num" = "3" -- 数据副本数为 3
);
```

3.4 外部表定义

目前，Doris支持4种外部表引擎来读取外部表数据，分别是MySQL、Broker、Hive、Iceberg，它们都是通过表定义的PROPERTIES来补充链接信息的，其中Broker表引擎还用到了BROKER PROPERTIES属性。

3.4.1 MySQL表引擎

MySQL表引擎用于引入外部MySQL表以作为Doris的外部表，类似于DBLink。在Doris中创建MySQL表的目的是通过Doris访问MySQL数据库中的数据。而Doris本身并不维护、存储任何MySQL表数据。Doris中的表名可以和MySQL数据库中的表名不一致。

如果是MySQL表引擎，表的访问需要在PROPERTIES中提供以下信息：

```
PROPERTIES (
    "host" = "mysql_server_host",
    "port" = "mysql_server_port",
    "user" = "your_user_name",
    "password" = "your_password",
    "database" = "database_name",
    "table" = "table_name"
    )
```

示例1：直接通过外部表创建MySQL表。

```
CREATE EXTERNAL TABLE example_db.table_mysql
    (
    k1 DATE,
    k2 INT,
    k3 SMALLINT,
    k4 VARCHAR (2048),
    k5 DATETIME
    )
    ENGINE=mysql
    PROPERTIES
    (
    "host" = "127.0.0.1",                --MySQL 数据库 IP
    "port" = "8239",                     --MySQL 数据库端口
    "user" = "mysql_user",               --MySQL 数据库用户名
    "password" = "mysql_passwd",         --MySQL 数据库密码
    "database" = "mysql_db_test",        --MySQL 数据库库名
    "table" = "mysql_table_test"         --MySQL 数据库表名
    )
```

示例2：通过Resource对象创建MySQL表。

```
-- 先创建 Resource 对象
CREATE EXTERNAL RESOURCE "mysql_resource"
PROPERTIES
(
    "type" = "odbc_catalog",
    "user" = "mysql_user",
    "password" = "mysql_passwd",
    "host" = "127.0.0.1",
    "port" = "8239"
);
-- 再基于 Resource 对象创建表
CREATE EXTERNAL TABLE example_db.table_mysql (
    k1 DATE,
    k2 INT,
    k3 SMALLINT,
    k4 VARCHAR (2048),
    k5 DATETIME
) ENGINE=mysql
PROPERTIES
(
    "odbc_catalog_resource" = "mysql_resource",
    "database" = "mysql_db_test",
    "table" = "mysql_table_test"
))
```

3.4.2　Broker表引擎

Broker表引擎主要用于读取外部数据文件映射成Doris数据库的外部表，支持读取

HDFS、S3、BOS 等存储系统上的文件。

如果是 Broker 表引擎，表的访问需要通过指定的 Broker, 并在 PROPERTIES 提供以下信息：

```
PROPERTIES (
"broker_name" = "broker_name",
"path" = "file_path1 [,file_path2]",
"column_separator" = "value_separator"
"line_delimiter" = "value_delimiter"
)
```

另外，还需要提供 Broker 访问需要的 Property 信息，这可以通过 BROKER PROPERTIES 传入，例如访问 HDFS 时需要传入：

```
BROKER PROPERTIES(
    "username" = "name",
    "password" = "password"
)
```

根据不同的 Broker 类型，需要传入的 Property 信息也不相同。

其中，path 中如果有多个文件，用逗号分割。文件名中的逗号用 %2c 来替代，文件名中的 % 用 %25 代替。文件格式支持 CSV，以及 GZ、BZ2、LZ4、LZO 压缩格式。

示例 1：创建一个数据文件存储在 HDFS 上的 Broker 外部表，数据使用 "|" 分割，"\n" 换行。

```
CREATE EXTERNAL TABLE example_db.table_broker (
    k1 DATE,
    k2 INT,
    k3 SMALLINT,
    k4 VARCHAR (2048),
    k5 DATETIME
) ENGINE=broker
PROPERTIES (
    "broker_name" = "hdfs",
    "path" = "hdfs://hdfs_host:hdfs_port/data1,hdfs://hdfs_host:hdfs_port/data2,
        hdfs://hdfs_host:hdfs_port/data3%2c4",
    "column_separator" = "|",
    "line_delimiter" = "\n"
) BROKER PROPERTIES (
    "username" = "hdfs_user",
    "password" = "hdfs_password"
)
```

示例 2：创建一个数据文件存储在 BOS 上的 Broker 外部表。

```
CREATE EXTERNAL TABLE example_db.table_broker (
    k1 DATE
)
```

```
ENGINE=broker
PROPERTIES (
    "broker_name" = "bos",
    "path" = "bos://my_bucket/input/file",
)
BROKER PROPERTIES (
    "bos_endpoint" = "http://bj.bcebos.com",
    "bos_accesskey" = "xxxxxxxxxxxxxxxxxxxxxxxxxx",
    "bos_secret_accesskey"="yyyyyyyyyyyyyyyyyyyy"
))
```

3.4.3 Hive 表引擎

Hive 表引擎是最常用的外部表引擎之一，主要用于读取 Hive 表中的数据。

Hive 表引擎需要提供以下 PROPERTIES 信息：

```
PROPERTIES (
    "database" = "hive_db_name",
    "table" = "hive_table_name",
    "hive.metastore.uris" = "thrift://127.0.0.1:9083"
)
```

其中，database 是 Hive 表对应的库名，table 是 Hive 表的名，hive.metastore.uris 是 Hive Metastore 的服务地址。

相比 Broker 表引擎，Hive 表引擎支持的存储类型更丰富，并且需要提供的 PROPERTIES 信息也更少。

示例：创建一个 Hive 外部表。

```
CREATE TABLE example_db.table_hive
    (
    k1 TINYINT,
    k2 VARCHAR(50),
    v INT
    )
    ENGINE=hive
    PROPERTIES
    (
    "database" = "hive_db_name",
    "table" = "hive_table_name",
    "hive.metastore.uris" = "thrift://127.0.0.1:9083"
    );
```

3.4.4 Iceberg 表引擎

Iceberg 表引擎是一项面向未来的技术，也是 Doris 社区正在大力完善的功能。在数据湖时代，深度融合 Doris 和 Iceberg 已经成为社区的共识，

Iceberg 表引擎需要提供以下 PROPERTIES 信息：

```
PROPERTIES (
    "iceberg.database" = "iceberg_db_name",
    "iceberg.table" = "iceberg_table_name",
    "iceberg.hive.metastore.uris" = "thrift://127.0.0.1:9083",
    "iceberg.catalog.type" = "HIVE_CATALOG"
    )
```

其中，database 是 Iceberg 对应的库名；table 是 Iceberg 中对应的表名；hive.metastore.uri 是 Hive Metastore 的服务地址；catalog.type 默认为 HIVE_CATALOG。当前，Doris 仅支持 HIVE_CATALOG 类型，后续会支持 Catalog 类型。

示例：创建一个 Iceberg 外部表。

```
CREATE TABLE example_db.t_iceberg
    ENGINE=ICEBERG
    PROPERTIES (
    "iceberg.database" = "iceberg_db",
    "iceberg.table" = "iceberg_table",
    "iceberg.hive.metastore.uris" = "thrift://127.0.0.1:9083",
    "iceberg.catalog.type" = "HIVE_CATALOG"
    );
```

更多关于外部表的展开内容，我们将在第 9 章介绍。

3.5 表的基本操作

Doris 支持灵活的表结构变更，包括修改、删除、清空等操作。

3.5.1 修改表

修改表语句用于对已有的表进行修改。修改表操作包含几种：变更表结构（Change Schema）、变更键值对（Change Properties）、变更索引（Change Index）、变更分区（Change Partition）、数据交换（Data Swap）和重命名操作（Rename）。这几种操作不能同时出现在一条修改表语句中。其中，变更表结构和变更聚合是异步操作，任务提交成功则返回，之后可使用 SHOW ALTER 命令查看任务进度。变更分区是同步操作，命令返回表示执行完毕。另外，Doris1.2.0 版本提供了 Light Schema Change 功能，表结构变更可以同步生效。

（1）变更表结构

变更表结构操作包括新增字段、删除字段、修改字段等，可以使用以下语法：

```
ALTER TABLE [database.]table ADD|DROP|MODIFY COLUMN [ 具体操作 ]
```

常见操作示例如下。

1）向 example_db.my_table 的 col1 后添加一个 Key 列 new_col（非聚合模型）：

```
ALTER TABLE example_db.my_table ADD COLUMN new_col INT KEY DEFAULT "0" AFTER col1 ;
```

2）向 example_db.my_table 的 col1 后添加一个 Value 列 new_col SUM（聚合模型）：

```
ALTER TABLE example_db.my_table  ADD COLUMN new_col INT SUM DEFAULT "0" AFTER
    col1 ;
```

3）向 example_db.my_table 添加多列（聚合模型）：

```
ALTER TABLE example_db.my_table  ADD COLUMN (col1 INT , col2 FLOAT SUM );
```

4）从 example_db.my_table 中删除一列：

```
ALTER TABLE example_db.my_table DROP COLUMN col2;
```

5）修改 example_db.my_table 的 Key 列 col1 的类型为 BIGINT，并移动到 col2 列后面：

```
ALTER TABLE example_db.my_table MODIFY COLUMN col1 BIGINT KEY  AFTER col2;
```

6）修改列注释：

```
ALTER TABLE example_db.my_table MODIFY COLUMN k1 COMMENT "k1", MODIFY COLUMN k2
    COMMENT "k2";
```

（2）变更键值对

变更键值对用于修改表的 PROPERTIES 内容，操作示例如下。

1）修改表的默认副本数量，新建分区副本数量默认为该值：

```
ALTER TABLE example_db.my_table  SET ("default.replication_num" = "2");
```

2）修改单分区表的实际副本数量（只限单分区表）：

```
ALTER TABLE example_db.my_table SET ("replication_num" = "3");
```

3）修改表的布隆过滤器列：

```
ALTER TABLE example_db.my_table SET ("bloom_filter_columns"="k1,k2,k3");
```

4）修改表的 Colocate 属性：

```
ALTER TABLE example_db.my_table SET ("colocate_with" = "t1");
```

5）将表的分桶方式由随机分布改为 Hash 分布：

```
ALTER TABLE example_db.my_table SET ("distribution_type" = "hash");
```

6）修改表的动态分区属性（支持未添加动态分区属性的表添加动态分区属性）：

```
ALTER TABLE example_db.my_table SET ("dynamic_partition.enable" = "false");
```

7）修改表的 in_memory 属性：

```
ALTER TABLE example_db.my_table SET ("in_memory" = "true");
```

8）在 Unique 模型表中批量删除数据：

```
ALTER TABLE example_db.my_table ENABLE FEATURE "BATCH_DELETE"
```

（3）变更索引操作示例

1）在 table1 上为 siteid 创建 Bitmap 索引：

```
ALTER TABLE example_db.sale_order_dk ADD INDEX IF NOT EXISTS idx_ticket_date
    (ticket_date) USING BITMAP COMMENT '日期索引';
```

2）删除 table1 上 siteid 列的 Bitmap 索引：

```
ALTER TABLE example_db.sale_order_dk DROP INDEX [IF EXISTS] idx_ticket_date;
```

（4）变更分区操作包括修改分区、删除分区、增加分区等。常见操作示例如下。

1）增加分区。现有分区 [MIN, 2013-01-01），增加分区 [2013-01-01, 2014-01-01），使用默认分桶方式：

```
ALTER TABLE example_db.my_table ADD PARTITION p1 VALUES LESS THAN ("2014-01-01");
```

2）增加分区。使用新的分桶数：

```
ALTER TABLE example_db.my_table ADD PARTITION p1 VALUES LESS THAN ("2015-01-01")
    DISTRIBUTED BY HASH(k1) BUCKETS 20;
```

3）修改分区副本数：

```
ALTER TABLE example_db.my_table MODIFY PARTITION p1 SET("replication_num"="1");
```

4）批量修改指定分区：

```
ALTER TABLE example_db.my_table MODIFY PARTITION (p1, p2, p4) SET("in_memory"
    = "true");
```

5）批量修改所有分区：

```
ALTER TABLE example_db.my_table MODIFY PARTITION (*) SET("storage_medium"="HDD");
```

6）删除分区：

```
ALTER TABLE example_db.my_table DROP PARTITION p1;
```

（5）数据交换操作

交换操作包括单分区表数据交换和分区表分区数据交换两种。交换操作仅适用于内部表，且在 Doris0.14 及以后版本才支持。交换操作本质上是对两个表中的数据进行替换。

单分区表数据交换语句如下：

```
ALTER TABLE [db.]tbl1 REPLACE WITH TABLE tbl2 [PROPERTIES('swap' = 'true')];
```

其中，swap 参数默认为 true。如果 swap 参数为 true，执行语句后，tbl1 表中的数据为

tbl2 表中的数据，tbl2 表中的数据为 tbl1 表中的数据，即两张表中的数据发生了互换。如果 swap 参数为 false，执行语句后，tbl1 表中的数据为 tbl2 表中的数据，而 tbl2 表被删除。

当 swap 参数为 true 时，交换操作等价于：

```
ALTER TABLE [db.]tbl1 rename TO [db.]tbl1_emp;
ALTER TABLE [db.]tbl2 rename TO [db.]tbl1;
ALTER TABLE [db.]tbl1_emp rename TO [db.]tbl2
```

分区表分区数据交换是通过临时分区实现的，操作语句如下：

```
ALTER TABLE xtep_dw.dws_ret_sales_xt ADD TEMPORARY PARTITION tp_curr VALUES IN
    ('本日','本周','本月','本年');
INSERT INTO xtep_dw.dws_ret_sales_xt TEMPORARY PARTITION (tp_curr) SELECT
    * FROM xtep_dw.dws_ret_sales_xt_swap WHERE date_tag IN ('本日','本周',
    '本月','本年');
ALTER TABLE xtep_dw.dws_ret_sales_xt REPLACE PARTITION (p_curr) WITH TEMPORARY
    PARTITION (tp_curr);
```

（6）重命名操作

重命名操作包括重命名表、重命名 Rollup、重命名 Partition。常见操作示例如下。

1）将表名 table1 修改为 table2：

```
ALTER TABLE table1 RENAME table2;
```

2）将表 example_table 中名为 rollup1 的 rollup 修改为 rollup2：

```
ALTER TABLE example_table RENAME ROLLUP rollup1 rollup2;
```

3）将表 example_table 中名为 p1 的 partition 修改为 p2：

```
ALTER TABLE example_table RENAME PARTITION p1 p2;
```

3.5.2 删除表

删除表语句如下：

```
DROP TABLE [IF EXISTS] [db_name.]table_name [FORCE];
```

执行删除表语句一段时间后（默认是 1 天），用户可以通过 RECOVER 语句恢复被删除的表。但是如果执行 DROP TABLE FORCE 语句，系统不会检查该表是否存在未完成的事务，将直接删除表并且不能恢复，一般不建议执行此操作。

3.5.3 清空表

清空表语句如下：

```
TRUNCATE TABLE [db.]tbl[ PARTITION(p1, p2, ...)];
```

清空表语句用于清空表中数据，但保留表或分区，被删除的数据不可恢复。不同于

DELETE语句，该语句只能清空指定的表或分区中数据，不能添加过滤条件，同时不会对查询性能造成影响。使用该命令时，表状态需为NORMAL，即不允许执行Schema变更等操作。

清空表包含两种操作：第一种是清空表，第二种是清空分区。举例如下。

1）清空 example_db 下的表 tbl：

```
TRUNCATE TABLE example_db.tbl;
```

2）清空表 tbl 的 p1 和 p2 分区：

```
TRUNCATE TABLE tbl PARTITION(p1, p2);
```

3.6 视图

视图也是Doris中的重要对象。由于Doris不支持存储过程功能，我们可以通过视图或者SQL脚本完成数据的加工。相对于SQL脚本，视图更适合用于一段逻辑多次调用。

3.6.1 创建视图

视图为逻辑视图，没有物理存储。所有在视图上的查询相当于在视图对应的子查询上进行。视图的优点在于，数据实时刷新，并且查询逻辑可以重复利用。

创建视图用CREATE VIEW语句，模板如下：

```
CREATE VIEW [IF NOT EXISTS] [db_name.]view_name
    (column1[ COMMENT "col comment"][, column2, ...])
AS query_stmt
```

示例1：在example_db上创建视图example_view。

```
CREATE VIEW example_db.example_view (k1, k2, k3, v1)
AS
    SELECT c1 as k1, k2, k3, SUM (v1)
    FROM example_table
    WHERE k1 = 20160112
GROUP BY k1,k2,k3;
```

示例2：创建一个包含COMMENT的视图。

```
CREATE VIEW example_db.example_view
    (
        k1 COMMENT "first key",
        k2 COMMENT "second key",
        k3 COMMENT "third key",
        v1 COMMENT "first value"
    ) COMMENT "my first view"
AS
    SELECT c1 as k1, k2, k3, SUM(v1) FROM example_tablc
    WHERE k1 = 20160112 GROUP BY k1,k2,k3;
```

3.6.2 修改视图

视图只有结构定义，没有数据存储，因此只存储在FE节点的元数据中。在使用视图时，Doris会执行视图定义中的查询语句并返回结果，因此，修改视图等价于修改视图的查询语句，基本语法如下：

```
ALTER VIEW [db_name.]view_name
    (column1[ COMMENT "col comment"][, column2, ...])
AS query_stmt
```

示例：修改example_db上的视图example_view。

```
ALTER VIEW example_db.example_view
    (
     c1 COMMENT "column 1",
     c2 COMMENT "column 2",
     c3 COMMENT "column 3"
    )
    AS
SELECT k1, k2, SUM(v1) FROM example_table GROUP BY k1, k2;
```

3.6.3 删除视图

由于视图实际上不存储数据，删除视图其实就是删除数据库中对应的元数据信息。删除视图用DROP VIEW语句，语法模板如下：

```
DROP VIEW [IF EXISTS] [db_name.]view_name;
```

3.7 函数

不管数据查询还是数据加工，都少不了系统内置函数的帮助。Doris内置函数包括日期函数、正则匹配函数、BITMAP函数、JSON函数、表函数、窗口函数等。

3.7.1 日期函数

日期函数（TIME_ROUND）用于取日期时间的上限和下限，类似于Hive和Oracle的trunc函数。

TIME_ROUND函数由两部分组成：TIME部分可以是SECOND、MINUTE、HOUR、DAY、WEEK、MONTH、YEAR，ROUND部分可以是FLOOR(下限)、CEIL(上限)，这两部分组合起来就有14种形式。该函数的参数可以变化，进而衍生出更多类型。TIME_ROUND的参数有以下4种形式：

```
DATETIME TIME_ROUND(DATETIME expr)
DATETIME TIME_ROUND(DATETIME expr, INT period)
DATETIME TIME_ROUND(DATETIME expr, DATETIME origin)
DATETIME TIME_ROUND(DATETIME expr, INT period, DATETIME origin)
```

其中，period 指定每个周期有多少个 TIME 单位，默认为 1；origin 指定周期的开始时间，默认为 1970-01-01T00:00:00。

该函数应用举例如下。

1）获取 2022 年 2 月 10 日对应的月初第一天和下月的第一天：

```
SELECT SUBSTR(MONTH_FLOOR(CAST('2022-02-10' AS DATETIME)),1,10),SUBSTR(MONTH_
    CEIL(CAST('2022-02-10' AS DATETIME)),1,10);
```

2）获取 2022 年 2 月 10 日所在周的第一天和最后一天：

```
SELECT SUBSTR(WEEK_FLOOR(CAST('2022-02-10' AS DATETIME)),1,10),SUBSTR(DATE_
    SUB(WEEK_CEIL(CAST('2022-02-10' AS DATETIME)),1),1,10);
```

3.7.2 正则匹配函数

正则匹配函数包括 REGEXP、REGEXP_EXTRACT、REGEXP_REPLACE 和 NOT REGEXP，分别表示正向匹配、提取、替换和反向匹配，示例如下。

1）查找 k1 字段中以 billie 为开头的所有数据：

```
SELECT k1 FROM test WHERE k1 REGEXP '^billie';
```

2）查找 k1 字段中以 ok 为结尾的所有数据：

```
SELECT k1 FROM test WHERE k1 REGEXP 'ok$';
```

3）去掉 k1 字段中前置的 0：

```
SELECT REGEXP_REPLACE (k1,'^0+','') FROM test;
```

4）查找 k1 字段中不以 billie 开头的所有数据：

```
SELECT k1 FROM test WHERE k1 NOT REGEXP '^billie';
```

3.7.3 BITMAP 函数

Doris 是基于 MPP 架构构建的，在使用 COUNT DISTINCT 语句做精准去重时，可以保留明细数据，灵活性较高。但是，在查询过程中需要进行多次数据重分布，导致查询性能随着数据量增加而直线下降。BITMAP 函数可以解决上述问题。

Doris 中常用的 BITMAP 函数包括 BITMAP_EMPTY、BITMAP_HASH、BITMAP_UNION 等。BITMAP_EMPTY 用于返回一个空的 Bitmap，主要用于执行 INSERTINTO 或 Stream Load 任务时填充默认值，例如：

```
cat data | curl --location-trusted -u user:passwd -T - -H "columns: dt,page,
   v1,v2=BITMAP_EMPTY()"   http://host:8410/api/test/testDb/_stream_load
```

当 UNION ALL 字段为空时，不能直接用 NULL，需要用 BITMAP_EMPTY 函数，例如：

```
SELECT BITMAP_HASH ('229929')
UNION ALL
SELECT BITMAP_EMPTY();
```

BITMAP_HASH 用于对任意类型的输入计算 32 位的哈希值，返回包含哈希值的 Bitmap，主要用于在 Stream Load 任务中将非整型字段导入 Doris 表的 Bitmap 字段。

```
SELECT BITMAP_COUNT(BITMAP_HASH('hahhh')); -- 返回 1
```

BITMAP_UNION 用于对 Bitmap 类型字段进行汇总，常见使用场景如下。

1）针对 Aggregate 模型汇总 ticket_id 字段：

```
SELECT ticket_date, BITMAP_UNION (ticket_id) FROM example_db.sale_order_ak GROUP
    BY ticket_date;
```

2）与 BITMAP_COUNT 函数组合求得 ticket_id 字段的去重汇总值：

```
SELECT ticket_date, BITMAP_COUNT (BITMAP_UNION(ticket_id)) FROM example_db.sale_
    order_ak GROUP BY ticket_date;
```

关于 BITMAP 去重更详细的内容，读者可以参看 6.4 节。

3.7.4 JSON 函数

顾名思义，JSON 函数是处理 JSON 格式数据的函数。JSON 格式自诞生以来，以简洁、灵活的特性，作为网络传输数据的首选格式使用越来越普及。随着 NoSQL 的发展，越来越多的数据直接以 JSON 格式存储，因此 JSON 函数成为数据处理的得力助手。

get_json_double()、get_json_int()、get_json_string() 函数可分别提取 JSON 字符串内指定路径的数值、整型、字符串内容。json_path 必须以“$”符号开头，以“.”为分割符，如果路径中包含“.”，使用双引号包围起来。“[ ]”表示数组下标（从 0 开始）。路径中不能包含 "、[、]。如果 json_string 格式不对，或 json_path 格式不对，或无法找到匹配项，返回 NULL。

示例 1：获取 key 为 "k1" 的浮动类型值。

```
SELECT get_json_double('{"k1":1.3, "k2":"2"}', "$.k1"); -- 返回 1.3
```

示例 2：获取所有的 k1 对应的值。

```
SELECT get_json_string('[{"k1":"v1"}, {"k2":"v2"}, {"k1":"v3"}, {"k1":"v4"}]',
    '$.k1');-- 返回 ["v1","v3","v4"]
```

JSON_ARRAY 用于生成一个包含指定元素的 JSON 数组，未指定元素时返回空数组。JSON_OBJECT 用于生成一个包含指定 Key-Value 对的 JSON 对象，当 Key 值为 NULL 或者传入参数个数为奇数时，返回异常错误。

示例 1：生成 JSON 数组。

```
SELECT JSON_ARRAY(1, "abc", NULL, TRUE, CURTIME()); -- 返回 [1, "abc", NULL, TRUE,
    "10:41:15"]
```

示例 2：生成 JSON 对象。

```
SELECT JSON_OBJECT('id', 87, 'name', 'carrot'); -- 返回 {"id": 87, "name": "carrot"}
```

3.7.5 表函数

表函数主要用于将一条记录转换成多条记录，需要配合 Lateral View 使用。表函数主要有 EXPLODE_BITMAP、EXPLODE_SPLIT、EXPLODE_JSON_ARRAY，可分别将 Bitmap 对象、字符串、JSON 数组展开形成多条记录。其中，EXPLODE_JSON_ARRAY 主要包含下面 3 种用法：

```
EXPLODE_JSON_ARRAY_INT(json_str)
EXPLODE_JSON_ARRAY_DOUBLE(json_str)
EXPLODE_JSON_ARRAY_STRING(json_str)
```

表函数是 Doris 1.0 以后版本才支持的，使用前需要设置 SET enable_lateral_view =true，应用示例如下。

创建一张简单的表 test_explode，只有 k1、k2 两个字段，并初始化两条记录。

```
CREATE TABLE test_explode(k1 INT,k2 TEXT)
DISTRIBUTED BY hash(k1) BUCKETS 1
PROPERTIES(
"replication_num" = "1"
);
INSERT INTO test_explode
SELECT 1,'A,B,C'
UNION ALL
SELECT 2,null;
```

1）构建 Bitmap 对象，并通过 EXPLODE_BITMAP 展开形成多条记录：

```
SELECT k1, e1 FROM test_explode LATERAL VIEW EXPLODE_BITMAP(BITMAP_FROM_
    STRING("1,2")) tmp1 as e1 ORDER BY k1, e1;
```

2）通过 EXPLODE_SPLIT 函数拆分字符串并形成多条记录：

```
SELECT k1, e1 FROM test_explode LATERAL VIEW EXPLODE_SPLIT(k2, ',') tmp1 AS e1
    WHERE k1 = 1 ORDER BY k1, e1;
```

3）通过 EXPLODE_JSON_ARRAY_INT 函数解析 JSON 对象并形成多条记录：

```
SELECT k1, e1 FROM test_explode LATERAL VIEW EXPLODE_JSON_ARRAY_INT('[1,2,3]')
    tmp1 AS e1 ORDER BY k1, e1;
```

以上代码执行结果如图 3-1 所示。

```
mysql> select k1, e1 from test_explode lateral view explode_bitmap(bitmap_from_string("1,2")) tmp1 as e1 order by k1, e1;
+----+----+
| k1 | e1 |
+----+----+
|  1 |  1 |
|  1 |  2 |
|  2 |  1 |
|  2 |  2 |
+----+----+
4 rows in set (0.14 sec)

mysql> select k1, e1 from test_explode lateral view explode_split(k2, ',') tmp1 as e1 where k1 = 1 order by k1, e1;
+----+----+
| k1 | e1 |
+----+----+
|  1 | A  |
|  1 | B  |
|  1 | C  |
+----+----+
3 rows in set (0.15 sec)

mysql> select k1, e1 from test_explode lateral view explode_json_array_int('[1,2,3]') tmp1 as e1 order by k1, e1;
+----+----+
| k1 | e1 |
+----+----+
|  1 |  1 |
|  1 |  2 |
|  1 |  3 |
|  2 |  1 |
|  2 |  2 |
|  2 |  3 |
+----+----+
6 rows in set (0.21 sec)
```

图 3-1　执行结果

3.7.6　窗口函数

窗口函数是一类特殊的内置函数。和聚合函数类似，窗口函数也是对多个输入行做计算得到一个数值。不同的是，窗口函数是在一个特定的窗口内对输入数据做处理，而不是按照 GROUP BY 语句来分组计算。每个窗口内的数据可以用 OVER 从句进行排序和分组。窗口函数会对结果集的每一行计算出一个值，而不是每个 GROUP BY 语句分组计算出一个值。这种灵活的方式允许用户在 SELECT 从句中增加额外的列，给用户提供了更多的机会来对结果集进行重新组织和过滤。窗口函数只能出现在 SELECT 列表和最外层的 ORDER BY 从句中。在查询过程中，窗口函数会在最后生效，也就是说，在执行完 JOIN、WHERE 和 GROUP BY 等语句之后再执行。窗口函数在金融和科学计算领域经常被用到，用来进行趋势分析、离群值计算以及大量数据分桶分析等。

窗口函数的语法如下：

```
function(args) OVER(partition_by_clause order_by_clause [window_clause])
```

窗口函数由 Function 函数、PARTITION BY 子句、ORDER BY 子句和 Window 子句 4 部分组成，除 Function 函数以外，其他都可以省略。

（1）Function 函数

目前，Doris 支持的 Function 函数包括 AVG()、COUNT()、DENSE_RANK()、FIRST_VALUE()、LAG()、LAST_VALUE()、LEAD()、MAX()、MIN()、RANK()、ROW_NUMBER()

和 SUM() 等。

（2）PARTITION BY 子句

PARTITION BY 子句和 GROUP BY 类似，可将输入行按照指定的列数（一列或多列）分组，将相同值的行分到一组。

（3）ORDER BY 子句

ORDER BY 子句和外层的 ORDER BY 基本一致。与外层 ORDER BY 唯一不同的是，OVER 从句中的 ORDER BY *n*（*n* 是正整数）只是用于指定逐行聚合计算的顺序，而外层的 ORDER BY *n* 表示对第 *n* 列排序。

（4）Window 子句

Window 子句用来为窗口函数指定一个运算范围，以当前行为准，前后若干行作为分析函数运算的对象。Window 子句支持的方法有 AVG()、COUNT()、FIRST_VALUE()、LAST_VALUE() 和 SUM()。

Window 子句语法如下：

```
ROWS BETWEEN [ { m | UNBOUNDED } PRECEDING | CURRENT ROW] [ AND [CURRENT ROW |
    { UNBOUNDED | n } FOLLOWING] ]
```

详细的窗口函数案例参见 6.3 节。

此外，Doris 还支持自定义函数，但是自定义函数的过程过于复杂，建议读者先了解 Doris 函数的运作机制，然后通过修改源代码实现。

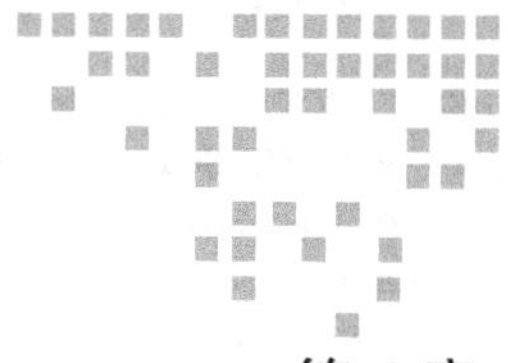

第 4 章 Chapter 4

Doris 数据模型详解

在 Doris 中，数据以表的形式进行逻辑上的描述。一张表包括行（Row）和列（Column）。Row 表示用户的一行数据。Column 表示一行数据的不同字段。Column 可以分为两大类：Key 和 Value。从业务角度看，Key 和 Value 分别对应维度列和指标列。

根据 Key 字段设置的不同，Doris 的数据模型主要分为 3 类：Duplicate 模型、Aggregate 模型和 Unique 模型。

4.1 数据模型及原理

4.1.1 Duplicate 模型

Duplicate 模型是 Doris 默认使用的数据模型。该数据模型不会对导入的数据进行任何处理，表中的数据即用户导入的原始数据。表 4-1 为一张简化的销售订单明细表。

表 4-1 销售订单明细

字段名	字段类型	排序键	备注
ticket_id	BIGINT	Yes	小票 ID
ticket_line_id	BIGINT	Yes	小票行 ID
ticket_date	DATE	yes	订单日期
sku_code	VARCHAR（60）	Yes	商品 SKU 编码
shop_code	VARCHAR（60）	No	门店编码
qty	INT	No	销售数量
amount	decimal（38, 4）	No	销售金额
last_update_time	DATETIME	No	数据更新时间

对应的建表语句如下：

```
CREATE TABLE IF NOT EXISTS example_db.sale_order_dk(
    ticket_id BIGINT NOT NULL COMMENT "小票ID",
    ticket_line_id BIGINT NOT NULL COMMENT "小票行ID",
    ticket_date DATE COMMENT "订单日期",
    sku_code VARCHAR(60) COMMENT "商品SKU编码",
    shop_code VARCHAR(60) COMMENT "门店编码",
    qty INT COMMENT "销售数量",
    amount decimal(22,4) COMMENT "销售金额",
    last_update_time DATETIME NOT NULL COMMENT "数据更新时间"
)DUPLICATE KEY(ticket_id)
DISTRIBUTED BY HASH(ticket_id) BUCKETS 3
PROPERTIES(
"replication_num"="1"
);
```

建表语句中的DUPLICATE KEY只是用来指明顺序存储时排序的列，更贴切的名称应该为“Sorted Key”，这里取名“DUPLICATE KEY”只是用以表明该数据模型是支持数据主键重复的。当然，我们也可以在排序列以外增加索引列，具体参考7.3节。

Duplicate模型适用于既没有聚合需求，又没有主键唯一性约束的原始数据的存储。用户也可以通过物化视图在Duplicate模型基础上建立聚合视图。

4.1.2 Aggregate模型

Aggregate模型需要用户在建表时显式地将列分为Key列和Value列。该模型会自动对Key相同的行，在Value列上进行聚合。下面以实际的例子讲解Aggregate模型，首先创建一张表，如表4-2所示。

表4-2 聚合模型示例表信息

字段名	字段类型	聚合类型	备注
ticket_date	DATE		订单日期
sku_code	VARCHAR（60）		商品SKU编码
shop_code	VARCHAR（60）		门店编码
ticket_id	Bitmap	bitmap_union	小票ID
ticket_line_id	Bitmap	bitmap_union	小票行ID
qty	INT	sum	销售数量
amount	decimal（38,4）	sum	销售金额
last_update_time	DATETIME	REPLACE	数据更新时间

对应的建表语句如下：

```
CREATE TABLE IF NOT EXISTS example_db.sale_order_ak(
    ticket_date DATE COMMENT "订单日期",
    sku_code VARCHAR(60) COMMENT "商品SKU编码",
    shop_code VARCHAR(60) COMMENT "门店编码",
```

```
    ticket_id BITMAP BITMAP_UNION NULL   COMMENT "小票ID",
    ticket_line_id BITMAP BITMAP_UNION NULL COMMENT "小票行ID",
    qty INT SUM COMMENT "销售数量",
    amount decimal(22,4) SUM COMMENT "销售金额",
    last_update_time DATETIME REPLACE NOT NULL COMMENT "数据更新时间"
)AGGREGATE KEY(ticket_date,sku_code,shop_code)
DISTRIBUTED by HASH(sku_code) BUCKETS 3
PROPERTIES(
    "replication_num"="1"
);
```

可以看到，这是一张按照订单日期、商品、门店汇总的销售事实表，其中订单日期、商品SKU编码、门店编码作为主键，也是星型模型的关联字段；小票ID、小票行ID、销售数量、销售金额作为汇总字段，其中小票ID用于汇总小票数，小票行ID和数据更新时间实际意义不大，仅用于和下面的案例对齐字段。

在Aggregate模型中，所有的字段分成Key列和Value列，Key列必须写入清单，Value列必须指定聚合类型（AggregationType）。当导入数据时，Key列相同的行会聚合成一行，而Value列会按照设置的聚合类型进行聚合。目前，聚合类型有以下6种。

- SUM：求和，求多行的Value累加值。
- MAX：求和，求多行的Value最大值。
- MIN：求和，求多行的Value最小值。
- REPLACE：替代，下一批数据中的Value值替换表中已存在Key行对应的Value；如果下一批数据存在多条重复Key，则随机取一条作为最终值写入目标表。
- BITMAP_UNION：针对Bitmap类型数据进行汇总。
- HLL_UNION：针对HLL类型数据进行去重汇总。

4.1.3 Unique模型

在某些多维分析场景中，用户更关注的是Key的唯一性，即主键唯一性约束。因此，我们引入了Unique模型。该模型本质上是聚合模型的一个特例，也是一种简化的表结构表示方式，如表4-3所示。

表4-3 Unique模型表结构示例

字段名	字段类型	是否主键	备注
ticket_id	BIGINT	Yes	小票ID
ticket_line_id	BIGINT	Yes	小票行ID
ticket_date	DATE	No	订单日期
sku_code	VARCHAR（60）	No	商品SKU编码
shop_code	VARCHAR（60）	No	门店编码
qty	INT	No	销售数量
amount	decimal（38, 4）	No	销售金额
last_update_time	DATETIME	No	数据更新时间

对应的建表语句如下：

```
CREATE TABLE IF NOT EXISTS example_db.sale_order_uk(
    ticket_id BIGINT NOT NULL COMMENT "小票ID",
    ticket_line_id BIGINT NOT NULL COMMENT "小票行ID",
    ticket_date DATE COMMENT "订单日期",
    sku_code VARCHAR(60) COMMENT "商品SKU编码",
    shop_code VARCHAR(60) COMMENT "门店编码",
    qty INT COMMENT "销售数量",
    amount decimal(22,4) COMMENT "销售金额",
    last_update_time DATETIME NOT NULL COMMENT "数据更新时间"
)UNIQUE KEY(ticket_id,ticket_line_id)
Distributed by HASH(ticket_id) BUCKETS 3
Properties(
    "replication_num"="1"
);
```

Unique模型完全可以用Aggregate模型中的REPLACE方法替代，其内部实现方式和数据存储方式在Doris 1.2版本以前完全一样。但是，Doris 1.2版本对Unique模型进行了优化，引入了全新的数据更新方式Merge-On-Write（写时合并），查询性能得到了10倍的提升。

具体来说，Aggregate模型和Doris 1.2版本以前的Unique模型都是采用Merge-on-Read（读时合并）模式，即在数据读取时才进行合并。对于需要高频写入和更新的Unique模型来说，这种模式限制了查询速度。而Doris 1.2及以后版本的Unique模型采用Delete+Insert的Merge-On-Write模式，可以更好地实现行级更新，配合Flink CDC实现高效读写。Merge-On-Write模式通过主键约束，保证同一个主键下仅存在一条记录，这样就完全避免了合并操作。具体实现分为更新和删除两种场景：当Doris收到对某记录的更新请求时，会通过主键索引找到该条记录的位置，并对其标记为删除，再插入一条新的记录，相当于把Update操作改写为Delete+Insert操作。当Doris收到对某记录的删除请求时，会通过主键索引找到该条记录的位置，对其标记为删除，这样在查询时不影响谓词下推和索引的使用，保证了查询的高效执行。可见，相比Merge-on-Read模式，Merge-On-Write模式通过牺牲微小的写入性能和内存占用，极大地提升了查询性能。

4.2 数据模型实战

接下来，我们模拟一份数据，分别插入4.1节的3张不同类型的表example_db.sale_order_dk、example_db.sale_order_ak、example_db.sale_order_uk，查看执行结果。

假设模拟数据如表4-4所示。

表4-4 模拟数据

ticket_id	ticket_line_id	ticket_date	sku_code	shop_code	qty	amount	last_update_time
10000	1	2022/1/1	982419326950	X0303417	4	498	2022-01-01 19:20:23

（续）

ticket_id	ticket_line_id	ticket_date	sku_code	shop_code	qty	amount	last_update_time
10000	2	2022/1/1	982428631508	X0303417	3	486	2022-01-01 19:20:23
10000	2	2022/1/1	982428631508	X0303417	2	583	2022-01-01 22:20:23
10000	1	2022/1/1	982419326950	X0303417	4	726	2022-01-02 22:20:23
10002	1	2022/1/2	982419326788	X2318236	4	632	2022-01-02 10:20:23
10002	2	2022/1/2	982419326788	X2318236	5	1663	2022-01-02 10:20:23
10003	1	2022/1/3	982419326950	X2318236	2	542	2022-01-03 18:20:23

分别向Duplicate模型表、Aggregate模型表、Unique模型表插入数据，SQL语句如下：

```
-- 插入数据到 Duplicate 模型表
INSERT INTO example_db.sale_order_dk (ticket_id, ticket_line_id, ticket_date,
    sku_code, shop_code, qty, amount, last_update_time) VALUES ('10000', '1',
    '2022-01-01', '982419326950', 'X0303417', '4', '498.0000', '2022-01-01 19:20:23');
INSERT INTO example_db.sale_order_dk (ticket_id, ticket_line_id, ticket_date,
    sku_code, shop_code, qty, amount, last_update_time) VALUES ('10000', '2',
    '2022-01-01', '982428631508', 'X0303417', '3', '486.0000', '2022-01-01 19:20:23');
INSERT INTO example_db.sale_order_dk (ticket_id, ticket_line_id, ticket_date,
    sku_code, shop_code, qty, amount, last_update_time) VALUES ('10000', '2',
    '2022-01-01', '982428631508', 'X0303417', '2', '583.0000', '2022-01-01 22:20:23');
INSERT INTO example_db.sale_order_dk (ticket_id, ticket_line_id, ticket_date,
    sku_code, shop_code, qty, amount, last_update_time) VALUES ('10000', '1',
    '2022-01-01', '982419326950', 'X0303417', '4', '726.0000', '2022-01-02 22:20:23');
INSERT INTO example_db.sale_order_dk (ticket_id, ticket_line_id, ticket_date,
    sku_code, shop_code, qty, amount, last_update_time) VALUES ('10002', '1',
    '2022-01-02', '982419326788', 'X2318236', '4', '632.0000', '2022-01-02 10:20:23');
INSERT INTO example_db.sale_order_dk (ticket_id, ticket_line_id, ticket_date,
    sku_code, shop_code, qty, amount, last_update_time) VALUES ('10002', '2',
    '2022-01-02', '982419326788', 'X2318236', '5', '1663.0000', '2022-01-02 10:20:23');
INSERT INTO example_db.sale_order_dk (ticket_id, ticket_line_id, ticket_date,
    sku_code, shop_code, qty, amount, last_update_time) VALUES ('10003', '1',
    '2022-01-03', '982419326950', 'X2318236', '2', '542.0000', '2022-01-03 18:20:23');
-- 插入数据到 Aggregate 模型表
INSERT INTO example_db.sale_order_ak (ticket_id, ticket_line_id, ticket_
    date, sku_code, shop_code, qty, amount, last_update_time) VALUES (bitmap_
    hash('10000'), bitmap_hash('1'), '2022-01-01', '982419326950', 'X0303417',
    '4', '498.0000', '2022-01-01 19:20:23');
INSERT INTO example_db.sale_order_ak (ticket_id, ticket_line_id, ticket_date, sku_
    code, shop_code, qty, amount, last_update_time) VALUES (bitmap_hash('10000'),
    bitmap_hash('2'), '2022-01-01', '982428631508', 'X0303417', '3', '486.0000',
    '2022-01-01 19:20:23');
INSERT INTO example_db.sale_order_ak (ticket_id, ticket_line_id, ticket_date, sku_
    code, shop_code, qty, amount, last_update_time) VALUES (bitmap_hash('10000'),
    bitmap_hash('2'), '2022-01-01', '982428631508', 'X0303417', '2', '583.0000',
    '2022-01-01 22:20:23');
INSERT INTO example_db.sale_order_ak (ticket_id, ticket_line_id, ticket_date, sku_
    code, shop_code, qty, amount, last_update_time) VALUES (bitmap_hash('10000'),
    bitmap_hash('1'), '2022-01-01', '982419326950', 'X0303417', '4', '726.0000',
    '2022-01-02 22:20:23');
```

```
INSERT INTO example_db.sale_order_ak (ticket_id, ticket_line_id, ticket_
    date, sku_code, shop_code, qty, amount, last_update_time) VALUES (bitmap_
    hash('10002'), bitmap_hash('1'), '2022-01-02', '982419326788', 'X2318236',
    '4', '632.0000', '2022-01-02 10:20:23');
INSERT INTO example_db.sale_order_ak (ticket_id, ticket_line_id, ticket_
    date, sku_code, shop_code, qty, amount, last_update_time) VALUES (bitmap_
    hash('10002'), bitmap_hash('2'), '2022-01-02', '982419326788', 'X2318236',
    '5', '1663.0000', '2022-01-02 10:20:23');
INSERT INTO example_db.sale_order_ak (ticket_id, ticket_line_id, ticket_
    date, sku_code, shop_code, qty, amount, last_update_time) VALUES (bitmap_
    hash('10003'), bitmap_hash('1'), '2022-01-03', '982419326950', 'X2318236',
    '2', '542.0000', '2022-01-03 18:20:23');
-- 插入数据到 Unique 模型表
INSERT INTO example_db.sale_order_uk (ticket_id, ticket_line_id, ticket_date,
    sku_code, shop_code, qty, amount, last_update_time) VALUES ('10000', '1',
    '2022-01-01', '982419326950', 'X0303417', '4', '498.0000', '2022-01-01 19:20:23');
INSERT INTO example_db.sale_order_uk (ticket_id, ticket_line_id, ticket_date,
    sku_code, shop_code, qty, amount, last_update_time) VALUES ('10000', '2',
    '2022-01-01', '982428631508', 'X0303417', '3', '486.0000', '2022-01-01 19:20:23');
INSERT INTO example_db.sale_order_uk (ticket_id, ticket_line_id, ticket_date,
    sku_code, shop_code, qty, amount, last_update_time) VALUES ('10000', '2',
    '2022-01-01', '982428631508', 'X0303417', '2', '583.0000', '2022-01-01 22:20:23');
INSERT INTO example_db.sale_order_uk (ticket_id, ticket_line_id, ticket_date,
    sku_code, shop_code, qty, amount, last_update_time) VALUES ('10000', '1',
    '2022-01-01', '982419326950', 'X0303417', '4', '726.0000', '2022-01-02 22:20:23');
INSERT INTO example_db.sale_order_uk (ticket_id, ticket_line_id, ticket_date,
    sku_code, shop_code, qty, amount, last_update_time) VALUES ('10002', '1',
    '2022-01-02', '982419326788', 'X2318236', '4', '632.0000', '2022-01-02 10:20:23');
INSERT INTO example_db.sale_order_uk (ticket_id, ticket_line_id, ticket_date,
    sku_code, shop_code, qty, amount, last_update_time) VALUES ('10002', '2',
    '2022-01-02', '982419326788', 'X2318236', '5', '1663.0000', '2022-01-02 10:20:23');
INSERT INTO example_db.sale_order_uk (ticket_id, ticket_line_id, ticket_date,
    sku_code, shop_code, qty, amount, last_update_time) VALUES ('10003', '1',
    '2022-01-03', '982419326950', 'X2318236', '2', '542.0000', '2022-01-03 18:20:23');
```

需要注意的是，在实际项目中我们并不会采用这种 INSERT 语句的方式插入数据，因为频繁的 INSERT 语句不仅给 FE 节点带来压力，并且需要大量时间合并数据。在第 5 章，我们会详细介绍 Doris 推荐的数据导入方式。由于 Aggregate 模型中的 ticket_id 和 ticket_line_id 字段是 Bitmap 类型，插入数据时需要先将字符串通过 BITMAP_HASH 函数转换成 Bitmap 类型。

上述代码执行以后，查询结果截图如图 4-1、图 4-2、图 4-3 所示。

ticket_id	ticket_line_id	ticket_date	sku_code	shop_code	qty	amount	last_update_time
10000	1	2022-01-01	982419326950	X0303417	4	498.0000	2022-01-01 19:20:23
10000	2	2022-01-01	982428631508	X0303417	3	486.0000	2022-01-01 19:20:23
10000	2	2022-01-01	982428631508	X0303417	2	583.0000	2022-01-01 22:20:23
10000	1	2022-01-01	982419326950	X0303417	4	726.0000	2022-01-02 22:20:23
10003	1	2022-01-03	982419326950	X2318236	2	542.0000	2022-01-03 18:20:23
10002	1	2022-01-02	982419326788	X2318236	4	632.0000	2022-01-02 10:20:23
10002	2	2022-01-02	982419326788	X2318236	5	1663.0000	2022-01-02 10:20:23

图 4-1 Duplicate 模型表数据查询结果

ticket_date	sku_code	shop_code	ticket_id	ticket_line_id	qty	amount	last_update_time
2022-01-01	982419326950	X0303417	(Null)	(Null)	8	1224.0000	2022-01-02 22:20:23
2022-01-02	982419326788	X2318236	(Null)	(Null)	9	2295.0000	2022-01-02 10:20:23
2022-01-03	982419326950	X2318236	(Null)	(Null)	2	542.0000	2022-01-03 18:20:23
2022-01-01	982428631508	X0303417	(Null)	(Null)	5	1069.0000	2022-01-01 22:20:23

图 4-2 Aggregate 模型表数据查询结果

ticket_id	ticket_line_id	ticket_date	sku_code	shop_code	qty	amount	last_update_time
10000	1	2022-01-01	982419326950	X0303417	4	726.0000	2022-01-02 22:20:23
10000	2	2022-01-01	982428631508	X0303417	2	583.0000	2022-01-01 22:20:23
10003	1	2022-01-03	982419326950	X2318236	2	542.0000	2022-01-03 18:20:23
10002	1	2022-01-02	982419326788	X2318236	4	632.0000	2022-01-02 10:20:23
10002	2	2022-01-02	982419326788	X2318236	5	1663.0000	2022-01-02 10:20:23

图 4-3 Unique 模型表数据查询结果

从上述案例可以看到，我们给 3 张表分别插入相同的 7 条数据，但是查询结果是：Duplicate 模型表显示 7 条、Aggregate 模型表显示 4 条、Unique 模型表显示 5 条。通过对比，我们可以看出 3 个数据模型的差异。

1）Duplicate 模型保留全部数据。

2）Aggregate 模型按照主键聚合。

3）Unique 模型按照主键进行数据去重，保留最后一次插入的数据（即最新数据），对于 REPLACE 操作，同一个导入批次的数据替换顺序不能保证；而不同导入批次的数据，替换顺序可以保证，后一批次的数据会替换前一批次的数据。

4）Aggregate 模型由于对数据按照指定维度列做了聚合，因此明细数据会丢失。

5）Aggregate 模型要想保留全部明细数据，需要导入数据中每一行的 Key 组合都不完全相同。

针对 Aggregate 模型和 Unique 模型，Doris 通过 3 个阶段进行不同层次的数据聚合。

1）数据写入阶段。针对每一个批次的导入数据，Doris 会先在批次内进行数据合并。

2）节点数据压实阶段。在数据写入后，BE 节点不定期进行跨批次的数据合并，这个过程也叫压实。

3）数据查询阶段。在数据查询时，对于查询涉及的数据，Doris 会进行进一步聚合，避免返回错误的结果。

4.3 数据模型应用场景

从前面的章节，我们已经认识到 Doris 三大数据模型的特性和数据存储方式。在日常开发中，选择合适的数据模型是非常重要的。数据模型只能在创建表的时候指定，一旦表创建完成，就无法修改了。

下面简单总结三大模型的应用场景。

1）Aggregate模型可以通过预聚合，极大地减少查询时所需扫描和计算的数据，非常适合有固定模式的报表类查询场景。但是，该模型对COUNT(*)查询很不友好；同时因为指定了Value列上的聚合方式，在进行其他类型的聚合查询时，需要考虑语意正确性。

2）Unique模型针对需要唯一主键约束的场景，可以保证主键唯一性，但是无法利用ROLLUP等预聚合的特性。因此，Unique模型特别适合数据仓库的ODS层。

3）Duplicate模型适合任意维度的Ad-hoc查询，虽然同样无法利用预聚合的特性，但是不受聚合模型的约束，可以发挥列存模式的优势（只读取相关列，不需要读取所有Key列）。

此外，Doris的Aggregate模型（包括主键模型）还存在一定的局限性，即在进行数据合并时存在一定的延迟，影响表的查询性能和查询结果准确性。这一点其实很好理解，数据是批量写入的，数据合并是异步进行的，这也是数据高效快速写入的必然要求。

在Aggregate模型中，模型对外展示的是最终聚合后的数据。也就是说，任何还未聚合的数据必须进行合并，以保证对外展示数据的一致性，因此模型需要在查询过程中进行数据聚合。当聚合模型的Key字段非常多或者记录数非常多时，这种查询性能非常低。例如针对Key列进行COUNT操作或者针对SUM列进行MAX操作，都需要预先聚合数据，才能返回正确的结果。当然，数据聚合过程对于用户来说是无感知的，但是这种一致性保证在某些查询中会极大地降低效率。

由于Unique模型的Key字段通常比较少，因此数据合并速度会高于Aggregate模型。所以在有频繁数据写入的情况下，我们不推荐使用Aggregate模型，可以酌情使用Unique模型。当然，查询效率最高的还是Duplicate模型。

4.4 表数据存储

数据模型决定了数据的逻辑存储格式，但是数据还有物理存储格式，也就是我们常说的数据文件格式。Doris数据文件是参照ORCFile格式存储的。

说到ORCFile格式，不得不先介绍RCFile。RCFile文件格式是FaceBook开源的一种Hive文件存储格式。它首先将表分为几个行组，再对每个行组内的数据按列进行存储，每一列数据分开存储，秉承先水平划分，再垂直划分的理念。

图4-4是HDFS内RCFile的存储结构。我们可以看到，首先对表进行行划分，分成多个行组。一个行组信息主要包括HDFS块信息、改组数据的元数据信息、具体的数据块信息。HDFS块信息主要是为了区分一个HDFS块上的相邻行组；元数据信息主要存储行组内存储数据的行数、列的字段信息等；数据块信息采用列存方式存储，将每一行数据存为一列，将一列数据存为一行。

在一般的行存储中，SELECT a FROM table语句虽然只取表中一个字段的值，但还是会遍历整个表，所以效果和SELECT * FROM table语句一样。在RCFile存储结构中，只会读取行组中的一行。

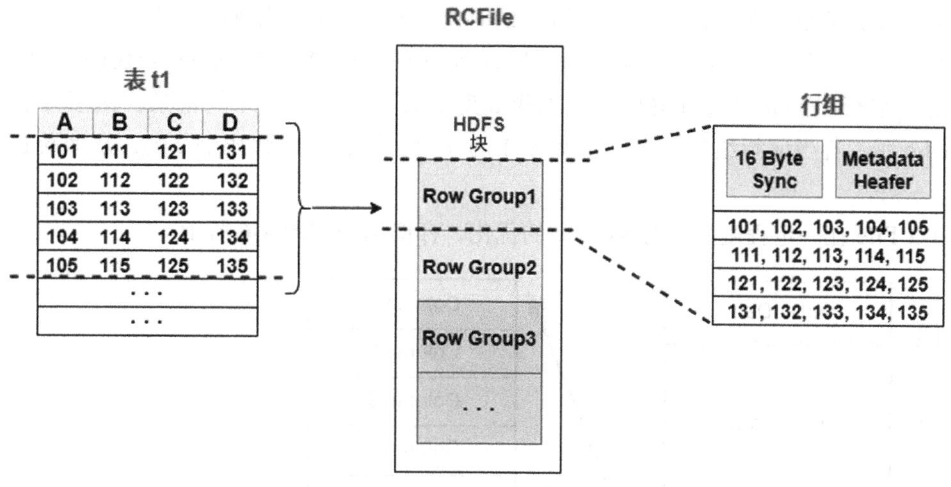

图 4-4 RCFile 存储结构

在一般的列存储中，不同的列分开存储，这样在查询的时候可以跳过某些列，但是有时候一个表的有些列不在同一个 HDFS 块上（如图 4-5 所示），所以在查询的时候，重组列会造成很多 I/O 开销。

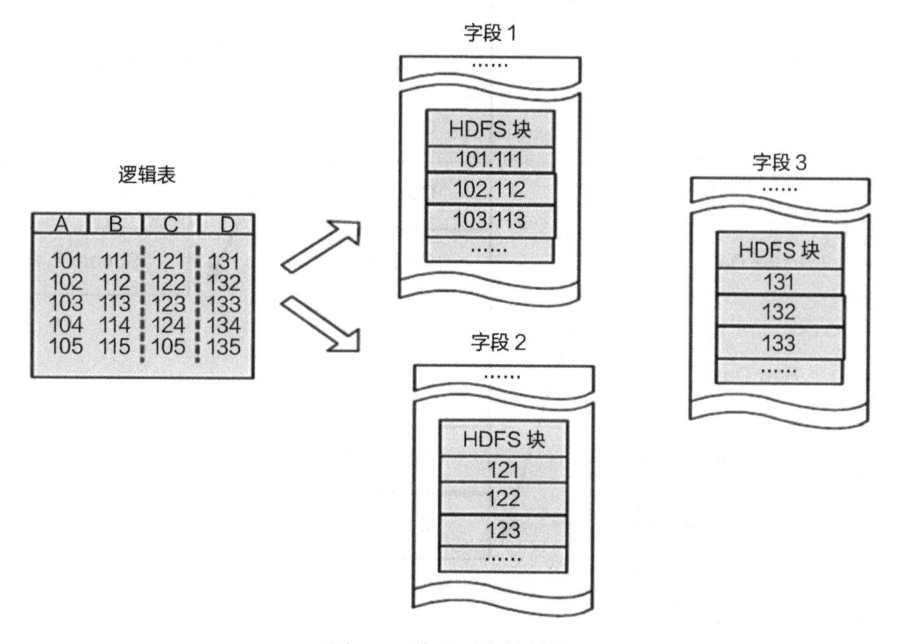

图 4-5 普通列存储结构

RCFile 由于相同的列在一个 HDFS 块上，所以相对列存储而言会节省很多资源。在存储空间上，RCFile 采用游程编码，相同的数据不会重复存储，很大程度上节约了存储空间，尤其是字段中包含大量重复数据。在数据解压缩方面，RCFile 采用的是懒加载策略。存储到表中的数据都是压缩的，Hive 读取数据的时候会对其进行解压缩，但是会跳过不需要查询的列，这样就省去了无用列的解压缩。以查询 SELECT c FROM table WHERE a>1 为例，先对每一个行组的 *a* 列进行解压缩，如果 *a* 列中有满足值大于 1 的记录，然后才解压缩对列的 *c* 列。若当前行组中不存在值大于 1 的 *a* 列，那就不用解压缩 *c* 列，从而跳过整个行组。

ORCFile 在一定程度上是对 RCFile 的优化，存储结构如图 4-6 所示。

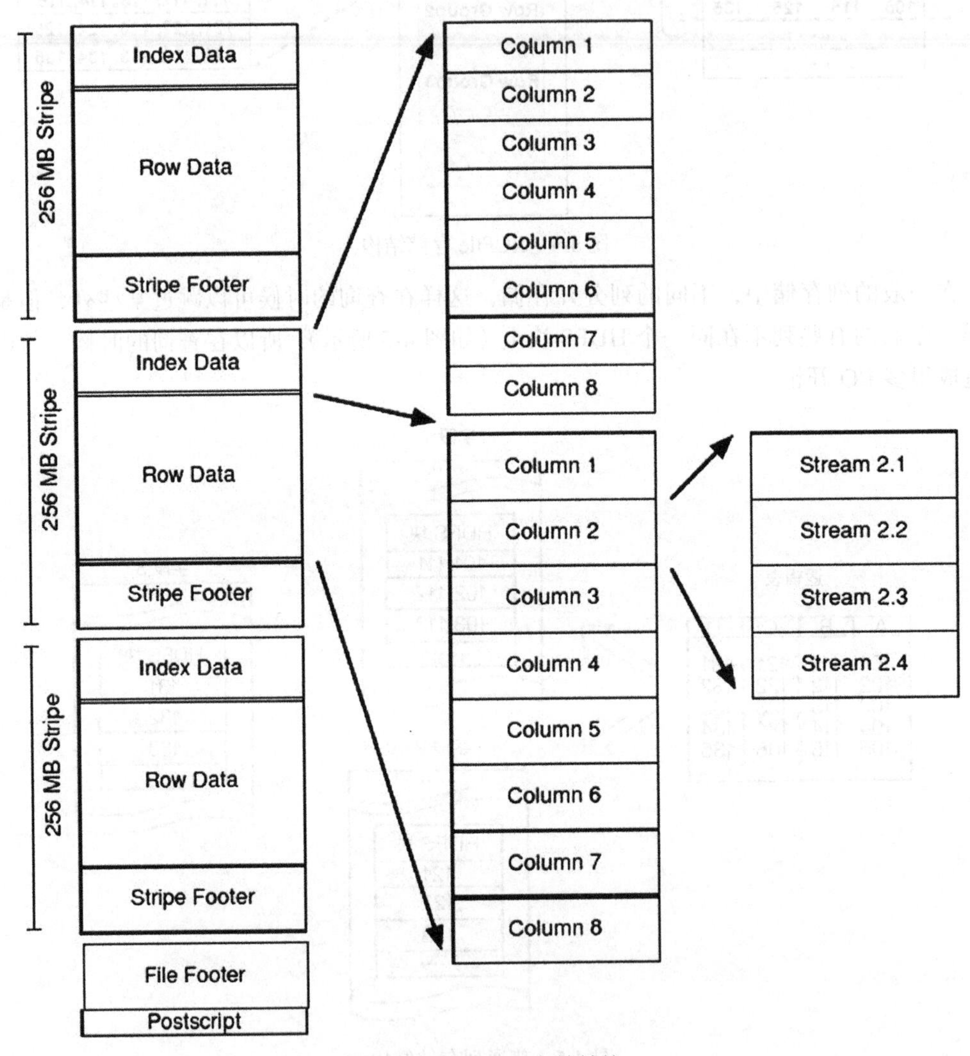

图 4-6 ORCFile 存储结构

可以看到，ORCFile 存储结构在 RCFile 存储结构基础上引申出 Stripe 和 Footer 等。每个 ORC 文件首先会被横向切分成多个 Stripe，而每个 Stripe 内部以列存储，所有的列存储在一个文件中，而且每个 Stripe 默认大小一般等于 HDFS 块大小，即 256 MB。

ORCFile 存储的数据如下。

- Postscript 中存储表的行数、压缩参数、压缩大小、列等信息。
- Stripe Footer 中存储某 stripe 的统计结果，包括 Max、Min、count 等信息。
- File Footer 中存储表的统计结果，以及各 Stripe 的位置信息。
- Index Data 中存储某 Stripe 上数据的位置、总行数等信息。
- Row Data 以 Stream 的形式存储数据信息。

系统读取 ORCFile 格式数据的时候，根据 File Footer 读取 Stripe 中的信息，根据 Index Data 读取数据的偏移量，从而读取该 Stripe 中的数据。Apache 官方给出 ORCFile 格式数据读取流程，如图 4-7 所示。

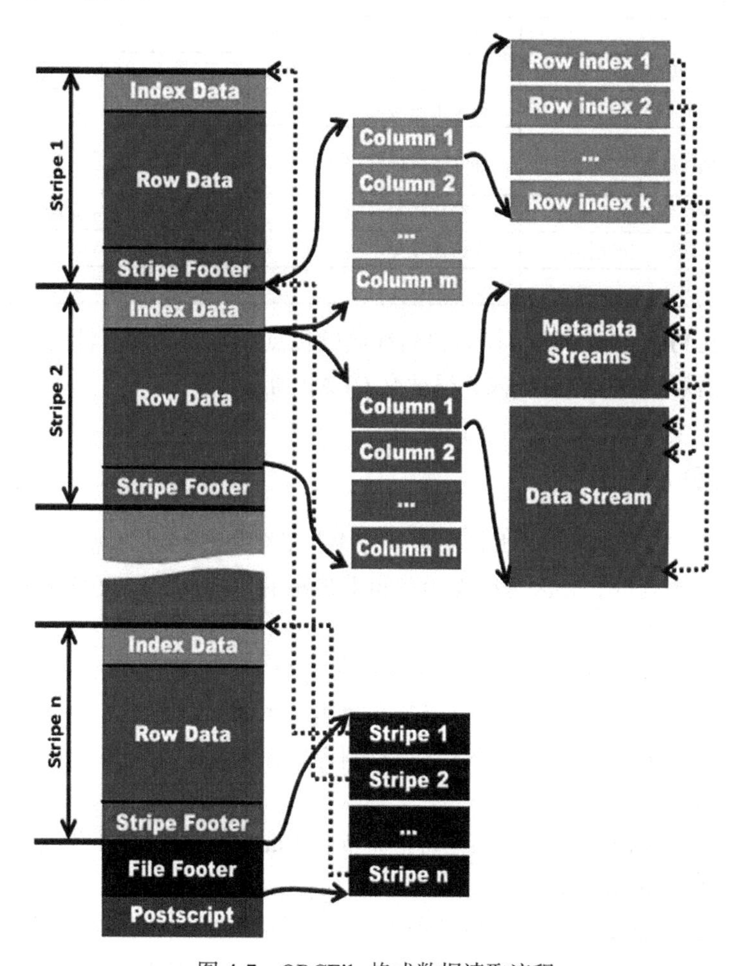

图 4-7 ORCFile 格式数据读取流程

此外，ORCFile 还扩展了 RCFile 格式数据的压缩算法，除了游程编码，引入字典编码和 Bit 编码。对于字典编码，最后存储的数据便是字典中的值，每个字段值的长度以及字段在字典中的位置。对于 Bit 编码，所有字段都采用 Bit 值来判断列是否为 NULL，如果为

NULL 则 Bit 值为 0，否则为 1。NULL 列不占用存储空间。

Doris 实现了 ORCFile 格式存储。在每个 BE 节点上，数据以 ORCFile 格式保存在当前节点的文件中。从上面针对 ORCFile 的解析，我们可以简单对比一下行存、列存和 ORCFile 格式存储，如表 4-5 所示。

表 4-5 行存、列存和 ORCFile 格式存储对比

对比项	行存	列存	ORCFile 格式存储
数据切块	按照“分区数 + 数据块”切分	按照“分区数 + 列数 + 数据块”切分，碎片化严重	按照“分区数 + 数据块”切分
压缩策略	行内数据重复率低，压缩比不高	列内数据重复率高，压缩效果好	块内按照列存储方式压缩
字典压缩	支持	支持	支持
数据压缩比	压缩比一般为 3 ∶ 1 左右	压缩比一般为 7 ∶ 1 左右	压缩比一般为 7 ∶ 1 左右
数据写入	适合批量写入和单条写入	适合批量写入	适合批量写入
数据读取	适合整行读取	部分字段读取效率更高	整行读取和部分字段读取效率都较高
数据更新	支持比较好	支持比较差	支持按照索引更新
数据删除	支持比较好，快速标记	支持比较差	支持按照索引删除
索引	支持索引	效果不佳	效果非常好

结论是，ORCFile 具有传统行存储和列存储的优点，实现了读写性能和存储空间的均衡，是一种非常高效的数据存储方式，很适合 OLAP 场景。

4.5 分区与分桶

在 Doris 存储引擎中，用户数据首先被划分成若干个分区，划分规则通常是按照用户指定的分区列进行范围划分。分区可以视为逻辑上最小的管理单元。数据导入与删除都可以或仅能针对一个分区进行。

在每个分区内，数据被进一步按照 Hash 值进行分桶，即根据分桶列的 Hash 值进行取模运算，确定数据的具体分布位置。分桶数在建表时指定，也可以后期修改。分区的每个分桶也叫数据分片。数据分片是数据移动、复制等操作的最小物理单元。数据分片之间没有交集，独立存储。

Doris 支持两层数据划分：第一层是分区，支持 Range 分区和 List 分区两种模式；第二层是分桶，仅支持 Hash 分桶。

分区支持通过 VALUES LESS THAN（…）指定上界，Doris 会将前一个分区的上界作为该分区的下界，生成一个左闭右开的区间；也支持通过 VALUES[…）同时指定上下界，生成一个左闭右开的区间。当使用 VALUES LESS THAN（…）语句执行分区的增删操作时，Doris 默认会转换成 VALUES […）语句以指定上下界。删除中间的分区不会改变已存在分区的取数范围，但可能出现分区范围断层，导致数据丢失。注意，不可添加范围重叠的分区。

不论分区列是什么类型，分区值都需要加双引号。分区数量理论上没有上限。当不使用分区建表时，Doris 会自动生成一个和表名同名的、全值范围的分区。该分区对用户不可见，并且不可删改。分区列通常为时间列，以方便管理新旧数据。

如果是在分区基础上创建分桶，桶是针对每一个分区划分的；如果是非分区表，桶是针对整个表的数据划分的。分桶列可以是多列，但必须为 Key 列。分桶列和分区列可以相同，也可以不同。分桶数量理论上没有上限。

分桶列数量的选择是对查询吞吐和查询并发的一种权衡。如果选择多个分桶列，数据分布更均匀。如果一个查询条件不包含分桶列的等值条件，该查询会触发所有分桶同时扫描，这样的查询吞吐增加，延时随之降低。该方式适合大吞吐、低并发的查询场景。如果仅选择一个或少数分桶列，对应的点查询可以仅触发一个分桶扫描。当多个查询并发时，这些查询有较大的概率触发不同的分桶扫描，各个查询之间的影响较小，尤其当不同桶分布在不同磁盘时，所以该方式适合高并发查询场景。

正常情况下，推荐单字段作为分桶列，且尽可能平均分布数据。

一个表的 Tablet 总数量等于分区数 × 分桶数。分区和分桶一般遵循以下原则。

- Tablet 数量原则：在不考虑扩容的情况下，推荐一个表的 Tablet 数量略多于整个集群的磁盘数量。
- Tablet 数据量原则：单个 Tablet 的数据量理论上没有上下界，但建议大小在 1G ～ 10G 内。如果单个 Tablet 数据量过小，数据聚合效果不佳，元数据管理压力大；如果数据量过大，不利于副本的迁移、补齐，且会提高 Schema 变更或者 Rollup 操作失败的概率。

当 Tablet 数量原则和 Tablet 数据量原则冲突时，建议优先考虑数据量原则。

在建表时，每个分区的分桶数统一指定，但是在动态增加分区时，可以单独指定新分区的分桶数。我们可以利用这个特性应对数据量缩小或膨胀。

一个分区的分桶数一旦指定，不可更改，所以在确定分桶数时，需要预先考虑集群扩容情况。比如当前只有 3 台主机，每台主机有 1 个磁盘，如果分桶数只设置为 3 或更小，那么后期即使再增加主机，也不能提高并发度。

举例：假设有 10 台 BE，每台 BE 有一块磁盘，如果一个表总大小为 500MB，则可以考虑设置 4 ～ 8 个分片；如果表总大小为 5GB，则建议设置 8 ～ 16 个分片；如果表总大小为 50GB，则建议设置 32 个分片；如果表总大小为 500GB，则建议先分区，每个分区大小在 50GB 左右，每个分区设置 16 ～ 32 个分片；如果表总大小为 5TB，则建议先分区，每个分区大小在 50GB 左右，每个分区设置 16 ～ 32 个分片。表的数据量可以通过 SHOW DATA 命令查看。

4.6　DDL 语句执行过程

通过前面的原理介绍，我们知道 Doris 包括 FE 和 BE 组件，其中 FE 组件作为数据库对外交互的入口和内部元数据管理的主节点，承担了数据库定义语言（Data Definition Language，DDL）执行的大部分工作。那么，数据库表的新建和变更是怎么在 Doris 数据库管理系统内部实现的？

根据“Apache Doris 源码解析系列直播”第一讲“建表语句的执行过程”（主讲人：陈明雨）的内容，笔者整理了 DDL 语句执行流程，如图 4-8 所示。

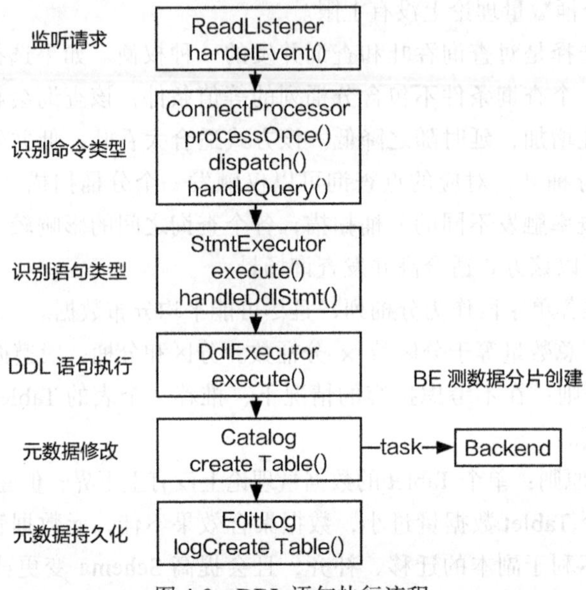

图 4-8 DDL 语句执行流程

第一步是用户发起 DDL 语句执行请求，再提交给 FE 节点。FE 是基于 Java 语言开发的，程序入口是 main 方法。main 方法主要提供基于 Thrift 框架的 RPC 服务、Http 服务和 Query 服务。DDL 语句执行的请求主要通过 Query 服务（QeService 类）实现，Query 服务是 MySQL Server 的一个封装，端口默认为 9030。而 MySQL Server 实现了所有的 MySQL 交互协议，所以客户端软件可以直接通过 MySQL 协议和 Doris 进行通信。核心代码逻辑位于 QeService.java 源码中，裁剪如下：

```
public class QeService{
    private MysqlServer mysqlServer;

    public QeService(int port){
            mysqlServer = new NMysqlServer(port,scheduler);
    }

    public void start() throws IOException {
            mysqlServer.start();
    }
}
```

第二步是识别命令类型。FE 会启动一个事件监听器来监听用户的连接，当用户发出请求以后，识别命令类型。该操作是在 processOnce 类中实现的。命令类型主要包括初始化数据连接、断开连接和 SQL 语句执行等。SQL 命令又分为数据查询语言（DQL）、数据操纵语言（DML）、数据定义语言（DDL）、数据控制语言（DCL）四种类型。确认传入的是 SQL 语句执行命令后，FE 会获取请求语句，发送给语法解析器进行语法检查。

第三步是词法解析和语法解析。词法解析和语法解析分别通过 fe/fe-core/src/main/jflex/sql_scanner.flex 和 fe/fe-core/src/main/cup/sql_parser.cup 两个规则文件实现，解析结果是一个实体类。词法解析用于判断单词的正确性，语法解析用于判断多个单词组合在一起是否是一个合法的操作命令。创建表的语法解析规则文件如下：

```
// Create Statement
create_stmt ::=
    KW_CREATE opt_external:isExternal KW_TABLE opt_if_not_exists:ifNotExists table_
        name:name
            LPAREN column_definition_list:columns RPAREN opt_engine:engineName
            opt_keys:keys
            opt_comment:tableComment
            opt_partition:partition
            opt_distribution:distribution
            opt_rollup:index
            opt_properties:tblProperties
            opt_ext_properties:extProperties
    {:
        RESULT = new CreateTableStmt(ifNotExists, isExternal, name, columns,
            engineName, keys, partition,
        distribution, tblProperties, extProperties, tableComment, index);
    :}
    ;
```

第四步是 DDL 语句执行。DDL 语句执行前还需要进行语义解析，以确定语句含义是否正确。语义解析主要包括判断列名称是否合法、列类型是否合法、分区是否重叠、权限是否合法、分布是否合法等。语义解析之后是具体 DDL 语句的执行。这里有一个小知识：所有的 FE 节点中只有 Master FE 有元数据修改能力，并且部分元数据（心跳信息、磁盘容量信息等）只有 Master FE 有，因此所有需要修改元数据的操作都得转发到 Master FE 节点执行。

第五步是元数据修改。DDL 语句的具体执行就是修改 Catalog 数据和通知 BE 节点创建对应的文件夹。通过语义解析的 SQL 命令会转化成一个元数据对象，然后生成一个 Table 对象。Table 对象包含表的基本模式、分区信息、分布信息。由于 Doris 默认按照分区表存储，所有的非分区表默认生成一个单分区的 Partition 对象，对应生成 BE 节点的文件夹。

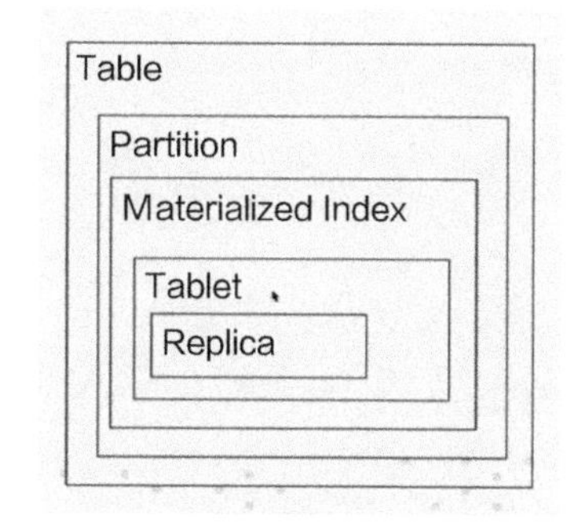

图 4-9 Doris 元数据层级关系

Doris 元数据层级关系如图 4-9 所示。根据 Doris 的元数据管理逻辑，表包含一个或者多个分区，分区下默认有一个主索引，索引下划分数据分片，每个数据分片配置多个副本。所有的表都会有一个 Partition 对象，分区是表的实体子集。

Master FE 指挥 BE 创建文件夹需要通过队列来实现，只有多数节点完成对应目录的创建，FE 节点的表创建才算完成。Doris 创建 Catalog 在 Catalog.java 类中实现，对应的函数是 createPartitionWithIndices，过程代码如图 4-10 所示。

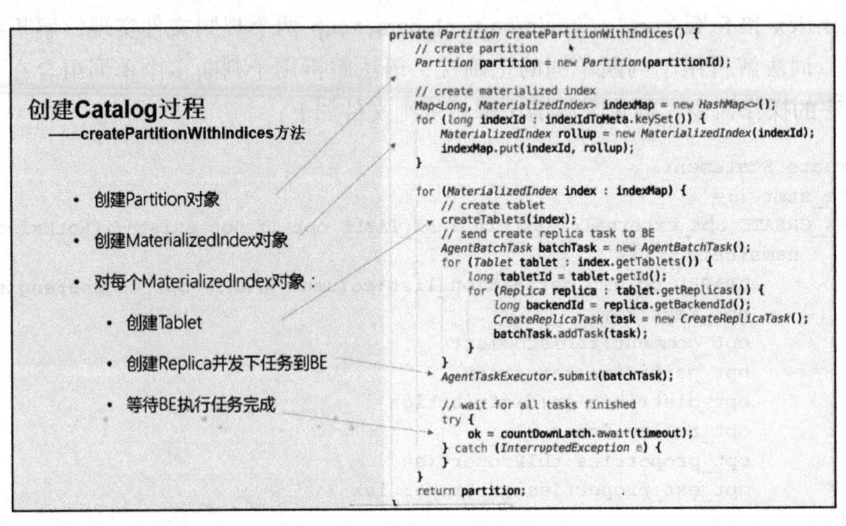

图 4-10 Doris 创建 Catalog 过程代码

第六步是元数据持久化操作。在 Master FE 节点完成内存中元数据修改以后，Doris 还需要把修改信息持久化到日志文件中，以便数据库重启后可以通过回放恢复对应的元数据。Doris 的 EditLog 采用 BDB JE 分布式存储 BDB JE 是一个支持 Key-Value 数据结构的轻量级嵌入式数据库，内置在 Doris 的 FE 安装包中。

第二部分 Part 2

进　阶

第一部分的数据库安装和建表只是基本操作，接下来我们进入Doris进阶部分。第二部分主要围绕实战应用展开，包括数据的多种导入方式、导入后的查询和查询优化，层层深入，带领读者应用Doris。

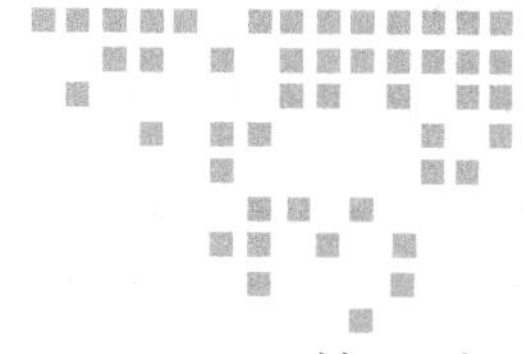

第 5 章 Chapter 5

数据导入实战

完成数据表的定义后，我们接下来进入数据导入环节。Doris 的数据导入语句的作用是将用户的原始数据导入 Doris 表。

Doris 底层实现了统一的流式导入框架。而在这个框架之上，Doris 提供了非常丰富的导入方式，以满足不同数据源的数据导入需求。Doris 的数据导入语句不仅包括常规的 INSERT INTO，还包括 Stream Load、Broker Load、Routine Load、Binlog Load、DataX 写入、Spark Load、Flink Connector、Spark Connector、JDBC Connector、ODBC Connector 等。这里重点介绍其中一些成熟并且常用的语句。

5.1 INSERT INTO

在 Doris 数据库中，INSERT INTO 语句的使用方式和在 MySQL 等数据库中 INSERT INTO 语句的使用方式类似。但在 Doris 中，所有的数据写入都是一个独立的导入作业，所以这里将 INSERT INTO 作为一种导入方式介绍。

INSERT INTO 语句主要有 3 个应用场景。

1）导入几条测试数据，验证 Doris 的功能，此时适合使用 INSERT INTO VALUES 语法；

2）在执行数据 ETL 操作时，将 Doris 内部表的查询结果写入另一张新表，此时适合使用 INSERT INTO SELECT 语法；

3）先创建外部表，然后通过 INSERT INTO SELECT 语句将外部表数据导入 Doris 内部表存储。

5.1.1 用法详解

INSERT INTO 语句模板如下：

```
INSERT INTO table_name[ PARTITION (p1, ...) ][ WITH LABEL label][ (column [, ...])
    ]{ VALUES ( { expression | DEFAULT } [, ...] ) [, ...] | query }
```

从模板中可以看到，INSERT INTO 语句中除了表名是必须有的以外，PARTITION、WITH LABEL、COLUMN、VALUES、QUERY 都是可选部分。那么，可选部分有什么特殊用途呢？

PARTITION 语句用于指定数据插入的分区，分区名必须是 table_name 中存在的分区，多个分区名称之间用逗号分隔。如果指定目标分区，只导入符合目标分区的数据；如果没有指定目标分区，默认导入表的所有分区。在大多数情况下，我们不需要指定分区。

WITH LABEL 用于为导入作业指定一个标识名，标识名必须是单数据库内唯一的命名。如果不指定，系统会自动生成一个标识名。通过指定标识名，Doris 可以异步检查数据导入是否成功。注意，标识名不需要用单引号，且命名要求和表命名要求一致。

COLUMN 是导入数据对应的表字段清单，字段名必须是目标表中已存在的。和其他数据库的 INSERT INTO 语句一样，当插入的字段清单和目标表列表字段一致时，可以省略字段清单；如果不一致，需要在表名后通过括号列出所有字段。如果导入的字段和目标字段不一致，则会隐式转换，转换失败的字段会有提示。

VALUES 可以是一条记录，也可以是多条记录，当存在多条记录时，需要用逗号隔开。VALUES 语句仅适用于 Demo 环景，完全不适合在生产环境中应用。

QUERY 语句可以是一个非常复杂的查询，支持任意 Doris 支持的查询语句，支持嵌套查询和 WITH 查询。

INSERT INTO 语句本身是一个 SQL 命令，执行结果分为成功和失败两种。执行成功的截图如图 5-1 所示，执行失败的截图如图 5-2 所示。

```
mysql> --批次1导入数据
    -> insert into example_db.test_aggkey
    -> values(10001,'2017-11-20',50),(10002,'2017-11-21',39);
--批次2导入数据
Query OK, 2 rows affected (0.03 sec)
{'label':'insert_83d17139309c46ba-aa3eb3e3a10cad03', 'status':'VISIBLE', 'txnId':'3011'}
```

图 5-1 INSERT INTO 执行成功截图

```
mysql> insert into example_db.test_aggkey
    -> select count(user_id) from example_db.test_aggkey;
ERROR 1058 (21S01): errCode = 2, detailMessage = Column count doesn't match value count
mysql>
mysql> insert into example_db.test_aggkey
    -> select 'AA','BB','CC' from example_db.test_aggkey;
ERROR 1064 (HY000): errCode = 2, detailMessage = Invalid number format: AA
```

图 5-2 INSERT INTO 执行失败截图

执行成功会返回导入记录数、被过滤记录数、导入 LABEL、数据提交状态、事务 ID

等。执行失败会显示失败的原因和失败数据的 URL 链接。(不是每次错误的 URL 链接都呈现。)

在使用 INSERT INTO SELECT 时，数据量过大，容易造成导入任务超时，导入任务在设定的 timeout 时间内未完成会被系统取消，状态变成 CANCELLED。超时时间可以通过两个参数调整：一个是 FE 配置参数 insert_load_default_timeout_second，默认是 1 h；一个是 Session 变量 query_timeout，默认是 5 min。query_timeout 仅对当次数据库连接生效，对其他查询语句也生效。调整 FE 配置参数需要修改 FE 的配置文件并且重启 FE 节点；调整 Session 变量，仅需在导入语句前设置 SET query_timeout = xxx；语句。

此外，我们还有一个比较重要的参数来控制导入数据的质量，即 enable_insert_strict。enable_insert_strict 参数值默认为 true，表示如果有一条数据错误，则导入失败。我们可以通过 SET enable_insert_strict = false；语句来调整该参数的值。

因为 Doris 的每个 INSERT INTO 语句都是一个独立的任务，所以每次 INSERT INTO 语句的执行都会产生一个新的数据版本。频繁小批量导入操作会产生过多的数据版本，而过多的数据版本会影响查询性能，所以并不建议频繁使用 INSERT INTO 语句导入数据。如果有流式导入或者小批量导入任务需求，我们可以使用 Stream Load 或者 Routine Load 语句进行导入。

5.1.2 应用举例

INSERT INTO 语句用于向 Doris OLAP 表插入数据，常用于测试数据的导入和集群内部数据的关联写入。INSERT INTO 语句的导入目标可以是一张表，也可以是一个分区。

VALUES 语句一般用于少量数据的初始化和 Demo 场景。一次插入单条记录的示例如下：

```
INSERT INTO test VALUES (1, 2);
INSERT INTO test (c1, c2) VALUES (1, 2);
INSERT INTO test (c1, c2) VALUES (1, DEFAULT);
INSERT INTO test (c1)   VALUES (1);
```

其中，第一条、第二条语句的效果是一样的，在不指定目标列时，将表中的列顺序作为默认目标列。第三条、第四条语句的效果是一样的：导入 c2 列的默认值。

一次插入多条记录的示例如下：

```
INSERT INTO test VALUES (1, 2), (3, 2 + 2);
INSERT INTO test (c1, c2) VALUES (1, 2), (3, 2 * 2);
INSERT INTO test (c1) VALUES (1), (3);
INSERT INTO test (c1, c2) VALUES (1, DEFAULT), (3, DEFAULT);
```

其中，第一条、第二条语句的效果一样，向 test 表中一次性导入两条数据；第三条、第四条语句效果一样，导入时 c2 列采用字段默认值。

实际项目应用中更多是通过其他方式导入数据，然后通过“ INSERT INTO + 查询”语句完成数据的合并、关联、映射等处理。查询语句支持 WITH 子句、复杂查询，例如：

```
INSERT INTO test SELECT * FROM test2;
INSERT INTO tbl1 WITH LABEL aaa_bbb
WITH cte1 AS (SELECT * FROM tbl1),
  cte2 AS (SELECT * FROM tbl2)
SELECT k1 FROM cte1
JOIN cte2
WHERE cte1.k1 = 1;
```

查询语句也可以指定分区：

```
INSERT INTO test PARTITION(p1, p2) SELECT * FROM test2;
INSERT INTO test WITH LABEL label1 (c1, c2) SELECT * from test2;
```

WITH LABEL 还可以为本次导入操作指定一个 Label，如果不指定，系统会自动生成一个 Label。

正常执行的 INSERT INTO 语句会返回执行状态、插入记录数、执行时间和一个 JSON 格式字符串。

```
mysql> insert into tbl1 select * from tbl2;
Query OK, 2 rows affected, 2 warnings (0.31 sec)
{'label':'insert_f0747f0e-7a35-46e2-affa-13a235f4020d', 'status':'committed',
    'txnId':'4005'}
```

Query OK 表示执行成功。2 rows affected 表示插入 2 条记录。label 表示用户指定的 Label 或自动生成的 Label，是该 INSERT INTO 导入作业的标识。每个导入作业在数据库内部都有唯一的 Label。status 表示导入数据是否可见：如果可见，显示 visible；如果不可见，显示 committed。txnId 表示该次导入作业对应的事务 ID。err 字段会显示一些其他非预期错误。

5.2 Stream Load

Stream Load 是 Doris 用户常用的数据导入方式之一，是一种同步导入方式，允许用户通过 HTTP 将 CSV 格式或 JSON 格式的数据批量导入，并返回数据导入结果。用户可以直接通过 HTTP 请求的返回结果判断数据导入是否成功，也可以通过在客户端执行查询 SQL 命令来查询历史任务的结果。另外，Doris 还针对 Stream Load 任务提供了日志审计功能，以通过审计日志对历史 Stream Load 任务进行审计。

5.2.1 执行原理

Doris 中的 FE 节点收到用户发送的 Stream Load 请求（HTTP 请求）后，会通过 HTTP 重定向将数据导入请求转发给某一个 BE 节点，该 BE 节点将作为本次 Stream Load 任务的 Coordinator（协调者）。在这个过程中，接收请求的 FE 节点仅提供转发服务，由作为 Coordinator 的 BE 节点实际负责整个导入作业，比如负责向 Master FE 发送事务请求，从 FE 节点获取导入执行计划，接收实时数据，分发数据到其他 Executor BE 节点，以及数据导入结束后返回结果给用户。用户也可以将 Stream Load 请求直接提交给某一个指定的 BE 节点，然后该节点作为本次 Stream Load 任务的 Coordinator。在 Stream Load 任务执行过程中，Executor BE 节点负责将数据写入存储层。

Stream Load 执行原理示意图如图 5-3 所示。在 Coordinator BE 节点中，一个线程池负责处理所有的 HTTP 请求，其中包括 Stream Load 请求。一次 Stream Load 任务拥有唯一一个 Label。

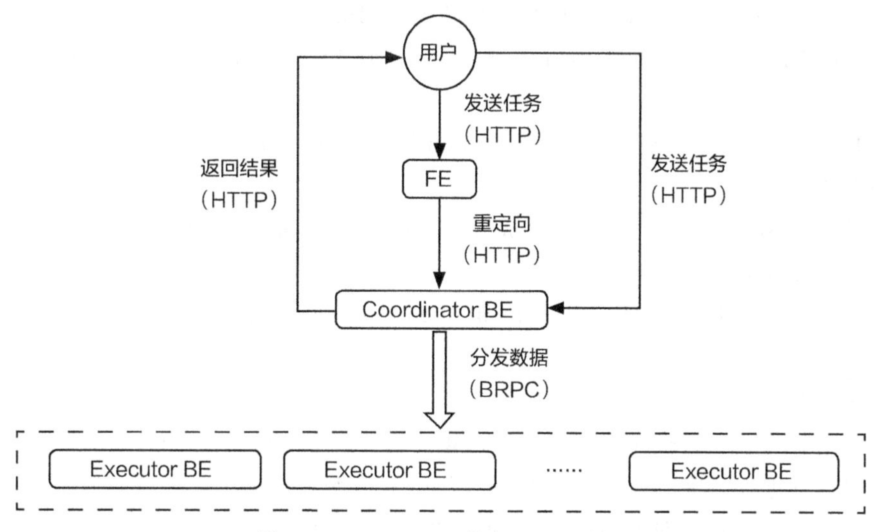

图 5-3 Stream Load 执行原理示意图

Stream Load 的详细执行流程如下。

1）用户提交 Stream Load 请求到 FE 节点，也可以直接提交 Stream Load 请求到 BE 节点。

2）FE 节点接收到用户提交的 Stream Load 请求后进行 Header 解析（其中包括解析数据导入的库、表、Label 等信息），然后进行用户鉴权。如果 Header 解析成功并且用户鉴权通过，FE 节点会将 Stream Load 请求转发到一个 BE 节点，由该 BE 节点作为本次 Stream Load 任务的 Coordinator；否则，FE 节点会直接向用户返回 Stream Load 失败的信息。

3）Coordinator BE 接收到 Stream Load 请求后进行 Header 解析和数据校验，其中包括解析数据的文件格式、消息体的大小、超时时间、用户鉴权信息等。如果 Header 解析和数据校验失败，Coordinator BE 直接向用户返回 Stream Load 失败的信息。

4）Header 解析和数据校验通过之后，Coordinator BE 会通过 Thrift RPC 向 FE 节点发送 Begin Transaction 请求。

5）FE 节点收到 Coordinator BE 发送的 Begin Transaction 请求之后，开启一个事务，并向 Coordinator BE 返回事务 ID。

6）Coordinator BE 收到事务 ID 后，通过 Thrift RPC 向 FE 节点发送获取导入计划的请求。

7）FE 节点收到 Coordinator BE 发送的获取导入计划请求之后，为 Stream Load 任务生成导入计划，并返回给 Coordinator BE。

8）Coordinator BE 接收到导入计划之后，开始执行导入计划，其中包括接收传来的实时数据以及将实时数据通过 BRPC 分发到其他 Executor BE。

9）其他 Executor BE 接收到 Coordinator BE 分发的实时数据之后，将数据写入存储层。

10）Executor BE 完成数据写入之后，Coordinator BE 通过 Thrift RPC 向 FE 节点发送 Commit Transaction 请求。

11）FE 节点收到 Coordinator BE 发送的 Commit Transaction 请求之后，对事务进行提交，并向 Executor BE 发送 Publish Version 任务，同时等待 Executor BE 执行 Publish Version 任务完成。

12）Executor BE 异步执行 Publish Version 任务，并将数据导入时生成的 Rowset 变为可见数据版本。

13）当 Publish Version 任务正常完成或执行超时时，FE 向 Coordinator BE 返回 Commit Transaction 和 Publish Version 任务结果。

14）Coordinator BE 向用户返回 Stream Load，执行最终结果。

5.2.2 用法详解

Stream Load 用于向指定的 Table 导入数据。与普通 Load 的区别在于，这种导入方式是同步导入（即数据导入完成前，命令不会结束），整个数据导入工作完成后返给用户导入结果。这种导入方式能够保证导入任务的原子性，也就是说要么这批数据全部导入成功，要么全部导入失败。该操作会同时更新和与此基础表相关的 Rollup Table 数据。

Stream Load 语句模板如下：

```
curl --location-trusted -u user:passwd [-H ""...] -T data.file -XPUT http://fe_
    host:http_port/api/{db}/{table}/_stream_load
```

Stream Load 支持 HTTP Chunked 与非 Chunked 上传两种方式，对于非 Chunked 上传方式，必须有 Content-Length 来标识上传内容长度，这样能保证数据的完整性。

1. 参数解析

用户可以通过 HTTP 请求的 Header 部分来传入导入参数。

- label：一次导入数据的标签，相同标签的数据无法多次导入。用户可以通过指定 Label 的方式来避免一份数据重复导入。Doris 可保留 30 min 内最近成功导入数据的 Label。
- column_separator：用于指定导入文件中的列分隔符，默认为 \t。如果是不可见字符，则需要加 \x 作为前缀，并使用十六进制数作为列分隔符，如 Hive 文件的分隔符 \x01，需要增加请求参数 -H "column_separator:\x01"，可以使用多个字符的组合作为列分隔符。
- line_delimiter：用于指定导入文件中的换行符，默认为 \n。可以使用多个字符的组合作为换行符。

- columns：用于指定导入文件中的列和 Table 中的列的对应关系。

> 如果源文件中的数据与表中的列不一一对应，需要在请求中增加 column 参数进行数据转换。这里列举两种形式下的 column 字段：一种是根据源文件的实际列调整导入字段顺序；一种是基于已有列衍生新的列，语法为 column_name = expression。示例如下。
>
> 例 1：表中有 3 列 c1、c2、c3，依次对应源文件中的 3 列 c3、c2、c1；需要指定 -H "columns: c3, c2, c1"。
>
> 例 2：表中有 3 列 c1、c2、c3，与源文件中前三列依次对应，但是多出最后一列，需要指定 -H "columns: c1, c2, c3, xxx"，最后一列随意指定名称占位即可。
>
> 例 3：表中有 3 列 year、month、day，源文件中只有一个时间列（格式为 2018-06-01 01:02:03），可以指定 -H "columns: col, year = year(col), month=month(col), day=day(col)"。

- where：用于抽取部分数据。用户如果想将不需要的数据过滤掉，可以设定该选项来达到目的。例如只导入 k1 列等于 20180601 的数据，那么可以在导入数据时指定 -H "where: k1 = 20180601"。
- max_filter_ratio：最大容忍可过滤的数据比例，默认为零容忍。这里的过滤数据不包含通过 where 条件过滤掉的记录，主要是指数据类型不匹配导致导入失败的记录。
- partitions：用于指定数据导入所涉及的分区。如果用户能够确定导入数据对应的分区，推荐指定该项，比如导入 p1、p2 分区，需要指定 -H "partitions: p1, p2"，不在指定分区的数据将被过滤掉。
- timeout：用于指定数据导入的超时时间，单位为秒，默认是 600 s，可设置超时范围为 1 ～ 259200 s。
- strict_mode：用于指定此次导入是否开启严格模式，默认为关闭。开启语句为 -H "strict_mode: true"。
- timezone：用于指定本次导入所使用的时区，默认为东八区。该参数会影响所有导入涉及的和时区有关的函数结果。
- exec_mem_limit：用于指定导入内存，默认为 2 GB。
- format：用于指定导入数据格式，默认是 CSV，支持 JSON 格式。
- merge_type：用于指定数据的合并类型，支持 3 种类型，APPEND、DELETE、MERGE。APPEND 是默认类型，表示导入数据全部和现有数据合并；DELETE 表示删除与导入数据中 Key 字段相同的所有行；MERGE 类型需要与 DELETE 条件联合使用，表示满足 DELETE 条件的数据按照 DELETE 语义处理，其余的数据按照 APPEND 语义处理，示例 -H "merge_type: MERGE" -H "delete: flag=1"。
- delete：仅在 MERGE 类型中有意义，表示数据的删除条件。
- send_batch_parallelism：整型，用于设置发送批处理数据的并行度，如果并行度超过

BE 配置中 max_send_batch_parallelism_per_job 的值，Coordinator BE 将使用 'max_send_batch_parallelism_per_job' 的值。

- load_to_single_tablet：布尔类型，默认值为 false，值为 true 时表示支持一个任务只导入数据到对应分区的一个 Tablet。该参数只允许导入带有 Random 分区的 OLAP 表时设置。

其他导入场景也支持以上参数，只是表达方式不同，后文不再赘述。

2. 返回结果

Stream Load 执行完成后，Doris 会以 JSON 格式展示导入结果，导入成功的截图如图 5-4 所示。

```
curl --location-trusted -u root -H "label:123" -H "timeout:100" -T test_tb2.csv
    http://127.0.0.1:8030/api/demoDB/test_tb1/_stream_load
```

```
[root@my-bigdata demodata]# cat test_tb2.csv
2022-03-01      235.20  DDWD    5
2022-03-02      233.20  DDWD    10
2022-03-03      253.20  DD5WD   60
[root@my-bigdata demodata]# curl --location-trusted -u root -H "label:123" -H "timeout:100" -T test_tb2.csv http://127.0.0.1:8030
/api/demoDB/test_tb1/_stream_load
Enter host password for user 'root':
{
    "TxnId": 4008,
    "Label": "123",
    "Status": "Success",
    "Message": "OK",
    "NumberTotalRows": 3,
    "NumberLoadedRows": 3,
    "NumberFilteredRows": 0,
    "NumberUnselectedRows": 0,
    "LoadBytes": 78,
    "LoadTimeMs": 47,
    "BeginTxnTimeMs": 0,
    "StreamLoadPutTimeMs": 1,
    "ReadDataTimeMs": 0,
    "WriteDataTimeMs": 9,
    "CommitAndPublishTimeMs": 35
}
```

图 5-4 Stream Load 导入成功截图

Stream Load 返回结果包含非常丰富的信息，以键值对形式展现，如表 5-1 所示。

表 5-1 Stream Load 返回结果解析

Key	Value
TxnId	导入数据的内部唯一事务 ID
Label	导入数据的标签，可以通过 -H 指定
Status	导入最后的状态。Success 表示导入成功，数据已经可见；Publish Timeout 表示导入作业已经成功完成，但是由于某种问题并不能立即可见，可以视作已经成功导入，不必重试。Label Already Exists 表示该 Label 已经被其他作业占用，可能是导入成功，也可能是正在导入
Message	导入状态的详细说明，导入失败时会返回具体的失败原因
NumberTotalRows	从数据流中读取到的总行数
NumberLoadedRows	此次导入数据的行数，只有在状态为 Success 时才生效
NumberFilteredRows	此次导入过滤掉的数据行数，即质量不合格数据的行数
NumberUnselectedRows	此次导入通过 where 条件过滤掉数据的行数
LoadBytes	此次导入的源文件的数据量大小
LoadTimeMs	此次导入所用的时间
BeginTxnTimeMs	向 FE 请求开始一个事务所花费的时间，单位为 ms

（续）

Key	Value
StreamLoadPutTimeMs	向 FE 请求获取导入数据执行计划所花费的时间，单位为 ms
ReadDataTimeMs	读取数据所花费的时间，单位为 ms
WriteDataTimeMs	执行写入数据操作所花费的时间，单位为 ms
CommitAndPublishTimeMs	向 FE 请求提交并且发布事务所花费的时间，单位为 ms
ErrorURL	被过滤数据的具体内容，仅保留前 1000 条

由于 Doris 数据导入后台复用的是相同的流式导入框架，因此我们也可以通过导入标签查询到以上信息，后文将不再赘述。

3. 查看错误数据

数据导入时可能会出现格式不匹配或者不满足非空要求的情况，导致导入失败。Stream Load 失败截图如图 5-5 所示。

```
[root@my-bigdata demodata]# curl --location-trusted -u root -H "label:123" -H "timeout:100" -T test_tbl.csv http://127.0.0.1:8030
/api/demoDB/test_tbl/_stream_load
Enter host password for user 'root':
{
    "TxnId": 4006,
    "Label": "123",
    "Status": "Fail",
    "Message": "too many filtered rows",
    "NumberTotalRows": 3,
    "NumberLoadedRows": 0,
    "NumberFilteredRows": 3,
    "NumberUnselectedRows": 0,
    "LoadBytes": 78,
    "LoadTimeMs": 5,
    "BeginTxnTimeMs": 0,
    "StreamLoadPutTimeMs": 1,
    "ReadDataTimeMs": 0,
    "WriteDataTimeMs": 2,
    "CommitAndPublishTimeMs": 0,
    "ErrorURL": "http://192.168.1.17:8040/api/_load_error_log?file=__shard_1/error_log_insert_stmt_1b47ef1e0e178c3d-d46e442c2328e
a92_1b47ef1e0e178c3d_d46e442c2328ea92"
}
```

图 5-5　Stream Load 失败截图

我们也可以通过 SHOW 语句查看 Stream Load 失败的详细信息：

```
SHOW LOAD WARNINGS ON 'url';
```

查询结果数据如图 5-6 所示。

```
mysql> SHOW LOAD WARNINGS ON 'http://192.168.1.17:8040/api/_load_error_log?file=__shard_1/error_log_insert_stmt_1b47ef1e0e178c3d-
d46e442c2328ea92_1b47ef1e0e178c3d_d46e442c2328ea92';
+-------+-------+-----------------------------------------------------------------------------------------------------------------
-----------+
| JobId | Label | ErrorMsgDetail
         |
+-------+-------+-----------------------------------------------------------------------------------------------------------------
-----------+
| -1    | NULL  | Reason: actual column number is less than schema column number. actual number: 1 column separator: [  ], line d
elimiter: [ |
| -1    | NULL  | ], schema number: 4; . src line: [2022-03-01,235.20,DDWD,5];
         |
| -1    | NULL  | Reason: actual column number is less than schema column number. actual number: 1 column separator: [  ], line d
elimiter: [ |
| -1    | NULL  | ], schema number: 4; . src line: [2022-03-02,233.20,DDWD,10];
         |
| -1    | NULL  | Reason: actual column number is less than schema column number. actual number: 1 column separator: [  ], line d
elimiter: [ |
| -1    | NULL  | ], schema number: 4; . src line: [2022-03-03,253.20,DD5WD,60];
         |
+-------+-------+-----------------------------------------------------------------------------------------------------------------
-----------+
6 rows in set (0.00 sec)
```

图 5-6　查询导入失败的结果数据

在客户端和Doris节点没有网络限制的情况下，我们也可以直接通过URL文件查看错误数据，据此找到导入失败的原因。

5.2.3 应用举例

Stream Load的用法有很多，下面一一举例。

示例1：将本地文件testData中的数据导入数据库testDb中的testTbl表，指定超时时间为100 s。

```
curl --location-trusted -u root -H "label:label123" -H "timeout:100" -T testData
    http://host:port/api/testDb/testTbl/_stream_load
```

示例2：将本地文件testData中的数据导入数据库testDb中的testTbl表，只导入k1等于20180601的数据。

```
curl --location-trusted -u root -H "label:label123" -H "where: k1=20180601" -T
    testData http://host:port/api/testDb/testTbl/_stream_load
```

示例3：将本地文件testData中的数据导入数据库testDb中的testTbl表，允许20%的错误率。

```
curl --location-trusted -u root -H "label:label123" -H "max_filter_ratio:0.2" -T
    testData http://host:port/api/testDb/testTbl/_stream_load
```

示例4：将本地文件testData中的数据导入数据库testDb中testTbl的表，允许20%的错误率，并且调整列顺序。

```
curl --location-trusted -u root -H "max_filter_ratio:0.2" -H "columns: k2, k1,
    v1" -T testData http://host:port/api/testDb/testTbl/_stream_load
```

示例5：导入含有HLL列或BITMAP列的表，其中v1和v3列基于导入的字段衍生而来，v2和v4列填充空值。

```
curl --location-trusted -u root -H "columns: k1, k2, v1=hll_hash(k1), v2=hll_
    empty(), v3=to_bitmap(k1), v4=bitmap_empty()" -T testData http://host:port/
    api/testDb/testTbl/_stream_load
```

示例6：对导入数据进行严格模式过滤，并设置时区为Asia/Shanghai。

```
curl --location-trusted -u root -H "strict_mode: true" -H "timezone: Asia/
    Shanghai" -T testData http://host:port/api/testDb/testTbl/_stream_load
```

示例7：四种JSON格式数据导入。

假设testTbl表结构为：

```
category varchar(512) NULL COMMENT "",
author varchar(512) NULL COMMENT "",
title varchar(512) NULL COMMENT "",
price double NULL COMMENT ""
```

1）单行 JSON 格式数据如下：

```
{"category":"C++","author":"avc","title":"C++ primer","price":895}
```

单行 JSON 格式数据导入命令如下：

```
curl --location-trusted -u root  -H "format: json" -T testData http://host:port/
    api/testDb/testTbl/_stream_load
```

2）为了提高吞吐率，Doris 支持一次性导入多行 JSON 格式数据，每行为一个 JSON 对象，默认使用 \n 为换行符，将 read_json_by_line 设置为 true。

多行 JSON 格式数据如下：

```
{"category":"C++","author":"avc","title":"C++ primer","price":89.5}
{"category":"Java","author":"avc","title":"Effective Java","price":95}
{"category":"Linux","author":"avc","title":"Linux kernel","price":195}
```

多行 JSON 格式数据导入命令如下：

```
curl --location-trusted -u root -H "format: json" -H "read_json_by_line: true"
    -T testData http://host:port/api/testDb/testTbl/_stream_load
```

3）常规字符串格式数据如下：

```
[{"category":"xuxb111","author":"1avc","title":"SayingsoftheCentury","price":895
    },{"category":"xuxb222","author":"2avc","title":"SayingsoftheCentury","price
    ":895},{"category":"xuxb333","author":"3avc","title":"SayingsoftheCentury","
    price":895}]
```

针对这类数据，我们需要在指定 jsonpaths 的同时设置 strip_outer_array 为 true 进行精准导入，同时只导入 category、author、price 三个属性，命令如下：

```
curl --location-trusted -u root  -H "columns: category, price, author" -H
    "label:123" -H "format: json" -H "jsonpaths: [\"$.category\",\"$.price\",\"$.
    author\"]" -H "strip_outer_array: true" -T testData http://host:port/api/
    testDb/testTbl/_stream_load
```

4）根节点的 JSON 格式数据如下：

```
{"RECORDS":[ {"category":"11","title":"SayingsoftheCentury","price":895,"time
    stamp":1589191587},{"category":"22","author":"2avc","price":895,"timesta
    mp":1589191487},{"category":"33","author":"3avc","title":"SayingsoftheCentur
    y","timestamp":1589191387}]}
```

针对这类数据，我们需要通过指定 json_root 和 jsonpaths 进行精准导入，同样只导入 category、author、price 三个属性，命令如下：

```
curl --location-trusted -u root  -H "columns: category, price, author" -H
    "label:123" -H "format: json" -H "jsonpaths: [\"$.category\",\"$.price\",\"$.
    author\"]" -H "strip_outer_array: true" -H "json_root: $.RECORDS" -T testData
    http://host:port/api/testDb/testTbl/_stream_load
```

示例 8：删除与导入数据 key 相同的数据。

```
curl --location-trusted -u root -H "merge_type: DELETE" -T testData http://
    host:port/api/testDb/testTbl/_stream_load
```

示例 9：导入数据到含有 sequence 列的 UNIQUE_KEYS 表。

```
curl --location-trusted -u root -H "columns: k1,k2,source_sequence,v1,v2" -H
    "function_column.sequence_col:source_sequence" -T testData http://host:port/
    api/testDb/testTbl/_stream_load
```

5.3 Broker Load

在 Broker Load 方式下，通过部署的 Broker 程序，Doris 可读取对应数据源（如 HDFS、S3）中的数据，利用自身的计算资源对数据进行预处理和导入。这是一种异步导入方式，用户需要通过 MySQL 协议创建 Broker Load 任务，并通过查看导入命令检查导入结果。

5.3.1 执行原理

用户在提交导入任务后，FE 会生成对应的分片导入计划并根据目前 BE 的个数和文件的大小，将分片导入计划分给多个 BE 执行，每个 BE 执行一部分导入任务。在执行过程中，BE 会通过 Broker 拉取数据，在对数据进行预处理之后将数据导入系统。所有 BE 均完成导入任务后，FE 最终判断导入是否成功。图 5-7 展示了 Broker Load 执行的主要流程。

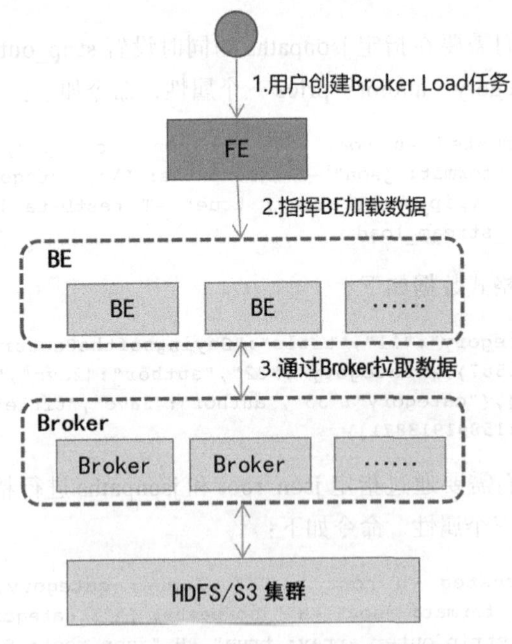

图 5-7 Broker Load 执行的主要流程

Broker Load 详细执行流程如下。

1）用户创建 Broker Load 任务，提交给 FE。

2）FE 根据文件存储大小和文件个数，制定数据分片导入计划。

3）FE 按照计划指挥多个 BE 节点导入指定的文件或者分片数据。

4）BE 通过 Broker 拉取数据，写入磁盘。

5）BE 完成数据导入后反馈消息给 FE。

6）FE 继续下发任务给 BE，直到所有文件数据都导入完成。

7）FE 收到所有文件数据导入完成的消息后，反馈给用户。

5.3.2 用法详解

Broker Load 通过随 Doris 集群一同部署的 Broker 进程访问数据源中的数据，然后进行数据导入。不同的数据源需要部署不同的 Broker 进程。我们可以通过 SHOW BROKER 命令查看已经部署的 Broker 进程。

Broker Load 语法模板如下：

```
LOAD LABEL db_name.label_name
    (data_desc, ...)
    WITH BROKER broker_name broker_properties
    [PROPERTIES (key1=value1, ... )]
    data_desc:
        DATA INFILE ('file_path', ...)
        [NEGATIVE]
        INTO TABLE tbl_name
        [PARTITION (p1, p2)]
        [COLUMNS TERMINATED BY column_separator ]
        [FORMAT AS file_type]
        [(col1, ...)]
        [SET (k1=f1(xx), k2=f2(xx))]
        [WHERE predicate]
    broker_properties:
        (key2=value2, ...)
```

通过 HELP BROKER LOAD 语句，我们可以查看 Broker Load 作业的详细语法。这里主要介绍命令中的参数和注意事项。

数据描述类参数：主要指的是语句中 data_desc 部分的参数。每组 data_desc 表述了本次导入涉及的数据源地址、ETL 函数、目标表及分区等信息。Broker Load 支持一个导入任务导入多张表，每张表需要一个 data_desc 来指定属于该表的数据源文件地址，可以用多个 file_path 来指定导入同一个表的多个文件。Broker Load 保证了单次导入的多张表的事务性，即要么都成功，要么都失败。

下面是对数据描述类部分参数的说明。

- file_path：文件路径，可以匹配到一个文件，也可以用 * 通配符匹配到某个目录下的所有文件。可以使用的通配符有 ?、*、[]、{}、^。例如 hdfs://hdfs_host:hdfs_port/

user/data/tablename/*/* 可以匹配 tablename 下所有分区内的所有文件，hdfs://hdfs_host:hdfs_port/user/data/tablename/dt=202104*/* 可以匹配 tablename 下 2021 年 4 月创建的分区内的所有文件。

- negative：在 data_desc 中还可以设置数据取反导入。这个功能适用的场景是当数据表中聚合列的类型都为 SUM 时，如果希望撤销某一批导入数据，可以通过 negative 参数导入一批数据，Doris 会自动为这批数据在聚合列取反，以达到删除该批数据的目的。
- partition：在 data_desc 中可以指定待导入表的 Partition 信息。如果待导入数据不属于指定的 Partition，则不会被导入。同时，不在指定 Partition 中的数据会被认为是"错误数据"。对于不想要导入、也不想要记录为"错误数据"的数据，可以使用 where predicate 参数来过滤。
- column separator：用于指定导入文件中的列分隔符，默认为 \t。如果是不可见字符，需要加 \x 作为前缀，使用十六进制来表示分隔符。
- file type：用于指定导入文件的类型，例如 Parquet、ORC、CSV，默认为 CSV。Parquet 类型文件可以通过文件后缀名 .parquet 或者 .parq 判断。
- set column mapping：data_desc 中的 SET 语句负责设置列函数变换。这里的列函数变换支持所有查询的等值表达式变换。
- where predicate：data_desc 中的 WHERE 语句负责过滤已经完成转换的数据。被过滤的数据不会进入错误容忍率统计。如果多个 data_desc 中声明了关于同一张表的多个条件，我们可用 AND 语义合并这些条件。

导入作业参数：指 Broker Load 任务创建语句中属于 PROPERTIES 部分的参数，作用于整个导入作业。下面对部分导入作业参数进行详细说明。

- Timeout：导入作业的超时时间（单位为 s）。用户可以在 PROPERTIES 中自行设置每个导入任务的超时时间。导入任务若在设定的时间内未完成，那么会被系统取消，状态变成 CANCELLED。Broker Load 任务的默认超时时间为 4 h。

> **注意**：通常情况下，用户不需要手动设置导入任务的超时时间。若在默认超时时间内无法完成导入，用户可以手动设置超时时间。
>
> 推荐超时时间的计算方式为：
>
> 超时时间 >[（总文件大小（MB）× 待导入的表及相关 Rollup 表的个数]/（10× 导入并发数）
>
> 其中，公式中的 10 为目前 BE 节点导入任务的默认限速：10MB/s。
>
> 例如：对于 1GB 待导入数据文件，待导入表包含 2 个 Rollup 表，当前的导入并发数为 3，则超时时间的最小值为 $(1 \times 1024 \times 3)/(10 \times 3) \approx 102$ s。
>
> 由于每个 Doris 集群环境不同且集群并发查询任务不同，因此 Doris 集群的最慢导入速度需要用户根据历史导入任务速度进行推测。

- max_filter_ratio：导入任务的最大错误容忍率，默认为零容忍，取值范围是0～1。当导入错误率超过该值时，导入失败。如果用户希望忽略导入错误的行，我们可以通过设置该参数大于0来实现。

> 该参数计算公式为：
>
> max_filter_ratio = dpp.abnorm.ALL / (dpp.abnorm.ALL + dpp.norm.ALL)
>
> 其中，dpp.abnorm.ALL 表示数据质量不合格的行数，质量不合格是指类型不匹配、列数不匹配、长度不匹配等。dpp.norm.ALL 表示导入正确数据的条数，可以通过 SHOW LOAD 命令查询。
>
> 原始文件数据的行数 =dpp.abnorm.ALL + dpp.norm.ALL

- exec_mem_limit：导入内存限制，默认是2GB。
- strict_mode：Broker Load 支持开启 strict 模式，开启方式为在 PROPERTIES 部分增加 strict_mode=true，默认 strict 模式为关闭。strict 模式的意思是对导入过程中的列类型进行严格检查，不符合目标数据类型的记录将被过滤。

> 严格过滤的策略如下。
>
> 对于列类型转换来说，如果 strict_mode 为 true，错误数据将被过滤。这里的错误数据是指：原始数据并不为空值，在参与列类型转换后结果为空值。但一些场景除外，具体如下。
>
> 1）导入的某列由函数生成时，strict_mode 对其不产生影响，即产生空值也不会被过滤。
>
> 2）导入的某列类型包含范围限制时，如果原始数据能正常通过类型转换，但无法通过范围限制，strict_mode 对其也不产生影响。例如：如果类型是 decimal(1, 0)，原始数据为10，则该数据可以通过类型转换，但不在列声明的范围内。strict_mode 对这种数据不产生影响。

5.3.3 应用举例

下面列举3个 Stream Load 任务案例。

1. Apache HDFS 数据导入

简单的 HDFS 数据导入如下：

```
LOAD LABEL db1.label1(
    DATA INFILE("hdfs://abc.com:8888/user/palo/test/ml/file1")
    INTO TABLE tbl1
    COLUMNS TERMINATED BY ","
    (tmp_c1, tmp_c2)
    SET (
```

```
        id=tmp_c2,
        name=tmp_c1
    ),
    DATA INFILE("hdfs://abc.com:8888/user/palo/test/ml/file2")
    INTO TABLE tbl2
    COLUMNS TERMINATED BY ","
    (col1, col2)
    where col1 > 1)
WITH BROKER 'broker'(
    "username" = "hdfs_username",
    "password" = "hdfs_password")
PROPERTIES(
    "timeout" = "3600",
    "max_filter_ratio"="0.00002"
);
```

2. 利用Python代码实现标准化导入

Broker Load是异步模式，用户可通过SHOW LOAD FROM dbname WHERE label ='${label_name}'；命令查看导入进度。在具体项目中，由于导入任务很多，我们可使用Python代码来实现不同表的标准化导入。使用Python代码实现标准化导入的前提是源表和目标表字段顺序保持完全一致，并且类型匹配正确。（如果字段顺序不一致，则需要获取Hive的表字段顺序，这里为了简化逻辑，要求字段顺序完全一致。）

利用Python代码实现标准化导入的关键代码如下：

```
#!/usr/bin/python
# -*- coding: UTF-8 -*-
# 前面省略代码
# 获取传入的参数作为表名，根据表名获取 Doris 的表字段清单
    tabname = sys.argv[0]
    collist_sql="""SELECT GROUP_CONCAT(column_name) as column_list
        FROM (SELECT column_name, ordinal_position
            FROM information_schema. columns
            WHERE table_schema = 'hw_mbi'
            AND table_name = '${tabname}'
            ORDER BY ordinal_position) t;
    """
    collist_sql = collist_sql.replace('${tabname}', tabname)
    printf("查询字段的 SQL: %s"%collist_sql)
    collist_str = querySql(collist_sql)[0][0]
    printf("查询到的字段列表: %s"%collist_str)

# 拼接 Broker Load 命令
    label_name = 'load_' + tabname + '_' + time.strftime("%Y%m%d_%H%M%S", time.
        localtime())
    load_sql=""" LOAD LABEL dm.${label_name}
(
DATA INFILE("hdfs://hadoopcluster/hive/warehouse/hw_dm.db/${tabname}/*")
INTO TABLE ${tabname}
```

```
FORMAT AS "orc"
(${column_list})
)
WITH BROKER broker_name (
"username"="xxx",
"password"="xxx",
"dfs.nameservices" = "hadoopcluster",
"dfs.ha.namenodes.hadoopcluster" = "nn1,nn2",
"dfs.namenode.rpc-address.hadoopcluster.nn1" = "192.168.80.31:8020",
"dfs.namenode.rpc-address.hadoopcluster.nn2" = "192.168.80.32:8020",
"dfs.client.failover.proxy.provider" = "org.apache.hadoop.hdfs.server.namenode.
    ha.ConfiguredFailoverProxyProvider"
)
PROPERTIES (
"timeout" = "3600",
"max_filter_ratio" = "0.1"--,"load_parallelism" = "8"
);
"""
    load_sql = load_sql.replace('${label_name}',label_name)\
                .replace('${tabname}',tabname)\
                .replace('${column_list}', collist_str)
    printf("加载数据的 SQL: %s"%load_sql)
    executeSql(load_sql)

# 循环查询，监控 Broker Load 任务执行情况，如果出现异常，输出异常日志
    try:
        while True:
            status_sql = "show load from dm where label ='${label_name}';"
            status_sql = status_sql.replace('${label_name}',label_name)
            printf("加载数据状态查询的 SQL: %s"%status_sql)
            status_row = querySql(status_sql)[0]
            printf("查询到的数据状态: %s"%str(status_row))
            if status_row[2] == 'Finshed':
                printf("%s load run sucess!" % label_name)
                break
            elif status_row[2] == 'LOADIND' or status_row[2] == 'PENDING':
                printf("%s load running! sleep 60s" % label_name)
                time.sleep(60)
            else:
                printf("%s load run failed!" % label_name)
                printf("ErrorMsg: %s  异常数据查看 URL:%s"%(status_row[7],status_row[13]))
                break

    except Exception as e:
        traceback.print_exc() # 输出程序错误位置
        os._exit(1) # 异常退出，终止程序
```

3. 对象存储数据导入

除了 HDFS，目前最常用的数据存储是对象存储。对象存储也被称为“面向对象的存储”，英文是 Object-based Storage，被很多云厂商称为“云存储”。不同的云厂商对它有不

同的英文命名，例如阿里云的 OSS、华为云的 OBS、腾讯云的 COS、七牛的 Kodo、百度的 BOS、网易的 NOS 等。

百度 BOS 的导入语句如下：

```
LOAD LABEL example_db.test_bos_load_1
    (
        DATA INFILE("s3://test-doris/testdata.csv")
        INTO TABLE test_bos_load
        COLUMNS TERMINATED BY ","
    )
    WITH S3
    (
        "AWS_ENDPOINT" = "http://s3.bj.bcebos.com",
        "AWS_ACCESS_KEY" = "80e498daf3bc4b1082cacc57dc486abd",
        "AWS_SECRET_KEY"="97dfeb8290674202bff86523e98a6430",
        "AWS_REGION" = "bj"
    )
    PROPERTIES
    (
        "timeout" = "3600"
    );
```

导入成功的截图如图 5-8 所示。

```
61  show load where label = 'test_bos_load_1'
```

信息 结果 1 状态

JobId	Label	State	Progress	Type	EtlInfo	TaskInfo
11021	test_bos	FINISHED	ETL:100%; LOAD:100%	BROKER	unselected.rows=cluster:N/A; timeout(s):3600; max_filter_ratio:0.0	

图 5-8 BOS 数据导入 Doris

5.4 Routine Load

Routine Load 是一种例行导入方式。Doris 通过这种方式支持从 Kafka 持续不断地导入数据，并且支持通过 SQL 控制导入任务的暂停、重启、停止。

Routine Load 在数据仓库中主要有两种应用场景。

1）接口数据导入。由于批处理存在大量重复抽取数据的情况，越来越多的交易系统采用 Binlog 或者直接提供接口更新数据到 Kafka 的方式来完成数据的对接。针对 Binlog 或者 Kafka 消息队列数据，批处理程序是无法抽取的，需要采用流式数据写入方式。

2）实时数据导入。根据 Lambda 架构，实时数据通过 Kafka 对接以后，继续经由 Flink 加工，加工完的数据返回 Kafka，然后由 Routine Load 加载到 Doris 数据库，即可直接供数据分析应用。

5.4.1 执行原理

在介绍 Routine Load 执行原理之前，我们先解释几个名词。

- RoutineLoadJob：用户提交的一个例行导入任务。
- JobScheduler：例行导入任务调度器，用于调度和拆分一个 RoutineLoadJob 为多个 Task。
- Task：RoutineLoadJob 被 JobScheduler 根据规则拆分的子任务。
- TaskScheduler：任务调度器，用于调度 Task 的执行。

Routine Load 执行流程如图 5-9 所示。

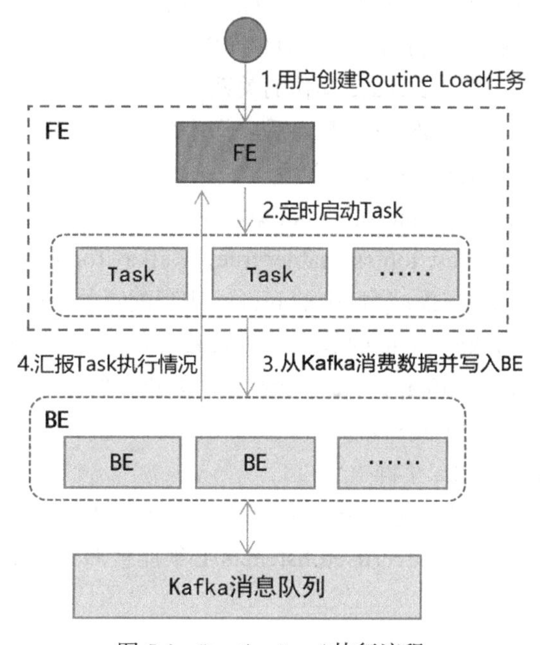

图 5-9 Routine Load 执行流程

1）用户通过支持 MySQL 协议的客户端向 FE 提交 Routine Load 任务。

2）FE 通过 JobScheduler 将导入任务拆分成若干个 Task，每个 Task 负责导入指定的一部分数据。

3）每个 Task 被 TaskScheduler 分配到指定的 BE 上执行。在 BE 上，一个 Task 被视为一个普通的导入任务，基于 Stream Load 机制执行任务。

4）BE 导入任务完成后，向 FE 汇报。

5）FE 中的 JobScheduler 根据汇报结果，继续生成新的 Task，或者对失败的 Task 进行重试。

6）FE 不断产生新的 Task，以完成数据不间断导入任务。

Routine Load 是持续运行的，不可避免会与在其他数据库中的操作发生冲突，主要有以下几种情况。

（1）例行导入作业和删除表操作的关系

例行导入作业不会阻塞 Schema 变更和 Rollup 操作。但是，如果 Schema 变更完成后，列映射关系无法匹配，会导致错误数据激增，最终导致作业暂停。建议通过在例行导入作业中显式指定列映射关系，以及增加 Nullable 列或带 Default 值的列来减少这类问题发生。删除表分区可能会导致导入数据无法找到对应分区，进而引发作业暂停。

（2）例行导入作业和其他导入作业的关系

例行导入作业和其他导入作业没有冲突。当执行 DELETE 操作时，对应表分区不能有任何正在执行的导入任务，所以在执行 DELETE 操作前，需要先暂停例行导入作业，并等待已下发的 Task 全部完成后，再执行 DELETE 操作。

（3）例行导入作业和删除 Database 操作的关系

当例行导入作业对应的 Database 被删除后，作业会自动取消。

（4）例行导入作业和 Kafka_Topic 的关系

当例行导入声明的 Kafka_Topic 在 Kafka 集群中不存在时，如果用户方的 Kafka 集群中的 broker 进程设置了 auto.create.topics.enable=true，Kafka_Topic 会被自动创建。自动创建的 Partition 个数由用户方的 Kafka 集群中的 broker 进程配置的 num.partitions 决定的。例行导入作业会不断读取该 Kafka_Topic 的数据。如果 Kafka 集群中的 broker 进程设置了 auto.create.topics.enable = false，Kafka_Topic 不会被自动创建，例行导入作业会在没有读取任何数据之前就被暂停，状态为 PAUSED。

（5）例行导入作业和 Kafka 集群

创建 Routine Load 任务时指定的 Broker 列表必须能被 Doris 服务访问。Kafka 集群中如果配置了 advertised.listeners, advertised.listeners 必须能被 Doris 服务访问。

5.4.2 用法详解

Routine Load 语句模板如下：

```
CREATE ROUTINE LOAD [db.]job_name ON tbl_name
[merge_type]
[load_properties]
[job_properties]
FROM data_source [data_source_properties]
```

1）[db.]job_name：表示导入作业的名称，在同一个数据库内，相同名称只能有一个 Job 在运行。

2）tbl_name：用于指定需要导入的表的名称。

3）merge_type：用于指定数据合并类型，默认为 APPEND，表示导入操作是追加写入数据。MERGE 和 DELETE 类型仅适用于 Unique 模型表。其中，MERGE 类型需要配合 DELETE ON 语句使用，以标注 Delete Flag 列；而 DELETE 类型表示根据导入数据的 Key 值删除目标表数据。

4）load_properties：用于描述导入数据，包含以下参数。

- column_separator：用于指定列分隔符，默认为 \t。
- columns_mapping：用于指定文件中的列和表中的列的映射关系，以及各种列转换等。
- columns_mappin：主要有两种情况：映射列，如目标表有三列 col1、col2、col3，源数据有 4 列，其中第 1、2、4 列分别对应 col2、col1、col3，可写为 COLUMNS（col2, col1, temp, col3），其中 temp 列不存在，用于跳过源数据中的第三列；衍生列，除了直接读取源数据的列内容之外，Doris 还提供对列数据的加工服务。假设目标表后加入第四列 col4，可写为 COLUMNS（col2, col1, temp, col3, col4 = col1 + col2）。
- preceding_filter：用于过滤原始数据。
- where_predicates：用于根据条件对导入的数据进行过滤，主要用于经过映射和转换后的列，可通过表达式进行过滤，例如 WHERE k1 > 100 and k2 = 1000。
- partitions：用于指定导入目标表的哪些分区，如果不指定，系统会自动导入数据到对应目标表的分区中，例如 PARTITION（p1, p2, p3）。
- DELETE ON：配合 MEREGE 类型一起使用，仅针对 Unique 模型表，用于指定导入数据中表示 Delete Flag 的列和计算关系。
- ORDER BY：仅针对 Unique 模型表，用于指定导入数据中表示 Sequence Col 的列，主要用于保证导入数据的顺序。

5）job_properties：用于指定例行导入作业的通用参数，主要包含以下参数。

- desired_concurrent_number：用于设置期望的并发度。一个例行导入作业会被分成多个子任务。这个参数可指定一个作业最多有多少任务可以同时执行，值必须大于 0，默认为 3。该并发度并不是实际的并发度，实际的并发度由集群的节点数、负载情况，以及数据源决定。
- 子任务导入参数。子任务导入参数有 max_batch_interval、max_batch_rows、max_batch_size 三个，分别表示每个子任务最大执行时间（单位是 s）、最多读取行数、最多读取字节数（单位是 B）。这三个参数用于控制一个子任务的执行时间和数量处理量。当达到其中任意一个参数的阈值，子任务结束等待并进行数据写入。
- max_error_number：用于指定采样窗口内允许的最大错误行数，必须大于或等于 0，默认是 0，即不允许有错误行。
- strict_mode：用于指定是否开启严格模式，默认为关闭。如果开启，当非空原始数据的列类型变换结果为 NULL，该数据会被过滤。
- timezone：用于指定导入作业所使用的时区，默认使用 Session 变量的 timezone 参数。该参数会影响所有导入作业涉及的和时区有关的函数的结果。
- format：用于指定导入数据格式，默认是 CSV，支持 JSON 格式。
- Jsonpaths：当导入数据格式为 JSON 时，用户可以通过 jsonpaths 指定抽取 JSON 格式数据中的字段，例如 -H "jsonpaths: [\" $.k2\" , \" $.k1\"]"。

- strip_outer_array：默认值为 false，当导入数据格式为 JSON 时，strip_outer_array 为 true 表示 JSON 格式数据以数组的形式展现，数组中的每一个元素将被视为一行数据。
- json_root：当导入数据格式为 JSON 时，用户可以通过 json_root 指定 JSON 格式数据的根节点。Doris 可通过 json_root 抽取根节点的元素进行解析。

6）FROM data_source [data_source_properties]：用于指定数据源的类型，当前 Doris 只支持 Kafka 数据源。

data_source_properties 支持如下数据源属性。

- kafka_broker_list：用于指定 Kafka 的 Broker 连接，格式为 ip:host。多个 Broker 之间以逗号分隔，例如 "kafka_broker_list"= "broker1:9092,broker2:9092"。
- kafka_topic：用于指定要订阅的 Kafka Topic，例如 "kafka_topic" = "topic1"。
- kafka_partitions 和 kafka_offsets：用于指定需要订阅的 Kafka Partition，以及每个 Partition 对应的起始 Offset。Offset 可以是大于 0 的整数（必须是确实存在的 Offset 值）或者具体时间（例如 "2022-06-22 11:00:00"），也可以是 OFFSET_BEGINNING（从有数据的位置开始订阅）或者 OFFSET_END（从末尾开始订阅）。如果没有指定，Doris 默认 OFFSET_END 开始订阅 Topic 下的所有 Partition。

data_source_properties 还支持用户自定义 Kafka 参数，功能等同于 Kafka Shell 中的 --property 参数。当参数的 Value 为文件时，Value 前需要加上关键词 FILE。

这里要用到一个新功能——CREATE FILE 创建文件命令，举例如下：

```
-- 创建文件 client.key，分类为 kafka
CREATE FILE "client.key"
PROPERTIES
(
    "url" = "https://test.bj.bcebos.com/kafka-key/client.key",
    "catalog" = "kafka",
    "md5" = "b5bb901bf10f99205b39a46ac3557dd9"
);
```

然后在 data_source_properties 中使用该文件：

```
"property.ssl.key.location" = "FILE:client.key",
```

更多 Doris 支持的 Kafka 自定义参数，请参阅 librdkafka 官方 CONFIGURATION 文档中 Client 端的配置项。

5.4.3 应用举例

案例一：为 example_db 的 example_tbl 创建一个名为 test1 的 Kafka 例行导入任务，流数据为逗号分隔的文本字符串，并且自动默认消费所有分区，且从有数据的位置（OFFSET_BEGINNING）开始订阅。

```
CREATE ROUTINE LOAD example_db.test1
```

```
ON example_tbl
COLUMNS TERMINATED BY ",",
COLUMNS(k1, k2, k3, v1, v2, v3 = k1 * 100)
PROPERTIES(
    "desired_concurrent_number"="3",
    "max_batch_interval" = "20",
    "max_batch_rows' = "300000",
    "max_batch_size" = "209715200",
    "strict_mode" = "false")
FROM KAFKA(
    "kafka_broker_list" = "broker1:9092,broker2:9092,broker3:9092",
    "kafka_topic' = "my_topic",
    "property.group.id' = "xxx",
    "property.client.id' = "xxx",
    "property.kafka_default_offsets" = "OFFSET_BEGINNING");
```

案例二：通过 SSL 认证方式，从 Kafka 集群导入数据，同时设置 client.id 名称，导入任务为非严格模式，时区为 Asia/Shanghai。

```
CREATE ROUTINE LOAD example_db.test1
ON example_tbl
COLUMNS(k1, k2, k3, v1, v2, v3 = k1 * 100),
WHERE k1 > 100 and k2 like "%doris%"
PROPERTIES(
    "desired_concurrent_number"="3",
    "max_batch_interval" = "20",
    "max_batch_rows" = "300000",
    "max_batch_size" = "209715200",
    "strict_mode" = "false",
    "timezone" = "Asia/Shanghai")
FROM KAFKA(
    "kafka_broker_list" = "broker1:9092,broker2:9092,broker3:9092",
    "kafka_topic" = "my_topic",
    "property.security.protocol" = "ssl",
    "property.ssl.ca.location" = "FILE:ca.pem",
    "property.ssl.certificate.location" = "FILE:client.pem",
    "property.ssl.key.location" = "FILE:client.key",
    "property.ssl.key.password" = "abcdefg",
    "property.client.id" = "my_client_id");
```

案例三：导入 JSON 格式数据，并通过 jsonpaths 抽取字段，并指定 JSON 格式数据的根节点。

```
CREATE ROUTINE LOAD example_db.test1
ON example_tbl
COLUMNS(category, author, price, timestamp, dt=from_unixtime(timestamp, "%Y%m%d"))
PROPERTIES(
    "desired_concurrent_number"="3",
    "max_batch_interval" = "20",
    "max_batch_rows" = "300000",
```

```
        "max_batch_size" = "209715200",
        "strict_mode" = "false",
        "format" = "json",
        "jsonpaths" = "[\"$.category\",\"$.author\",\"$.price\",\"$.timestamp\"]",
        "json_root" = "$.RECORDS"
        "strip_outer_array" = "true")
    FROM KAFKA(
        "kafka_broker_list" = "broker1:9092,broker2:9092,broker3:9092",
        "kafka_topic" = "my_topic",
        "kafka_partitions" = "0,1,2",
        "kafka_offsets" = "0,0,0");
```

案例四：加载 Kafka 集群中的 Binlog 数据，记录数据操作类型，不进行数据删减。

```
CREATE ROUTINE LOAD ods_drp.rtl_ods_drp_cdc_st_entry_detail_et
ON ods_drp_cdc_st_entry_detail_et
COLUMNS(ACCOUNT_LINE_ID, update_time,cdc_op,cdc_time=now())
PROPERTIES(
    "desired_concurrent_number"="1",
    "max_batch_interval" = "20",
    "max_batch_rows" = "200000",
    "max_batch_size" = "104857600",
    "strict_mode" = "false",
    "strip_outer_array" = "true",
    "format" = "json",
    "json_root" = "$.data",
    "jsonpaths" = "[\"$.ACCOUNT_LINE_ID\",\"$.update_time\",\"$.type\"]")
FROM KAFKA(
    "kafka_broker_list" = "192.168.87.107:9092,192.168.87.108:9092,192.168.87.10
        9:9092",
    "kafka_topic" = "drds_hana_ods_st_entry_detail_et",
    "kafka_partitions" = "0",
    "kafka_offsets" = "OFFSET_BEGINNING",
    "property.group.id" = "ods_drp_st_entry_detail_et",
    "property.client.id" = "doris");
```

案例五：加载 Kafka 集群中的 Binlog 数据，根据数据操作类型进行新增和删除操作（更新操作可拆分成为删除和新增两个操作）。

首先目标表必须是 Unique 模型表，并且设置目标表支持批量删除：

```
ALTER TABLE ods_drp.ods_drp_vip_weixin ENABLE FEATURE "BATCH_DELETE";
```

然后创建导入任务：

```
CREATE ROUTINE LOAD ods_drp.rtl_ods_drp_vip_weixin
ON ods_drp_vip_weixin
WITH MERGECOLUMNS(rec_id, vip_user_id, vip_id, vip_code, tel, vip_source,
    openid, unionid, appid, brand_code, create_user_name, create_user, create_
    time, modify_user_name, modify_user, modify_time, version, update_time,CDC_OP),
DELETE ON CDC_OP="DELETE"
PROPERTIES(
```

```
        "desired_concurrent_number"="1",
        "max_batch_interval" = "20",
        "max_batch_rows" = "200000",
        "max_batch_size" = "104857600",
        "strict_mode" = "false",
        "strip_outer_array" = "true",
        "format" = "json",
        "json_root" = "$.data",
        "jsonpaths" = "[\"$.rec_id\",\"$.vip_user_id\",\"$.vip_id\",\"$.vip_
            code\",\"$.tel\",\"$.vip_source\",\"$.openid\",\"$.unionid\",\"$.
            appid\",\"$.brand_code\",\"$.create_user_name\",\"$.create_user\",\"$.
            create_time\",\"$.modify_user_name\",\"$.modify_user\",\"$.modify_
            time\",\"$.version\",\"$.update_time\",\"$.type\"]")
    FROM KAFKA(
        "kafka_broker_list" = "192.168.87.107:9092,192.168.87.108:9092,192.168.87.10
            9:9092",
        "kafka_topic" = "drds_hana_ods_vip_weixin",
        "kafka_partitions" = "0",
        "kafka_offsets" = "OFFSET_BEGINNING",
        "property.group.id" = "ods_drp_vip_weixin",
        "property.client.id" = "doris");
```

5.5 Binlog Load

Binlog Load 提供了实时同步 MySQL 数据库操作的功能，拓展了数据实时同步应用场景。Binlog Load 可以绕过 Kafka，直接读取 MySQL 的 CDC（Change Data Capture，数据变更捕获）日志，实时同步 MySQL 数据库的增、删、改操作。Doris 0.15 及以上版本具有该功能。目前，Binlog Load 任务只支持对接 Canal，从 Canal Server 上获取解析后的 Binlog 数据并导入 Doris。

5.5.1 基本原理

Binlog Load 以 Canal 为中间媒介，让 Canal 伪装成一个从节点去获取 MySQL 主节点上的 Binlog 数据并解析，再由 Doris 获取 Canal 上解析后的数据，总体执行流程如图 5-10 所示。

Binlog Load 具体执行流程如下。

1）用户向 FE 提交数据同步作业。

2）FE 为每个数据同步作业启动一个 Canal Client，以向 Canal Server 端订阅并获取数据。

3）Canal Client 中的 Receiver 负责通过 Get 命令接收数据，每获取到一个数据 Batch，都会由 Consumer 根据对应表分发到不同的 Channel，每个 Channel 都会为此数据 Batch 产生一个发送数据的子任务 Task。在 FE 上，一个 Task 包含分发到当前 Channel 的同一个 Batch 的数据。

4）Channel 控制着单个表事务的开始、提交、终止。一个事务周期内，一般会从 Consumer 获取到多个 Batch 的数据，因此会产生多个向 BE 发送数据的子任务 Task。在提交事务成功前，这些 Task 不会实际生效。

5）满足一定条件时（比如超过一定时间、达到提交最大数据大小），Consumer 将会阻塞并通知各个 Channel 提交事务。

6）当且仅当所有 Channel 都提交成功，Canal Client 才会通过 Ack 命令通知 Canal Server 继续获取并消费数据。

7）如果有任意 Channel 提交失败，Doris 将会重新从上一次消费成功的位置获取数据并再次提交。（已提交成功的 Channel 不会再次提交，以保证幂等性。）

8）整个数据同步作业中，FE 通过以上流程不断从 Canal 获取数据并提交到 BE，来完成数据同步。

9）数据由 Coordinator BE 接收并分发给对应的 BE 存储。

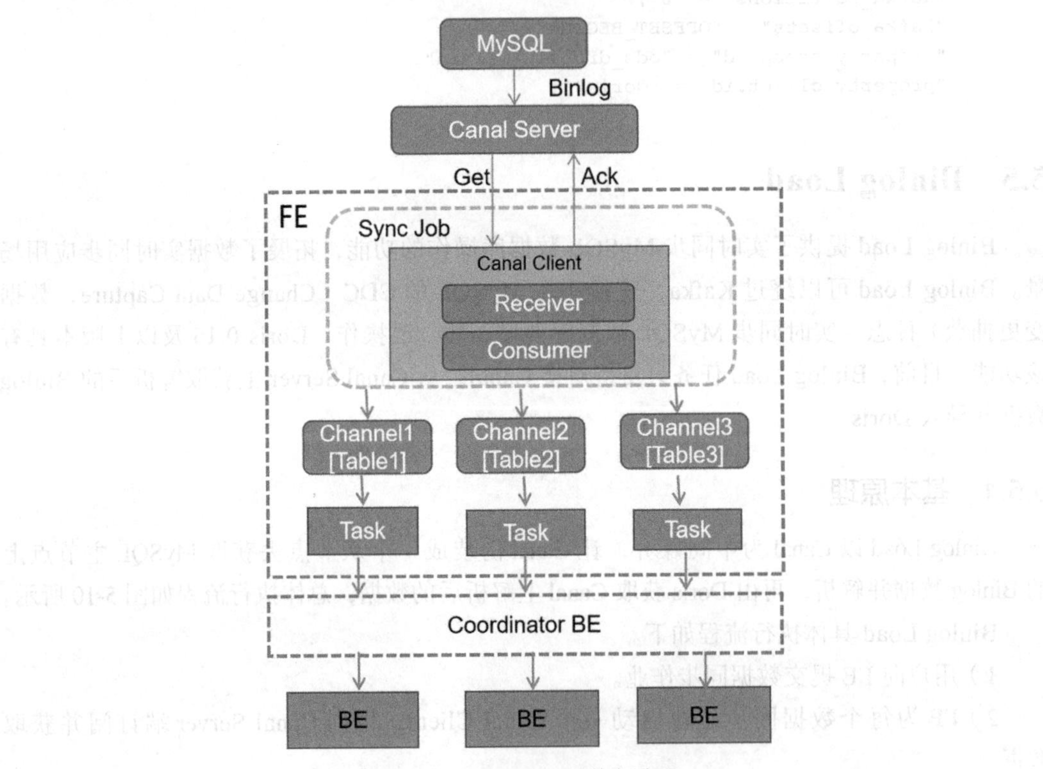

图 5-10 Binlog Load 执行流程

5.5.2 用法详解

创建 Binlog Load 任务使用的是 CREATE SYNC 命令，表明 Doris 不仅仅只是想实现 BinLog 数据同步，后续还会支持其他数据库的数据同步。

创建同步任务之前，首先在 fe.conf 里配置 enable_create_sync_job=true（默认值是 false，表示不启用），否则不能创建同步任务。

CREATE SYNC 语法如下：

```
CREATE SYNC [db.]job_name
    (
    channel_desc,
    channel_desc
    ...
    )
binlog_desc
```

其中，job_name 表示同步作业名称，是作业在当前数据库内的唯一标识。相同 job_name 的作业只能有一个在运行。channel_desc 表示作业下的数据通道，用来描述 MySQL 源表到 Doris 目标表的映射关系。binlog_desc 用来描述远端数据源，目前仅支持 Canal 数据源，应用语法如下：

```
FROM BINLOG
    (
    "key1" = "value1",
    "key2" = "value2"
    )
```

针对 Canal 数据源，binlog_desc 有以下参数。

1）canal.server.ip: Canal Server 的地址。

2）canal.server.port: Canal Server 的端口。

3）canal.destination: Instance 的标识。

4）canal.batchSize: 获取的 Batch 容量的最大值，默认为 8192。

5）canal.username: Instance 的用户名。

6）canal.password: Instance 的密码。

7）canal.debug: 可选，设置为 true 时，将 Batch 和每一行数据的详细信息都打印出来。

Binlog Load 和其他导入任务不同的是，Binlog Load 既可支持导入一个目标表，也可支持导入多个目标表。也就是说，在 channel_desc 中配置多条记录可以实现一个 Binlog Load 任务同步多张 MySQL 表的数据到多个 Doris 内部表。

例如，为 test_db 的多张表创建一个名为 job1 的数据同步作业，一一对应多张 MySQL 源表，并显式地指定列映射。

```
CREATE SYNC test_db.job1
    (
    FROM mysql_db.t1 INTO test1 COLUMNS(k1, k2, v1) PARTITIONS (p1, p2),
    FROM mysql_db.t2 INTO test2 COLUMNS(k3, k4, v2) PARTITION p1
    )
    FROM BINLOG
```

```
(
    "type" = "canal",
    "canal.server.ip" = "xx.xxx.xxx.xx",
    "canal.server.port" = "12111",
    "canal.destination" = "example",
    "canal.username" = "username",
    "canal.password" = "password"
);
```

待 Binlog Load 任务创建成功以后，我们可以通过 SHOW SYNC JOB 命令查看数据同步作业状态。

5.5.3 应用举例

首先安装和配置 MySQL 数据库，使其记录 CDC 日志，其次安装配置、启动 Canal，最后在 Doris 中对接 Binlog 数据。接下来我们就详细展开介绍这个过程。

1）安装和配置 MySQL 数据库。

安装 MySQL 有两种：一种是 Docker 模式安装，另一种是在 Linux 系统上安装。网上相关资料比较多，这里不再赘述。

安装好 MySQL 数据库以后，需要开启 Binlog 配置。进入 Docker 容器或者物理机上修改 /etc/my.cnf 文件，在 [mysqld] 下添加以下内容：

```
log_bin=/data/mysql/logs/binlog
binlog-format=Row
server-id=1003306
```

通过 show variables like '%log_bin%' 命令检查配置是否起作用，以及 Binlog 配置是否开启，如图 5-11 所示。

```
mysql> show variables like '%log_bin%';
+---------------------------------+--------------------------------+
| Variable_name                   | Value                          |
+---------------------------------+--------------------------------+
| log_bin                         | ON                             |
| log_bin_basename                | /data/mysql/logs/binlog        |
| log_bin_index                   | /data/mysql/logs/binlog.index  |
| log_bin_trust_function_creators | ON                             |
| log_bin_use_v1_row_events       | OFF                            |
| sql_log_bin                     | ON                             |
+---------------------------------+--------------------------------+
6 rows in set (0.16 sec)
```

图 5-11 查看 MySQL 数据库的 Binlog 配置

重启 MySQL 服务：

```
systemctl restart mysqld
```

创建 MySQL 表：

```
create database demo;
    CREATE TABLE test_cdc (
    id int NOT NULL AUTO_INCREMENT,
    sex TINYINT(1) DEFAULT NULL,
    name varchar(20) DEFAULT NULL,
    address varchar(255) DEFAULT NULL,
    PRIMARY KEY (id)
    ) ENGINE=InnoDB
```

2）安装和配置 Canal。

首先下载 Canal 软件并解压到指定目录：

```
# 下载 canal-1.1.5
wget https://github.com/alibaba/canal/releases/download/canal-1.1.5/canal.deployer-
    1.1.5.tar.gz
# 解压 Canal 到指定目录
tar zxvf canal.deployer-1.1.5.tar.gz -C /opt/canal
```

其次在 conf 文件夹下新建目录并重命名，作为 Instance 的根目录一般使用系统简称或者数据库名作为 conf 文件夹名，例如这里使用的是我的数据库名：demodb。

具体的 Canal 参数配置可以参考 Canal 官方文档（地址为 https://github.com/alibaba/canal/wiki/QuickStart）。下面给出一个精简的 Canal 配置模板（去掉了大量无效配置行）：

```
vi conf/demo/instance.properties
#################################################
## mysql serverId , v1.0.26+ will autoGen
canal.instance.mysql.slaveId=12115
# enable gtid use true/false
canal.instance.gtidon=false
# position info
canal.instance.master.address=127.0.0.1:13306
canal.instance.master.journal.name=
canal.instance.master.position=
canal.instance.master.timestamp=
canal.instance.master.gtid=
# rds oss binlog
canal.instance.rds.accesskey=
canal.instance.rds.secretkey=
canal.instance.rds.instanceId=
# table meta tsdb info
canal.instance.tsdb.enable=true
# username/password
canal.instance.dbUsername=canal
canal.instance.dbPassword=canal
canal.instance.connectionCharset = UTF-8
# enable druid Decrypt database password
canal.instance.enableDruid=false
# table regex
canal.instance.filter.regex=demo\\..*
```

```
# table black regex
canal.instance.filter.black.regex=
#################################################
```

3）启动 Canal。

接下来是启动 Canal，启动目录为 sh bin/startup.sh。

需要注意的是，canal.instance.user/passwd 在 Canal 1.1.5 版本的 canal.properties 里加上以下两个配置：

```
canal.user = canal
canal.passwd = E3619321C1A937C46A0D8BD1DAC39F93B27D4458
```

登录默认密码为 canal/canal，canal.passwd 的密码值可以通过 select password（"xxx"）来获取。

启动后，验证 Canal 是否启动成功，启动成功的截图如图 5-12 所示。

```
tail -200f logs/demo/demo.log
```

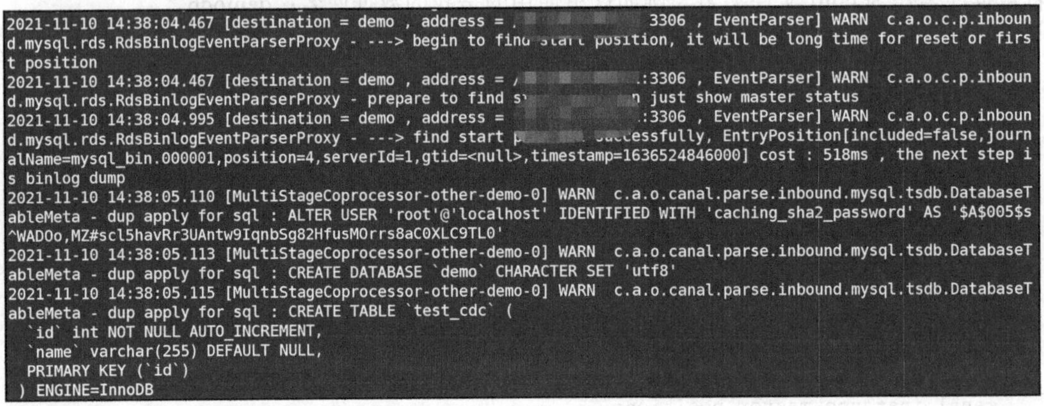

```
2021-11-10 14:38:04.467 [destination = demo , address = .           3306 , EventParser] WARN  c.a.o.c.p.inboun
d.mysql.rds.RdsBinlogEventParserProxy - ---> begin to find start position, it will be long time for reset or firs
t position
2021-11-10 14:38:04.467 [destination = demo , address = /           :3306 , EventParser] WARN  c.a.o.c.p.inboun
d.mysql.rds.RdsBinlogEventParserProxy - prepare to find s           n just show master status
2021-11-10 14:38:04.995 [destination = demo , address =             :3306 , EventParser] WARN  c.a.o.c.p.inboun
d.mysql.rds.RdsBinlogEventParserProxy - ---> find start p           successfully, EntryPosition[included=false,journ
alName=mysql_bin.000001,position=4,serverId=1,gtid=<null>,timestamp=1636524846000] cost : 518ms , the next step i
s binlog dump
2021-11-10 14:38:05.110 [MultiStageCoprocessor-other-demo-0] WARN  c.a.o.canal.parse.inbound.mysql.tsdb.DatabaseT
ableMeta - dup apply for sql : ALTER USER 'root'@'localhost' IDENTIFIED WITH 'caching_sha2_password' AS '$A$005$s
^WADOo,MZ#scl5havRr3UAntw9IqnbSg82HfusMOrrs8aC0XLC9TL0'
2021-11-10 14:38:05.113 [MultiStageCoprocessor-other-demo-0] WARN  c.a.o.canal.parse.inbound.mysql.tsdb.DatabaseT
ableMeta - dup apply for sql : CREATE DATABASE `demo` CHARACTER SET 'utf8'
2021-11-10 14:38:05.115 [MultiStageCoprocessor-other-demo-0] WARN  c.a.o.canal.parse.inbound.mysql.tsdb.DatabaseT
ableMeta - dup apply for sql : CREATE TABLE `test_cdc` (
  `id` int NOT NULL AUTO_INCREMENT,
  `name` varchar(255) DEFAULT NULL,
  PRIMARY KEY (`id`)
) ENGINE=InnoDB
```

图 5-12 Canal 启动成功截图

4）创建 Doris 目标表。

用户需要先在 Doris 端创建好与 MySQL 端对应的目标表。Binlog Load 只支持 Unique 模型的目标表，且必须激活目标表的 Batch Delete 功能。

```
--Doris 建表
CREATE TABLE doris_mysql_binlog_demo (
    id int NOT NULL,
    sex TINYINT(1),
    name varchar(20),
    address varchar(255) )
ENGINE=OLAP
UNIQUE KEY(id,sex)
COMMENT "OLAP"
DISTRIBUTED BY HASH(sex) BUCKETS 1
```

```
PROPERTIES (
    "replication_allocation" = "tag.location.default: 1",
    "in_memory" = "false"
);
-- 开启批量删除(Doris 1.0 以后版本已经默认开启)
ALTER TABLE demoDB.doris_mysql_binlog_demo ENABLE FEATURE "BATCH_DELETE";
```

5）开始同步 MySQL 表中数据到 Doris。

创建 Binlog Load 任务，从 MySQL 的 Binlog 日志中读取数据并写入 Doris 表。

```
CREATE SYNC test_2.doris_mysql_binlog_demo_job
(
FROM demo.test_cdc INTO doris_mysql_binlog_demo
)
FROM BINLOG
(
    "type" = "canal",
    "canal.server.ip" = "10.220.146.10",
    "canal.server.port" = "11111",
    "canal.destination" = "demo",
    "canal.username" = "canal",
    "canal.password" = "canal"
);
```

6）查看同步任务状态和目标表中的数据。

用命令 SHOW SYNC JOB 查看 Binlog Load 同步任务状态，截图如图 5-13 所示。

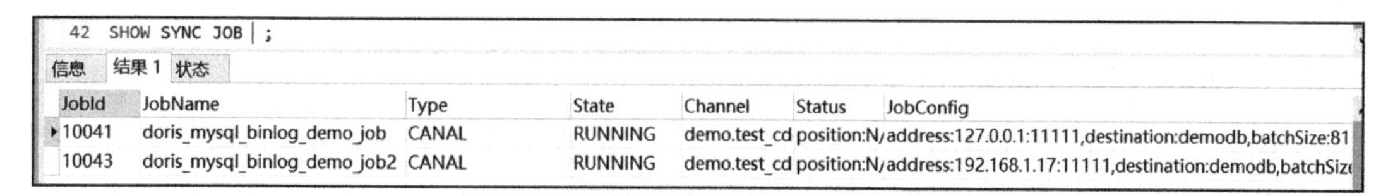

42 SHOW SYNC JOB ;

信息 结果 1 状态

JobId	JobName	Type	State	Channel	Status	JobConfig
10041	doris_mysql_binlog_demo_job	CANAL	RUNNING	demo.test_cd	position:N	address:127.0.0.1:11111,destination:demodb,batchSize:81
10043	doris_mysql_binlog_demo_job2	CANAL	RUNNING	demo.test_cd	position:N	address:192.168.1.17:11111,destination:demodb,batchSiz

图 5-13　查看 Binlog Load 同步任务状态

查看目标表中的数据，截图如图 5-14 所示。

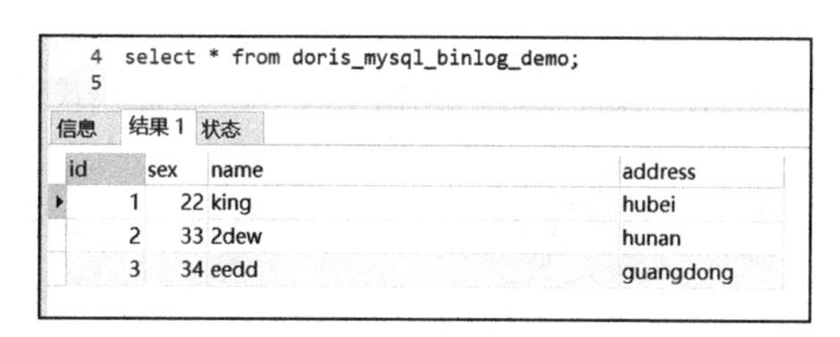

4 select * from doris_mysql_binlog_demo;
5

信息 结果 1 状态

id	sex	name	address
1	22	king	hubei
2	33	2dew	hunan
3	34	eedd	guangdong

图 5-14　查看目标表中的数据

7）删除数据并查看目标表中的变化。

在 MySQL 表中删除数据，然后查看目标表中的变化。

```
DELETE FROM test_cdc WHERE id IN (12,13)
```

8）修改数据并查看目标表中的变化。

在 MySQL 表里修改数据，然后查看目标表中的变化。

```
UPDATE test_cdc SET  id = 15 WHERE id =12
```

多表同步的 Binlog Load 任务创建语句如下：

```
CREATE SYNC test_2.doris_mysql_binlog_demo_job
(
FROM demo.test_cdc INTO doris_mysql_binlog_demo,
FROM demo.test_cdc_1 INTO doris_mysql_binlog_demo,
FROM demo.test_cdc_2 INTO doris_mysql_binlog_demo,
FROM demo.test_cdc_3 INTO doris_mysql_binlog_demo
)
```

5.6 DataX

虽然以上这些导入方式在某些方面都有广泛应用，但是在实际的数据仓库和数据中台项目中，最常用的方式还是 DataX。DataX 支持广泛的数据源，非常适合离线数据同步。

为了更好地扩展 Doris 生态，为 Doris 用户提供更方便的数据导入方式，Apache 社区开发扩展了 DataX DorisWriter，以便使用 DataX 工具进行数据接入。

此外，Doris 针对 Apache SeaTunnel（原 Waterdrop）提供了连接器。Apache SeaTunnel 是开源应用中仅次于 DataX 和 Kettle 的数据同步工具。

5.6.1 DataX 执行原理

DataX 是阿里巴巴开源的一个异构数据源离线同步工具，致力于实现包括关系型数据库（MySQL、Oracle 等）、HDFS、Hive、ODPS、HBase、FTP 等各种异构数据源之间数据稳定高效的同步。DataX 作为离线数据同步框架起到中转作用，将不同来源数据的读取功能抽象为 Reader 插件，将向不同目标写入数据的功能抽象成 Writer 插件。理论上，DataX 框架可以支持任意类型数据源的数据同步。同时，DataX 插件体系作为一套生态系统，新数据源一旦接入即可实现和现有数据源互通。数据同步旧模式和新模式对比如图 5-15 所示。

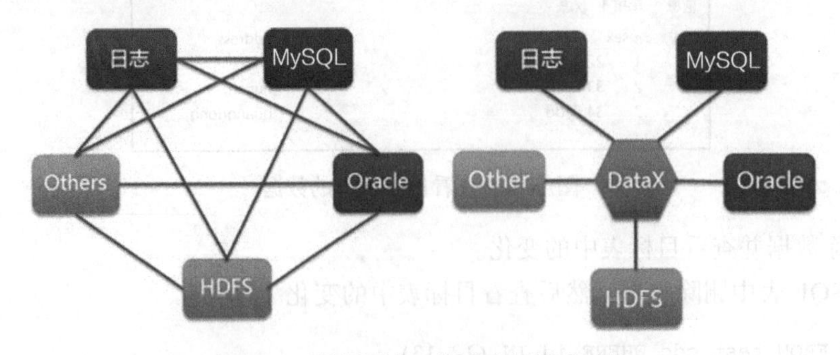

图 5-15　数据同步旧模式和新模式对比

DataX 作为离线数据同步框架，采用“FrameWork+Plugin”架构构建，纳入数据源读取和写入插件，工作流程示意图如图 5-16 所示。

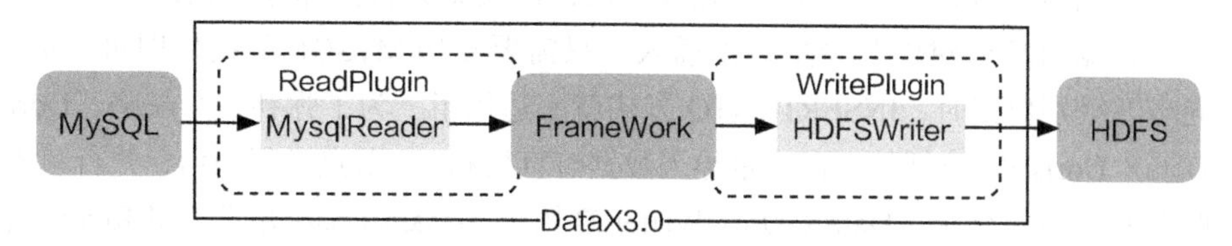

图 5-16 DataX 工作流程示意图

1）Reader 插件：数据采集模块，负责采集数据源中的数据，将数据发送给 FrameWork。

2）Writer 插件：数据写入模块，负责不断向 FrameWork 获取数据，并将数据写入目的端。

3）FrameWork：用于连接 Reader 和 Writer 插件，作为两者的数据传输通道，并处理缓冲、流控、并发、数据转换等核心技术问题。

目前，DataX 已经有比较全面的插件体系，已接入主流的 RDBMS 数据库、NoSQL 数据库、大数据计算系统等，如表 5-2 所示。

表 5-2 DataX 支持读写的数据库列表

类型	数据源	Reader(读)	Writer（写）
RDBMS 关系型数据库	MySQL	√	√
	Oracle	√	√
	SQLServer	√	√
	PostgreSQL	√	√
	DRDS	√	√
	通用 RDBMS（支持所有关系型数据库）	√	√
阿里云数据仓库	ODPS	√	√
	ADS		√
	OSS	√	√
	OCS	√	√
NoSQL 数据库	OTS	√	√
	Hbase0.94	√	√
	Hbase1.1	√	√
	Phoenix4.x	√	√
	Phoenix5.x	√	√
	MongoDB	√	√
	Hive	√	√
	Cassandra	√	√
无结构化数据库	TxtFile	√	√
	FTP	√	√
	HDFS	√	√
	Elasticsearch		√
时间序列数据库	OpenTSDB	√	
	TSDB	√	√

5.6.2 DataX DorisWriter插件

前文已经说到，Doris FE兼容MySQL协议，这就意味着大部分场景，例如数据查询、数据导出、数据对象创建以及少量数据插入，只需要复用MySQL的接口即可。但是需要一次性同步万级别数据时，INSERT INTO方式就不适用了。为了弥补这个缺陷，Doris社区开发了DataX DorisWriter插件，以批量导入数据时直接和BE节点进行通信，并行写入数据。

根据官方文档的介绍，DataX DorisWriter复用了Stream Load方式，将Reader插件读取的数据进行缓存，拼接成JSON文本，然后批量导入Doris。

DataX DorisWriter于2021年9月底发布，在GitHub上可获取源码，地址为https://github.com/apache/incubator-doris/tree/master/extension/DataX。这里直接下载张家锋老师编译的DataX Doris Writer安装包，解压后文件如图5-17所示。

datax.tar\datax\plugin\writer\doriswriter - 解包大小为 805.5 MB

名称	压缩前	压缩后	类型	修改日期
.. (上级目录)			文件夹	
libs			文件夹	
plugin_job_template.json	1 KB	1 KB	JSON 文件	2021-09-03 12:45
plugin.json	1 KB	1 KB	JSON 文件	2021-09-03 12:45
doriswriter-0.0.1-SNAPSHOT.jar	25.1 KB	25.5 KB	Executable Jar File	2021-09-03 12:45

图5-17 DataX DorisWriter安装包解压后文件

官方提供了一份Doris DorisWriter配置文件，内容如下：

```
{
    "job": {
        "setting": {
            "speed": {
                "channel": 1
            },
            "errorLimit": {
                "record": 0,
                "percentage": 0
            }
        },
        "content": [
            {
                "reader": {
                    "name": "streamreader",
                    "parameter": {
                        "column": [
                            {
                                "value": "k1",
                                "type": "string"
                            },
                            {
```

```
                        "value": "k2",
                        "type": "string"
                    },
                    {
                        "value": "v1",
                        "type": "long"
                    },
                    {
                        "value": "v2",
                        "type": "long"
                    }
                ],
                "sliceRecordCount": 100
            }
        },
        "writer": {
            "name": "doriswriter",
            "parameter": {
                "feLoadUrl": ["127.0.0.1:8030", "127.0.0.2:8030", "127.
                    0.0.3:8030"],
                "beLoadUrl": ["192.168.10.1:8040", "192.168.10.2:8040", "192.
                    168.10.3:8040"],
                "jdbcUrl": "jdbc:mysql://127.0.0.1:9030/",
                "database": "db1",
                "table": "t1",
                "column": ["k1", "k2", "v1", "v2"],
                "username": "root",
                "password": "",
                "postSql": [],
                "preSql": [],
                "loadProps": {
                },
                "maxBatchRows" : 500000,
                "maxBatchByteSize" : 104857600,
                "labelPrefix": "my_prefix",
                "lineDelimiter": "\n"
            }
        }
    }
  ]
 }
}
```

DataX DorisWriter 配置参数及其解释如表 5-3 所示。

表 5-3 DataX DorisWriter 配置信息

参数名	参数描述	是否必须	默认值
jdbcUrl	Doris 的 JDBC 连接串，用于执行前置 SQL 和后置 SQL	是	无
feLoadUrl	和 beLoadUrl 二选一，作为 Stream Load 的连接目标，格式为 "ip:port"。其中，ip 是 FE 节点的 IP，port 是 FE 节点的 http_port。可以填写多个，DataX DorisWriter 以轮询的方式访问	否	无

（续）

参数名	参数描述	是否必须	默认值
beLoadUrl	和 feLoadUrl 二选一，作为 Stream Load 的连接目标，格式为 "ip:port"。其中，ip 是 BE 节点的 IP，port 是 BE 节点的 webserver_port。可以填写多个，DataX DorisWriter 以轮询的方式访问	否	无
username	访问 Doris 数据库的用户名	是	无
password	访问 Doris 数据库的密码	否	无
database	需要写入的 Doris 数据库名称	是	无
table	需要写入的 Doris 表名称	是	无
column	目标表中需要写入数据的字段，字段之间用英文逗号分隔，例如："column":["id", "name", "age"]	是	无
preSql	写入数据到目标表前，先执行的 SQL 语句	否	无
postSql	写入数据到目标表后，再执行的 SQL 语句	否	无
maxBatchRows	每批次导入数据的最大行数，和 maxBatchByteSize 共同控制每批次的导入数据量。每批次导入数据量达到两个阈值其中之一，即开始数据导入	否	500000
maxBatchByteSize	每批次导入数据的最大数据量，和 maxBatchRows 共同控制每批次的导入数据量。每批次数据量达到两个阈值其中之一，即开始数据导入	否	104857600
labelPrefix	每批次导入任务的标识前缀，最终的标识由 labelPrefix、UUID、序号组成	否	datax_doris_writer_
lineDelimiter	每批次数据包含多行，每行数据为 JSON 格式，每行数据的分隔符为 lineDelimiter，支持多个字节作为分隔符，例如 '\x02\x03'	否	\n
loadProps	Stream Load 的请求参数，详情参照 Stream Load 介绍页面	否	无
connectTimeout	单次 Stream Load 请求的超时时间，单位为 ms	否	−1

5.6.3 应用举例

首先，创建 MySQL 表 pos_order，并插入 1 万条记录。

```
CREATE TABLE pos_order (
    order_id bigint(20) NOT NULL AUTO_INCREMENT,
    BILL_NO varchar(30) NOT NULL COMMENT '单据编号',
    BILL_DATE date DEFAULT NULL  COMMENT '单据日期',
    STORE_ID bigint(20) DEFAULT NULL COMMENT '门店 ID ',
    VIP_CODE varchar(50) DEFAULT NULL COMMENT 'VIP 卡号',
    SALE_TYPE varchar(50) DEFAULT NULL COMMENT '销售类型',
    total_qty decimal(10, 2) DEFAULT NULL COMMENT '零售数据合计',
    total_tag_amount decimal(16, 2) DEFAULT NULL COMMENT '吊牌金额合计',
    retail_amount decimal(16, 2) DEFAULT NULL COMMENT '零售金额合计',
    PRIMARY KEY (order_id),
    UNIQUE KEY unique_pos_order_bill_no (BILL_NO),
    KEY idx_bdate_store_id (BILL_DATE, STORE_ID)
) ENGINE = InnoDB AUTO_INCREMENT = 1505521 DEFAULT CHARSET = utf8mb4 ;
```

然后，对照 pos_order 创建 Doris 表，命名为 ods_pos_order，建表语句如下：

```
CREATE TABLE ods_pos_order (
    order_id bigint  NOT NULL COMMENT '单据ID',
    BILL_NO varchar(30) NOT NULL COMMENT '单据编号',
    BILL_DATE date   COMMENT '单据日期',
    STORE_ID bigint   COMMENT '门店ID ',
    VIP_CODE varchar(50)   COMMENT 'VIP卡号',
    SALE_TYPE varchar(50)  COMMENT '销售类型',
    total_qty int  COMMENT '零售数据合计',
    total_tag_amount decimal(16, 2)   COMMENT '吊牌金额合计',
    retail_amount decimal(16, 2)  COMMENT '零售金额合计'
) ENGINE=OLAP
UNIQUE KEY(order_id)
DISTRIBUTED BY HASH(order_id) BUCKETS 1
PROPERTIES (
    "in_memory" = "false",
    "replication_num" = "1"
);
```

接着，上传 DataX 安装包并解压：

```
tar -zxvf datax.tar.gz
```

接着，创建同步配置文件，内容如下：

```
vi mysql2doris.json
{
    "job": {
        "setting": {
            "speed": {
                "channel": 1
            },
            "errorLimit": {
                "record": 0,
                "percentage": 0
            }
        },
        "content": [
            {
                "reader": {
                    "name": "mysqlreader",
                    "parameter": {
                        "username": "root",
                        "password": "******",
                        "column": ["order_id","BILL_NO","BILL_DATE","STORE_
                            ID","VIP_CODE","SALE_TYPE","total_qty","total_tag_
                            amount","retail_amount"],
                        "connection": [ { "table": [ "pos_order" ], "jdbcUrl":
                            [ "jdbc:mysql://120.48.17.186:13306/demo?useUnicode=
                            true&characterEncodeing=UTF-8&useSSL=false&serverTimezone
```

```
                    =Asia/Shanghai" ] } ] }
            },
            "writer": {
                "name": "doriswriter",
                "parameter": {
                    "feLoadUrl": ["203.57.238.114:8030"],
                    "beLoadUrl": ["203.57.238.114:8040"],
                    "jdbcUrl": "jdbc:mysql://203.57.238.114:9030/",
                    "database": "demoDB",
                    "table": "ods_pos_order",
                    "column": ["order_id","BILL_NO","BILL_DATE","STORE_
                      ID","VIP_CODE","SALE_TYPE","total_qty","total_tag_
                      amount","retail_amount"],
                    "username": "root",
                    "password": "******",
                    "postSql": ["truncate table demoDB.ods_pos_order"],
                    "preSql": [],
                    "loadProps": {
                    },
                    "maxBatchRows" : 300000,
                    "maxBatchByteSize" : 20971520
                }
            }
        }
    ]
  }
}
```

最后，执行 DataX 命令 python /data/datax/bin/datax.py mysql2doris.json，执行结果如图 5-18 所示。

```
2022-05-01 22:10:49.458 [job-0] INFO  DorisWriter$Job - prepare execute postSqls:[truncate table demoDB.ods_pos_order]. doris jdb
c url为:jdbc:mysql://203.57.238.114:9030/.
2022-05-01 22:10:49.510 [job-0] INFO  JobContainer - DataX Reader.Job [mysqlreader] do post work.
2022-05-01 22:10:49.510 [job-0] INFO  JobContainer - DataX jobId [0] completed successfully.
2022-05-01 22:10:49.511 [job-0] INFO  HookInvoker - No hook invoked, because base dir not exists or is a file: /data/datax/hook
2022-05-01 22:10:49.512 [job-0] INFO  JobContainer -
         [total cpu info] =>
                averageCpu                     | maxDeltaCpu                    | minDeltaCpu
                -1.00%                         | -1.00%                         | -1.00%


         [total gc info] =>
                 NAME                 | totalGCCount       | maxDeltaGCCount    | minDeltaGCCount    | totalGCTime        | maxDe
ltaGCTime      | minDeltaGCTime
                 Copy                 | 0                  | 0                  | 0                  | 0.000s             | 0.000
s              | 0.000s
                 MarkSweepCompact     | 1                  | 1                  | 1                  | 0.114s             | 0.114
s              | 0.114s

2022-05-01 22:10:49.512 [job-0] INFO  JobContainer - PerfTrace not enable!
2022-05-01 22:10:49.519 [job-0] INFO  StandAloneJobContainerCommunicator - Total 10000 records, 646254 bytes | Speed 63.11KB/s, 1
000 records/s | Error 0 records, 0 bytes |  All Task WaitWriterTime 0.530s |  All Task WaitReaderTime 0.577s | Percentage 100.00%
2022-05-01 22:10:49.519 [job-0] INFO  JobContainer -
任务启动时刻                    : 2022-05-01 22:10:37
任务结束时刻                    : 2022-05-01 22:10:49
任务总计耗时                    :                 11s
任务平均流量                    :            63.11KB/s
记录写入速度                    :            1000rec/s
读出记录总数                    :                10000
读写失败总数                    :                    0
```

图 5-18 DataX 执行结果截图

5.7 Spark Load

Spark Load 通过外部的 Spark 资源实现对导入数据的预处理，提高 Doris 数据导入性能并且节省 Doris 集群计算资源，主要用于初次迁移、大量数据导入 Doris（数据量可到 TB 级别）。Spark Load 的核心原理是复用 Broker Load 的功能，增加了 Spark 预处理数据功能。

Spark Load 是一种异步导入方式，需要用户通过 MySQL 协议创建 Spark 类型导入任务，支持通过 Show Load 命令查看导入结果。

Spark Load 主要涉及的专业名词如下。

- Spark ETL：在导入流程中主要负责数据 ETL 工作，包括全局字典构建（BITMAP 类型）、分区、排序、聚合等。
- Broker：独立的无状态进程，封装了文件系统接口，提供读取远端存储系统中文件的能力。
- 全局字典：保存了从原始值到编码值映射的数据结构，原始值可以是任意数据类型，编码后的值为整型，主要应用于精确去重预计算场景。

5.7.1 执行原理

用户通过 FE 节点提交 Spark Load 任务，Spark 集群读取数据并写入 HDFS，FE 通知 BE 通过 Broker 读取 HDFS 数据，完成数据导入，具体的执行流程如图 5-19 所示。

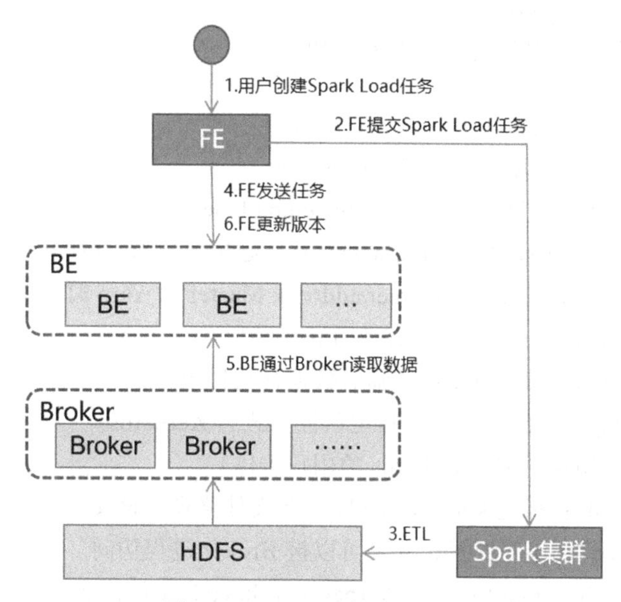

图 5-19　Spark Load 执行流程

Spark Load 详细执行流程如下。

1）用户创建 Spark Load 任务。

2）FE 调度并提交 ETL 任务到 Spark 集群执行。

3）Spark 集群执行 ETL 任务，完成对导入数据的预处理，包括全局字典构建（BITMAP 类型）、分区、排序、聚合等。

4）ETL 任务完成后，FE 获取预处理后的每个分片的数据路径，并调度相关的 BE 推送任务。

5）BE 通过 Broker 读取数据，并将数据格式转化为 Doris 存储格式。

6）FE 调度将最新导入的数据设置为有效版本，完成导入任务。

5.7.2 用法详解

在 Doris 中，Spark 作为一种外部资源被用来完成 ETL 任务。未来，Doris 可能还会引入其他外部资源，如 Spark、GPU 用于查询，HDFS、S3 用于外部存储，MapReduce 用于 ETL 等，因此 Doris 引入 Resource Management 来管理使用的这些外部资源。

提交 Spark Load 任务之前，用户需要配置执行 ETL 任务的 Spark 外部资源，语法如下：

```
-- 创建 Spark 外部资源
CREATE EXTERNAL RESOURCE resource_name
PROPERTIES(
    type = spark,
    spark_conf_key = spark_conf_value,
    working_dir = path,
    broker = broker_name,
    broker.property_key = property_value
);
```

创建 Spark 外部资源的常用 PROPERTIES 如下：

- type：资源类型，必填，目前仅支持 Spark。
- spark.master: 必填，目前支持 Yarn 和 standa lone 两种模式。
- spark.submit.deployMode: Spark 部署模式，必填，支持 Cluster、Client 两种。
- spark.hadoop.yarn.resourcemanager.address: Master 为 Yarn 时必填。
- spark.hadoop.fs.defaultFS: Master 为 Yarn 时必填。
- working_dir: 执行 ETL 时使用的临时数据存放目录。
- hadoop.security.authentication：指定认证方式为 Kerberos。
- kerberos_principal：指定 Kerberos 的用户主体。
- kerberos_keytab：指定 kerberos 的 keytab 文件路径。该文件必须为 Broker 进程所在服务器上的文件的绝对路径，并且可以被 Broker 进程访问。
- kerberos_keytab_content：指定 kerberos 中 keytab 文件内容经过 Base64 编码之后的内容，和 kerberos_keytab 配置二选一即可。
- broker: Broker 名称，Spark 作为 ETL 资源使用时必填，需要通过 ALTER SYSTEM ADD BROKER 命令提前完成配置。

- broker.property_key: Broker 读取 ETL 操作生成的中间文件时需要指定的认证信息等。

创建 Spark Load 任务，语法如下：

```
LOAD LABEL load_label
    (data_desc, ...)
    WITH RESOURCE resource_name
    [resource_properties]
    [PROPERTIES (key1=value1, ... )]
```

Spark Load 任务创建语法中主要包含以下参数。

- Label：导入任务的标识。每个导入任务都有在单数据库内部唯一的标识，具体使用规则与 Broker Load 方式中的 Label 使用规则一样。
- 数据描述类参数：目前支持的数据源有 CSV 和 Hive 表，其他使用规则与 Broker Load 方式中的一致。
- 导入作业参数：主要指 Spark Load 任务创建语句中属于 opt_properties 部分的参数，作用于整个导入作业。规则与 Broker Load 方式中的一致。
- Spark 资源参数：Spark 资源需要提前配置到 Doris 系统并且赋予用户 USAGE_PRIV 权限后才能使用。

5.7.3 应用举例

根据前面的用法介绍，我们知道了 Spark Load 执行流程，即先创建 Spark 资源对象，然后分配 Spark 资源使用权限，最后创建 Spark Load 任务。

第一步：创建 Spark 资源对象。Spark 部署有 Yarn 集群模式、Standalone 部署模式。在两种模式下，Spark 资源对象配置参数略有不同。

```
--Yarn 集群模式
CREATE EXTERNAL RESOURCE "spark_yarn"
PROPERTIES(
    "type" = "spark",
    "spark.master" = "yarn",
    "spark.submit.deployMode" = "cluster",
    "spark.jars" = "xxx.jar,yyy.jar",
    "spark.files" = "/tmp/aaa,/tmp/bbb",
    "spark.executor.memory" = "4g",
    "spark.yarn.queue" = "queue0",
    "spark.hadoop.yarn.resourcemanager.address" = "127.0.0.1:9999",
    "spark.hadoop.fs.defaultFS" = "hdfs://127.0.0.1:10000",
    "working_dir" = "hdfs://127.0.0.1:10000/tmp/doris",
    "broker" = "brokername",
    "broker.username" = "hdfsuser",
  "broker.password" = "hdfspass");

--Standalone 模式
CREATE EXTERNAL RESOURCE "spark_standalone"
```

```
PROPERTIES
(
    "type" = "spark",
    "spark.master" = "spark://127.0.0.1:7777",
    "spark.submit.deployMode" = "client",
    "working_dir" = "hdfs://127.0.0.1:10000/tmp/doris",
    "broker" = "brokername"
);
```

第二步，分配Spark资源使用权限。普通账户只能看到USAGE_PRIV权限的Spark资源，root和admin账户可以看到所有的Spark资源。资源权限通过GRANT REVOKE来管理，目前Doris仅支持USAGE_PRIV使用权限。我们可以将USAGE_PRIV权限赋予某个用户或者某个角色。

```
-- 赋予用户 etluser spark_yarn 资源的使用权限
GRANT USAGE_PRIV ON RESOURCE "spark_yarn" TO "etluser"@"%";
-- 赋予角色 rolea spark_yarn 资源的使用权限
GRANT USAGE_PRIV ON RESOURCE "spark_yarn" TO ROLE "rolea";
-- 赋予用户 etluser 所有资源的使用权限
GRANT USAGE_PRIV ON RESOURCE * TO "etluser"@"%";
-- 赋予角色 rolea 所有资源的使用权限
GRANT USAGE_PRIV ON RESOURCE * TO ROLE "rolea";
-- 撤销用户 etluser 的 spark_yarn 资源使用权限
REVOKE USAGE_PRIV ON RESOURCE "spark_yarn" FROM "etluser"@"%";
```

第三步，通过Spark资源将上游数据源HDFS中的数据导入Doris。

```
LOAD LABEL demodb.spark_load_label_20220601(
    DATA INFILE("hdfs://abc.com:8888/user/palo/test/ml/file1")
    INTO TABLE tbl1
    COLUMNS TERMINATED BY ","
    (tmp_c1,tmp_c2)
    SET
    (
        id=tmp_c2,
        name=tmp_c1
    ),
    DATA INFILE("hdfs://abc.com:8888/user/palo/test/ml/file2")
    INTO TABLE tbl2
    COLUMNS TERMINATED BY ","
    (col1, col2)
    where col1 > 1)
WITH RESOURCE 'spark_yarn'(
    "spark.executor.memory" = "2g",
    "spark.shuffle.compress" = "true")
PROPERTIES(
    "timeout" = "3600");
```

通常情况下，我们需要通过Spark读取Hive中的数据并写入Doris。为此，我们还需要创建 Hive 资源。

```
-- 创建 Hive 资源
CREATE EXTERNAL RESOURCE hive_resource
properties(
    "type" = "hive",
    "hive.metastore.uris" = "thrift://0.0.0.0:8080");
-- 创建 Hive 外部表
CREATE EXTERNAL TABLE hive_tbl(
    k1 INT,
    K2 SMALLINT,
    k3 varchar(50),
    uuid varchar(100)
)ENGINE=hive
properties(
    "resource" = "hive_resource",
    "database" = "default",
    "table" = "tbl");
-- 提交导入命令，要求导入 Doris 表中的列必须在 Hive 外部表中存在
LOAD LABEL demodb.spark_load_label_202206012(
    DATA FROM TABLE hive_tbl
    INTO TABLE tbl1
    SET
    (
        uuid=bitmap_dict(uuid)
    )
)WITH RESOURCE 'spark_yarn'(
    "spark.executor.memory" = "2g",
    "spark.shuffle.compress" = "true")
PROPERTIES(
    "timeout" = "3600");
```

Spark Load 的配置过程比较复杂，因此较少使用。一般情况下，使用 Broker Load 或者创建 Doris 外部表也可以达到相同的目的，只有在导入数据量特别大的情况下才使用 Spark Load。

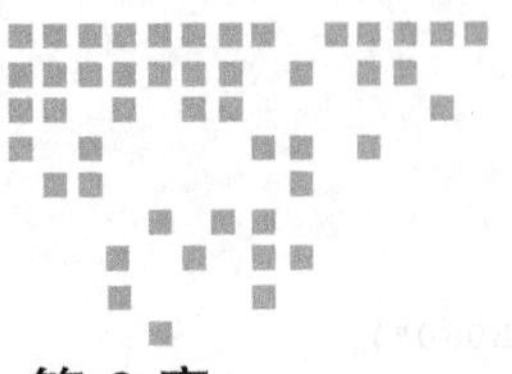

Chapter 6 第 6 章

Doris 数据查询

为了方便读者理解，这里准备了表 6-1、表 6-2，本章所有的查询案例都基于这两个表展开。

表 6-1 员工信息表（emp_info）

emp_id	name	age	dept_id	salary
1	Paul	32	1000	200000
2	Allen	25	1100	150000
3	Teddy	23	1100	80000
4	Mark	25	1100	65000
5	King	27	1200	85000
6	Kim	22	1200	75000
7	James	26	1110	72000
8	David	26	1120	68000
9	Joe	30	1120	60000

表 6-2 部门信息表（dept_info）

dept_id	dept_name	dept_leader	parent_dept	dept_level
1000	总经办	1		1
1100	销售部	2	1000	2
1200	研发部	5	1000	2
1110	销售一部	7	1100	3
1120	销售二部	8	1100	3
1300	人力资源部		1000	2

员工信息表建表语句如下：

```
CREATE TABLE IF NOT EXISTS example_db.emp_info(
    emp_id BIGINT NOT NULL COMMENT "员工编号",
    emp_name varchar(40) NOT NULL COMMENT "员工姓名",
    age int COMMENT "年龄",
    dept_id int COMMENT "员工部门编号",
    salary decimal(22,4) COMMENT "员工薪水"
)DUPLICATE KEY(emp_id)
COMMENT '员工信息表'
DISTRIBUTED BY HASH(emp_id) BUCKETS 3
PROPERTIES(
"replication_num"="1"
);
```

部门信息表建表语句如下：

```
CREATE TABLE IF NOT EXISTS example_db.dept_info(
    dept_id BIGINT NOT NULL COMMENT "部门编号",
    dept_name varchar(40) NOT NULL COMMENT "部门名称",
    dept_leader int COMMENT "部门主管编号",
    parent_dept int COMMENT "上级部门",
    dept_level int COMMENT "部门层级"
)DUPLICATE KEY(dept_id)
COMMENT '部门信息表'
DISTRIBUTED BY HASH(dept_id) BUCKETS 3
PROPERTIES(
"replication_num"="1"
);
```

分别在两个表中插入数据，SQL 语句如下：

```
INSERT INTO example_db.emp_info VALUES
    (1,'Paul',32,1000,200000),
    (2,'Allen',25,1100,150000),
    (3,'Teddy',23,1100,80000),
    (4,'Mark',25,1100,65000),
    (5,'King',27,1200,85000),
    (6,'Kim',22,1200,75000),
    (7,'James',26,1110,72000),
    (8,'David',26,1120,68000),
    (9,'Joe',30,1120,60000);
INSERT INTO example_db.dept_info VALUES
    (1000,'总经办',1,null,1),
    (1100,'销售部',2,1000,2),
    (1200,'研发部',5,1000,2),
    (1110,'销售一部',7,1100,3),
    (1120,'销售二部',8,1100,3),
    (1300,'人力资源部',null,1000,2);
```

插入数据以后，两个表的数据查询结果截图如图 6-1、图 6-2 所示。

```
1 select * from example_db.emp_info order by emp_id;
2
```

信息 结果1 状态

emp_id	emp_name	age	dept_id	salary
1	Paul	32	1000	200000
2	Allen	25	1100	150000
3	Teddy	23	1100	80000
4	Mark	25	1100	65000
5	King	27	1200	85000
6	Kim	22	1200	75000
7	James	26	1110	72000
8	David	26	1120	68000
9	Joe	30	1120	60000

图 6-1 员工信息表查询结果截图

```
1 select * from example_db.dept_info order by dept_id;
2
```

信息 结果1 状态

dept_id	dept_name	dept_leader	parent_dept	dept_level
1000	总经办	1	(Null)	1
1100	销售部	2	1000	2
1110	销售一部	7	1100	3
1120	销售二部	8	1100	3
1200	研发部	5	1000	2
1300	人力资源部	(Null)	1000	2

图 6-2 部门信息表查询结果截图

6.1 简单查询

SQL 是一种数据库查询和程序设计语言，用于存取数据以及查询、更新和管理关系型数据库。SQL 语言主要包括数据定义语言（DDL)、数据操作语言（DML）和数据查询语言（DQL）三大类。本章重点介绍 DQL 语言。

6.1.1 简单的 SQL 语法

1. GROUP BY 子句

在 Doris 中，GROUP BY 语句和 SELECT 语句一起使用，用来对相同的数据进行分组。在一个 SELECT 语句中，GROUP BY 子句放在 WHRER 子句后面、ORDER BY 子句前面。

GROUP BY 子句可用于对数据表的一列或者多列进行分组，但是被分组的列必须存在于列清单中。

```
-- 按照部门编号查看部门员工的平均年龄和合计薪水
SELECT dept_id,avg(age) avg_age,sum(salary) total_salary FROM emp_info
GROUP BY dept_id;
```

GROUP BY 子句查询结果截图如图 6-3 所示。

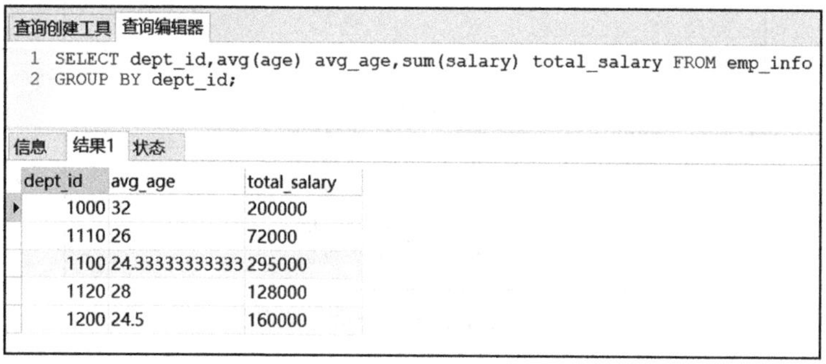

查询创建工具 查询编辑器

```
1 SELECT dept_id,avg(age) avg_age,sum(salary) total_salary FROM emp_info
2 GROUP BY dept_id;
```

信息 结果1 状态

dept_id	avg_age	total_salary
1000	32	200000
1110	26	72000
1100	24.33333333333	295000
1120	28	128000
1200	24.5	160000

图 6-3　GROUP BY 子句查询结果截图

2. ORDER BY 子句

在 Doris 中，ORDER BY 可用于对一列或者多列数据进行升序（ASC）或者降序（DESC）排列。

```
-- 按照部门信息升序、薪水降序查询员工信息
SELECT * FROM emp_info ORDER BY dept_id ASC,salary DESC;
```

ORDER BY 子句查询结果截图如图 6-4 所示。

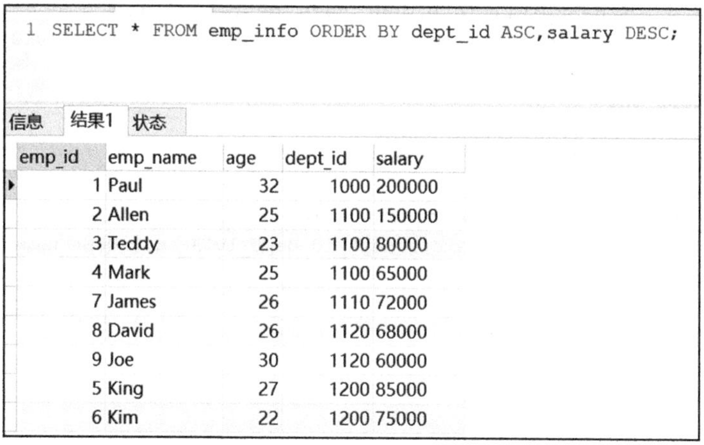

```
1 SELECT * FROM emp_info ORDER BY dept_id ASC,salary DESC;
```

信息 结果1 状态

emp_id	emp_name	age	dept_id	salary
1	Paul	32	1000	200000
2	Allen	25	1100	150000
3	Teddy	23	1100	80000
4	Mark	25	1100	65000
7	James	26	1110	72000
8	David	26	1120	68000
9	Joe	30	1120	60000
5	King	27	1200	85000
6	Kim	22	1200	75000

图 6-4　ORDER BY 子句查询结果截图

3. LIMIT 子句

Doris 数据库的 LIMIT 子句和 MySQL 的类似，用于限制查询返回的结果记录条数，可以加在任何查询语句末尾。

```
-- 查询薪资排名前五的员工
SELECT * FROM emp_info ORDER BY salary DESC LIMIT 5;
```

LIMIT 子句查询结果截图如图 6-5 所示。

```
1 SELECT * FROM emp_info ORDER BY salary DESC LIMIT 5;
```

信息 结果1 状态

emp_id	emp_name	age	dept_id	salary
1	Paul	32	1000	200000
2	Allen	25	1100	150000
5	King	27	1200	85000
3	Teddy	23	1100	80000
6	Kim	22	1200	75000

图 6-5 LIMIT 子句查询结果截图

4. UNION ALL 子句

UNION ALL 子句用于关联两个子查询，两个子查询的字段数、对应列的字段类型必须完全一致，查询结果的字段别名以第一个子查询的字段别名展示。

```
-- 查询全部的部门信息，按照部门层级展开
-- 一级部门查询
SELECT dept_id dept_lvl1_id,dept_name dept_lvl1_name,null dept_lvl2_id,null
    dept_lvl2_name,null dept_lvl3_id,null dept_lvl3_name
FROM dept_info
WHERE dept_level =1
UNION ALL -- 二级部门查询
SELECT b.dept_id dept_lvl1_id,b.dept_name dept_lvl1_name,t.dept_id dept_lvl2_
    id,t.dept_name dept_lvl2_name,null dept_lvl3_id,null dept_lvl3_name
FROM dept_info t
LEFT JOIN dept_info b
ON t.parent_dept = b.dept_id
WHERE t.dept_level =2
UNION ALL -- 三级部门查询
SELECT c.dept_id dept_lvl1_id,c.dept_name dept_lvl1_name,b.dept_id dept_lvl2_
    id,b.dept_name dept_lvl2_name,t.dept_id dept_lvl3_id,t.dept_name dept_lvl3_name
FROM dept_info t
LEFT JOIN dept_info b
on t.parent_dept = b.dept_id
LEFT JOIN dept_info c
ON b.parent_dept = c.dept_id
WHERE t.dept_level =3
```

UNION ALL 子句查询结果截图如图 6-6 所示。

信息 结果1 状态

dept_lvl1_id	dept_lvl1_name	dept_lvl2_id	dept_lvl2_name	dept_lvl3_id	dept_lvl3_name
1000	总经办	(Null)	(Null)	(Null)	(Null)
1000	总经办	1100	销售部	(Null)	(Null)
1000	总经办	1200	研发部	(Null)	(Null)
1000	总经办	1300	人力资源部	(Null)	(Null)
1000	总经办	1100	销售部	1120	销售二部
1000	总经办	1100	销售部	1110	销售一部

图 6-6 UNION ALL 子句查询结果截图

补充说明一点，UNION 子句会自动去重，UNION ALL 子句则是“诚实”地将两个子查询合并起来，通常情况下我们会用 UNION ALL。

```
-- 用 UNION 子句合并两个查询数据，结果自动去重处理，重复记录仅出现一次
SELECT dept_id dept_lvl1_id,dept_name dept_lvl1_name
FROM dept_info
WHERE dept_level = 1
UNION
SELECT dept_id dept_lvl1_id,dept_name dept_lvl1_name
FROM dept_info
WHERE dept_level = 1;
```

UNION 子句查询结果截图如图 6-7 所示。

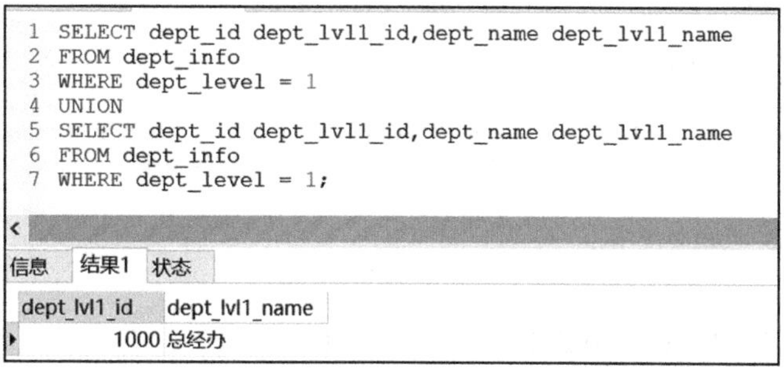

```
1 SELECT dept_id dept_lvl1_id,dept_name dept_lvl1_name
2 FROM dept_info
3 WHERE dept_level = 1
4 UNION
5 SELECT dept_id dept_lvl1_id,dept_name dept_lvl1_name
6 FROM dept_info
7 WHERE dept_level = 1;
```

信息　结果1　状态

dept_lvl1_id	dept_lvl1_name
1000	总经办

图 6-7　UNION 子句查询结果截图

相同的查询，换成 UNION ALL 子句，结果截图如图 6-8 所示。

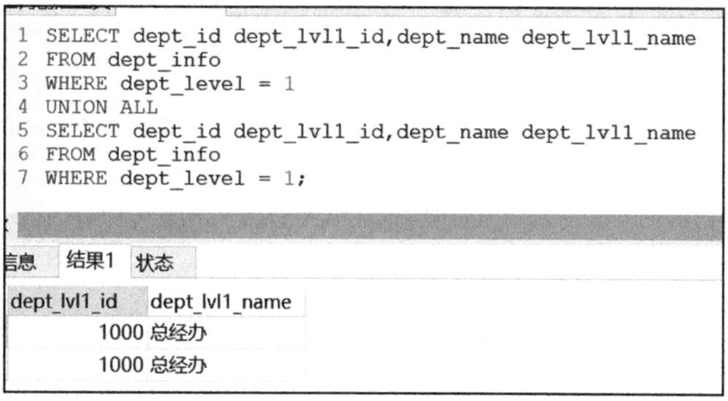

```
1 SELECT dept_id dept_lvl1_id,dept_name dept_lvl1_name
2 FROM dept_info
3 WHERE dept_level = 1
4 UNION ALL
5 SELECT dept_id dept_lvl1_id,dept_name dept_lvl1_name
6 FROM dept_info
7 WHERE dept_level = 1;
```

信息　结果1　状态

dept_lvl1_id	dept_lvl1_name
1000	总经办
1000	总经办

图 6-8　UNION ALL 子句查询结果截图

5. HAVING 子句

HAVING 子句用于限制查询结果。HAVING 子句的查询限制和 WHERE 子句查询限制类似，不同的是 HAVING 子句是针对聚合结果进行限制。

```
-- 查询平均年龄大于 25 的员工部门编号、员工人数和薪水总和
SELECT dept_id,count(emp_id) emp_cnt,sum(salary) total_salary FROM emp_info
GROUP BY dept_id HAVING avg(age) >25
```

HAVING 子句查询结果截图如图 6-9 所示。

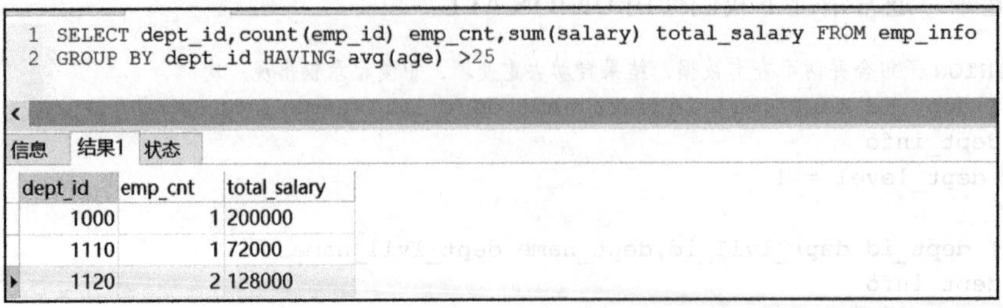

```
1 SELECT dept_id,count(emp_id) emp_cnt,sum(salary) total_salary FROM emp_info
2 GROUP BY dept_id HAVING avg(age) >25
```

信息 结果1 状态

dept_id	emp_cnt	total_salary
1000	1	200000
1110	1	72000
1120	2	128000

图 6-9 HAVING 子句查询结果截图

6.1.2 WITH 特性

WITH 子查询的一般语法如下：

```
WITH alias_name AS (SELECT1), --AS 和 SELECT 中的括号都不能省略
alias_name2 AS (SELECT2),-- 后面的子查询没有 with，用逗号分割
…
alias_namen AS (SELECT n)
SELECT …
```

使用 WITH 子句的注意事项如下。

1）使用 WITH 子句的目的是复用代码和简化逻辑，将复杂的 SQL 语句进行模块化拆解，让代码可读性更强。

2）WITH 子句的返回结果存放于用户的临时表空间。

3）当同时存在多个查询定义时，第一个查询用 WITH 关键字，后面的查询不用 WITH 关键字，但是用逗号隔开。

4）最后一个 WITH 子句与主查询之间不能有逗号，只通过右括号分割。WITH 子句的查询必须用括号括起来。

5）前面的 WITH 子句定义的查询在后面的 WITH 子句中可以使用。

WITH 子句的使用样例如下：

```
-- 查询销售部的全部人数及对应的信息（按照员工号升序展示）
-- 先查询销售部的二级部门和三级部门
WITH sales_dept AS (
SELECT dept_id,dept_name
FROM dept_info
WHERE dept_name = '销售部'
UNION ALL
SELECT t.dept_id,t.dept_name
FROM dept_info t
INNER JOIN dept_info b
ON t.parent_dept = b.dept_id
AND b.dept_name = '销售部'
)
```

```
-- 然后关联获取对应部门的员工信息
SELECT b.dept_name,t.*
FROM emp_info t,sales_dept b
WHERE t.dept_id = b.dept_id
ORDER BY emp_id
```

WITH 子句查询结果截图如图 6-10 所示。

dept_name	emp_id	emp_name	age	dept_id	salary
销售部	2	Allen	25	1100	150000
销售部	3	Teddy	23	1100	80000
销售部	4	Mark	25	1100	65000
销售一部	7	James	26	1110	72000
销售二部	8	David	26	1120	68000
销售二部	9	Joe	30	1120	60000

图 6-10　WITH 子句查询结果截图

而且 WITH 子句查询获得的是一个临时表，如果在查询中使用，必须采用 SELECT FROM WITH 查询名。即使 WITH 子句查询结果只有一个值，也要将其视为一个表，而不能当成字段或者变量直接使用。下面举一个反例。

```
-- 查询部门号为 1200 的员工涨薪 15% 以后的合计工资
-- 下面的语句是错误的，执行不成功
WITH salary_rst AS (
SELECT sum(salary) total_salary FROM emp_info WHERE dept_id ='1200' )
SELECT salary_rst * (1+0.15) ;
-- 必须执行下面的查询
WITH salary_rst AS (
SELECT sum(salary) total_salary FROM emp_info WHERE dept_id ='1200' )
SELECT total_salary * (1+0.15) as new_total_salary
FROM salary_rst;-- 结果是 184000
```

后面的子查询可以引用前面已经定义的 WITH 子句查询结果，这里给出一个案例。查询 sales_dept 是在第一个 WITH 子句中定义的，查询结果可以在第二个 WITH 子句中直接当成表来使用。

```
-- 查询销售部及其下属部门
WITH  sales_dept AS (
SELECT dept_id,dept_name FROM dept_info
WHERE dept_name = '销售部'),
lvl3_sales_dept AS (
SELECT t.dept_id,t.dept_name
FROM dept_info t ,sales_dept b
WHERE t.parent_dept = b.dept_id
) -- 合并查询结果
SELECT dept_id,dept_name FROM sales_dept
UNION ALL
SELECT dept_id,dept_name FROM lvl3_sales_dept
```

嵌套 WITH 子句查询结果截图如图 6-11 所示。

```
1 WITH  sales_dept AS (
2 SELECT dept_id,dept_name FROM dept_info
3 WHERE dept_name = '销售部'),
4 lvl3_sales_dept AS (
5 SELECT t.dept_id,t.dept_name
6 FROM dept_info t ,sales_dept b
7 WHERE t.parent_dept = b.dept_id
8 ) --合并查询结果
9 SELECT dept_id,dept_name FROM sales_dept
10 UNION ALL
11 SELECT dept_id,dept_name FROM lvl3_sales_dept
```

信息 结果1 状态

dept_id	dept_name
1100	销售部
1120	销售二部
1110	销售一部

图 6-11　嵌套 WITH 子句查询结果截图

WITH 子句是一个可以大幅提高代码复用，降低代码复杂度的语法，特别在 BI 报表数据加工过程中广泛使用。

下面展示一个复杂的案例。

```
-- 查询部门总薪水大于所有部门平均总薪水的部门的员工信息、部门平均薪水、公司平均薪水
WITH dept_avg_salary AS ( -- 查询每个部门的平均薪水
SELECT dept_id,avg(salary) as avg_salary
FROM emp_info
GROUP BY dept_id
),avg_salary AS ( -- 查询公司平均薪水
SELECT avg(salary) as avg_salary
FROM emp_info
),dept_rst AS ( -- 查询平均薪水大于公司平均薪水的部门
SELECT t.dept_id,t.avg_salary as dept_avg_salary,b.avg_salary as comp_avg_salary
FROM dept_avg_salary t,avg_salary b
WHERE t.avg_salary > b.avg_salary
) -- 查询满足条件的部门信息和对应的平均薪水
SELECT
t.emp_id,t.emp_name,t.dept_id,t.salary,b.dept_avg_salary,b.comp_avg_salary
FROM emp_info t,dept_rst b
WHERE t.dept_id = b.dept_id
```

复杂 WITH 语句查询结果截图如图 6-12 所示。

信息 结果1 状态

emp_id	emp_name	dept_id	salary	dept_avg_salary	comp_avg_salary
2	Allen	1100	150000.0000	98333.33333333	95000
3	Teddy	1100	80000.0000	98333.33333333	95000
1	Paul	1000	200000.0000	200000	95000
4	Mark	1100	65000.0000	98333.33333333	95000

图 6-12　复杂 WITH 语句查询结果截图

当然，针对该查询需求，我们还有另一种更简洁的写法，将在6.3节介绍。

6.1.3 IN语句和EXISTS语句

我们先看看IN语句的简单用法。IN语句可替代OR语句，用于从多个取值中筛选数据。下面两个语句效果是等同的，但用IN语句明显更简洁。

```
-- 取部门编号为1100、1200、1300的员工信息明细
-- 用OR语句的写法
SELECT * FROM emp_info
WHERE dept_id =1100 OR dept_id =1200 OR dept_id =1300;
-- 用IN语句的写法
SELECT * FROM emp_info
WHERE dept_id IN (1100,1200,1300);
```

IN语句查询结果截图如图6-13所示。

```
1 SELECT * FROM emp_info
2 WHERE dept_id IN (1100,1200,1300);
```

信息 结果1 状态

emp_id	emp_name	age	dept_id	salary
2	Allen	25	1100	150000.0000
3	Teddy	23	1100	80000.0000
4	Mark	25	1100	65000.0000
5	King	27	1200	85000.0000
6	Kim	22	1200	75000.0000

图6-13 IN语句查询结果截图

在该场景中，IN语句和EXISTS语句没有竞争关系，当我们需要判断的过滤条件是一个查询结果时，情况就不一样了。例如要查询研发部员工信息明细，就有下面3种不同写法并且结果是一样的。

```
-- 用IN语句查询的写法
SELECT * FROM emp_info
WHERE dept_id IN (SELECT dept_id FROM dept_info b WHERE dept_name = '研发部');
-- 用EXISTS语句查询的写法
SELECT * FROM emp_info t
WHERE EXISTS (SELECT 1 FROM dept_info b WHERE dept_name ='研发部'
AND t.dept_id = b.dept_id );
-- 用JOIN语句查询的写法
SELECT t.* FROM emp_info t
INNER JOIN dept_info b
 ON b.dept_name ='研发部'
AND t.dept_id = b.dept_id;
```

EXISTS语句查询结果截图如图6-14所示。

```
1 SELECT * FROM emp_info t
2 WHERE EXISTS (SELECT 1 FROM dept_info b WHERE dept_name ='研发部'
3 AND t.dept_id = b.dept_id );
```

信息 结果1 状态

emp_id	emp_name	age	dept_id	salary
5	King	27	1200	85000.0000
6	Kim	22	1200	75000.0000

图 6-14 EXISTS 语句查询结果截图

一般来说，IN 语句逻辑更清晰，适用于 b 表（关联查询的右表或者查询的从表）数量少的情况。EXISTS 和 JOIN 语句虽然可读性会差一点，但是在数据量大的情况下效率更高。EXISTS 语句在实际执行中会自动转换成 LEFT SEMI JOIN 语句。

与 IN 和 EXISTS 语句相反的是 NOT IN 和 NOT EXISTS 语句，用于反向剔除满足某些条件的数据。我们同样用三个语句查询销售部的员工信息明细。

```
--用 NOT IN 语句查询的写法
SELECT * FROM emp_info
WHERE dept_id NOT IN (SELECT dept_id FROM dept_info WHERE dept_name LIKE '%销售%');
--用 NOT EXISTS 语句查询的写法
SELECT * FROM emp_info t
WHERE NOT EXISTS (SELECT 1 FROM dept_info b WHERE dept_name like '%销售%'
AND t.dept_id = b.dept_id );
--用 JOIN 语句查询的写法
SELECT T.* FROM emp_info t
LEFT JOIN dept_info b
 ON b.dept_name like '%销售%'
AND t.dept_id = b.dept_id
WHERE b.dept_id is null;
```

NOT EXISTS 语句查询结果截图如图 6-15 所示。

```
1 SELECT * FROM emp_info t
2 WHERE NOT EXISTS (SELECT 1 FROM dept_info b WHERE dept_name like '%销售%'
3 AND t.dept_id = b.dept_id );
```

信息 结果1 状态

emp_id	emp_name	age	dept_id	salary
1	Paul	32	1000	200000.0000
5	King	27	1200	85000.0000
6	Kim	22	1200	75000.0000

图 6-15 NOT EXISTS 语句查询结果截图

NOT IN 语句的执行顺序是从主表中逐条取出记录，然后去从表中匹配每一行数据，只有全部从表的记录都不满足匹配条件，才将主表的记录返回给结果集；一旦遇到从表的记录满足匹配条件，则跳出循环，继续取出主表的下一条记录重新开始匹配从表数据，直到把主表中的所有记录遍历完。整个过程只会通过游标去循环遍历，不会通过索引快速查找。

如果主表中记录少，从表中记录多，并且两表都有索引，NOT EXISTS 语句的执行顺序变成：从主表和从表中各取出符合条件的数据，按照索引字段进行匹配，如果匹配失败就返回 true，如果匹配成功就返回 false，不会逐行遍历。这时，NOT EXISTS 语句查询是快于 NOT IN 语句的。NOT EXISTS 语句在实际执行中会解析成 LEFT ANTI JOIN 语句。

总体来说，如果主表的记录多，从表的记录少，应当优先使用 NOT IN 语句；如果二者的记录差异不大或者主表记录少，从表记录多，应该使用 NOT EXISTS 语句，通过索引提高匹配速度，以较大幅度提高查询效率。

6.2 多表关联

JOIN 是数据库最常见的操作，基于表之间的共同字段，把来自两个或多个表的行结合起来。接下来，我们从 JOIN 操作类型、JOIN 算法实现和分布式 JOIN 优化策略三个方面展开介绍。

6.2.1 JOIN 操作类型

常见的 JOIN 操作类型主要有 INNER JOIN、CROSS JOIN、OUTER JOIN、SEMI JOIN 和 ANTI JOIN，不同的数据库会有不同的实现方式。其中，OUTER JOIN 按照连接方向不同可以分为 LEFT OUTER JOIN、RIGHT OUTER JOIN 和 FULL OUTER JOIN。SEMI JOIN 也可以分为 LEFT SEMI JOIN 和 RIGHT SEMI JOIN，ANTI JOIN 可以分为 LEFT ANTI JOIN 和 RIGHT ANTI JOIN, 如图 6-16 所示。

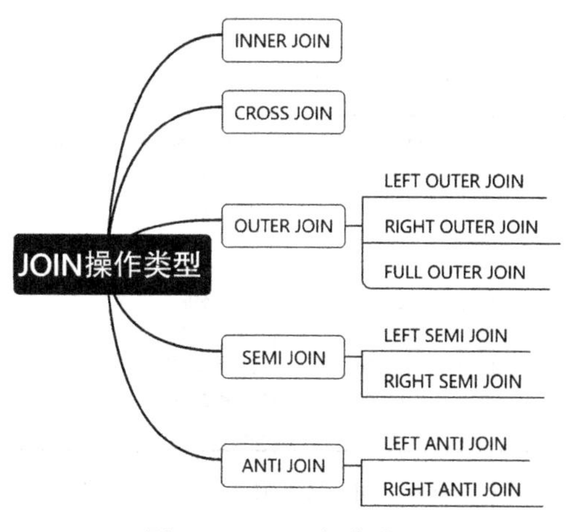

图 6-16 JOIN 操作类型

为了演示 JOIN 效果，我们在员工信息表中插入一条部门信息为空，薪水也为空的数据。

```
-- 假设员工 Trump 已经离职，无部门信息，薪水也为空
INSERT INTO emp_info VALUES(10,'Trump',35,null,null);
```

插入数据以后，员工信息表数据查询结果截图如图 6-17 所示。

emp_id	emp_name	age	dept_id	salary
1	Paul	32	1000	200000
4	Mark	25	1100	65000
3	Teddy	23	1100	80000
2	Allen	25	1100	150000
7	James	26	1110	72000
8	David	26	1120	68000
9	Joe	30	1120	60000
6	Kim	22	1200	75000
5	King	27	1200	85000
10	Trump	35	(Null)	(Null)

图 6-17 插入数据后的员工信息表数据查询结果截图

1. INNER JOIN

INNER JOIN（内连接）是根据连接谓词，结合两个表（table1 和 table2）的列值创建一个新的结果表，具体是对 table1 中的每一行与 table2 中的每一行进行比较，找到所有满足连接谓词的行的匹配对。

当满足连接谓词时，A 和 B 行的每个匹配对的列值会合并成一个结果行。INNER JOIN 是最常见的连接类型，用法示例如下。

```
-- 获取员工信息表和部门信息表中可以完全匹配的数据
SELECT t.*,b.* FROM emp_info t
INNER JOIN dept_info b
ON t.dept_id = b.dept_id
ORDER BY t.emp_id;
```

INNER JOIN 查询结果截图如图 6-18 所示。

emp_id	emp_name	age	dept_id	salary	dept_id1	dept_name	dept_leader	parent_dept	dept_level
1	Paul	32	1000	200000	1000	总经办	1	(Null)	1
2	Allen	25	1100	150000	1100	销售部	2	1000	2
3	Teddy	23	1100	80000	1100	销售部	2	1000	2
4	Mark	25	1100	65000	1100	销售部	2	1000	2
5	King	27	1200	85000	1200	研发部	5	1000	2
6	Kim	22	1200	75000	1200	研发部	5	1000	2
7	James	26	1110	72000	1110	销售一部	7	1100	3
8	David	26	1120	68000	1120	销售二部	8	1100	3
9	Joe	30	1120	60000	1120	销售二部	8	1100	3

图 6-18 INNER JOIN 查询结果截图

10 号员工 Trump 由于部门编号为空，所以无法关联。同样，由于人力资源部暂时没有员工，所以也无法关联。

INNER JOIN 是 Doris 默认的连接方式，也就是说在做表关联时，如果不知道 JOIN 操作类型，默认是 INNER JOIN。

```
-- 不指定 JOIN 操作类型，获取员工信息表和部门信息表中可以完全匹配的数据
SELECT t.*,b.* FROM emp_info t,dept_info b
WHERE t.dept_id = b.dept_id
ORDER BY t.emp_id;
```

不指定 JOIN 操作类型的查询结果截图如图 6-19 所示。

emp_id	emp_name	age	dept_id	salary	dept_id1	dept_name	dept_leader	parent_dept	dept_level
1	Paul	32	1000	200000	1000	总经办	1	(Null)	1
2	Allen	25	1100	150000	1100	销售部	2	1000	2
3	Teddy	23	1100	80000	1100	销售部	2	1000	2
4	Mark	25	1100	65000	1100	销售部	2	1000	2
5	King	27	1200	85000	1200	研发部	5	1000	2
6	Kim	22	1200	75000	1200	研发部	5	1000	2
7	James	26	1110	72000	1110	销售一部	7	1100	3
8	David	26	1120	68000	1120	销售二部	8	1100	3
9	Joe	30	1120	60000	1120	销售二部	8	1100	3

图 6-19　不指定 JOIN 操作类型的查询结果截图

2. CROSS JOIN

CROSS JOIN（交叉连接，也叫笛卡尔连接）是把第一个表的每一行与第二个表的每一行进行匹配。如果两个输入表分别有 x 和 y 行，结果表有 $x \times y$ 行。CROSS JOIN 有可能产生非常大的表，容易引发数据库内存溢出，所以必须谨慎使用。CROSS JOIN 是 INNER JOIN 的一种特殊形式。

```
--CROSS JOIN 的写法
SELECT * FROM emp_info
CROSS JOIN dept_info;
-- 等同于下面的写法
SELECT * FROM emp_info,dept_info;
```

CROSS JOIN 的查询结果截图如图 6-20 所示。

```
47 select * from emp_info
48 CROSS join dept_info;
```

信息　结果1

emp_id	emp_name	age	dept_id	salary	dept_id1	dept_name	dept_leader	parent_dept	dept_level
2	Allen	25	1100	150000	1000	总经办	1	(Null)	1
2	Allen	25	1100	150000	1110	销售一部	7	1100	3
2	Allen	25	1100	150000	1120	销售二部	8	1100	3
9	Joe	30	1120	60000	1000	总经办	1	(Null)	1
9	Joe	30	1120	60000	1110	销售一部	7	1100	3
9	Joe	30	1120	60000	1120	销售二部	8	1100	3
1	Paul	32	1000	200000	1000	总经办	1	(Null)	1
1	Paul	32	1000	200000	1110	销售一部	7	1100	3
1	Paul	32	1000	200000	1120	销售二部	8	1100	3
5	King	27	1200	85000	1000	总经办	1	(Null)	1
5	King	27	1200	85000	1110	销售一部	7	1100	3

select * from emp_info CROSS join dept_info;　只读　查询时间: 0.266s　第 1 条记录 (共 60 条)

图 6-20　CROSS JOIN 的查询结果截图

3. OUTER JOIN

OUTER JOIN分为左外连接（LEFT OUTER JOIN）、右外连接（RIGHT OUTER JOIN）和全外连接（FULL OUTER JOIN）。

左外连接在进行表关联时，是以左表为主表，取右表可以关联的数据，对于无法关联的数据，对应的字段值置为空。

右外连接是左外连接的一个反向操作，是以右表为主表，取左表可以关联的数据，对于无法关联的数据，对应的字段值置为空。

在某些情况下，我们既想看到左表的完整信息，又想看到右表的完整信息，这时就要用到全外连接。

```
-- 左外连接
SELECT t.*,b.* FROM emp_info t
LEFT JOIN dept_info b
ON t.dept_id = b.dept_id
ORDER BY t.emp_id;
-- 右外连接
SELECT t.*,b.* FROM emp_info t
RIGHT JOIN dept_info b
ON t.dept_id = b.dept_id
ORDER BY t.emp_id;
-- 全外连接
SELECT t.*,b.* FROM emp_info t
FULL JOIN dept_info b
ON t.dept_id = b.dept_id
ORDER BY t.emp_id;
```

三种连接方式查询结果截图如图6-21、图6-22、图6-23所示。

注意 INNER JOIN和LEFT JOIN是我们必须掌握的连接方式，也是日常开发中最常使用的连接方式。对于交叉连接、右外连接、全外连接，我们只需要掌握其原理即可。

emp_id	emp_name	age	dept_id	salary	dept_id1	dept_name	dept_leader	parent_dept	dept_level
1	Paul	32	1000	200000	1000	总经办	1	(Null)	1
2	Allen	25	1100	150000	1100	销售部	2	1000	2
3	Teddy	23	1100	80000	1100	销售部	2	1000	2
4	Mark	25	1100	65000	1100	销售部	2	1000	2
5	King	27	1200	85000	1200	研发部	5	1000	2
6	Kim	22	1200	75000	1200	研发部	5	1000	2
7	James	26	1110	72000	1110	销售一部	7	1100	3
8	David	26	1120	68000	1120	销售二部	8	1100	3
9	Joe	30	1120	60000	1120	销售二部	8	1100	3
10	Trump	35	(Null)	(Null)	(Null)	(Null)	(Null)	(Null)	(Null)

图6-21 左外连接查询结果截图

emp_id	emp_name	age	dept_id	salary	dept_id1	dept_name	dept_leader	parent_dept	dept_level
1	Paul	32	1000	200000	1000	总经办	1	(Null)	1
2	Allen	25	1100	150000	1100	销售部	2	1000	2
3	Teddy	23	1100	80000	1100	销售部	2	1000	2
4	Mark	25	1100	65000	1100	销售部	2	1000	2
5	King	27	1200	85000	1200	研发部	5	1000	2
6	Kim	22	1200	75000	1200	研发部	5	1000	2
7	James	26	1110	72000	1110	销售一部	7	1100	3
8	David	26	1120	68000	1120	销售二部	8	1100	3
9	Joe	30	1120	60000	1120	销售二部	8	1100	3
(Null)	(Null)	(Null)	(Null)	(Null)	1300	人力资源部	(Null)	1000	2

图 6-22　右外连接查询结果截图

emp_id	emp_name	age	dept_id	salary	dept_id1	dept_name	dept_leader	parent_dept	dept_level
1	Paul	32	1000	200000	1000	总经办	1	(Null)	1
2	Allen	25	1100	150000	1100	销售部	2	1000	2
3	Teddy	23	1100	80000	1100	销售部	2	1000	2
4	Mark	25	1100	65000	1100	销售部	2	1000	2
5	King	27	1200	85000	1200	研发部	5	1000	2
6	Kim	22	1200	75000	1200	研发部	5	1000	2
7	James	26	1110	72000	1110	销售一部	7	1100	3
8	David	26	1120	68000	1120	销售二部	8	1100	3
9	Joe	30	1120	60000	1120	销售二部	8	1100	3
10	Trump	35	(Null)	(Null)	(Null)	(Null)	(Null)	(Null)	(Null)
(Null)	(Null)	(Null)	(Null)	(Null)	1300	人力资源部	(Null)	1000	2

图 6-23　全外连接查询结果截图

4. SEMI JOIN

SEMI JOIN 也叫半连接，可以分为左半连接（LEFT SEMI JOIN）和右半连接（RIGHT SEMI JOIN）两种，当连接条件满足时，返回左表中的数据，即如果左表中某行的 ID 在右表的所有 ID 中出现过，则此行保留在结果集中。左半连接和左外连接的区别在于，当左表关联字段在右表存在多条记录时，左表数据不会翻倍，并且返回的结果只能是左表的字段。右半连接只是将左半连接的左右表互换，一般较少使用。

```
-- 左半连接
SELECT t.* FROM emp_info t
LEFT SEMI JOIN dept_info b
ON t.dept_id = b.dept_id;
-- 右半连接
SELECT b.* FROM emp_info t
RIGHT SEMI JOIN dept_info b
ON t.dept_id = b.dept_id ;
```

左半连接和右半连接的查询结果截图如图 6-24 和图 6-25 所示。

```
1 --左半连接
2 SELECT t.* FROM emp_info t
3 LEFT SEMI JOIN dept_info b
4 ON t.dept_id = b.dept_id;
5
```

信息 结果1 结果2 状态

emp_id	emp_name	age	dept_id	salary
2	Allen	25	1100	150000.00
3	Teddy	23	1100	80000.000
1	Paul	32	1000	200000.00
4	Mark	25	1100	65000.000
9	Joe	30	1120	60000.000
5	King	27	1200	85000.000
6	Kim	22	1200	75000.000
7	James	26	1110	72000.000
8	David	26	1120	68000.000

图 6-24 左半连接查询结果截图

```
6 --右半连接
7 SELECT b.* FROM emp_info t
8 RIGHT SEMI JOIN dept_info b
9 ON t.dept_id = b.dept_id ;
10
```

信息 结果1 状态

dept_id	dept_name	dept_leader	parent_dept	dept_level
1100	销售部	2	1000	2
1000	总经办	1	(Null)	1
1120	销售二部	8	1100	3
1200	研发部	5	1000	2
1110	销售一部	7	1100	3

图 6-25 右半连接查询结果截图

SEMI JOIN 其实是 IN 和 EXISTS 语句查询的底层实现。以下三个语句查询效果是等同的。

```
-- 左半连接
SELECT t.* FROM emp_info t
LEFT SEMI JOIN dept_info b
ON t.dept_id = b.dept_id;
--IN 语句查询
SELECT t.* FROM emp_info t
where t.dept_id in (select dept_id from dept_info);
--EXISTS 语句查询
SELECT t.* FROM emp_info t
where EXISTS (select 1 from dept_info b
where t.dept_id = b.dept_id);
```

5. ANTI JOIN

ANTI JOIN 也叫反连接，分为左反连接（LEFT ANTI JOIN）和右反连接（RIGHT ANTI

JOIN)，当连接条件不成立时，返回左表中的数据。如果左表中某行的 ID 在右表的所有 ID 中没有出现过，则此行保留在结果集中。右反连接只是将左反连接的左右表互换，一般较少使用。

```
-- 左反连接
SELECT t.* FROM emp_info t
LEFT ANTI JOIN dept_info b
ON t.dept_id = b.dept_id;
-- 右反连接
SELECT b.* FROM emp_info t
RIGHT ANTI JOIN dept_info b
ON t.dept_id = b.dept_id ;
```

左反连接和右反连接的查询结果截图如图 6-26 和图 6-27 所示。

```
1 --左反连接
2 SELECT t.* FROM emp_info t
3 LEFT ANTI JOIN dept_info b
4 ON t.dept_id = b.dept_id;
5
```

信息　结果1　结果2　状态

emp_id	emp_name	age	dept_id	salary
10	Trump	35	(Null)	(Null)

图 6-26　左反连接查询结果截图

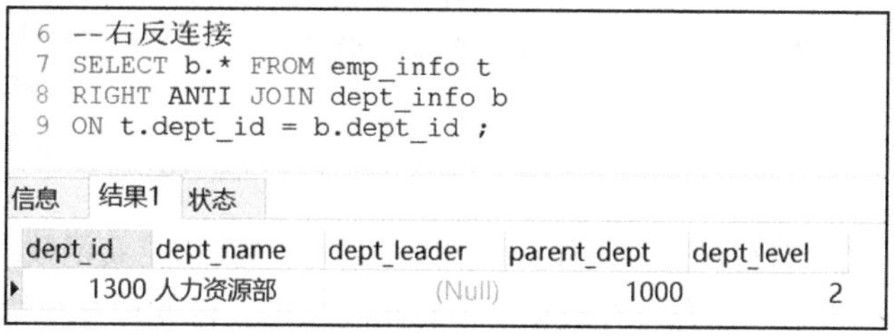

```
6 --右反连接
7 SELECT b.* FROM emp_info t
8 RIGHT ANTI JOIN dept_info b
9 ON t.dept_id = b.dept_id ;
```

信息　结果1　状态

dept_id	dept_name	dept_leader	parent_dept	dept_level
1300	人力资源部	(Null)	1000	2

图 6-27　右反连接查询结果截图

ANTI JOIN 其实是 NOT IN 和 NOT EXISTS 语句的底层实现。以下 3 个语句查询效果是等同的。

```
-- 左反连接
SELECT t.* FROM emp_info t
LEFT anti JOIN dept_info b
ON t.dept_id = b.dept_id;
--NOT IN 语句查询
SELECT t.* FROM emp_info t
where t.dept_id not in (select dept_id from dept_info);
--NOT EXISTS 语句查询
SELECT t.* FROM emp_info t
where not EXISTS (select 1 from dept_info b
where t.dept_id = b.dept_id);
```

6.2.2 JOIN 算法实现

数据库中 JOIN 操作实现算法主要有 3 种：循环嵌套连接、归并连接和哈希连接。其中，循环嵌套连接有两种变形：块循环嵌套连接和索引循环嵌套连接。

1. 循环嵌套连接

循环嵌套连接是最基本的连接。循环嵌套连接用于查询的选择性强、约束性高，并且仅返回小部分记录的结果集。通常，当驱动表的记录较少，且被驱动表的连接列有唯一索引或者选择性强的非唯一索引时，循环嵌套连接的效率是比较高的。

循环嵌套连接返回前几行记录是非常快的，这是因为不需要等到全部循环结束再返回结果集，而是不断地将查询出来的结果集返回。在这种情况下，终端用户将会快速得到返回的首批记录，且同时等待数据库处理其他记录并返回结果集。如果驱动表记录非常多，或者被驱动表的连接列无索引或索引不是高度可选，循环嵌套连接的效率是非常低的。

2. 归并连接

归并连接也叫排序合并连接，没有驱动表概念的，两个互相连接的表按连接列的值先排序，再对排序完成后形成的结果集进行合并连接，提取符合条件的记录。相比循环嵌套连接，归并连接比较适用于返回大数据量结果集的场景。

归并连接在数据表预先排序好的情况下效率是非常高的，也比较适用于非等值连接的场景，比如 > 、>= 、<= 等情况下的连接（哈希连接只适用于等值连接）。由于排序操作的开销是非常大的，当结果集很大时，归并连接性能很差。

3. 哈希连接

哈希连接计算过程分为两个阶段。

1）构建阶段：优化器首先选择一张小表作为驱动表，运用哈希函数对连接列进行计算，产生一张哈希表。通常，该步骤是在数据库内存中完成的，因此运算很快。

2）探测阶段：优化器对被驱动表的连接列应用同样的哈希函数进行计算，并对得到的结果与前面形成的哈希表中的记录进行对比，返回符合条件的记录。在该阶段中，如果被驱动表的连接列的值与驱动表的连接列的值不相等，这些记录将会被丢弃。

哈希连接需要满足两个应用条件：驱动表记录相对多且根据关联字段在驱动表上没有找到合适的索引；必须是等值连接，并且连接条件有一定的区分度。

总体来说，循环嵌套连接适合大表连接小表的场景；归并连接适合两个表记录数接近并且关联字段离散的场景，也适合非等值关联场景；哈希连接一般适合两个大表的多个字段关联场景。

6.2.3 分布式 JOIN 优化策略

分布式系统实现 JOIN 操作的常见策略有 4 种：Shuffle Join、Bucket Shuffle Join、Broadcast Join 和 Colocate Join。

Shuffle Join 适合连接的两张表数据量基本相等的场景，首先将两张表中的数据按照关联字段的哈希值打散，使 Key 值相同的数据分配到同一个节点，然后按照 Join 算法进行数据关联，最后将结果返回汇总节点，如图 6-28 所示。

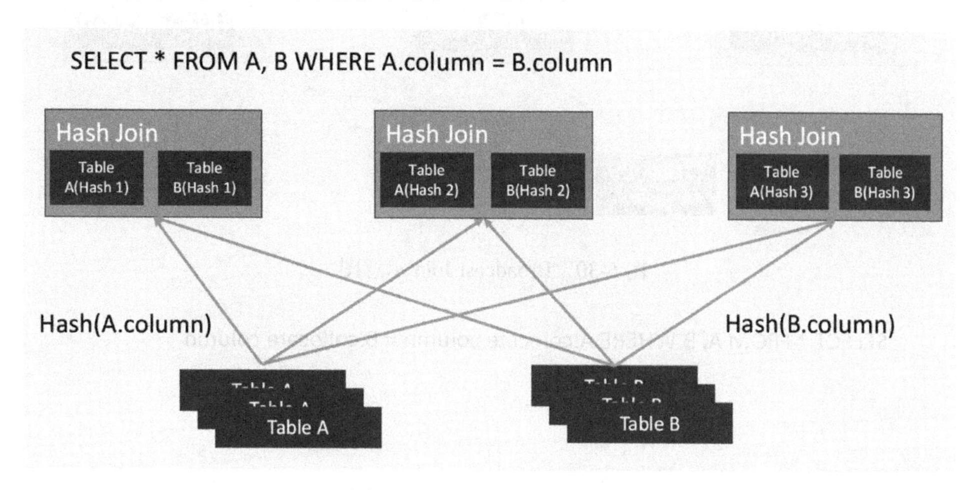

图 6-28 Shuffle Join 示意图

Bucket Shuffle Join 是针对 Shuffle Join 的一种优化。当连接的两张表拥有相同的分布字段时，我们可以将其中数据量较小的一张表按照大表的分布键进行数据重分布，如图 6-29 所示。

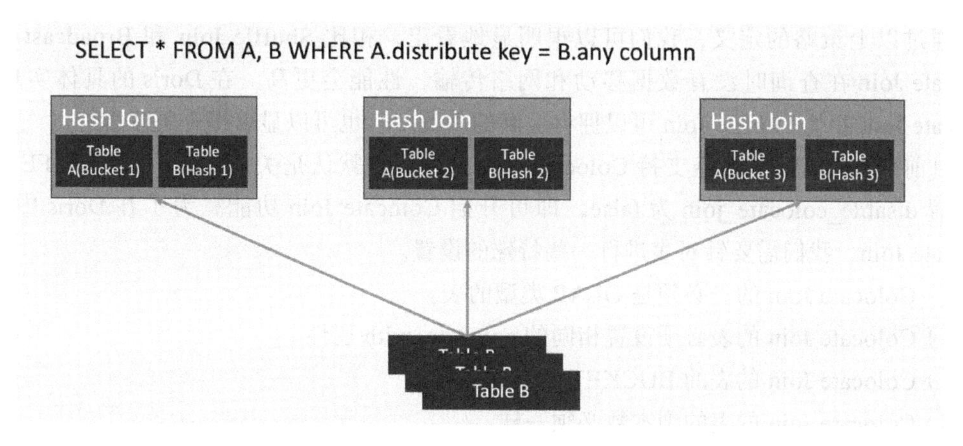

图 6-29 Bucket Shuffle Join 示意图

Broadcast Join 适合大表关联小表的场景，将小表数据复制到所有大表有数据的节点，然后用大表的部分数据关联小表的全部数据，最后将结果返回汇总节点，如图 6-30 所示。

Colocate Join 也叫 Local Join，是指多个表关联时没有数据移动和网络传输，每个节点只在本地进行数据关联，然后将关联结果返回汇总节点，如图 6-31 所示。Colocate Join 的前提是保证数据的本地性。

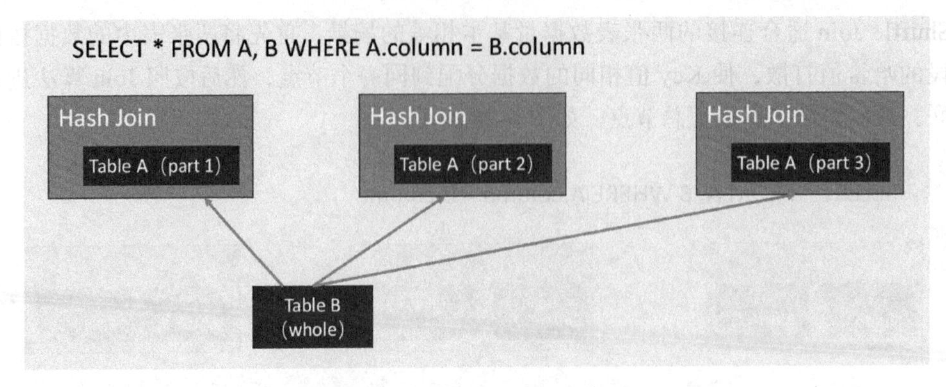

图 6-30 Broadcast Join 示意图

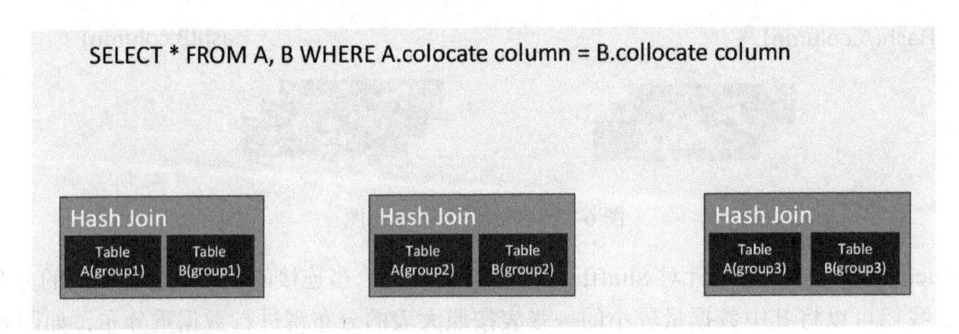

图 6-31 Colocate Join 示意图

通过以上策略的定义，我们可以很明显地看出，相比 Shuffle Join 和 Broadcast Join，Colocate Join 在查询时没有数据移动和网络传输，性能会更高。在 Doris 的具体实现中，Colocate Join 相比 Shuffle Join 可以拥有更高的并发度，也可以显著提升关联性能。

目前的 Doris 版本已经支持 Colocate Join，只不过默认是关闭的，只需要在 FE 配置中设置 disable_colocate_join 为 false，即可开启 Colocate Join 功能。为了在 Doris 中实现 Colocate Join，我们需要针对表进行一些特殊的设置。

1）Colocate Join 的表必须是 OLAP 类型的表。

2）Colocate Join 的表必须设置相同的 colocate_with 属性。

3）Colocate Join 的表的 BUCKET 数必须一样。

4）Colocate Join 的表的副本数必须一样。

5）Colocate Join 的表的 Distributed Columns 的字段必须一样并且是关联字段中的一个。

假如需要对表 t1 和表 t2 进行 Colocate Join，可以按以下语句建表：

```
CREATE TABLE t1 (
    id int(11) COMMENT "",
    value varchar(8) COMMENT ""
) ENGINE=OLAP
DUPLICATE KEY(id)
```

```
DISTRIBUTED BY HASH(id) BUCKETS 10
PROPERTIES (
"colocate_with" = "group1"
);
CREATE TABLE t2 (
    id int(11) COMMENT "",
    value varchar(8) COMMENT ""
) ENGINE=OLAP
DUPLICATE KEY(id)
DISTRIBUTED BY HASH(id) BUCKETS 10
PROPERTIES (
"colocate_with" = "group1"
);
```

总体来说，Colocate Join 在大表关联时可以带来性能的显著提升，但是使用的限制比较多，一般仅用于高频查询或者系统查询性能存在瓶颈的场景。四种 Join 策略对比如表 6-3 所示。

表 6-3　Doris Join 策略对比

Join 策略	适用场景	使用条件	使用缺点
Broadcast Join	适合大表关联小表场景，把小表的数据进行广播	无	消耗的内存较多
Shuffle Join	适合大表关联场景，但是应该尽快将其优化成 Bucket Shuffle Join 或者 Colocate Join	无	网络宽带消耗高
Bucket Shuffle Join	适合大表关联场景	需要两个表使用相同的分布键	
Colocate Join	适合大表关联场景	需要两个表的关联字段刚好是分布键并且两个表分桶数、副本数都一样，并且指定的 colocate_with 也一样	建表要求比较多

6.3　开窗查询

开窗查询是数据分析中常见的一种查询语句，是基于窗口函数进行特殊计算的一种 SQL 表达方式。Doris 作为一款定位于 OLAP 的数据库，对窗口函数的支持必不可少。窗口函数已经逐步成为 SQL 标准的一部分，越来越多的数据库开始支持窗口函数。

窗口函数具体的查询语法结构如下：

```
SELECT table.column,
analysis_function() OVER([PARTITION BY 字段 ] [ORDER BY 字段 [rows]]) as 统计值
FROM table
```

语法解析如下。

1）目前，Doris 支持的函数包括 avg()、count()、first_value()、lag()、lead()、last_value()、 max()、min()、rank()、dense_rank()、row_number() 和 sum()。

2）PARTITION BY 从句和 GROUP BY 从句作用类似，它把输入行按照指定的一列或多列分组，相同值的行分到一组。

3）ORDER BY 和 PARTITION BY 配合使用，没有 PARTITION BY 时，ORDER BY 表示全局排序；有 PARTITION BY 时，ORDER BY 表示组内排序。ORDER BY 并不会真对输出结果进行排序，只是在函数计算时提供逐行计算的顺序。

4）Window 从句用来为窗口函数指定一个运算范围，以当前行为准，前后若干行作为窗口函数运算的对象。Window 从句支持的方法有：avg()、count()、first_value()、last_value() 和 sum()。对于 max() 和 min()，Window 从句可以指定开始范围 UNBOUNDED PRECEDING。语法如下：

```
ROWS BETWEEN [ { m | UNBOUNDED } PRECEDING | CURRENT ROW] [ AND [CURRENT ROW | {
    UNBOUNDED | n } FOLLOWING] ]
```

> ROWS 有多个范围值（一般情况下省略），具体如下。
>
> 1）UNBOUNDED PRECEDING 表示无限或不限定往前统计的范围。
>
> 2）n PRECEDING 表示往前统计 n 行（n 为 1 则往前统计 1 行，n 为 2 则往前统计 2 行，以此类推）。
>
> 3）UNBOUNDED FOLLOWING 表示无限或不限定往后统计的范围。
>
> 4）n FOLLOWING 表示往后统计 n 行（n 为 1 则往后统计 1 行，n 为 2 则往后统计 2 行，以此类推）。
>
> 5）CURRENT ROW 表示当前行。

下面使用员工信息表和部门信息表数据 INNER JOIN 结果（见图 6-32）进行讲解。

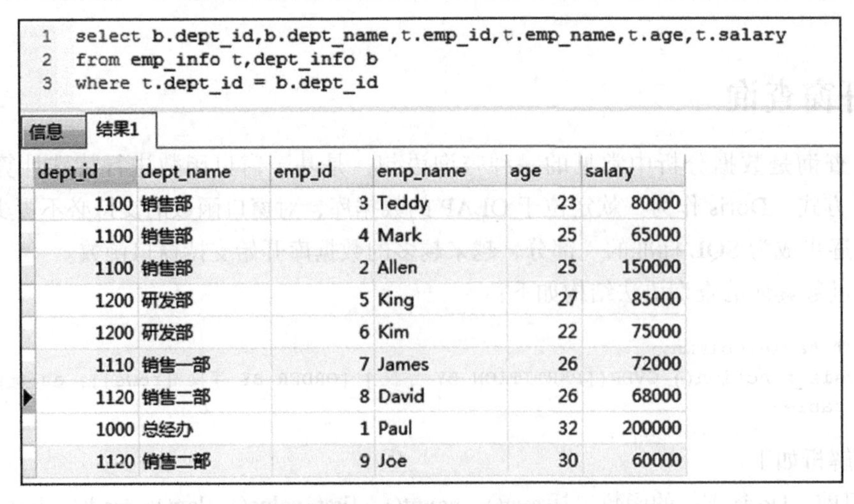

```
1  select b.dept_id,b.dept_name,t.emp_id,t.emp_name,t.age,t.salary
2  from emp_info t,dept_info b
3  where t.dept_id = b.dept_id
```

信息 结果1

dept_id	dept_name	emp_id	emp_name	age	salary
1100	销售部	3	Teddy	23	80000
1100	销售部	4	Mark	25	65000
1100	销售部	2	Allen	25	150000
1200	研发部	5	King	27	85000
1200	研发部	6	Kim	22	75000
1110	销售一部	7	James	26	72000
1120	销售二部	8	David	26	68000
1000	总经办	1	Paul	32	200000
1120	销售二部	9	Joe	30	60000

图 6-32 INNER JOIN 结果

案例1：利用min、max分别取出不同部门员工薪水的最高值和最低值，附带在上述结果数据后。

```
-- 查询员工薪水最大值和最小值的不同写法
SELECT b.dept_id,b.dept_name,t.emp_id,t.emp_name,t.age,t.salary,
    -- 获取组中员工薪水最大值
    max(t.salary) OVER(PARTITION BY t.dept_id) AS salary_max,
    -- 获取组中员工薪水最小值
    min(t.salary) OVER(PARTITION BY t.dept_id) AS salary_min,
    -- 分组窗口的第一个值 （指定窗口为组中第一行到末尾行）
    first_value(t.salary) OVER(PARTITION BY t.dept_id
    ORDER BY t.salary DESC ROWS BETWEEN UNBOUNDED PRECEDING AND UNBOUNDED
        FOLLOWING) AS salary_first,
    -- 分组窗口的最后一个值（指定窗口为组中第一行到末尾行）
    last_value(t.salary) OVER(PARTITION BY t.dept_id
    ORDER BY t.salary DESC ROWS BETWEEN UNBOUNDED PRECEDING AND UNBOUNDED
        FOLLOWING) AS salary_last,
    -- 分组窗口的第一个值 （不指定窗口）
    first_value(t.salary) OVER(PARTITION BY t.dept_id ORDER BY t.salary DESC) AS
        salary_first_1,
    -- 分组窗口的最后一个值（指定窗口才可以取到最小值，否则只能取到当前行）
    last_value(t.salary) OVER(PARTITION BY t.dept_id ORDER BY t.salary DESC ROWS
        BETWEEN UNBOUNDED PRECEDING AND UNBOUNDED FOLLOWING) AS salary_last_1
FROM emp_info t,dept_info b
WHERE t.dept_id = b.dept_id
ORDER BY t.dept_id,t.emp_id
```

案例一窗口函数查询结果如图6-33所示。

信息 结果1

dept_id	dept_name	emp_id	emp_name	age	salary	salary_max	salary_min	salary_first	salary_last	salary_first_1	salary_last_1
1000	总经办	1	Paul	32	200000	200000	200000	200000	200000	200000	200000
1100	销售部	2	Allen	25	150000	150000	65000	150000	65000	150000	65000
1100	销售部	3	Teddy	23	80000	150000	65000	150000	65000	150000	65000
1100	销售部	4	Mark	25	65000	150000	65000	150000	65000	150000	65000
1110	销售一部	7	James	26	72000	72000	72000	72000	72000	72000	72000
1120	销售二部	8	David	26	68000	68000	60000	68000	60000	68000	60000
1120	销售二部	9	Joe	30	60000	68000	60000	68000	60000	68000	60000
1200	研发部	5	King	27	85000	85000	75000	85000	75000	85000	75000
1200	研发部	6	Kim	22	75000	85000	75000	85000	75000	85000	75000

图6-33 案例一窗口函数查询结果

通过数据对比，我们可以发现以下信息。

1）min和max函数是直接获取组中的最小值和最大值。

2）first_value和last_value是返回窗口的第一行和最后一行数据，因为我们通过薪水字段对分组内的数据进行了降序排列，所以也可以达到在一定的窗口内获取最大值和最小值的目的。

3）排序不指定窗口时，以组内第一行到当前行为窗口，然后取出窗口的第一行和最后一行。

案例 2：利用 rank、dense_rank、row_number 对员工年龄进行排序，比较 3 个不同函数排序的差异。

```
--3 个不同的函数排名对比
SELECT t.emp_id,t.emp_name,t.age,
    row_number() OVER(ORDER BY t.age) AS "row_number 排名",
    rank() OVER(ORDER BY t.age) AS "rank 排名",
    dense_rank() OVER(ORDER BY t.age) AS "dense_rank 排名"
FROM emp_info t
ORDER BY t.age
```

案例二窗口函数查询结果如图 6-34 所示。

```
1 SELECT t.emp_id,t.emp_name,t.age,
2     row_number() OVER(ORDER BY t.age) AS "row_number排名",
3     rank() OVER(ORDER BY t.age) AS "rank排名",
4     dense_rank() OVER(ORDER BY t.age) AS "dense_rank排名"
5 FROM emp_info t
6 ORDER BY t.age
```

信息 结果1 状态

emp_id	emp_name	age	row_number排名	rank排名	dense_rank排名
6	Kim	22	1	1	1
3	Teddy	23	2	2	2
4	Mark	25	3	3	3
2	Allen	25	4	3	3
8	David	26	6	5	4
7	James	26	5	5	4
5	King	27	7	7	5
9	Joe	30	8	8	6
1	Paul	32	9	9	7
10	Trump	35	10	10	8

图 6-34 案例二窗口函数查询结果

通过上述查询结果数据，我们可以看出以下信息。

1）row_number 函数返回一个唯一的值，当碰到相同数据时，排名按照返回记录的顺序依次递增。

2）rank 函数返回一个唯一的值，但是当碰到相同的数据时，所有相同数据的排名是一样的，同时会在最后一条相同记录和下一条不同记录的排名之间空出排名。比如年龄都是 26 岁的两个人并列第 5 名，27 岁的 King 排名是第 7 名。

3）dense_rank 函数返回一个唯一的值，但是当碰到相同的数据时，所有相同数据的排名是一样的，同时在最后一条相同记录和下一条不同记录的排名之间不空出排名。比如年龄都是 26 岁的两个人并列第 5 名，27 岁的 King 排名是第 6 名。

案例 3：利用窗口函数对员工薪水进行不同条件的汇总，以便对比 ORDER BY 和 PARTITION BY 的作用。

```
-- 对比 ORDER BY 和 PARTITION BY 的作用
```

```sql
SELECT t.emp_id,t.emp_name,t.age,t.salary,
    sum(t.salary) OVER() AS "全局汇总",
    sum(t.salary) OVER(ORDER BY t.emp_id) AS "逐行累加",
    sum(t.salary) OVER(PARTITION BY t.dept_id) AS "分组汇总",
    sum(t.salary) OVER(PARTITION BY t.dept_id ORDER BY t.emp_id) AS"分组逐行累加"
FROM emp_info t
ORDER BY t.emp_id
```

案例三窗口函数查询结果如图 6-35 所示。

```sql
1 --通过对比看ORDER BY和PARITION BY的作用
2 SELECT t.emp_id,t.emp_name,t.age,t.salary,
3       sum(t.salary) OVER() AS "全局汇总",
4       sum(t.salary) OVER(ORDER BY t.emp_id) AS "逐行累加",
5       sum(t.salary) OVER(PARTITION BY t.dept_id) AS "分组汇总",
6       sum(t.salary) OVER(PARTITION BY t.dept_id ORDER BY t.emp_id) AS "分组逐行累加"
7 FROM emp_info t
8 ORDER BY t.emp_id
```

信息 结果1 状态

emp_id	emp_name	age	salary	全局汇总	逐行累加	分组汇总	分组逐行累加
1	Paul	32	200000	855000	200000	200000	200000
2	Allen	25	150000	855000	350000	295000	150000
3	Teddy	23	80000	855000	430000	295000	230000
4	Mark	25	65000	855000	495000	295000	295000
5	King	27	85000	855000	580000	160000	85000
6	Kim	22	75000	855000	655000	160000	160000
7	James	26	72000	855000	727000	72000	72000
8	David	26	68000	855000	795000	128000	68000
9	Joe	30	60000	855000	855000	128000	128000
10	Trump	35	(Null)	855000	855000	(Null)	(Null)

图 6-35 案例三窗口函数查询结果

通过上述查询数据结果，我们可以看出如下信息。

1）OVER() 默认是全局汇总，即所有可以查到的行数指标合集，可用于计算占比。

2）OVER+ORDER BY 用于根据条件逐行相加汇总。

3）OVER+PARITION BY 用于分组汇总，可以计算分组求和、分组占比、分组最大值和最小值等。

4）OVER+PARITION BY+ORDER BY 用于分组逐行汇总。

总之，通过窗口函数联合使用，我们可以大大简化代码，提高代码执行效率。灵活使用窗口函数特别能体现程序员的 SQL 开发能力。

最后，针对 6.1.2 节的案例，下面提供一个使用窗口函数的高级写法。

```sql
-- 查询部门总薪水大于所有部门平均总薪水的部门员工信息及部门平均薪水、公司平均薪水
SELECT * FROM (
SELECT emp_id,emp_name,dept_id,salary,
avg(salary) OVER (PARTITION BY dept_id) dept_avg_salary,
avg(salary) Over () As comp_avg_salary
From emp_info ) t
WHERE t.dept_avg_salary > t.comp_avg_salary;
```

窗口函数改写为 SQL 语句查询结果如图 6-36 所示。

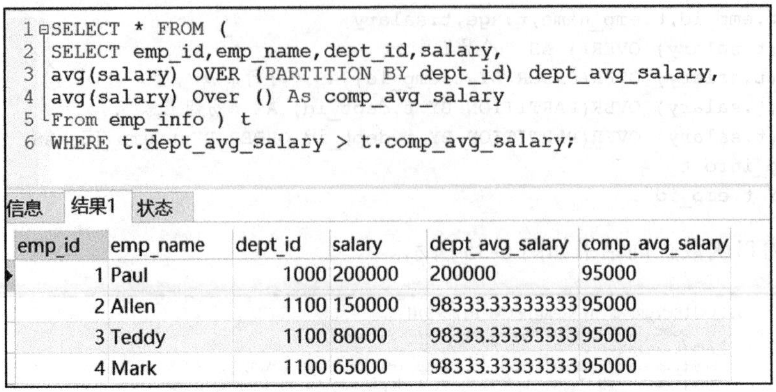

```
1 SELECT * FROM (
2 SELECT emp_id,emp_name,dept_id,salary,
3 avg(salary) OVER (PARTITION BY dept_id) dept_avg_salary,
4 avg(salary) Over () As comp_avg_salary
5 From emp_info ) t
6 WHERE t.dept_avg_salary > t.comp_avg_salary;
```

信息 结果1 状态

emp_id	emp_name	dept_id	salary	dept_avg_salary	comp_avg_salary
1	Paul	1000	200000	200000	95000
2	Allen	1100	150000	98333.33333333	95000
3	Teddy	1100	80000	98333.33333333	95000
4	Mark	1100	65000	98333.33333333	95000

图 6-36 窗口函数改写为 SQL 语句查询结果

6.4 BITMAP 精准去重

用户在使用 Doris 进行精准去重分析时，通常会有两种方式。

1）基于明细去重：传统的 COUNT DISTINCT 方式，优点是可以保留明细数据，提高分析灵活性。缺点是需要消耗极大的计算和存储资源，对大规模数据集和查询延时敏感的去重场景不够友好。

2）基于预计算去重：这种方式也是 Doris 推荐的方式。在某些场景中，用户可能不关心明细数据，仅仅希望知道去重后的结果。在这种场景下，用户可以采用预计算的方式进行去重分析，本质上是利用空间换时间，也是 MOLAP 聚合模型的核心思路，就是将计算提前到数据导入过程，减少存储成本和查询时的计算成本，并且使用 ROLLUP 表降维方式，进一步减小现场计算的数据集大小。

Doris 是基于 MPP 架构实现的，在使用 COUNT DISTINCT 做精准去重时，可以保留明细数据，灵活性较高；但是，在查询过程中需要进行多次数据重分布，会导致性能随着数据量增大而直线下降。

假设有一张用户访问明细表 test_bitmap，有 3 个字段 dt、page、user_id（见表 6-4），现需要汇总计算 PV。

表 6-4 用户访问明细表

event_dt	page	user_id
2019-12-06	xiaoxiang	101
2019-12-06	waimai	102
2019-12-06	xiaoxiang	101
2019-12-06	waimai	101
2019-12-06	xiaoxiang	101
2019-12-06	waimai	101

查询语句如下：

```
select page, count(distinct user_id) as pv from test_bitmap group by page;
```

Doris 会按照图 6-37 流程进行计算，先对 page 列和 user_id 列执行 Group By 语句，最后再执行 Count 操作。

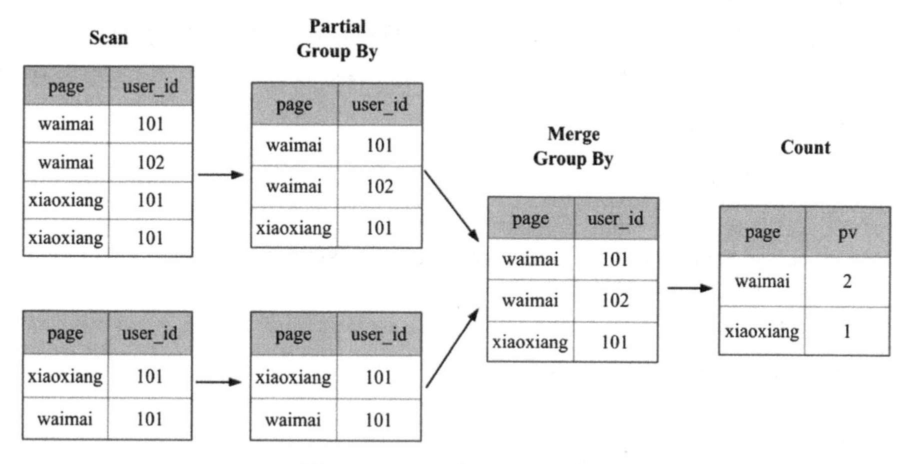

图 6-37 Doris 去重过程示意图

显然，上述去重方式需要数据进行多次重分布，当数据量越来越大时，所需的计算资源就会越来越多，查询也会越来越慢。BITMAP 技术可解决传统 COUNT DISTINCT 在大量数据场景下的性能问题。

假如给定一个数组 A，取值范围为 [0, n)，对该数组去重，可采用（n+7）/8 的字节长度的 BITMAP，初始化为全 0；逐个处理数组 A 中的元素，以 A 中元素取值为 BITMAP 的下标并将对应下标的 bit 置 1；最后统计 BITMAP 下标中 1 的个数（数组 A 的 COUNT DISTINCT 结果）。

用 BITMAP 的一个 bit 表示对应下标是否存在，具有极大的空间优势：比如对 int32 长度的字段去重，使用普通 BITMAP 所需的存储空间只占 COUNT DISTINCT 去重的 1/32。Doris 中的 BITMAP 技术采用 Roaring Bitmap（高效压缩位图，简称为 RBM，是普通 Bitmap 的进化）实现。对于稀疏的 BITMAP，存储空间显著降低。BITMAP 去重涉及的计算包括对给定下标的 bit 置位，统计 BITMAP 的 bit 置位 0 和 1 的个数，分别为 O(1) 操作和 O(n) 操作，并且后者可使用 clzL、ctz 等指令高效计算。此外，BITMAP 去重在 MPP 执行引擎中还可以并行处理，每个计算节点各自计算本地子 BITMAP，使用 bitor 操作（位或操作，即比特位的或计算）将这些子 BITMAP 合并成最终的 BITMAP。bitor 操作比基于 Sort 和基于 Hash 的去重效率要高，无条件依赖和数据依赖，可向量化执行。

需要注意，BITMAP INDEX 和 BITMAP 去重都是利用的 BITMAP 技术，但引入动机和解决的问题完全不同，前者用于低基数的枚举型列的等值条件过滤，后者用于计算一组数据行的指标列的不重复元素的个数。

BITMAP 列只能存在于聚合表中。创建表时，用户可指定指标列的数据类型为 BITMAP，指定聚合函数为 BITMAP_UNION。当在 BITMAP 类型列上使用 COUNT DISTINCT 时，Doris 会自动转化为 BITMAP_UNION_COUNT 计算。

引入 BITMAP 类型的数据有两种场景。

场景一：导入数据或者插入数据的时候直接将数据转换成 BITMAP 类型。

创建一张含有 BITMAP 类型列的表，其中 visit_users 列为聚合列，列类型为 BITMAP，聚合函数为 BITMAP_UNION。

```
CREATE TABLE page_visit (
    page_id INT NOT NULL COMMENT '页面 id',
    visit_date date NOT NULL COMMENT '访问日期',
    visit_users BITMAP BITMAP_UNION NOT NULL COMMENT '访问用户 id',
    visit_cnt bigint sum COMMENT '访问次数'
) ENGINE=OLAP
AGGREGATE KEY(page_id, visit_date)
DISTRIBUTED BY HASH(page_id) BUCKETS 1
PROPERTIES (
    "replication_num" = "1",
    "storage_format" = "DEFAULT"
);
```

采用 INSERT INTO 语句向表中导入数据：

```
INSERT INTO page_visit VALUES
    (1, '2020-06-23', to_bitmap(13),3),
    (1, '2020-06-23', to_bitmap(23),7),
    (1, '2020-06-23', to_bitmap(33),5),
    (1, '2020-06-23', to_bitmap(13),2),
    (2, '2020-06-23', to_bitmap(23),6);
```

数据插入后查询结果如图 6-38 所示。

```
1  select t.*,bitmap_to_string(t.visit_users)  from example_db.page_visit t
```

信息 结果 1 状态

page_id	visit_date	visit_users	visit_cnt	bitmap_to_string
1	2020-06-23	(Null)	17	13,23,33
2	2020-06-23	(Null)	6	23

图 6-38 Bitmap 字段查询结果

更多情况下，用户可通过 Stream Load 方式向表中导入数据。

```
curl --location-trusted -u root:doris123  -H "max_filter_ratio:0.8" -H "label:
    label_160096000288796" -H "column_separator:,"  -H "columns:page_id,visit_
    date,visit_users, visit_users=to_bitmap(visit_users)" -T page_uv.csv http://192.
    168.1.17:8040/api/example_db/page_visit/_stream_load
```

执行过程如图 6-39 所示。

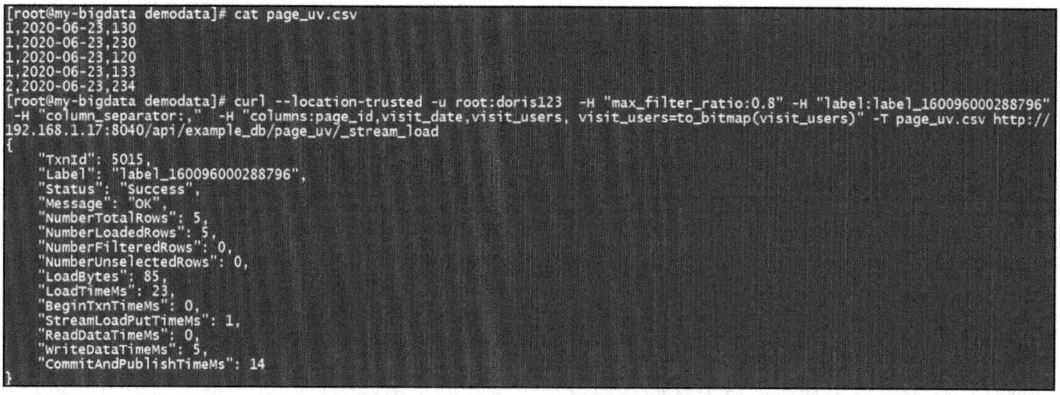

```
[root@my-bigdata demodata]# cat page_uv.csv
1,2020-06-23,130
1,2020-06-23,230
1,2020-06-23,120
1,2020-06-23,133
2,2020-06-23,234
[root@my-bigdata demodata]# curl --location-trusted -u root:doris123  -H "max_filter_ratio:0.8" -H "label:label_160096000288796"
 -H "column_separator:,"  -H "columns:page_id,visit_date,visit_users, visit_users=to_bitmap(visit_users)" -T page_uv.csv http://
192.168.1.17:8040/api/example_db/page_uv/_stream_load
{
    "TxnId": 5015,
    "Label": "label_160096000288796",
    "Status": "Success",
    "Message": "OK",
    "NumberTotalRows": 5,
    "NumberLoadedRows": 5,
    "NumberFilteredRows": 0,
    "NumberUnselectedRows": 0,
    "LoadBytes": 85,
    "LoadTimeMs": 23,
    "BeginTxnTimeMs": 0,
    "StreamLoadPutTimeMs": 1,
    "ReadDataTimeMs": 0,
    "WriteDataTimeMs": 5,
    "CommitAndPublishTimeMs": 14
}
```

图 6-39　Stream Load 方式导入数据执行过程

场景二：在 Doris 数据库内部将字段转换成 BITMAP 类型。

在 Doris 数据库内部将字段转换成 BITMAP 类型也有两种方式：将其他类型表的数据通过 INSERT INTO SELECT 语句将字段加工成 BITMAP 类型；在表的某些列上创建 BITMAP 类型的 ROLLUP。

创建一张明细数据表 page_visit_detail。

```
CREATE TABLE page_visit_detail (
    visit_date date NOT NULL COMMENT '访问日期',
    page_id INT NOT NULL COMMENT '页面id',
    user_id int NOT NULL COMMENT '访问用户id',
    visit_cnt bigint  COMMENT '访问次数'
)
Duplicate KEY(visit_date, page_id)
DISTRIBUTED BY HASH(visit_date) BUCKETS 1
PROPERTIES (
    replication_num = 1,
    storage_format = DEFAULT
);
```

按照方式一将数据写入聚合表。

```
INSERT INTO example_db.page_visit
SELECT page_id,visit_date, bitmap_union(user_id) AS visit_users,sum(visit_cnt)
    AS visit_cnt
FROM example_db.page_visit_detail
GROUP BY page_id,visit_date;
```

按照方式二直接在 page_visit_detail 表上创建一个 ROLLUP。

```
ALTER TABLE page_visit_detail ADD ROLLUP bitmap_pv(visit_date, page_id);
```

BITMAP 技术除了可以在查询场景替换 COUNT DISTINCT 来加速去重计算以外，还可以用于用户画像场景进行用户圈选。针对用户画像场景，Doris 也在逐步完善相关函数。

6.5 HLL 近似去重

在现实场景中，随着数据量的增大，对数据进行去重分析的压力会越来越大。当数据规模大到一定程度时，精准去重的成本会比较高。此时用户通常会采用近似去重算法来降低计算压力。本节将要介绍的 HyperLogLog（简称 HLL）是一种近似去重算法，它的特点是具有非常优异的空间复杂度 O（*mloglogn*），时间复杂度为 O（*n*），计算结果误差可控制在 1% ～ 10% 内，且误差与数据集大小以及所采用的哈希函数有关。

HLL 算法是一种近似去重算法，能够使用极少的存储空间计算一个数据集的不重复元素的个数。

HLL 算法是 LogLog 算法的升级版，作用是提供不精确的去重计数。由于 HLL 算法的原理涉及比较多的数学知识，这里我们仅通过一个实际例子来说明，其数学基础为伯努利试验。

硬币拥有正反两面，一次上抛至落下最终出现正反面的概率都是 50%，一直抛硬币，直到出现正面为止，记录为一次完整的试验。

假设每次伯努利试验的抛掷次数为 k，第一次伯努利试验次数设为 $k1$，以此类推，第 n 次对应的是 kn。

这 n 次伯努利试验中必然会有一个正面出现的最大抛掷次数 k，例如抛了 12 次才出现正面，这被称为 k_max。

伯努利试验总结得出的结论如下。

- n 重伯努利试验的投掷次数都不大于 k_max。
- n 重伯努利试验过程中至少有一次投掷次数等于 k_max。

最终结合极大似然估算方法，我们发现 n 和 k_max 存在估算关联：$n = 2^{k\_max}$，即当只记录了 k_max 时，可估算出总共有多少条数据，也就是基数。假设试验结果如下：

- 第 1 次试验：抛了 3 次才出现正面，此时 k=3，n=1
- 第 2 次试验：抛了 2 次才出现正面，此时 k=2，n=2
- 第 3 次试验：抛了 6 次才出现正面，此时 k=6，n=3

⋮

- 第 n 次试验：抛了 12 次才出现正面，此时 $n = 2^{12}$

取上面例子中前三次试验，那么 k_max = 6，最终 n=3，代入估算关联公式，明显 $3 \neq 2^6$。也就是说，当试验次数很小的时候，这种估算方法的误差是很大的。我们称这三次试验为一轮估算。如果只是进行一轮，当 n 足够大时，估算误差率会相对降低，但仍然不够小。这就是 HLL 算法的核心思想。有兴趣的同学可以参考论文《 HyperLogLog: the analysis of a near-optimal cardinality estimation algorith 》。

HLL 近似去重算法是保存计算过程的中间结果，并将其作为聚合表的 Value 列，通过聚合不断减少数据量，以此实现加快查询的目的。基于 HLL 算法得到的是一个估算结果，误差大概在 1%。

HLL 用法和 BITMAP 用法类似，也需要配合 HLL_UNION 函数构建聚合字段。以下是一个示例。

首先，创建一张含有 HLL 列的表，其中 uv 列为聚合列，列类型为 HLL，聚合函数为 HLL_UNION。

```
CREATE TABLE test_hll (
dt     DATE,
id     INT,
uv     HLL    HLL_UNION
)
AGGREGATE KEY(dt,ID)
DISTRIBUTED BY HASH(ID) BUCKETS 1
PROPERTIES (
    "replication_num" = "1",
    "storage_format" = "DEFAULT"
);
```

当数据量很大时，最好为高频率的 HLL 查询建立对应的 ROLLUP 表，语句如下：

```
ALTER TABLE test_hll ADD ROLLUP hll_pv (dt, id);
```

然后使用 Broker Load 方式导入数据：

```
LOAD LABEL test_db.label
    (
    DATA INFILE
("hdfs://hdfs_host:hdfs_port/user/palo/data/input/file")
    INTO TABLE test
    COLUMNS TERMINATED BY ","
    (dt, id, user_id)
    SET (
        uv = HLL_HASH(user_id)
    )
);
```

完成数据导入以后，我们就可以查询了。HLL 列不允许直接查询它的原始值，支持用函数 HLL_UNION_AGG 进行查询。

```
-- 求总 uv
SELECT HLL_UNION_AGG(uv) FROM test_hll;
-- 该语句等价于
SELECT COUNT(DISTINCT uv) FROM test_hll;
-- 求每一天的 uv
SELECT dt,COUNT(DISTINCT uv) FROM test_hll GROUP BY dt;
```

6.6 GROUPING SETS 多维组合

GROUPING SETS 最早出现在 Oracle 数据库中，是多维数据分析中比较常见的一个数据汇总方式，支持提前按照各种指定维度预聚合数据，通过扩展存储来提高特定组合条件下的数据查询性能。

GROUPING SETS 是对 GROUP BY 子句的扩展，能够在一个 GROUP BY 子句中一次实现多个集合的分组。其查询效果等价于将多个 GROUP BY 子句进行 UNION 操作。特别地，一个空的子集意味着将所有的行聚集成一条记录。

GROUPING SETS 语句模板如下：

```
SELECT k1, k2, SUM( k3 ) FROM t GROUP BY GROUPING SETS ( (k1, k2), (k1), (k2), ( ) );
```

等价于：

```
SELECT k1, k2, SUM( k3 ) FROM t GROUP BY k1, k2
UNION
SELECT k1, null, SUM( k3 ) FROM t GROUP BY k1
UNION
SELECT null, k2, SUM( k3 ) FROM t GROUP BY k2
UNION
SELECT null, null, SUM( k3 ) FROM t
```

继续以 example_db.page_visit_detail 为例，先插入数据：

```
INSERT INTO page_visit_detail VALUES
    ('2022-06-21',10,1001,3),('2022-06-22',10,1001,6),
('2022-06-21',11,1001,7),('2022-06-22',10,1002,5),
        ('2022-06-23',11,1001,4),('2022-06-24',10,1002,7),
('2022-06-24',11,1002,4),('2022-06-22',10,1001,3);
```

然后执行如下 SQL 语句，得到的查询结果如图 6-40 所示。

```
SELECT visit_date,page_id,COUNT(DISTINCT user_id) as uv,sum(visit_cnt) as pv
FROM page_visit_detail
GROUP BY GROUPING SETS ((visit_date,page_id),(visit_date),());
```

```
11  select visit_date,page_id,count(distinct user_id) as uv,sum(visit_cnt) as pv
12  from page_visit_detail
13  group by GROUPING SETS ((visit_date,page_id),(visit_date),());
14
```

信息 结果 1 状态

visit_date	page_id	uv	pv
2022-06-24	0	2	11
2022-06-23	0	1	4
2022-06-24	11	1	4
	0	8	39
2022-06-23	11	1	4
2022-06-21	10	1	3
2022-06-22	10	2	14
2022-06-24	10	1	7
2022-06-21	11	1	7
2022-06-22	0	3	14
2022-06-21	0	2	10

图 6-40 GROUPING SETS 语句执行结果

GROUPING SETS 还有两个扩展子句——ROLLUP 和 CUBE，区别在于 ROLLUP 子句只会逐步减少分组字段，CUBE 子句则是穷举所有可能的分组组合字段。

ROLLUP 子句模板如下：

```
select visit_date,page_id,count(distinct user_id) as uv,sum(visit_cnt) as pv
from page_visit_detail
group by ROLLUP(visit_date,page_id);
```

等价于：

```
GROUPING SETS ((visit_date,page_id),(visit_date),());
```

CUBE 子句模板如下：

```
select visit_date,page_id,count(distinct user_id) as uv,sum(visit_cnt) as pv
from page_visit_detail
group by CUBE(visit_date,page_id);
```

等价于：

```
GROUPING SETS ((visit_date,page_id),(visit_date),(page_id),());
```

从上面的案例中可以看出，GROUPING SETS 语句及 ROLLUP、CUBE 子句在多维查询中可提前聚合好数据并且可以减少代码量。

Chapter 7 第7章

Doris查询优化

第6章介绍了Doris的查询语句，这可以帮助没有开发经验的读者快速入门，掌握SQL语句的基本要领。本章将从SQL语句执行过程和执行原理出发，探讨查询优化的方式。

7.1 执行计划

执行计划是指SQL语句执行过程的拆分动作，将复杂过程分解成若干简单的操作，并按照数据分布情况匹配索引，根据优化规则调整执行顺序。数据库的执行计划决定了查询性能。

Doris的执行计划由FE生成。Doris的执行计划分为两个阶段：第一个阶段是通过执行SQL语句生成PlanNodeTree，也就是把SQL语句转化成具体的查询算子，包括OlapScanNode、JoinNode、SortNode、AggregationNode等，如图7-1所示。

第二阶段把PlanNodeTree转化成分布式执行计划，即PlanFragmentTree，如图7-2所示。这个过程是把每个查询算子（也可以理解为计算步骤）按照数据的分布生成分布式执行计划。这个执行计划包括数据的传输和汇总。数据的传输由DataSink和ExchangeNode配合完成，其中DataSink负责扫描本地数据并发送出去，ExchangeNode负责接收数据并临时存储。

查看执行计划有3种命令：Desc Graph、Explain和Desc verbose。Desc Graph主要是通过图形化的方式展示执行计划的概要，Explain展示数据过滤条件、执行步骤等更多信息，Desc Verbose展示执行哪些列的信息。以如下查询为例，我们分别展示通过3种命令查看执行计划的结果。

```
SELECT t.dept_id,b.dept_name,sum(t.salary) as dept_salary
FROM example_db.emp_info t,example_db.dept_info b
WHERE t.dept_id = b.dept_id
group by t.dept_id,b.dept_name
ORDER BY t.dept_id;
```

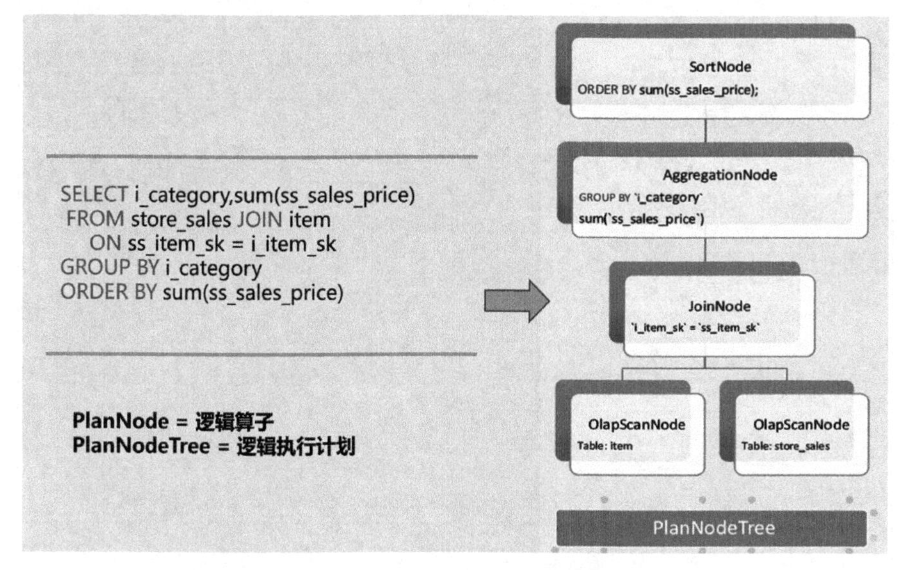

图 7-1 Doris 将 SQL 转化成逻辑执行计划

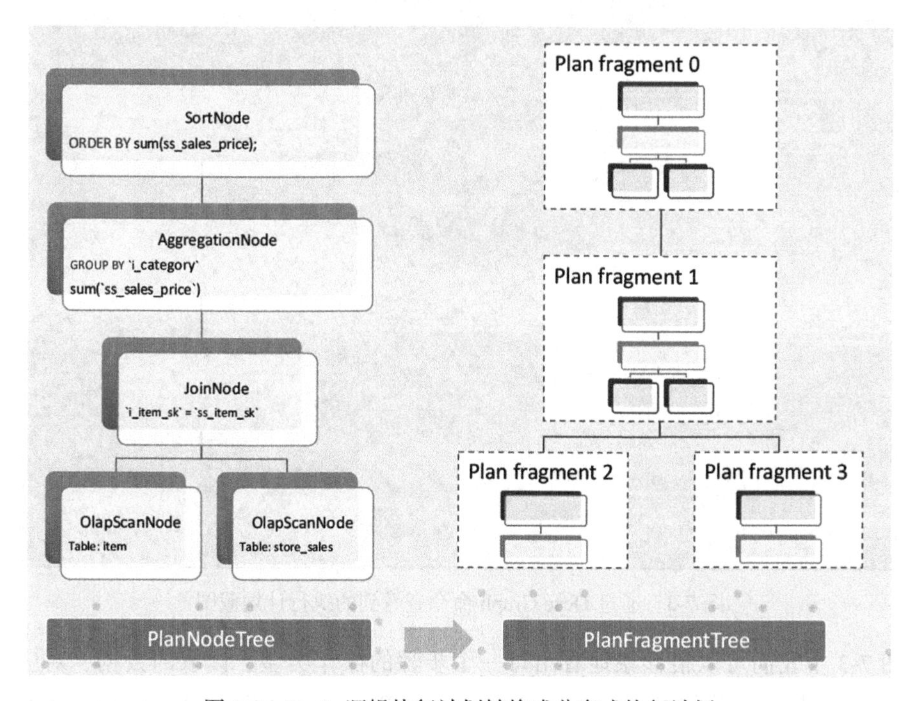

图 7-2 Doris 逻辑执行计划转换成分布式执行计划

通过 Desc Graph 命令查看到的执行计划共有 83 行，截图如图 7-3 所示。

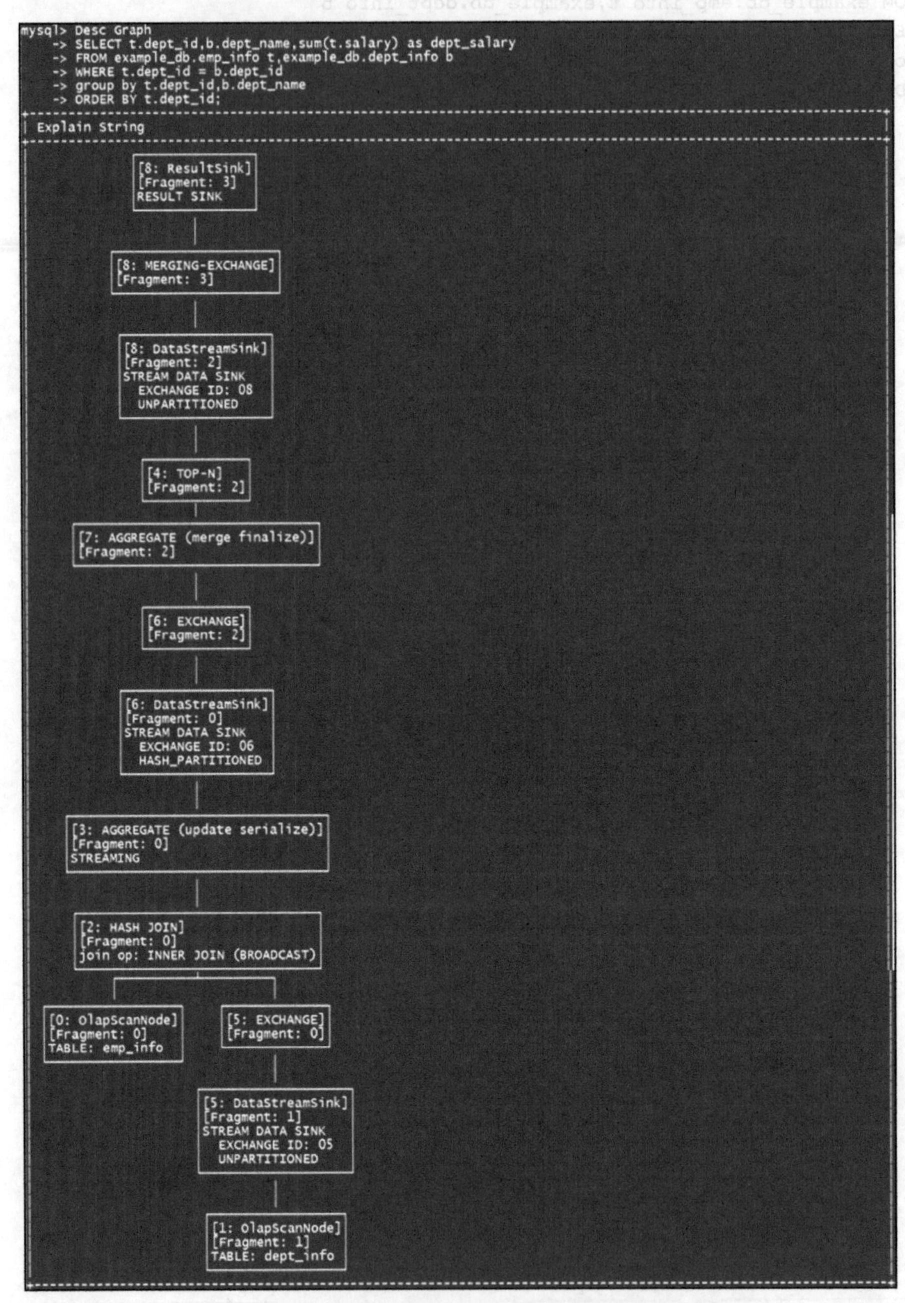

图 7-3 通过 Desc Graph 命令查看到的执行计划截图

从图 7-3 中我们可以很形象地看出每一个步骤的操作类型、读取的数据、对应的上一个阶段。本次查询涉及的算子有 OlapScanNode、DataStreamSink、Exchange、Hash Join、

Aggregate、Top1 N、ResultSink 等。

通过 Explain 命令查看到的执行计划显示了更多细节，但是没有通过 Desc Graph 命令查看到的那么直观，截图如图 7-4 所示。

```
mysql> Explain
    -> SELECT t.dept_id,b.dept_name,sum(t.salary) as dept_salary
    -> FROM example_db.emp_info t,example_db.dept_info b
    -> WHERE t.dept_id = b.dept_id
    -> group by t.dept_id,b.dept_name
    -> ORDER BY t.dept_id;
+-------------------------------------------------------------------------------------------------------------------------+
| Explain String                                                                                                          |
+-------------------------------------------------------------------------------------------------------------------------+
| PLAN FRAGMENT 0
|  OUTPUT EXPRS:<slot 7> <slot 4> `t`.`dept_id` | <slot 8> <slot 5> `b`.`dept_name` | <slot 9> <slot 6> sum(`t`.`salary`)
|   PARTITION: UNPARTITIONED
|
|   RESULT SINK
|
|   8:MERGING-EXCHANGE
|      limit: 65535
|
| PLAN FRAGMENT 1
|  OUTPUT EXPRS:
|   PARTITION: HASH_PARTITIONED: <slot 4> `t`.`dept_id`, <slot 5> `b`.`dept_name`
|
|   STREAM DATA SINK
|     EXCHANGE ID: 08
|     UNPARTITIONED
|
|   4:TOP-N
|   |  order by: <slot 7> <slot 4> `t`.`dept_id` ASC
|   |  offset: 0
|   |  limit: 65535
|   |
|   7:AGGREGATE (merge finalize)
|   |  output: sum(<slot 6> sum(`t`.`salary`))
|   |  group by: <slot 4> `t`.`dept_id`, <slot 5> `b`.`dept_name`
|   |  cardinality=-1
|   |
|   6:EXCHANGE
|
| PLAN FRAGMENT 2
|  OUTPUT EXPRS:
|   PARTITION: HASH_PARTITIONED: `default_cluster:example_db`.`emp_info`.`emp_id`
|
|   STREAM DATA SINK
|     EXCHANGE ID: 06
|     HASH_PARTITIONED: <slot 4> `t`.`dept_id`, <slot 5> `b`.`dept_name`
|
|   3:AGGREGATE (update serialize)
|   |  STREAMING
|   |  output: sum(`t`.`salary`)
|   |  group by: `t`.`dept_id`, `b`.`dept_name`
|   |  cardinality=-1
|   |
|   2:HASH JOIN
|   |  join op: INNER JOIN (BROADCAST)
|   |  hash predicates:
|   |  colocate: false, reason: Tables are not in the same group
|   |  equal join conjunct: `t`.`dept_id` = `b`.`dept_id`
|   |  runtime filters: RF000[in] <- `b`.`dept_id`
|   |  cardinality=9
|   |
|   |----5:EXCHANGE
|   |
|   0:OlapScanNode
|      TABLE: emp_info
|      PREAGGREGATION: ON
|      runtime filters: RF000[in] -> `t`.`dept_id`
|      partitions=1/1
|      rollup: emp_info
|      tabletRatio=3/3
|      tabletList=17010,17012,17014
|      cardinality=9
|      avgRowSize=341.1111
|      numNodes=1
|
| PLAN FRAGMENT 3
|  OUTPUT EXPRS:
|   PARTITION: HASH_PARTITIONED: `default_cluster:example_db`.`dept_info`.`dept_id`
|
|   STREAM DATA SINK
|     EXCHANGE ID: 05
|     UNPARTITIONED
|
|   1:OlapScanNode
|      TABLE: dept_info
|      PREAGGREGATION: ON
|      partitions=1/1
|      rollup: dept_info
|      tabletRatio=3/3
|      tabletList=17019,17021,17023
|      cardinality=5
|      avgRowSize=407.6
|      numNodes=1
+-------------------------------------------------------------------------------------------------------------------------+
```

图 7-4 通过 Explain 命令查看到的执行计划截图

这里的执行计划很详细地展示了每一步操作的数据、数据类型、分区、数据集大小、数据所在节点信息、是否命中索引及 ROLLUP 等信息。

通过 Desc verbose 命令查看到的执行计划太长，这里只截取第一步，如图 7-5 所示。

```
mysql> Desc verbose
    -> SELECT t.dept_id,b.dept_name,sum(t.salary) as dept_salary
    -> FROM example_db.emp_info t,example_db.dept_info b
    -> WHERE t.dept_id = b.dept_id
    -> group by t.dept_id,b.dept_name
    -> ORDER BY t.dept_id;
+-----------------------------------------------------------------------------------------------------------------------------+
| Explain String                                                                                                              |
+-----------------------------------------------------------------------------------------------------------------------------+
| PLAN FRAGMENT 0
|  OUTPUT EXPRS:<slot 7> <slot 4> `t`.`dept_id` | <slot 8> <slot 5> `b`.`dept_name` | <slot 9> <slot 6> sum(`t`.`salary`)
|   PARTITION: UNPARTITIONED
|
|   RESULT SINK
|
|   8:MERGING-EXCHANGE
|      limit: 65535
|      tuple ids: 3
|
| PLAN FRAGMENT 1
|  OUTPUT EXPRS:
|   PARTITION: HASH_PARTITIONED: <slot 4> `t`.`dept_id`, <slot 5> `b`.`dept_name`
|
|   STREAM DATA SINK
|     EXCHANGE ID: 08
|     UNPARTITIONED
|
|   4:TOP-N
|   |  order by: <slot 7> <slot 4> `t`.`dept_id` ASC
|   |  offset: 0
|   |  limit: 65535
|   |  tuple ids: 3
```

图 7-5 通过 Desc verbose 命令查看到的执行计划部分截图

通过 Desc verbose 命令查看到的执行最详细，展示了每一步需要读取的字段。这也导致展示的内容中有很多重复。

执行计划的生成是从上到下的，但是执行是从下到上进行的，由最末端的叶子节点读取磁盘数据，中间的算子进行聚合计算和数据重分布，最后汇总结果到顶端的 FE 节点并反馈给用户，如图 7-6 所示。

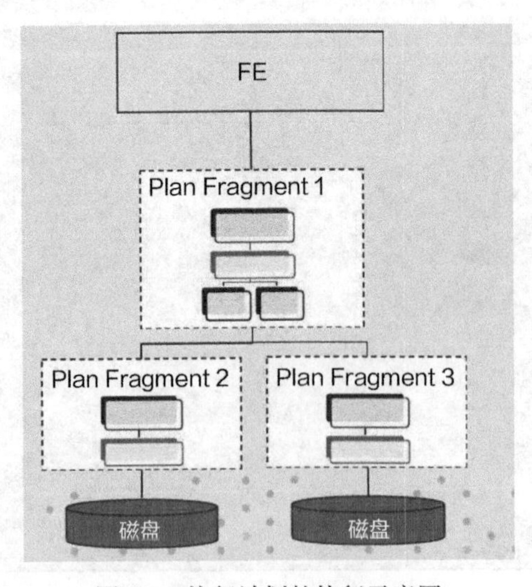

图 7-6 执行计划的执行示意图

7.2 查询优化器

本节将按照 SQL 语句的执行步骤详细解析查询优化器。查询优化器是数据库管理系统针对用户请求进行内部优化，生成（或重用）执行计划并传输给存储引擎操作数据，最终返回结果给用户的组件。查询优化器是数据库管理系统的核心组件之一，决定对特定的查询使用哪些索引、关联算法，从而高效运行。它是优化器中最重要的组件之一。从查询优化器的定义我们可以看出，查询优化是在 FE 节点实现的。

查询优化器的作用是在不改变查询结果的前提下，找到一个最优的执行计划。一个典型的查询优化示例如图 7-7 所示。

```
SELECT Sum(l_extendedprice * ( 1 -
 l_discount )) AS revenue
FROM   lineitem,
       part
WHERE  ( p_partkey = l_partkey
         AND p_brand = 'Brand#11' )
        OR ( p_partkey = l_partkey
             AND p_brand = 'Brand#21' )
        OR ( p_partkey = l_partkey
             AND p_brand = 'Brand#32' );

执行时间：13 s
```

```
SELECT Sum(l_extendedprice* (1 -
 l_discount)) AS revenue
FROM   lineitem,
       part
WHERE  p_partkey = l_partkey
AND    p_brand in ('Brand#11' ,
'Brand#21',  'Brand#32') ;

0.94 s
```

图 7-7　查询优化示例

优化前查询需要执行多次 OR 操作，查询时间 13s，优化后只需要 0.94s，但是优化前后查询结果是不变的。类似的优化还有很多。

查询优化器的运作主要分为 5 部分。

（1）词法、语法解析

词法解析是指 SQL 语句中的关键词解析。关键词也叫 Key Word，是查询语句的骨架，包括 SELECT、FROM、JOIN、ON、GROUP BY、ORDER BY 等。

词法解析之后就是语法解析，也就是判断 SQL 语句是否符合语法要求，例如 GROUP BY 必须在 ORDER BY 的前面，HAVING 必须在 GROUP BY 后面。

通过语法解析和词法解析，系统可以得到一个抽象语法树，如图 7-8 所示。

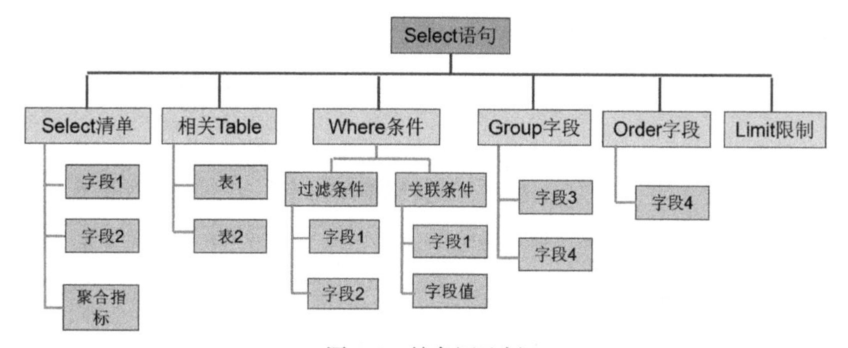

图 7-8　抽象语法树

（2）语义解析

语义解析最关键的步骤是检查元数据校验语义准确性。元数据包括表名、列名以及列类型。只有通过这一步的检查，才可以正确执行 SQL 语句。

语义解析过程如图 7-9 所示。

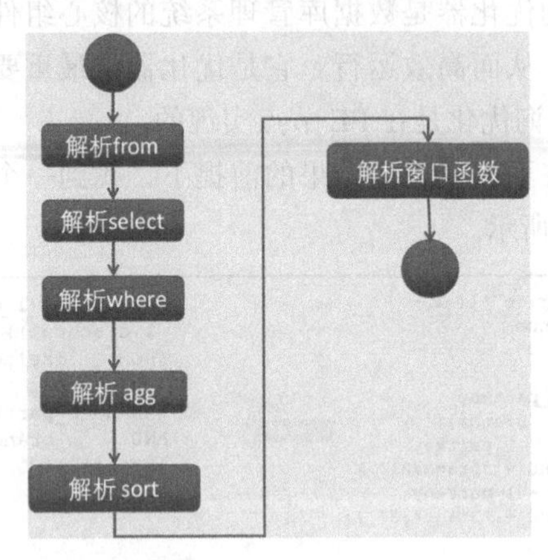

图 7-9 语义解析过程

（3）Query 改写

Query 改写一般是根据查询优化器内置的规则进行改写，包括表达式改写和子查询改写。

表达式改写的程序入口是 ExprRewriter 类，这个类的 apply 方法会逐个根据规则进行表达式匹配和改写。

子查询改写是针对一些复杂的查询进行改写，例如把 IN 语句改写成 LEFT SEMI JOIN 语句。

（4）单机执行规划

子查询改写以后得到初步优化的 SQL 语句，这时还可以进行两种优化：Join Order、谓词下推。

Join Order 优化的案例如图 7-10，调整 JOIN 顺序可以极大地提升查询效率。在默认顺序下，t1 和 t2 进行关联，可能会产生百亿级别的表或者内存溢出，但是如果 t1 先和 t3 关联，再和 t2 关联，则可以快速出结果。

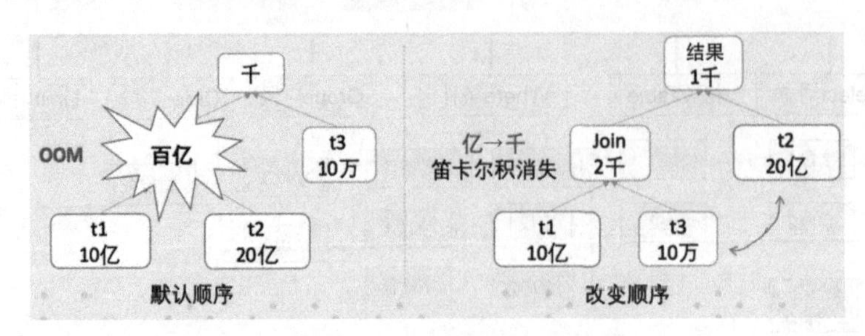

图 7-10 Join Order 优化案例

Join Order 优化是每次查询都找产生中间结果最小的表进行合并，如图 7-11 所示。Join Order 在多表关联场景的优化效果是非常显著的。

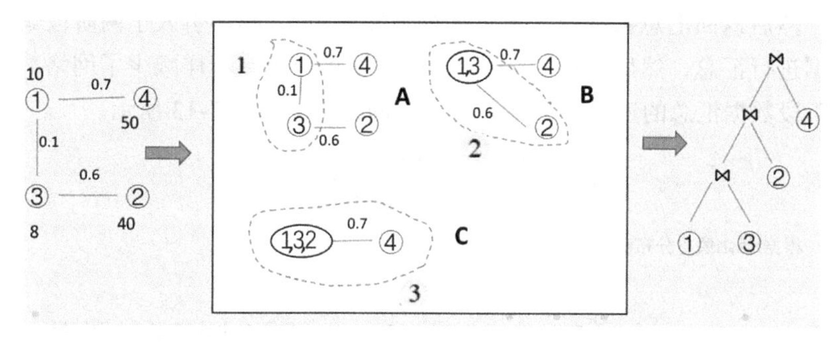

图 7-11 Join Order 优化过程

谓词下推是查询优化中最常见的方法，是把查询条件或者关联条件放到 JOIN 操作之前，先过滤无效数据，再执行关联操作。

（5）根据单机执行计划生成分布式执行计划

经过多次改写执行计划，结合数据的物理分布，系统就可以生成分布式执行计划。

单机执行计划改写成分布式执行计划，最大的不同就是 JOIN 操作，这里主要有 Broadcast Join、Shuffle Join、Bucket Shuffle Join 和 Colocate Join。这四种 Join 操作的差异可以回看 6.2 节。4 种 Join 操作各有应用场景，也有使用限制，我们需要尽可能引导数据库按照最优的 JOIN 操作方式实现数据关联。最优选择 Colocate Join，次之 Bucket Shuffle Join，然后是在 Broadcast Join 和 Shuffle Join 之间选择一个消耗最小的方式。是否命中 Colocate Join 可以通过执行计划看出，如图 7-12 所示。

```
MySQL [test]> explain select * from tbl1 A, tbl1 B where A.k1=B.k1;
+--------------------------------------------------------------------
| Explain String
+--------------------------------------------------------------------
| PLAN FRAGMENT 0
|  OUTPUT EXPRS:`A`.`k1` | `A`.`k2` | `A`.`k3` | `A`.`k4` | `A`.`k5`
|   PARTITION: HASH_PARTITIONED: `default_cluster:test`.`tbl1`.`k1`
|
|   RESULT SINK
|
|   2:HASH JOIN
|   |  join op: INNER JOIN
|   |  hash predicates:
|   |  colocate: true
|   |  equal join conjunct: `A`.`k1` = `B`.`k1`
|   |  runtime filters: RF000[in] <- `B`.`k1`
|   |  cardinality=0
|   |
|   |----1:OlapScanNode
|   |       TABLE: tbl1
|   |       PREAGGREGATION: OFF. Reason: null
```

图 7-12 Colocate Join 应用示例

分布式执行计划还有一个优化点就是分布式聚合。常规的聚合方式是先将明细数据按照分组字段进行重分布，让分组字段 Key 值相同的数据分布到相同节点以后在各个节点进行数据汇总，然后返回汇总数据给主节点进行合并输出。Doris 引入了两阶段聚合概念：先在本地对数据进行汇总，然后根据 Hash 值进行数据重分布，这样减少了网络数据传输，也提高了第二阶段数据汇总的速度，最终实现了查询提速，如图 7-13 所示。

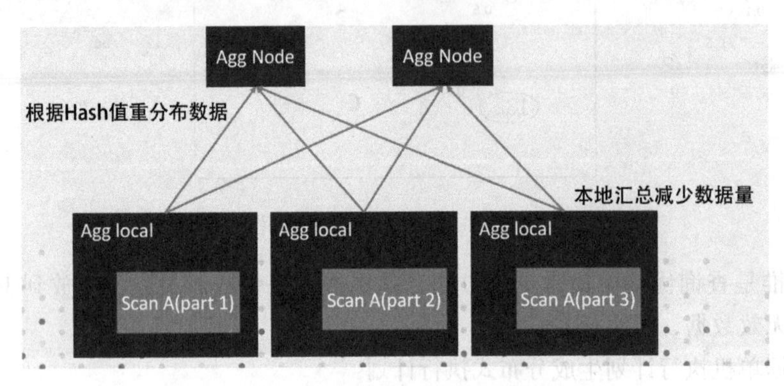

图 7-13 两阶段聚合示意图

通过对查询优化器的解析，我们知道数据库已经主动对查询请求进行了大量优化，其中我们可以调整的主要是 Join Order 和分布式 Join 操作方法。接下来，我们还将从索引、物化视图、ROLLUP 等方面进一步推动 SQL 查询的优化。

7.3 索引

索引的作用是帮助快速过滤或查找数据。这样说可能有点抽象，我们小时候都有过查字典的经历，一般是先根据首字母找字典的“汉语拼音音节索引表”（见图 7-14），找对应汉字所在的页码，然后在具体的页码查看展开内容。

汉语拼音音节索引 1

A		cao	操 43	cun	村 79	en	恩 121
a	啊 1	ce	策 44	cuo	搓 80	en	鞥 121
ai	哀 2	cen	岑 45	D		er	儿 121
an	安 3	ceng	层 45	da	搭 81	F	
ang	肮 5	cha	插 45	dai	呆 83	Fa	发 123
ao	熬 5	chai	拆 48	dan	单 86	fan	帆 124
B		chan	搀 48	dang	当 88	fang	方 127
ba	八 7	chan	昌 51	dao	刀 90	fei	非 129
bai	白 10	chao	超 53	de	德 92	fen	分 132
ban	班 12	che	车 54	dei	得 94	feng	风 134
bang	帮 14	chen	尘 55	den	扽 94	fo	佛 136
bao	包 15	chen	称 57	deng	登 94	fou	否 136
bei	杯 18	chi	吃 59	di	低 95	fu	夫 137
ben	奔 20	chon	充 62	dia	嗲 99	G	

图 7-14 汉语拼音音节索引

数据库的索引也具有类似功能，只不过一般关系型数据库的索引是用 Key 字段来构建，便于快速定位到指定的记录。而 OLAP 型数据库索引略有不同。

目前，Doris 主要支持两类索引：一类是内建的智能索引，包括前缀索引和 ZoneMap 索引；另一类是用户创建的二级索引，包括 Bloom Filter 索引和 BITMAP 索引。

其中，ZoneMap 索引是在列存储格式上对每一列索引信息自动维护，包括 Min、Max、Null 值个数等。这种索引对用户透明，且无法优化和调整，因此这里就具体介绍。下面主要介绍其他三类索引。

1. 前缀索引

本质上，Doris 的数据存储在类似 SSTable（Sorted String Table）的数据结构中。该结构是一种有序的数据结构，可以按照指定的列进行排序存储。在这种数据结构上，以排序列为条件进行查找非常高效。

在 Aggregate、Unique 和 Duplicate 三种数据模型中，底层的数据存储是对各自建表语句中 AGGREGATE KEY、UNIQUE KEY 和 DUPLICATE KEY 指定的列进行排序存储的。

前缀索引是一种在排序的基础上根据给定前缀列，快速查询数据的索引方式。前缀索引是以 Block 为粒度创建的稀疏索引，一个 Block 包含 1024 行数据，每个 Block 以第一行数据的前缀列的值为索引。建表时，建议将查询中常见的过滤字段放在 Schema 的前面，区分度越大，查询频次越高的字段越往前放。

我们将一行数据的前 36 B 作为这行数据的前缀索引，当遇到 VARCHAR 类型数据时，即使没有达到 36 字节前缀索引会直接截断，举例说明。

表 7-1 的前缀索引为 user_id（8 B）+ age（4 B）+ message（prefix 20 B）。

表 7-1 前缀索引示例一

字段名	类型	字段描述
user_id	BIGINT	用户 ID
age	INT	年龄
message	VARCHAR（100）	信息
effect_time	DATETIME	生效时间
expire_time	DATETIME	失效时间

表 7-2 的前缀索引为 user_name（20 B），即使没有达到 36 B，因为遇到 VARCHAR 类型数据，所以直接截断，不再继续增加字段。

表 7-2 前缀索引示例二

字段名	类型	字段描述
user_name	VARCHAR（20）	用户姓名
age	INT	年龄
message	VARCHAR（100）	信息
effect_time	DATETIME	生效时间
expire_time	DATETIME	失效时间

查询条件是前缀索引的前缀，可以极大地加快查询速度。比如在示例一中，执行如下查询：

```
SELECT * FROM table WHERE user_id=1829239 and age=20;
```

该查询的效率会远高于如下查询：

```
SELECT * FROM table WHERE age=20;
```

所以在建表时，正确选择列顺序能够极大地提高查询效率。

2. Bloom Filter 索引

用户可以在建表时指定在某些列上创建 Bloom Filter 索引（以下简称 BF 索引），也可以在运行时通过 ALTER TABLE 命令新增 BF 索引。建表时，BF 索引创建是通过在建表语句的 PROPERTIES 里加上 bloom_filter_columns 参数来实现的，支持多个字段组合。通过 ALTER TABLE 命令增加 BF 索引的语句如下：

```
ALTER TABLE example_db.my_table SET ("bloom_filter_columns"="k1,k2,k3");
```

BF 索引本质上是一种位图结构，用于快速判断一个给定的值是否在一个集合中。这种判断会产生小概率误判，即如果返回 False，则一定不在这个集合中，如果返回 True，则有可能在这个集合中。

BF 索引也是以 Block 为粒度创建的。每个 Block 中指定列的值作为一个集合生成一个 BF 索引条目，用于在查询时快速过滤不满足条件的数据。BF 索引比较适合创建在高基数列上，比如 UserID，如果创建在低基数列上，比如“性别”列，每个 Block 几乎都会包含所有取值，导致索引失去意义。

3. BITMAP 索引

用户可以在建表时指定在某些列上创建 BITMAP 索引，也可以在建表后通过 ALTER TABLE 或者 CREATE INDEX 命令新增 BITMAP 索引，语句如下：

```
-- 通过修改表结构增加 BITMAP 索引
ALTER TABLE table1 ADD INDEX [IF NOT EXISTS] index_name (siteid) [USING BITMAP]
    COMMENT 'balabala';
-- 直接在表上创建 BITMAP 索引
CREATE INDEX [IF NOT EXISTS] index_name ON table1 (siteid) USING BITMAP COMMENT
    'balabala';
```

BITMAP 索引是一种特殊的数据库索引技术，使用 bit 数组进行数据存储。位置编码中的每一位表示键值对应的数据行的有无。一个位图指向的是几十甚至成百上千行数据的位置。

相对于 B*Tree 索引，BITMAP 索引占用的空间非常小，创建和查询速度非常快。当根据键值做查询时，数据库可以根据 BITMAP 索引快速定位到具体的行。而当根据键值做 and、or 或 in 查询时，数据库直接用索引的位图进行与、或运算，快速获得结果行数据。

Doris 中的 BITMAP 索引仅支持在单列上创建，并且只支持定长类型的字段查询，不支持 TEXT 或者 STRING 类型的字段查询。BITMAP 索引适合低基数列查询场景，建议在 100 到 100000 之间，如职业、地市等。基数太高，BITMAP 索引则没有明显优势；基数太低，BITMAP 索引空间效率和性能会大大降低。

对于特定类型的查询，例如 count、or、and 等逻辑操作，只需要进行位运算，如类似 SELECT count（*）FROM table WHERE city = 'beijing' AND job = 'teacher' 这种多个条件组合的查询场景，如果在每个查询条件列上都建立 BITMAP 索引，则可以进行高效的位运算，精确定位到需要的数据。筛选出的结果集越小，BITMAP 索引的优势越明显。

7.4 物化视图

顾名思义，物化视图是物理化的视图，即保存查询结果数据的视图。物化视图结合了表和视图的优点，既支持动态刷新数据，又可以满足高效查询需求。

物化视图是一种以空间换时间的数据分析技术。Doris 支持在基础表之上建立物化视图，比如可以在明细数据模型表上基于部分列建立聚合视图，这样可以同时满足对明细数据和聚合数据的快速查询。同时，Doris 能够保证物化视图和基础表的数据一致性，并且在查询时自动匹配合适的物化视图，极大地降低数据维护成本，为用户提供一致且透明的查询服务。

用户需要根据查询语句的特点来决定创建的物化视图。这里并不是说物化视图定义和某个查询语句一模一样就是最好，而是有两个原则。

第一，从单表的大量查询语句中抽象出频率较高的分组和聚合方式作为物化视图的定义。如果抽象出来的物化视图可以被多个查询匹配到，这张物化视图就很好。如果物化视图只和某个特殊的查询很匹配，而不能匹配到其他查询，这张物化视图的性价比不高，既占用了集群的存储资源，还不能为更多的查询服务。所以，用户需要结合自己的查询语句，以及数据维度信息抽象出一些物化视图的定义。

第二，不需要对所有维度组合都创建物化视图。实际的分析查询并不会覆盖所有维度组合，所以给常用的维度组合创建物化视图即可，从而达到空间和时间上的平衡。

我们可通过 CREATE MATERIALIZED VIEW 命令创建物化视图。创建物化视图是一个异步操作，也就是说用户成功提交创建任务后，Doris 会在后台对存量数据进行计算，直到物化视图创建成功。CREATE MATERIALIZED VIEW 命令如下：

```
CREATE MATERIALIZED VIEW [MV name]
AS
[query]
[PROPERTIES ("key" = "value")]
```

从命令模板可以看出，物化视图由视图名、查询和 PROPERTIES 键值对三部分组成。

物化视图也是数据库的一个对象，命名必须全局唯一。查询只能是基于单表的简单查询，不支持 JOIN 操作和字段表达式查询。PROPERTIES 键值对用于声明物化视图的一些配置、选填项。目前，Doris 仅支持 timeout 参数，用于设定物化视图构建的超时时间。

1）物化视图支持的查询模板如下：

```
SELECT select_expr[, select_expr ...]
    FROM [Base table name]
GROUP BY column_name[, column_name ...]
ORDER BY column_name[, column_name ...]
```

物化视图的查询有以下限制。

- 查询涉及的所有列只允许使用一次。
- 仅支持不带表达式计算的单列查询，不支持 CASE WHEN 处理，也不支持函数处理。
- GROUP BY 子句非必需。
- ORDER BY 子句指定列的顺序必须和查询字段顺序一致。
- 如果不声明 ORDER BY，Doris 根据规则自动补充排序列。如果物化视图是聚合类型，所有的分组列自动补充为排序列。如果物化视图是非聚合类型，前 36 B 自动补充为排序列。如果自动补充的排序列小于 3 个字段，前 3 个字段作为排序列。
- 查询的基础表必须是单表，且不能放在子查询中。

目前，物化视图创建支持的聚合函数有 sum、min、max、count、bitmap_union、hll_union 六种。其中，bitmap_union 的形式可为 bitmap_union（to_bitmap（column））或者 bitmap_union（column），前者适合基础表（在 Doris 中，我们将用户通过建表语句创建的表称为基础表）为 Duplicate 模型的场景，后者适合基础表为 Aggregate 模型或者 Unique 模型的场景。hll_union 的使用规则和 bitmap_union 一致。物化视图中聚合和查询中聚合的匹配关系如表 7-3 所示。

表 7-3 物化视图中聚合和查询中聚合的匹配关系

物化视图中聚合	查询中聚合
sum	sum
min	min
max	max
count	count
bitmap_union	bitmap_union, bitmap_union_count, count（distinct）
hll_union	hll_raw_agg, hll_union_agg, ndv, approx_count_distinct

其中，Bitmap 和 HLL 的聚合函数在匹配到物化视图后，查询的聚合算子会根据物化视图的表结构进行一次改写。

为了保证物化视图中的数据和 Base 表中的数据一致，Doris 会将导入、修改、删除等对 Base 表的操作同步到物化视图中，并且通过增量更新的方式提高更新效率。我们可以通过事务的方式保证原子性，比如如果用户通过 INSERT 命令插入数据到 Base 表，这条数据会同步插入物化视图。当在 Base 表和物化视图均写入成功后，INSERT 命令才会成功返回。

物化视图创建成功后，查询不需要改变，也就是还是查询 Base 表。Doris 会根据当前查询语句自动选择一个最优的物化视图，从物化视图中读取数据并计算。

假设用户有一张销售明细表，表中存储了每个交易的用户 id、销售员、售卖门店、销售时间以及金额。建表语句为：

```
create table sales_detail(
record_id int,
seller_id int,
store_id int,
sale_date date,
sale_amt bigint)
distributed by hash(record_id)
properties("replication_num" = "1");
```

用户如果需要经常对不同门店的销售量进行分析查询，则可以针对 sales_records 表创建一张以门店分组，对相同门店销售额求和的物化视图，创建语句如下：

```
CREATE MATERIALIZED VIEW mv_store_sales
AS
SELECT store_id, sum(sale_amt)
FROM sales_detail
GROUP BY store_id;
```

返回成功，则说明创建物化视图任务提交成功。

由于创建物化视图是一个异步操作，用户在提交创建物化视图任务后，需要异步地通过命令检查物化视图是否创建完成（如图 7-15 所示），命令如下：

```
SHOW ALTER TABLE MATERIALIZED VIEW FROM db_name;
```

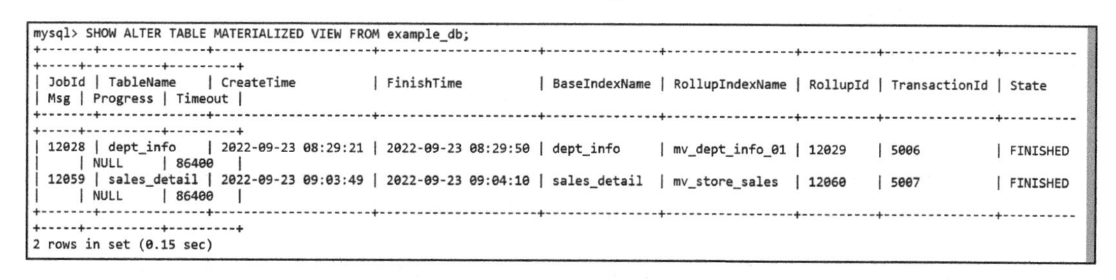

mysql> SHOW ALTER TABLE MATERIALIZED VIEW FROM example_db;

JobId	TableName	CreateTime	FinishTime	BaseIndexName	RollupIndexName	RollupId	TransactionId	State	Msg	Progress	Timeout
12028	dept_info	2022-09-23 08:29:21	2022-09-23 08:29:50	dept_info	mv_dept_info_01	12029	5006	FINISHED		NULL	86400
12059	sales_detail	2022-09-23 09:03:49	2022-09-23 09:04:10	sales_detail	mv_store_sales	12060	5007	FINISHED		NULL	86400

2 rows in set (0.15 sec)

图 7-15 查看物化视图是否创建完成

当创建完成物化视图后，用户再查询不同门店的销售量时，就可直接从创建的物化视图 store_amt 中读取聚合数据，提高了查询效率。

用户再查询时依旧指定查询 sales_records 表，比如：

```
SELECT store_id, sum(sale_amt) FROM sales_detail GROUP BY store_id;
```

上面查询就能自动匹配到 store_amt 物化视图。用户可以通过 EXPLAIN 命令检查当前查询是否命中合适的物化视图，如图7-16所示。

```
mysql> explain SELECT store_id, sum(sale_amt) FROM sales_detail GROUP BY store_id;
+----------------------------------------------------------------------------------------+
| Explain String                                                                         |
+----------------------------------------------------------------------------------------+
| PLAN FRAGMENT 0                                                                        |
|   OUTPUT EXPRS:<slot 2> `store_id` | <slot 3> sum(`sale_amt`)                          |
|   PARTITION: UNPARTITIONED                                                             |
|                                                                                        |
|   VRESULT SINK                                                                         |
|                                                                                        |
|   4:VEXCHANGE                                                                          |
|                                                                                        |
| PLAN FRAGMENT 1                                                                        |
|                                                                                        |
|   PARTITION: HASH_PARTITIONED: <slot 2> `store_id`                                     |
|                                                                                        |
|   STREAM DATA SINK                                                                     |
|     EXCHANGE ID: 04                                                                    |
|     UNPARTITIONED                                                                      |
|                                                                                        |
|   3:VAGGREGATE (merge finalize)                                                        |
|   |  output: sum(<slot 3> sum(`sale_amt`))                                             |
|   |  group by: <slot 2> `store_id`                                                     |
|   |  cardinality=-1                                                                    |
|   |                                                                                    |
|   2:VEXCHANGE                                                                          |
|                                                                                        |
| PLAN FRAGMENT 2                                                                        |
|                                                                                        |
|   PARTITION: HASH_PARTITIONED: `default_cluster:example_db`.`sales_detail`.`record_id` |
|                                                                                        |
|   STREAM DATA SINK                                                                     |
|     EXCHANGE ID: 02                                                                    |
|     HASH_PARTITIONED: <slot 2> `store_id`                                              |
|                                                                                        |
|   1:VAGGREGATE (update serialize)                                                      |
|   |  STREAMING                                                                         |
|   |  output: sum(`sale_amt`)                                                           |
|   |  group by: `store_id`                                                              |
|   |  cardinality=-1                                                                    |
|   |                                                                                    |
|   0:VOlapScanNode                                                                      |
|      TABLE: sales_detail(mv_store_sales), PREAGGREGATION: ON                           |
|      partitions=1/1, tablets=10/10, tabletList=12061,12063,12065 ...                   |
|      cardinality=0, avgRowSize=12.0, numNodes=1                                        |
+----------------------------------------------------------------------------------------+
41 rows in set (0.15 sec)
```

图7-16 查询是否命中合适的物化视图

物化视图还适合不进行数据聚合的场景，以及补充前缀索引无法实现的场景，示例如下：

```
CREATE MATERIALIZED VIEW mv_store_sales
AS
SELECT sale_date,store_id,seller_id,record_id,sale_amt
FROM example_db.sales_detail
ORDER BY sale_date,store_id,seller_id;
```

这个视图等于针对sales_detail表新建了基于sale_date、store_id、seller_id三个字段的稀疏索引，在查询条件是sale_date和store_id时，大大提升查询性能。

7.5 ROLLUP

ROLLUP在多维分析中是“上卷”的意思，即将数据按某种指定的粒度进行进一步聚合。Base表中保存着按用户建表语句指定的方式存储的基础数据。在Base表之上，我们可以创建任意多个ROLLUP表。这些ROLLUP表中的数据是基于Base表产生的，并且在物理上是独立存储的。ROLLUP表的基本作用是在Base表的基础上，获得更粗粒度的聚合数据。

在Doris中，ROLLUP是先于物化视图诞生的，但是为什么把物化视图放到前面讲呢，主要是为了方便读者理解。物化视图早在Oracle数据库中已经有概念普及。在没有物化视图功能之前，用户一般使用ROLLUP通过预聚合方式提升查询效率。但是ROLLUP具有一定的局限性，不能基于明细模型做预聚合。

物化视图在覆盖了ROLLUP功能的同时，还能支持更丰富的聚合函数，所以物化视图其实是ROLLUP的一个超集。表7-4简单说明一下二者的功能差异。

表7-4 ROLLUP和物化视图对比

	明细模型	汇总模型（包含Unique模型）
物化视图	支持自定义维度的数据汇总，也支持变更顺序重组数据	支持任意维度组合的数据汇总
ROLLUP	只支持在原表上变更排序，相当于增加了一个前缀索引	只支持维度裁剪，不支持重新定义聚合类型

在Duplicate模型中，ROLLUP已经失去“上卷”这一层含义，而仅仅用于重定义排序列，以便查询语句命中前缀索引。在前文中，我们介绍了前缀索引的概念，并且认识到对于一张Base表只能根据其定义的Key字段创建前缀索引。对于以没有命中前缀索引的列为条件的查询来说，效率可能无法满足需求。因此，我们可以通过创建ROLLUP来人为调整列顺序。

例如针对7.4节的案例，我们可以通过ROLLUP语句，达到和使用物化视图相同的效果。

```
ALTER TABLE example_db.sales_detail
    ADD ROLLUP store_rollup_index(sale_date,store_id,seller_id)
    PROPERTIES("timeout" = "3600");
```

在Aggregate和Unique模型中，ROLLUP才有上卷的作用。ROLLUP在Base表的基础上新增不同维度的数据聚合，以快速响应不同维度的查询。

针对聚合模型（Unique模型是Aggregate模型的特例），用户可以在建表时定义ROLLUP：

```
CREATE TABLE example_db.rollup_index_table
(
    event_day DATE,
    siteid INT DEFAULT '10',
    citycode SMALLINT,
    username VARCHAR(32) DEFAULT '',
    pv BIGINT SUM DEFAULT '0'
)
AGGREGATE KEY(event_day, siteid, citycode, username)
DISTRIBUTED BY HASH(siteid) BUCKETS 10
rollup (
```

```
r1(event_day,siteid),
r2(event_day,citycode),
r3(event_day)
)
PROPERTIES("replication_num" = "3");
```

也可以在表创建完以后添加 ROLLUP 语句：

```
ALTER TABLE example_db.rollup_index_table
    ADD ROLLUP example_rollup_index(citycode, username, pv)
    PROPERTIES("timeout" = "3600");
```

建表完以后，用户可以通过 DESC example_db.rollup_index_table ALL; 语句查看表的基本信息和所有 ROLLUP 信息，如图 7-17 所示。

```
30 DESC example_db.rollup_index_table ALL;
31
```

信息 结果 1 状态

IndexName	IndexKeysType	Field	Type	Null	Key	Default	Extra	Visible
rollup_index_table	AGG_KEYS	event_day	DATE	Yes	true	(Null)		true
		siteid	INT	Yes	true	10		true
		citycode	SMALLI	Yes	true	(Null)		true
		username	VARCH/	Yes	true			true
		pv	BIGINT	Yes	false	0	SUM	true
r1	AGG_KEYS	event_day	DATE	Yes	true	(Null)		true
		siteid	INT	Yes	true	10		true
r2	AGG_KEYS	event_day	DATE	Yes	true	(Null)		true
		citycode	SMALLI	Yes	true	(Null)		true
r3	AGG_KEYS	event_day	DATE	Yes	true	(Null)		true
example_rollup_index	AGG_KEYS	citycode	SMALLI	Yes	true	(Null)		true
		username	VARCH/	Yes	true			true
		pv	BIGINT	Yes	false	0	SUM	true

图 7-17 查看表的基本信息和所有 ROLLUP 信息

最后，Doris 官网关于 ROLLUP 的几点说明，对我们使用 ROLLUP 有很大帮助。

- ROLLUP 最根本的作用是提高某些查询的效率（无论通过聚合来减少数据量，还是修改列顺序以匹配前缀索引）。因此，ROLLUP 的含义已经超出“上卷”的范围。这也是源代码中将其命名为 Materialized Index（物化索引）的原因。
- ROLLUP 表附属于 Base 表，可以看作是 Base 表的一种辅助数据结构。用户可以在 Base 表的基础上，创建或删除 ROLLUP 表，但是不能在查询中显式地指定查询某 ROLLUP 表。是否命中 ROLLUP 表完全由 Doris 查询引擎决定。
- ROLLUP 表中的数据是独立存储的。因此，创建的 ROLLUP 表越多，占用的磁盘空间也就越大，同时对导入速度也会有影响，但是不会降低查询效率。
- ROLLUP 表中的数据更新与 Base 表中的数据更新是完全同步的，无须用户关心这个问题。

- ROLLUP 表中列的聚合方式与 Base 表中的完全相同。用户在创建 ROLLUP 表时无须指定，也不能修改。
- 查询引擎能否命中 ROLLUP 表的一个必要条件是，查询所涉及的所有列（包括 select list 和 where 中的查询条件列等）都存在于该 ROLLUP 表的列中。否则，查询引擎只能命中 Base 表。
- 某些类型的查询（如 count（*））在任何条件下，都无法命中 ROLLUP 表。
- 可以通过 EXPLAIN your_sql 命令获得查询执行计划，在执行计划中，查看是否命中 ROLLUP 表。

7.6 向量化查询引擎

传统的数据库查询都是采用一次一元组的 Pipleline 模式。这样，CPU 的大部分时间不是在真正地处理数据，而是在遍历查询操作树，导致 CPU 的有效利用率不高、指令缓存性能低和频繁跳转。从存储层面看，磁盘读写能力提升并没有 CPU 硬件计算能力提升得那么迅速。目前对于磁盘来说，顺序读取速率比随机读取速率要高。但是通常数据库中的很多数据更倾向于随机存放状态。另外，目前磁盘读写速率已经远远跟不上 CPU 处理数据速率了。

在这种背景下，“列存储 + 向量化执行引擎”就成了解决痛点的核心利器。首先，列存储是按照相同的列数据存放在一起的，数据类型相同，压缩比高；其次，由于 OLAP 的特点，单次查询读取的列数少，I/O 总量低，数据读取时间大大缩短；最后，向量化查询引擎将串行执行变成并行执行，大大提升了 CPU 处理速率。

从字面意义上理解，向量化其实就是由一次对一个值进行运算，转化成一次对一组值进行运算。从 CPU 角度分析，现代 CPU 都支持将单个指令应用于多个数据的 SIMD 向量化计算。所谓向量化计算，就是利用 SIMD 指令进行运算，比如一个具有 128 位寄存器的 CPU，可以一次性从内存中拉取 4 个 32 位数据，并且进行计算，再把该 128 位数据写回内存，这比一次执行一条指令快 4 倍。

图 7-18 是单指令执行和 SIMD 执行的对比。内存中有 4 个 INT 类型数据，而 INT 类型数据占 32 位，当没有 SIMD 支持时，需要重复 4 次从内存中加载数据，然后再做 4 次乘法计算，最后把结果写回内存，同样要做 4 次。如果有 SIMD 支持，一次就能载入多个连续的数据，这样就只有一次内存加载和一次计算，比如 4 个数据连续做一次乘法运算，然后得到 4 个结果并写到 4 个寄存器，最后写回内存，就完成了一次向量化的指令计算操作。这样的操作比传统的没有 SIMD 支持或者没有向量化支持的 CPU 能够快四倍。随着 CPU 本身的发展，大家常用的 128 位的 SSE 指令后面又多了 256 位 AVX 指令，包括英特尔现在最新的 AVX2 指令，寄存器的位数不断变长，所以向量化一组运算数据越来越多，效率越

来越高。但这不是一个线性关系，不一定寄存器的位数越多，性能就线性提升，但是它能够保证一次对一组值的计算更快。

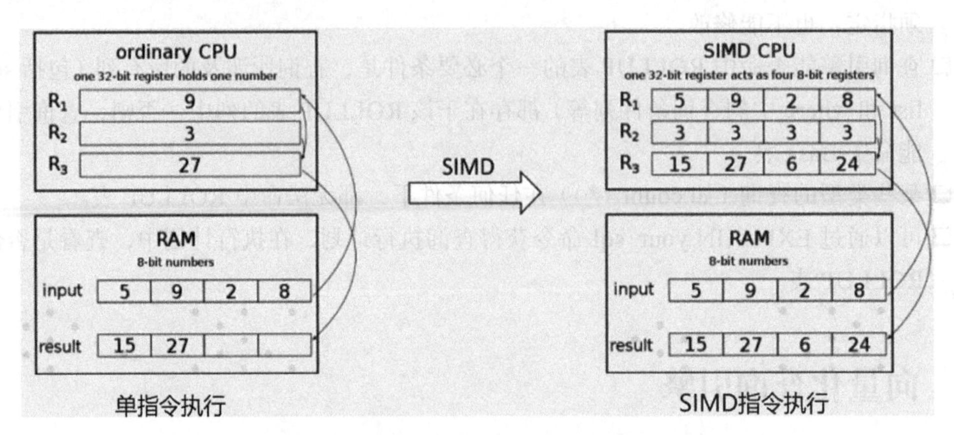

图 7-18 单指令执行和 SIMD 执行的对比

从数据库角度分析与从 CPU 角度分析类似，传统数据库执行引擎是一行一行处理数据，一次扫描一行数据，然后做对应的判断、计算。而向量数据库会把对一个元组的操作，转化成一次对一组值的操作，内存中一个 Batch 的数据不再以行的形式存在，而是以列的形式存在，所有的算子都通过并行方式进行批量计算，从而提高计算速度。

7.7 查询优化总结

前面介绍了 SQL 语句的执行过程、索引、物化视图、ROLLUP，其实核心目的只有一个——让查询变得更快。通过前面 SQL 语句的执行过程，我们也看到了，查询优化器可以实现大部分场景的查询性能优化。但是在某些极端的查询条件下，我们还需要针对表做一些调整，才能达到满意的效果。这里总结一下我们可以采取的优化策略。

1. 数据模型选择

目前，Doris 数据模型分为 3 类：Aggregate 模型、Unique 模型和 Duplicate 模型。3 种模型中的数据都是按 Key 进行排序。

Aggregate 模型：Key 相同时，新旧记录进行聚合，目前支持的聚合函数有 sum、min、max、replace。Aggregate 模型可以提前聚合数据，适合报表和多维分析业务。

```
CREATE TABLE site_visit(
    siteid       INT,
    city         SMALLINT,
    username     VARCHAR(32),
    pv BIGINT    SUM DEFAULT '0')
AGGREGATE KEY(siteid, city, username)
DISTRIBUTED BY HASH(siteid) BUCKETS 10;
```

Unique 模型：Key 相同时，新记录覆盖旧记录。目前，Unique 模型实现上和 Aggregate 模型的 replace 聚合函数一样，二者本质上可以认为相同，适合有更新的分析业务。

```
CREATE TABLE sales_order(
    orderid     BIGINT,
    status      TINYINT,
    username    VARCHAR(32),
    amount      BIGINT DEFAULT '0')
UNIQUE KEY(orderid)
DISTRIBUTED BY HASH(orderid) BUCKETS 10;
```

Duplicate 模型：只指定排序列，相同 Key 的记录同时存在，适合数据无须提前聚合的分析业务。

```
CREATE TABLE session_data(
    visitorid   SMALLINT,
    sessionid   BIGINT,
    visittime   DATETIME,
    city        CHAR(20),
    province    CHAR(20),
    ip          varchar(32),
    brower      CHAR(20),
    url         VARCHAR(1024))
DUPLICATE KEY(visitorid, sessionid)
DISTRIBUTED BY HASH(sessionid, visitorid) BUCKETS 10;
```

选择合适的模型是性能优化的第一步。

2. 内存表

Doris 支持把表数据全部缓存在内存中，以便加速查询。内存表适合数据行数不多的维度表的存储，示例如下：

```
CREATE TABLE memory_table(
    visitorid   SMALLINT,
    sessionid   BIGINT,
    visittime   DATETIME,
    city        CHAR(20),
    province    CHAR(20),
    ip          varchar(32),
    brower      CHAR(20),
    url         VARCHAR(1024))
DUPLICATE KEY(visitorid, sessionid)
DISTRIBUTED BY HASH(sessionid, visitorid) BUCKETS 10
PROPERTIES (
    "in_memory"="true"
);
```

3. Colocate Join

为了加速查询，分布相同的相关表可以采用相同的分桶列数量和 Bucket 数量。当两表的数据分布相同且关联字段包含分布键时，Doris可以自动将两表关联调整为Colocate Join，从而避免数据在集群中的传输，大幅提高查询性能。在特定条件下，我们还可以合理利用Bucket Shuffle Join和Broadcast Join来提升查询性能。

4. 减少大宽表，优选星型模型

业务方建表时，为了和前端业务适配，往往不对维度信息和指标信息加以区分，而将Schema定义成大宽表。Doris对这类大宽表查询性能往往不尽如人意。

建议用户尽量使用星型模型区分维度表和指标表。频繁更新的维度表可以放在内存中，而如果只有少量更新，可以直接放在Doris中。在Doris中存储维度表时，用户可对维度表设置更多的副本，提高查询效率。

5. 分区和分桶

Doris支持两级分区存储：第一层为Range分区，第二层为Hash分桶。

1）Range分区：用于将数据划分成不同区间，逻辑上可以理解为将原始表划分成多个子表。在具体业务上，多数情况下会选择日期字段进行分区。使用日期进行分区有以下好处。

- 可区分冷热数据。
- 可使用Doris分级存储（SSD + SATA）功能。
- 删除数据更加迅速。

2）Hash分桶：根据Hash值将数据划分成不同的Bucket, 也有以下注意要点：

- 建议以区分度大的列做分桶，避免出现数据倾斜问题。
- 为了方便数据恢复，建议单个Bucket空间不要太大，保持在10 GB左右，所以建表或增加分区时请合理考虑分桶的数量。同时，不同分区可指定不同的分桶数量。
- 不建议采用随机分桶的方式，建表时需要明确指定Hash分桶列。

6. 稀疏索引和BF索引

Doris对数据进行有序存储，在数据有序存储的基础上建立稀疏索引。

稀疏索引选取Schema中固定长度的前缀作为索引内容。目前，Doris选取36 B的前缀作为索引内容。建表时建议将查询中常见的过滤字段放在Schema的前面，且区分度越大，频次越高的查询字段越往前放。

这其中有一个特殊的地方，就是VARCHAR类型字段：VARCHAR类型字段只能作为稀疏索引的最后一个字段，索引会在VARCHAR处截断，因此VARCHAR类型字段如果出现在前面，可能索引的长度不足36 B。

对于site_visit表：

```
site_visit(siteid, city, username, pv)
```

排序列有siteid、city、username，siteid所占字节数为4，city所占字节数为2，username

所占字节数为 32，所以前缀索引内容为“siteid + city + username”的前 30 B。

除稀疏索引之外，Doris 还提供 BF 索引。BF 索引对区分度比较大的列过滤效果明显。

7. BITMAP 索引

Doris 支持采用 BITMAP 技术构建索引。索引能够应用在 Duplicate 模型的所有列和 Aggregate、Unique 模型的 Key 列上。BITMAP 索引适合应用在取值空间不大的列，例如性别、城市、省份等信息列。

8. 物化视图和 ROLLUP

ROLLUP 本质上可以理解为 Base 表的一个物化索引。建立 ROLLUP 表时可只选取 Base 表中的部分列作为 Schema，Schema 中的字段顺序可与 Base 表中的不同。

在下列情形中，用户可以考虑建立 ROLLUP 表。

Base 表中数据聚合度不高，这一般是因为 Base 表中有区分度比较大的字段，此时用户可以考虑选取部分列建立 ROLLUP 表。对于上述 site_visit 表，siteid 可能导致数据聚合度不高，如果业务方经常根据城市统计 pv，可以建立一个只有 city、pv 的 ROLLUP 表。

```
ALTER TABLE site_visit ADD ROLLUP rollup_city(city, pv);
```

Base 表中的前缀索引无法命中，这一般是因为 Base 表的建表方式无法覆盖所有的查询模式，此时用户可以考虑调整列顺序建立 ROLLUP 表。对于 session_data 表：

```
session_data(visitorid, sessionid, visittime, city, province, ip, brower, url)
```

除了通过 visitorid 分析访问情况外，用户还可以通过 brower、province 分析访问情形，单独建立 ROLLUP 表：

```
ALTER TABLE session_data ADD ROLLUP rollup_brower(brower,province,ip,url)
    DUPLICATE KEY(brower,province);
```

第三部分 Part 3

拓　　展

第二部分全面介绍了数据导入、SQL查询和优化的内容。第三部分主要拓展Doris的应用边界，结合Flink实时计算、外部表等应用来解读Doris的实时数仓、数据湖能力。第10章的集群管理更是将Doris的应用范围拓展到离线数仓，为用户使用Doris搭建离线数仓打下了基础。Doris由于其开源特性和用户活跃，外围生态蓬勃发展，成为一款跨界能力非常强的数据库产品。

第 8 章 Chapter 8

Doris 流数据

随着数据的实时要求越来越高，支持流数据成为数据仓库和 OLAP 数据库的重点发展方向。Doris 作为其中的佼佼者，对流数据的支持是非常丰富的。当前最常见的流数据是 Flink CDC 产生的。因此，Doris 只有对接上 Flink CDC，才可以无缝衔接流计算，成为实时数仓领域的“高手”。

关于 Flink 基础概念的部分，笔者参考了阿里巴巴高级技术专家李钰分享的《Flink 必知必会经典课程 1：走进 Apache Flink》和 阿里巴巴技术专家伍翀（云邪）分享的《Flink 必知必会经典课程 5：Flink SQL 和 TableAPI 介绍与实战》两篇文章。

8.1 Flink 简介

Flink 是一个开源的基于流的有状态计算框架。Flink 支持分布式执行，具备低延时、高吞吐的特点，并且非常擅长处理有状态的复杂计算。

Flink 项目最初的名称为 Stratosphere，目标是要让大数据处理更加简洁。Stratosphere 项目于 2010 年发起，从它的 Git Commit 日志里可以看到，第一行代码是在 2010 年 12 月 15 日编写的，如图 8-1 所示。

```
King@LAPTOP-PISB8708 MINGW64 /e/学习资料/Flink/flink (master)
$ git remote -v
origin  https://github.com/apache/flink.git (fetch)
origin  https://github.com/apache/flink.git (push)

King@LAPTOP-PISB8708 MINGW64 /e/学习资料/Flink/flink (master)
$ git log 3b88e30924
commit 3b88e30924268799c96317fe1bf9f5b9c6bf6f80
Author: sruf <sruf@bart-2.local>
Date:   Wed Dec 15 17:02:01 2010 +0100

    test
```

图 8-1 Flink 最早提交版本

2014年5月，Stratosphere项目被贡献到Apache软件基金会，作为孵化器项目进行孵化，并更名为Flink。2014年8月27日孵化器里的第一个版本v0.6-incubating发布。由于Flink项目吸引了非常多贡献者参与，它在2014年12月成为Apache的顶级项目。在成为顶级项目之后，Flink版本基本保持4个月更新一次的节奏，到2022年年中已经更新到1.15版本。

发展至今，Flink已成为Apache社区最活跃的大数据项目。根据Apache软件基金会2021财年报告公布的各项核心指标，Flink连续三年为Apache社区最活跃的项目之一。而作为社区的最小原子，Flink社区代码开发者已超过1400名，年增长率超过20%。值得一提的是，Flink中文社区蓬勃发展，Flink官方公众号订阅数超过5万，全年推送超过100多篇和Flink技术、生态以及行业实践相关的最新资讯。

随着网络技术迅速发展，大数据处理呈现出非常明显的实时化趋势。如春晚的直播有一个实时大屏，“双11”购物节也有实时成交额的统计，城市“交通大脑”可以实时监测交通，银行可以实时进行风控监测，淘宝、天猫等应用软件会根据用户习惯进行实时、个性化推荐。在实时化趋势下，Flink在国内外流数据计算方面得到广泛应用。

综合来说，Flink流数据处理可以解决以下问题：

1）用户画像实时特征提取；

2）活动实时数据呈现；

3）广告投放效果实时OLAP分析；

4）机器学习模型在线训练；

5）订单、支付等异常实时监测。

Flink典型应用包含3种类型。

1. 事件驱动型应用

事件驱动型应用是一类有状态应用，它从一个或多个事件流中提取数据，并根据事件触发计算、状态更新或其他外部动作。在传统架构中，应用需要读写远程事务型数据库。事件驱动型应用无须查询远程数据库，而是进行本地数据访问，因此具有更高的吞吐和更低的延时。而定期向远程数据库持久化存储的checkpoint工作可以异步、增量式完成，对正常事件处理的影响甚微。

事件驱动型应用常见于实时计算业务，比如实时推荐、金融反欺诈、实时预警等。例如在金融反欺诈场景中，诈骗者通过短信诈骗，然后在取款机窃取别人的钱财。在这种场景里，我们通过摄像头拍摄画面，迅速反应，对犯罪者进行相应处理。这也是一个典型的事件驱动型应用。

总结一下，事件驱动型应用是一类有状态应用，会根据事件流中的事件触发计算、更新状态或进行外部系统操作。Flink高效的状态管理、丰富的窗口支持、多种时间语义和不同级别的容错等特性完美地支持事件驱动型应用。

2. 数据分析型应用

数据分析型应用就是我们常说的Business Intelligence，简称BI。传统的BI都是基于离线数据进行分析，但是基于 BI 发展起来的可视化大屏应用则聚焦于实时数据分析。最典型的实时数据应用场景就是“双十一”大屏。

如图 8-2 所示，在 2020 年天猫“双十一”购物节中，阿里巴巴基于 Flink 的实时计算平台每秒处理消息数达到 40 亿，数据体量达到 7 TB，订单创建数达到 58 万 /s，计算规模超过 150 万核。

图 8-2 Flink 在“双十一”大屏中的应用

在实时分析场景中，Flink 主要提供高吞吐和低延时的实时数据汇总能力。

3. 数据管道型应用

数据管道型应用即 ETL（Extract Transform Load），是从数据源抽取、转换、加载数据到目的端的过程。

传统 ETL 应用使用的是离线处理技术，时间精度在小时级别或者天级别。随着大数据处理呈现实时化趋势，我们也会有实时数仓的需求，要求在分钟级或者秒级就能够对数据进行更新，从而进行及时查询，看到实时指标，然后及时做出分析和判断。实时 ETL 应用是基于流数据进行处理，对接动态数据源，实时消费，实时加工写入数据仓库。由于全流程都是动态运行的，数据延时非常低，通常是秒级别。传统 ETL 和实时 ETL 对比如图 8-3 所示。

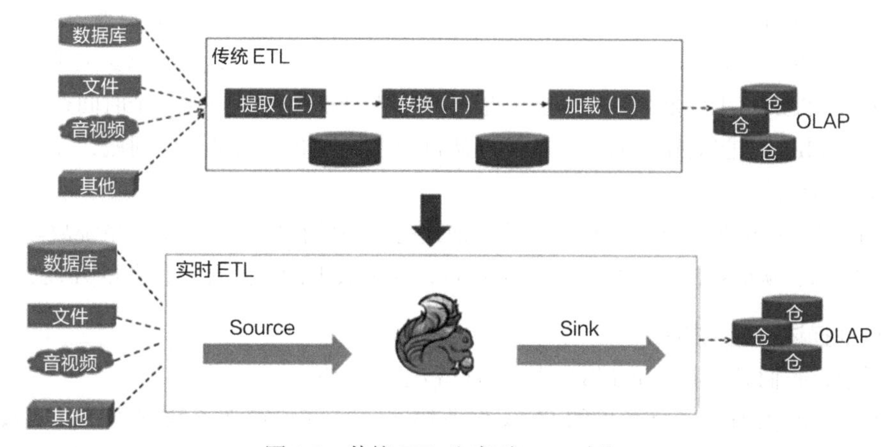

图 8-3 传统 ETL 和实时 ETL 对比

在实时 ETL 应用中，Flink 之所以能够最大限度地满足实时需求，原因主要有以下几个：一是 Flink 有非常丰富的 Connector，支持多种数据源和 Sink 节点，支持所有主流的存储系统；二是 Flink 通过时间窗口支持双流 Join，可以实现 exactly-once 语义；三是 Flink 提供丰富的内置聚合函数，以便完成 ETL 程序的编写，如图 8-4 所示。

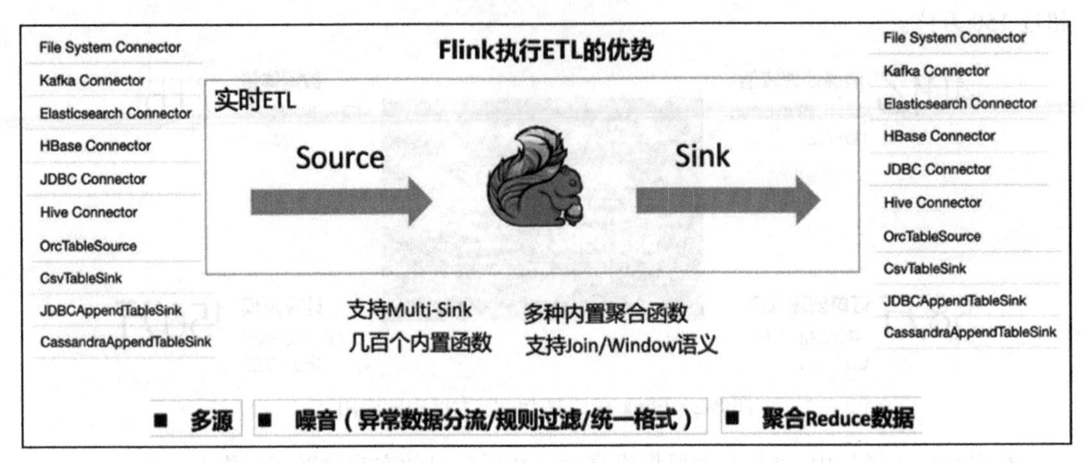

图 8-4 Flink 支持数据管道应用

8.2 Flink 基本概念

Flink 是一个快速发展、快速迭代的技术框架。这里简单介绍一下 Flink 的基本概念。

1. 核心概念

Flink 的核心概念主要有 4 个：Event Stream、State、Event Time 和 Snapshot。

- Event Stream：事件流，可以是实时的也可以是历史的。Flink 是基于流处理框架，但它不仅能处理流，也能处理批，而流和批的输入都是事件流，差别在于实时与批量。
- State：Flink 擅长处理有状态的计算。通常，复杂业务逻辑都是有状态的。Flink 不仅要处理单一的事件，而且要记录一系列历史信息，然后进行计算或者判断。
- Event Time：事件发生的时间，一般是数据本身携带的时间。这个时间通常是在事件到达 Flink 之前就确定的，并且可以从每个事件中获取到事件时间戳，以此来确定数据产生的顺序。
- Snapshot：也叫快照，是指对系统当前运行状态的存储，以便了解系统故障恢复之前的状态，从而在故障恢复之后继续执行，保证数据的一致性和作业的升级、迁移等。

2. 作业描述和逻辑拓扑

接下来，我们具体看一下 Flink 作业描述和逻辑拓扑。

图 8-5 所示代码是一个简单的 Flink 作业描述。它首先定义了数据源，说明数据来自 Kafka 消息队列，然后解析 Kafka 消息队列中的每条数据。然后，对于下发的数据，Flink

会按照事件ID执行KeyBy算子，每个分组每10 s钟进行一次窗口聚合。最后，消息会写到自定义的数据输出组件。这个作业描述会映射到一个直观的逻辑拓扑。

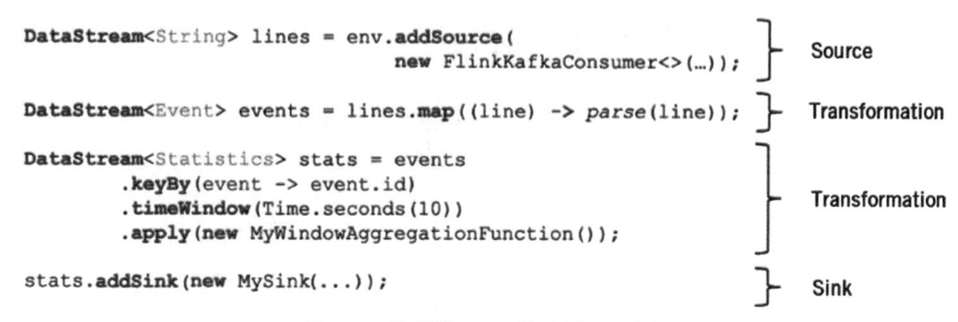

图8-5　简单的Flink作业描述示例

可以看到，逻辑拓扑中有4个称为算子或者是运算的单元，分别是Source、Map、KeyBy/Window/Apply、Sink，我们把逻辑拓扑称为Streaming Dataflow。

3. 物理拓扑

逻辑拓扑对应物理拓扑，每一个算子都可以并行处理。大数据处理基本上是分布式的，每一个算子可以有不同的并发度。有KeyBy算子的时候，Flink会按照Key对数据进行分组，所以在KeyBy前面的算子处理完之后，会对数据进行重组并发送到下一个算子。图8-6展示了上述示例对应的物理拓扑。

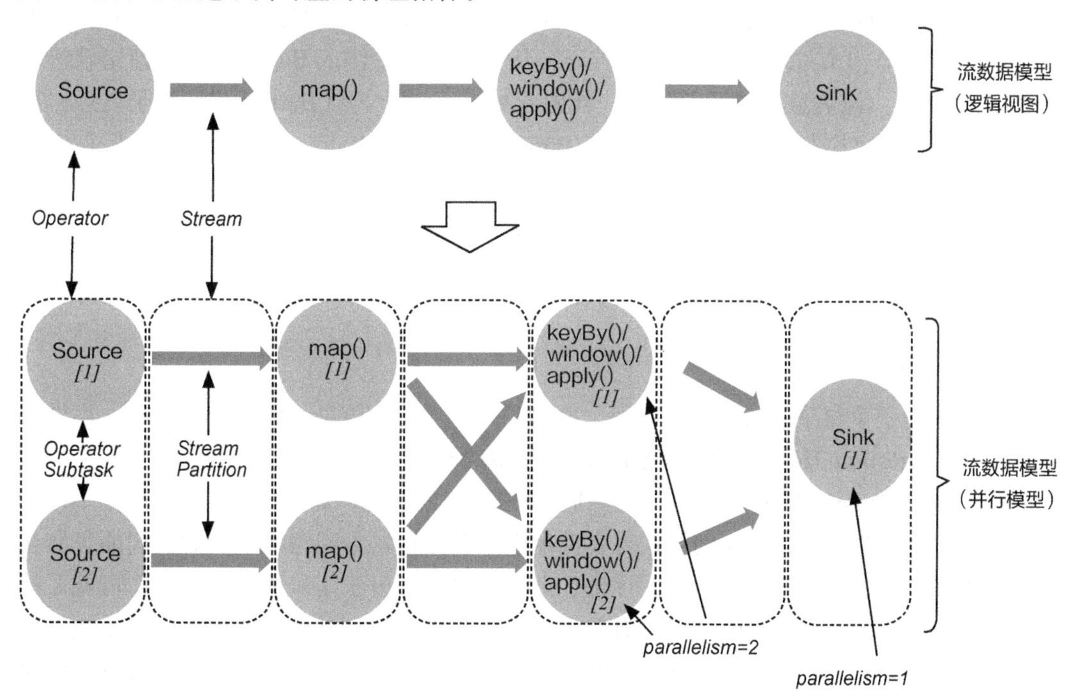

图8-6　Flink物理拓扑

4. 状态管理和快照

接下来，我们看一下 Flink 状态管理和快照，如图 8-7 所示。

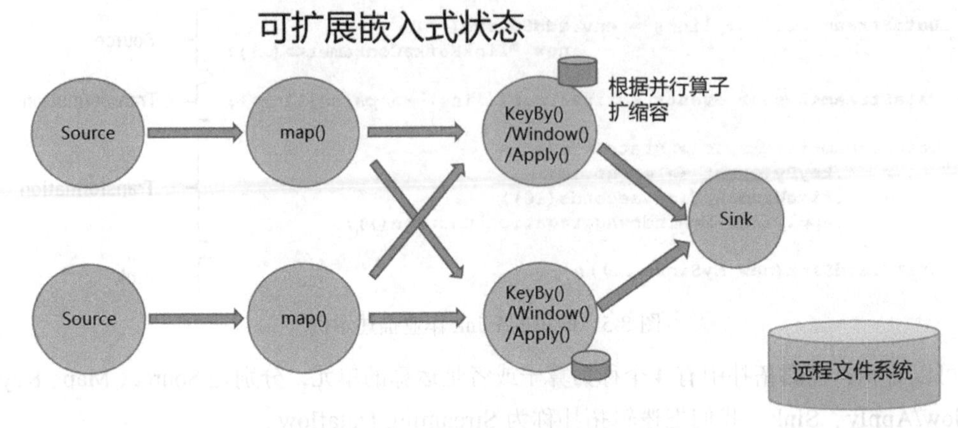

图 8-7 Flink 状态管理

在执行窗口的聚合逻辑时，每隔 10 s 会对数据进行一次聚合处理。在 10 s 内到达窗口的数据需要先存储起来，待时间窗口触发时进行处理。这些状态数据会以嵌入式存储的形式存储在本地。这里的嵌入式存储既可以是进程内存储，也可以是类似 RocksDB 的持久化 KV 存储，两者最主要的差别是处理速度与容量。

Flink 基于 Chandy-Lamport 算法把每一个节点的状态保存到分布式文件系统中作为 Checkpoint（检查点），过程大致如下：首先，从数据源开始注入 Barrier（是一种比较特殊的消息）；然后，该消息和普通的事件一样随着数据流流动，当 Barrier 传到算子之后，算子会把当前节点的状态进行快照保存，当 Barrier 传到 Sink 节点，所有的状态都保存完整之后，就形成一个全局快照。这样，当作业失败之后，用户就可以通过远程文件中保存的 Checkpoint 进行回滚：先把 Source 回滚到 Checkpoint 记录的 Offset 位置，然后把有状态节点当时的状态回滚到对应的时间点的状态，进行重新计算。这样既可以不用从头开始计算，又能保证数据语义的一致性。

5. 时间定义

Flink 中另一个很重要的定义是时间。Flink 中有 3 种不同的时间：Event Time，事件发生的时间；Ingestion Time，事件到达 Flink 数据源的时间，或者说进入 Flink 处理框架的时间；Processing Time，事件处理时间，即到达算子当前的时间，如图 8-8 所示。

这三个时间之间有什么区别？在现实世界中，事件从发生到写入系统时间间隔可能比较久。例如在地铁里进行微博转发、评论、点赞等操作，由于信号弱，这些操作可能要等我们出了地铁后才能完成，因此可能有些先发生的事件会后到达系统。Event Time 能够更真实地反映事件发生的时间点，因此在很多场景下，我们用 Event Time 作为事件发生的时间。但是在这种情况下，由于存在延时，事件要用较长的时间到达窗口，端到端延时较大，所以，我们还需要处理乱序的问题。如果用 Processing Time 作为事件发生的时间，处理较快，延时较低，但是无法反映真实事件发生的时间。因此在真实的开发应用场景中，我们需要根据应用的特点做相应的取舍。

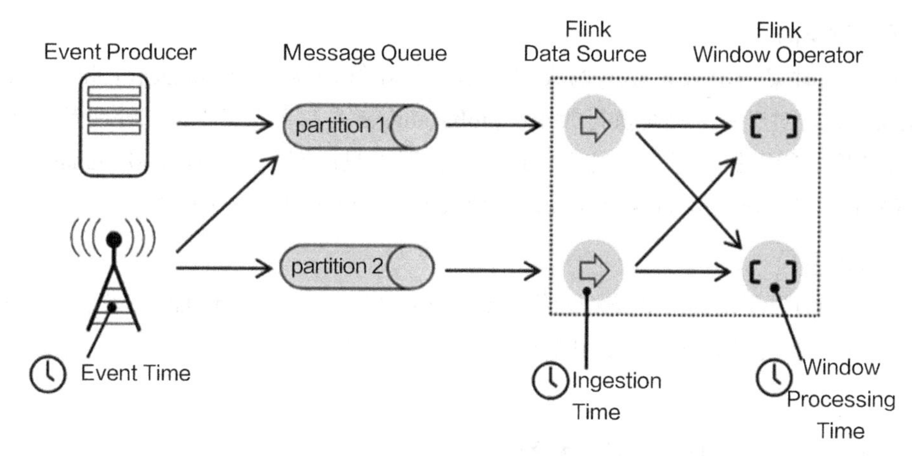

图 8-8 Flink 三种时间定义

6. API

Flink API 层级封装如图 8-9 所示。最底层的 API 是可以自定义的 Process Function，对一些最基本的元素（如时间、状态等）进行细节处理。再往上一层是 DataStream API，它可以做流和批处理，包含很多内置函数，方便用户编写程序。再往上是 Table API 和 Stream SQL。

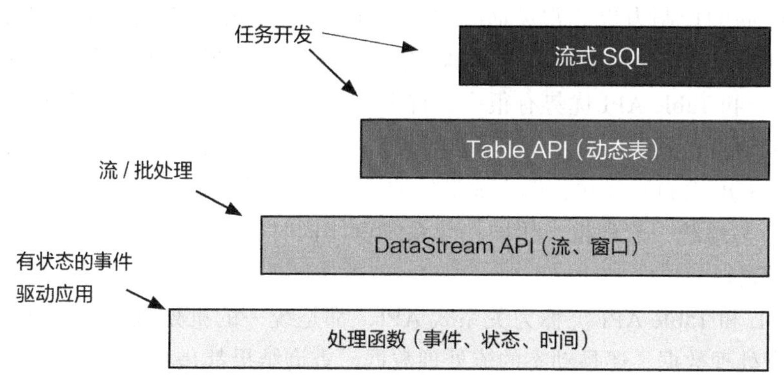

图 8-9 Flink API 层级封装

- Process Function：在 ProcessElement 中能够对事件、状态进行逻辑自定义处理。另外，我们可以注册一个 timer，并且自定义当 timer 被触发时，执行哪些处理任务，这是一个非常精细的底层控制。
- DataStream API：DataStream API 是作业的描述，包含很多内置函数，如 Map、keyBy、timeWindow、sum 等。这里也有一些自定义的 Process Function，如 MyAggregation Function。

- ❑ Table API 和 Stream SQL：同样的逻辑，用 Table API 和 Stream SQL 描述比 DataStream API 更加直观。数据分析人员不需要了解底层逻辑细节，可以用一种描述式语言去写程序。Table API 和 Stream SQL 方面的内容在 8.3 节有详细介绍。

7. 运行时架构

Flink 运行时架构中最重要的两大组件是：作业管理器（JobManager）和任务管理器（TaskManager）。对于一个提交执行的作业，JobManager 是真正意义上的"管理者"（Master），负责管理调度，所以在不考虑系统高可用性的情况下只能有一个；而 TaskManager 是"工作者"（Worker、Slave），负责执行任务，处理数据，所以可以有一个或多个。

8. 物理部署

Flink 支持通过手动的方式将作业提交到 Yarn、Mesos 以及 Standalone 集群。另外，它也支持通过镜像的方式将作业提交到 kubernetes 云原生环境。

8.3 Flink SQL 和 Table API

Flink 有非常强大的 API 抽象能力，提供了 3 层 API，从底至上分别是 Process Function、DataStream API 以及 Table API/Stream SQL，其中 Stream SQL 通常称为 Flink SQL。

这三层都有不同的用户群体，越底层灵活度越高，应用门槛也越高，最高层应用门槛较低，但是会牺牲一定灵活度。Process Function 虽然功能强大，也非常灵活，但是使用太复杂。DataStream API 非常好用，因为它的表达能力非常强，支持用户维护和更新应用状态，而且对时间的控制力也非常灵活。但相对于 Flink SQL 和 Table API，DataStream API 的复杂度和应用门槛也更高。所以，Flink SQL 和 Table API 成为更通用的 Flink API。

Flink SQL 和 Table API 优势有很多。首先，它们易于理解，SQL 已经成为大数据处理生态圈的标准语言；其次，SQL 是声明式语言，用户只需要表达想要什么，无须关心如何计算；然后，SQL 会自动优化，能生成最优的执行计划，同时，SQL 语法非常稳定；最后，SQL 可以更容易地统一流和批，用同一套系统就能同时处理实时和离线数据，让用户只关注核心业务逻辑。

Flink SQL 和 Table API 统称为关系式 API，都是统一的批处理和流处理 API，不管输入是静态的批处理数据，还是动态的流处理数据，查询结果都是相同的。

以用户点击统计为例，基于 Flink SQL 开发的语句如下：

```
select user,count(url) as cnt
   from clicks
Group by user
```

基于 Table API 开发的语句如下：

```
tableEnvironment
```

```
    .scan("")
    .groupBy('user')
    .select('user,url.count as cnt')
```

还是以用户点击为例，比如一个点击数据包含 user、cTime（点击时间）和 URL 元素，如果我们要统计点击次数，在选择 user 做批处理时，处理特点是一次性读入和一次性输出，如图 8-10 所示。

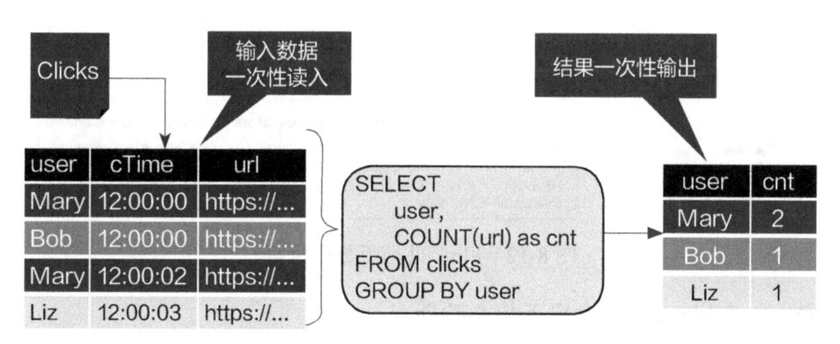

图 8-10 批处理点击数据示例

而如果输入是流数据，输入一条数据就能输出一个结果，比如 Marry 第一次点击会被记录一次，第二次点击就会被增量计算，输入数据会持续读入，结果也会持续更新，如图 8-11 所示。

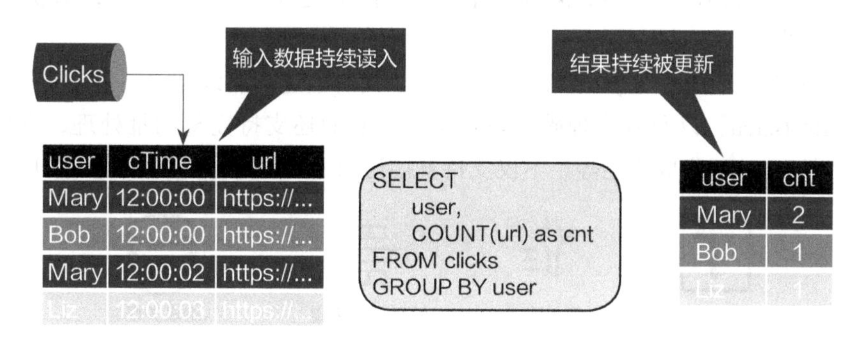

图 8-11 流处理点击数据示例

可以看到，这里流处理和批处理的结果是一样的，所以我们可以把以前的批处理迁移到 Flink 上做流处理。

图 8-12 是 Flink 处理流数据概览，SQL 语句和 Table 在进入 Flink 以后会转化成统一的数据结构，即 Logical Plan。其中，Catalog 会提供一些原数据信息，用于后续优化。经过一系列优化后，Flink 会把初始的 Logical Plan 优化为 Physical Plan，并通过 Code Generation 机制将其翻译为 Transformation，最后转换成 JobGraph，并提交到集群做分布式执行。可以看到，整个流程并没有单独的流处理和批处理路径，因为这些优化过程和扩建都是共享的。

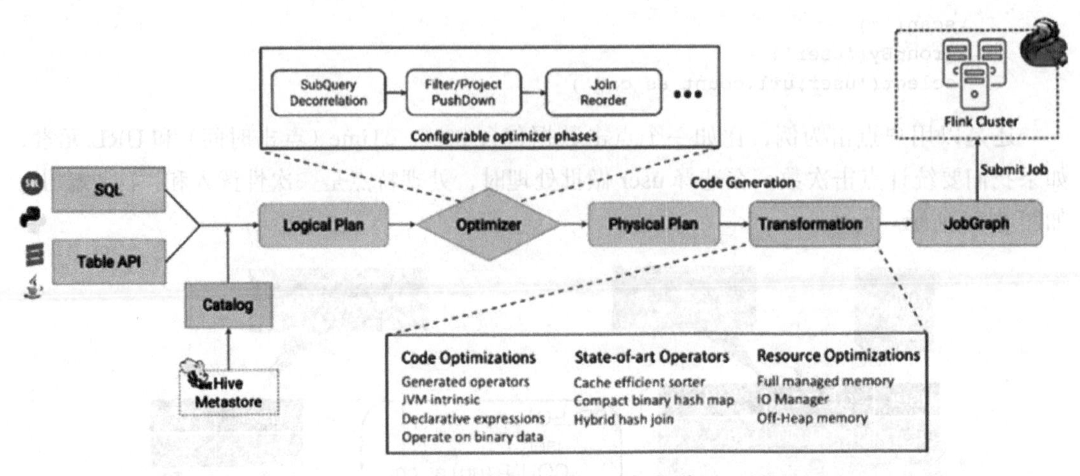

图 8-12 Flink 处理流数据概览

Flink SQL 和 Table API 包含以下核心功能。

第一个是 DDL。DDL 直接对接外部系统，它的强弱决定了 Flink 与外部系统的连通性，而作为一个计算引擎，与外部数据连通非常重要。

第二个是具有完整的数据类型系统。Flink 支持多种数据类型，这对计算引擎而言也是非常必要的。

第三个是高效流式算子。Flink 具有非常强大的流处理能力，例如流式 Top*N*、流式去重、维表关联等。

如图 8-13 所示，Flink SQL 和 Table API 除了具有上述功能以外，还包含非常多内置函数，支持 MiniBatch，以及有多种破解热点手段。它们还支持完整的批处理，支持 Python Table API，具有 Hive 集成功能等，不仅支持直接访问 Hive 中的数据，还兼容 Hive 语法。

图 8-13 Flink SQL 和 Table API 核心功能概览

8.4 Flink CDC 技术

CDC（Change Data Capture，捕获数据变更）是数据库管理系统衍生的一个功能，用于记录数据库中数据的增、删、改操作。Flink CDC 是利用 Flink 读取数据库管理系统产生的流式变更日志，解析和输出流式数据的技术框架。Flink CDC 技术应用场景具体如下。

- 数据分发：将一个数据源分发给多个下游，常用于业务解耦、微服务。
- 数据集成：将分散异构的数据集成到数据仓库，消除数据孤岛，便于后续分析。
- 数据迁移：常用于数据库备份、容灾等。

随着技术的演进，Flink CDC 不仅可以读取数据库的变更日志流，还可以读取数据库中的静态数据，实现全量和增量数据的一体化读取，并借助 Flink 优秀的管道能力和丰富的上下游生态，支持捕获多种数据库的变更信息，并将这些变更信息同步到下游存储。有了 CDC 技术，Flink 就可以直接对接数据持久化存储平台，大大简化实时数据处理架构，减轻了数据运维工作，新的架构如图 8-14 所示。

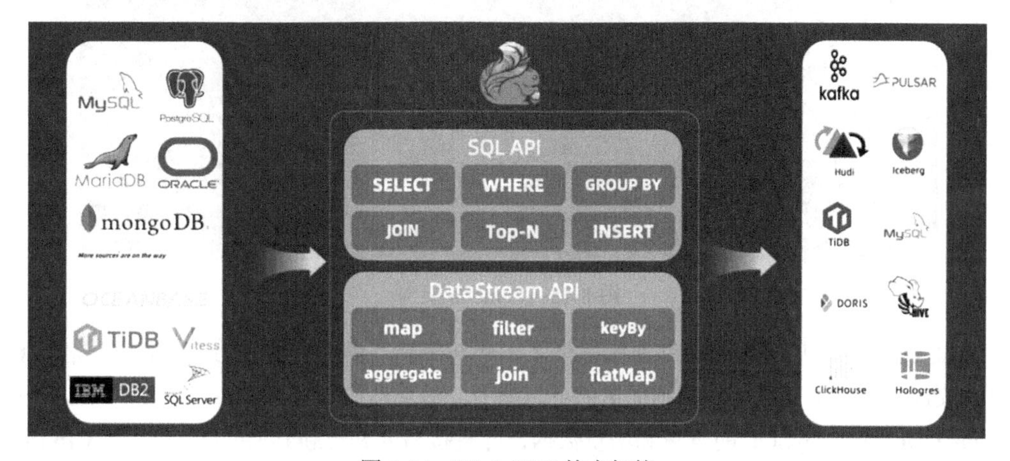

图 8-14 Flink CDC 技术架构

目前，Flink CDC 的上游生态 MySQL、MariaDB、PostgreSQL、Oracle、MongoDB 等丰富的数据源，对 OceanBase、TiDB、SQL Server 等数据库的支持也已经在社区的规划中。

Flink CDC 的下游生态则更加丰富，支持写入 Kafka、PULSAR 消息队列，也支持写入 Hudi、Iceberg 等数据湖，还支持写入各种数据仓库，包括 Hive、DORIS、ClickHouse 等。

Flink CDC 技术的核心是支持将表中的全量数据和增量数据做实时同步与加工，让用户可以方便地获取每张表中的实时快照。比如一张表中有历史的全量业务数据，也有增量的业务数据在源源不断写入、更新，Flink CDC 会先一次性拉取历史数据，然后实时抓取增量记录，提供与源数据库完全一致的实时数据快照。如果增量记录是更新数据，Flink CDC 会更新已有数据；如果增量记录是插入数据，Flink CDC 会追加记录到已有数据中。整个过程中，Flink CDC 提供了数据一致性保障，即不重不丢。

在早期的数据入仓架构中，一般会每天将全量数据导入数据仓库后再做离线分析。这种架构有几个明显的缺点。

1）每天查询全量的业务表会影响业务稳定性。

2）天级别调度，时效性差。

3）随着数据量的不断增加，对数据库的压力也会不断增加，架构性能瓶颈明显。

到了数据仓库 2.0 时代，数据入仓进化到 Lambda 架构，增加了实时同步导入增量记录的链路，如图 8-15 所示。整体来说，Lambda 架构的扩展性更好，也不再影响业务的稳定性，但仍然存在一些问题。

1）依赖离线的定时合并，只能做到小时级产出，延时较大。

2）全量和增量是割裂的两条链路。

3）整个架构链路长，需要维护的组件比较多，全量链路需要维护 DataX 或 Sqoop 组件，增量链路需要维护 Canal 和 Kafka 组件，同时还要维护全量和增量的定时合并链路。

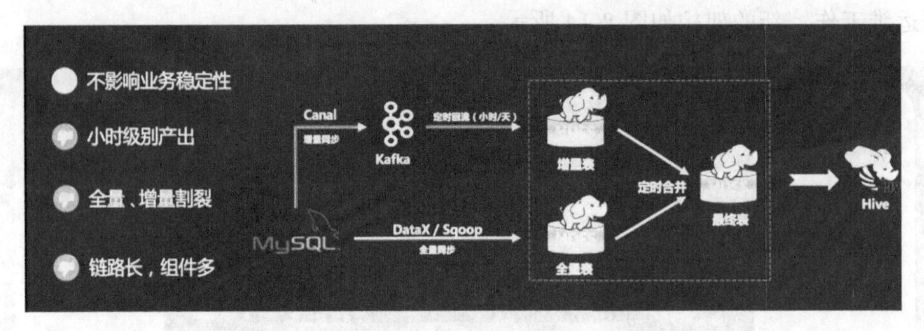

图 8-15　Lambda 架构

Flink CDC 的出现为数据入湖架构提供了一些新思路。借助 Flink CDC 技术的全量、增量一体化实时同步能力，结合数据湖提供的更新能力，整个架构变得非常简洁。我们可以直接使用 Flink CDC 读取 MySQL 的全量和增量数据，并直接写入和更新到 Hudi 中，如图 8-16 所示。

图 8-16　全量、增量一体化数据同步架构

这种简洁的架构有着明显的优势，首先不会影响业务稳定性，其次提供分钟级产出，满足近实时业务需求，同时，全量和增量链路完成了统一，实现了一体化同步。最后，链路更短，需要维护的组件也更少。

Flink CDC 的主要特性如下。

❑ 通过增量快照读取算法，实现无锁读取、并发读取、断点续传等功能。

- ❑ 设计上对入湖友好，提升了数据入湖稳定性。
- ❑ 支持异构数据源的融合，能方便地实现流数据加工。
- ❑ 支持分库分表合并入湖。在 OLTP 系统中，为了解决单表数据量大的问题，通常采用分库分表的方式将单个大表进行拆分以提高吞吐量，但是为了方便数据分析，通常需要将拆分出的表合并成一个大表并同步到数据仓库、数据湖，而 Flink CDC 可以轻松地完成这个任务。

一个典型的分库分表数据合并案例代码如下：

```
-- 声明 MySQL CDC 用户表
CREATE TABLE user_info_source(
    database_name STRING METADATA VIRTUAL,--matadata 获取库名
    table_name STRING METADATA VIRTUAL,--matadata 获取表名
    user_id BIGINT NOT NULL,
    user_name STRING ,
...
)WITH(
'connector' = 'mysql-cdc',
-- 正则匹配多个库
'database-name' = 'db_[0-9]+',
-- 正则匹配多张表
'table_name' = 'user_info_[0-9]+'
);
-- 声明 Hudi 结果表
CREATE TABLE user_info_sink(
    database_name STRING,
    table_name STRING,
    user_id BIGINT  NOT NULL,
    user_name STRING ,
...
PRIMARY KEY(database_name,table_name,user_id) NOT ENFORCED
)with ('connector'='hudi',...)
-- 提交作业，将数据从 MySQL 写入 Hudi
INSERT INTO user_info_sink
SELECT * FROM user_info_source;
```

在上面的案例中，我们声明了一张 user_info_source 表去捕获所有 user_info 分库分表的数据，并通过表的配置项 database_name、table_name 使用正则表达式来匹配这些表。user_info_source 表也定义了两个 metadata 列来区分数据是来自哪个库和表。在 Hudi 结果表的声明中，将库名、表名和原表的主键声明成 Hudi 的联合主键。在声明完两张表后，一条简单的 INSERT INTO 语句就可以将所有分库分表中的数据合并写入 Hudi 的一张表，完成基于分库分表的数据湖构建，方便后续在数据湖上统一分析。

Flink CDC 区别于其他数据集成框架的一个核心点就在于，Flink 提供了流批一体计算能力，这使得 Flink CDC 成为一个完整的 ETL 工具，不仅拥有出色的数据抽取、加载能力，还拥有强大的转换能力。

8.5 Flink Doris Connector

说到 Flink 和 Doris 连接，必须先介绍二者的桥梁——Flink Doris Connector。Flink Doris Connector 是 Doris 社区为了方便用户使用 Flink 读写 Doris 表而开发的一个插件。Flink Doris Connector 可以将 Doris 表映射为 DataStream 或者 Table 对象。

8.5.1 插件编译与安装

Flink Doris Connector 插件支持 Flink 1.11 以后的版本，并连续适配新版本。因为 Flink Doris Connector 是基于 Scala 2.12.x 版本开发的，所有在使用 Flink 的时候需要安装 Scala 2.12 版本。Flink Doris Connector 的源码下载地址为 https://github.com/apache/doris-flink-connector。

在编译前，我们需要下载 Flink Doris Connector 源码，然后复制 customer_env.sh.tpl 并重命名为 customer_env.sh 来配置环境变量，同时指定 Doris 的 THRIFT_BIN 路径、MVN_BIN 路径、JAVA_HOME 路径。在 apache/incubator-doris:build-env-for-1.0.0 环境中，这三个路径参数的值如图 8-17 所示。

```
[root@833e2c50f00a doris-flink-connector-1.14_2.12-1.0.3]# cat custom_env.sh
export THRIFT_BIN=/var/local/thirdparty/installed/bin/thrift
export MVN_BIN=/usr/share/maven/bin/mvn
export JAVA_HOME=/usr/lib/jvm/java-11
```

图 8-17 Flink Doris Connector 编译环境要求

然后执行如下命令：

```
sh build.sh --flink 1.14.3 --scala 2.12
```

Flink Doris Connector 编译成功的截图如图 8-18 所示。编译成功后，output/ 目录下会生成文件 flink-doris-connector-1.14_2.12-1.0.3.jar。将此文件复制到 Flink 的 ClassPath 环境即可使用 Flink Doris Connector，例如，在 Local 模式下，将此文件复制到 jars/ 文件夹下；在 Yarn 集群模式下，将此文件复制到预部署包。

```
[INFO] Skipping javadoc generation
[INFO] ------------------------------------------------------------------------
[INFO] BUILD SUCCESS
[INFO] ------------------------------------------------------------------------
[INFO] Total time: 01:31 h
[INFO] Finished at: 2022-07-29T01:46:23+08:00
[INFO] ------------------------------------------------------------------------
*********************************************
Successfully build Flink-Doris-Connector
*********************************************
[root@lsxtr2owew flink-doris-connector]#
```

图 8-18 Flink Doris Connector 编译成功截图

8.5.2 环境配置

通过前面的内容，我们已经学习到 MySQL 安装、Canal 配置，这里我们直接安装 Flink

来接入 MySQL 的 CDC 日志数据。

首先准备以下安装包：

```
flink-1.14.5-bin-scala_2.12.tgz
flink-sql-connector-mysql-cdc-2.2.1.jar
flink-doris-connector-1.14_2.12-1.0.0-SNAPSHOT.jar
```

直接解压 flink-1.14.5-bin-scala_2.12.tgz 文件，并将两个 jar 包复制到 Flink 的 lib 目录下，启动 Flink，代码如图 8-19 所示。

```
[root@bigdata lib]# pwd
/data/bigdata/flink-1.14.5/lib
[root@bigdata lib]# ls -al
total 210972
drwxr-xr-x  2  502 games      4096 Jul 21 00:07 .
drwxr-xr-x 10  502 games      4096 Jun 10 14:34 ..
-rw-r--r--  1  502 games     85586 Jun 10 14:30 flink-csv-1.14.5.jar
-rw-r--r--  1  502 games 136098285 Jun 10 14:34 flink-dist_2.12-1.14.5.jar
-rw-r--r--  1 root root    7871604 Jun 22 18:25 flink-doris-connector-1.14_2.12-1.0.0-SNAPSHOT.jar
-rw-r--r--  1  502 games    153142 Jun 10 14:30 flink-json-1.14.5.jar
-rw-r--r--  1  502 games   7709731 Jun  9 15:33 flink-shaded-zookeeper-3.4.14.jar
-rw-r--r--  1 root root   22096298 Apr 26 19:11 flink-sql-connector-mysql-cdc-2.2.1.jar
-rw-r--r--  1  502 games  39666418 Jun 10 14:32 flink-table_2.12-1.14.5.jar
-rw-r--r--  1  502 games    208006 Jun  9 15:17 log4j-1.2-api-2.17.1.jar
-rw-r--r--  1  502 games    301872 Jun  9 15:17 log4j-api-2.17.1.jar
-rw-r--r--  1  502 games   1790452 Jun  9 15:17 log4j-core-2.17.1.jar
-rw-r--r--  1  502 games     24279 Jun  9 15:17 log4j-slf4j-impl-2.17.1.jar
[root@bigdata lib]# cd ../bin
[root@bigdata bin]# ./start-cluster.sh
Starting cluster.
Starting standalonesession daemon on host bigdata.
[INFO] 1 instance(s) of taskexecutor are already running on bigdata.
Starting taskexecutor daemon on host bigdata.
```

图 8-19　Flink 插件安装及启动截图

然后，我们就可以打开 Flink 了，Web 页面截图如图 8-20 所示。

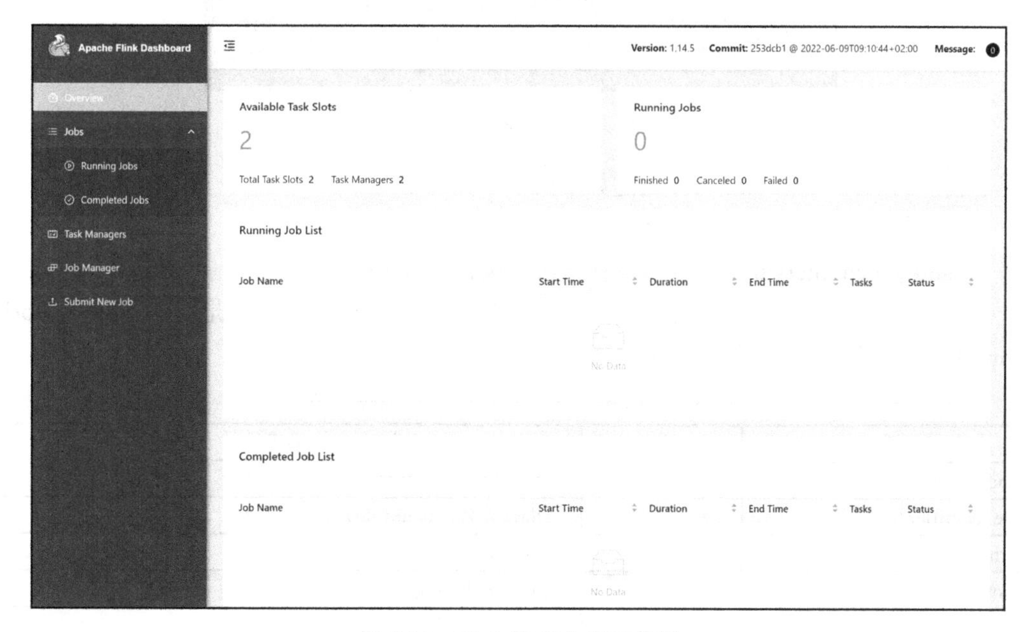

图 8-20　Flink 的 Web 页面截图

另外，Doris 支持 Flink Doris Connector 有 3 个要求。

1）FE 要在配置中启用 http v2，即修改 fe.conf 中 enable_http_server_v2 为 true。

2）在 BE 配置文件 be.conf 中加上配置 disable_stream_load_2pc=false。

3）因为 Flink Doris Connector 是通过 FE 的 Restful API 获取 BE 列表的，所以访问的用户要有 Admin 权限。

通过 Flink Jar 包提交 Flink 任务也是可以的，但是不是本书的重点，我们这里直接进入 Flink SQL 环境，创建 MySQL 和 Doris 的 CDC 表。直接在 flink/bin 目录下执行 ./sql-client.sh 就可以进入 Flink SQL 环境，如图 8-21 所示。

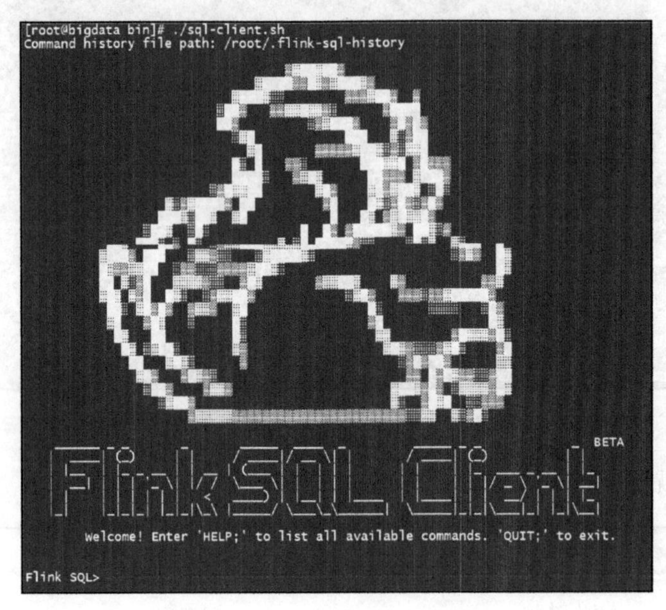

图 8-21 Flink SQL 启动环境截图

目前，Flink Doris Connector 通过如下两个参数控制入库。

1）sink.batch.size：汇总多少条数据写入一次，默认 100 条。

2）sink.batch.interval：每隔多少秒写入一次，默认 1 s。

这两个参数同时起作用，哪个参数条件先达到就触发写操作。除此以外，Flink Doris Connector 还有表 8-1 所示的配置项。

表 8-1 Flink Doris Connector 的配置项

键	值	描述
fenodes	—	Doris FE HTTP 地址
table.identifier	—	Doris 表名，如 db1.tbl1
username	—	访问 Doris 的用户名
password	—	访问 Doris 的密码
doris.request.retries	3	向 Doris 发送请求的重试次数

（续）

键	值	描述
doris.request.connect.timeout.ms	30000	向 Doris 发送请求的连接超时时间
doris.request.read.timeout.ms	30000	向 Doris 发送请求的读取超时时间
doris.request.query.timeout.s	3600	查询 Doris 的超时时间，默认为 1 h，-1 表示无超时限制
doris.request.tablet.size	Integer.MAX_VALUE	一个分区对应的 Doris Tablet 个数，此数值设置得越小，生成的分区越多，从而提升 Flink 侧的并发度，但同时会给 Doris 造成更大的压力
doris.batch.size	1024	一次从 BE 读取数据的最大行数，增大此数值可减少 Flink 与 Doris 之间建立连接的次数，从而减少网络延时所带来的额外时间开销
doris.exec.mem.limit	2147483648	单个查询的内存限制，默认为 2 GB
doris.deserialize.arrow.async	FALSE	是否支持异步转换 Arrow 格式到 flink-doris-connector 迭代所需的 RowBatch
doris.deserialize.queue.size	64	异步转换 Arrow 格式的内部处理队列，当 doris.deserialize.arrow.async 为 true 时生效
doris.read.field	--	读取 Doris 表的列，多列之间使用逗号分隔
doris.filter.query	--	过滤读取数据的表达式，此表达式透传给 Doris。Doris 使用此表达式完成源端数据过滤
sink.batch.size	100	单次写入 BE 数据的最大行数
sink.max-retries	1	写入 BE 数据失败之后的重试次数
sink.batch.interval	1s	缓存区数据输出间隔时间，超过该时间后异步线程将缓存区数据写入 BE，默认值为 1 s，支持时间单位 ms、s、min、h 和 d。设置为 0 表示关闭定期写入
sink.properties.*	--	Stream Load 的导入参数，例如：'sink.properties.column_separator' = ',' 等，支持 JSON 格式导入，需要同时开启 'sink.properties.format' = 'json' 和 'sink.properties.strip_outer_array' = 'true'

8.5.3 单表增、删、改

接下来进入实战环节，首先分别在 MySQL 数据库和 Doris 数据库中创建表，并在 MySQL 表中插入数据，以便测试 Flink CDC 同步数据的效果。然后重点配置 Flink SQL 建表环境，语句如下：

```
--Flink SQL 连接 MySQL 表
CREATE TABLE flink_mysql_emp_source (
    emp_id BIGINT NOT NULL,
    emp_name STRING,
    age INT,
    dept_id INT,
    salary DECIMAL(22,4),
    database_name STRING METADATA VIRTUAL,
    table_name STRING METADATA VIRTUAL,
    PRIMARY KEY ('emp_id') NOT ENFORCED
```

```
) WITH (
        'connector' = 'mysql-cdc',
        'hostname' = '120.48.17.186',
        'port' = '13306',
        'username' = 'root',
        'password' = '******',
        'database-name' = 'demo',
        'table-name' = 'emp_info'
);

--Flink SQL连接Doris表
CREATE TABLE flink_doris_emp_sink (
    emp_id BIGINT NOT NULL,
    emp_name STRING,
    age INT,
    dept_id INT,
    salary DECIMAL(22,4),
    database_name STRING,
    table_name STRING
) WITH (
        'connector' = 'doris',
        'fenodes' = '203.57.238.114:8030',
        'table.identifier' = 'example_db.ods_emp_info',
        'username' = 'root',
        'password' = '******',
        'sink.properties.two_phase_commit'='true',
        'sink.label-prefix'='doris_demo_emp_001'
);
```

创建完表以后，我们可以通过查询语句验证连接是否正常：

```
select * from flink_mysql_emp_source;
select * from flink_doris_emp_sink;
```

结果如图 8-22 和图 8-23 所示。

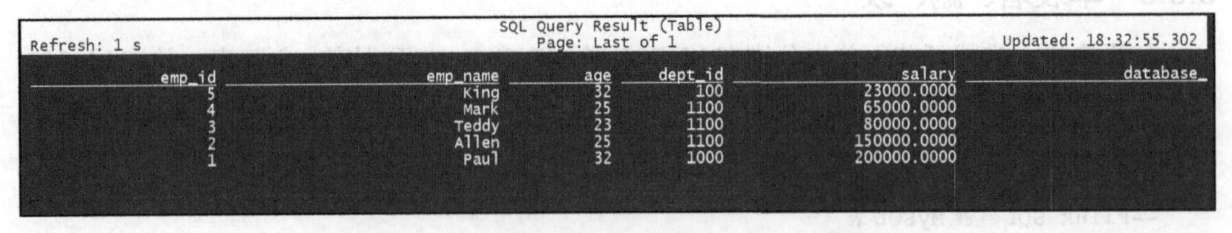
SQL Query Result (Table)
Refresh: 1 s   Page: Last of 1   Updated: 18:32:55.302

emp_id	emp_name	age	dept_id	salary	database_
5	King	32	100	23000.0000	
4	Mark	25	1100	65000.0000	
3	Teddy	23	1100	80000.0000	
2	Allen	25	1100	150000.0000	
1	Paul	32	1000	200000.0000	

图 8-22　在 Flink SQL 中查询 MySQL 表数据

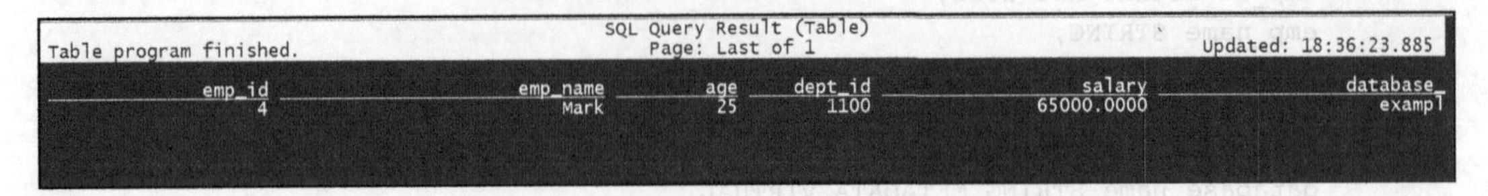
SQL Query Result (Table)
Table program finished.   Page: Last of 1   Updated: 18:36:23.885

emp_id	emp_name	age	dept_id	salary	database_
4	Mark	25	1100	65000.0000	exampl

图 8-23　在 Flink SQL 中查询 Doris 表数据

接着插入数据：

```
INSERT INTO flink_doris_emp_sink
SELECT emp_id,emp_name,age,dept_id,salary,database_name,table_name
FROM flink_mysql_emp_source;
```

执行插入语句会直接生成流处理任务，并持续在 Flink 框架运行。我们可以直接在 Flink Web 上查看运行情况和对应的日志，如图 8-24 所示。

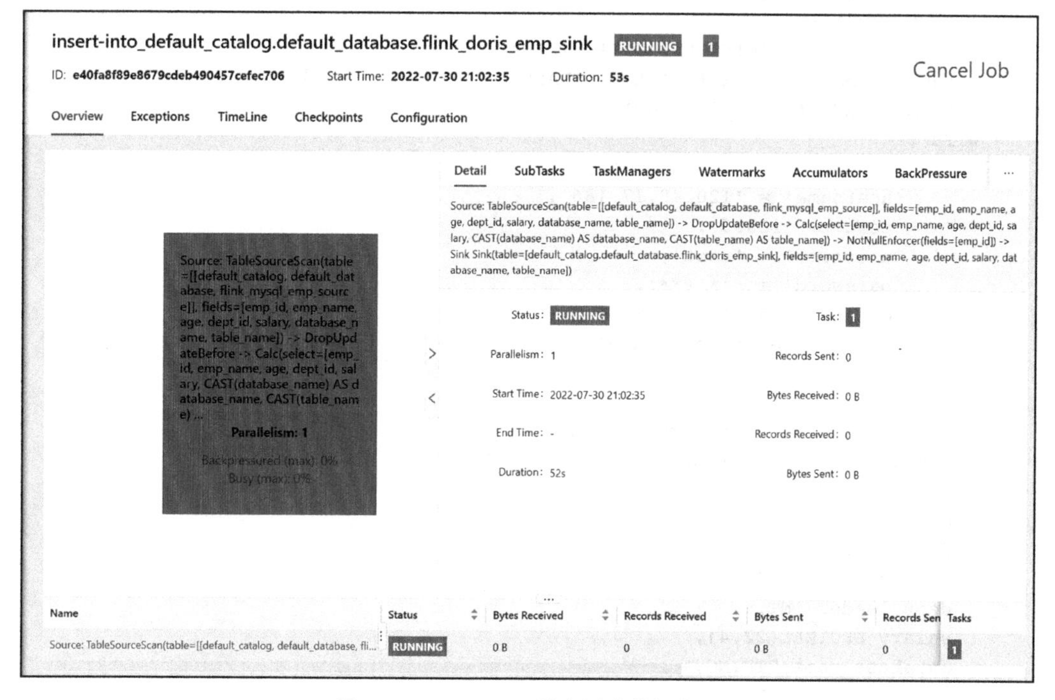

图 8-24 Flink SQL 单表同步数据截图

这里还需要设置 Checkpoint，即在 Flink SQL 中执行如下命令：

```
SET execution.checkpointing.interval = 10s;
```

没有设置该参数时，任务没有任何报错，但是在 Doris 也看不到同步的数据，多次反复试验发现，需要修改 Doris Sink 表的 sink.label-prefix 参数值才能再次提交任务。然后依次在 MySQL 中执行插入、修改和删除数据操作，可以在 Doris 观察数据变化，这里就不一一截图了。

```
-- 插入数据
INSERT INTO demo.emp_info VALUES (6,'Kim',22,1200,75000);
-- 修改数据
UPDATE demo.emp_info SET salary =8500 WHERE emp_id =6;
-- 删除数据
DELETE FROM demo.emp_info WHERE emp_id =6;
```

8.5.4 多表关联

在 emp_info 表基础上，新增 dept_info 表，Flink SQL 语句如下：

```
CREATE TABLE flink_mysql_dept_source (
    dept_id BIGINT NOT NULL,
    dept_name STRING,
    dept_leader INT,
    parent_dept INT,
    dept_level INT,
    database_name STRING METADATA VIRTUAL,
    table_name STRING METADATA VIRTUAL,
    PRIMARY KEY ('dept_id') NOT ENFORCED
) WITH (
        'connector' = 'mysql-cdc',
        'hostname' = '120.48.17.186',
        'port' = '13306',
        'username' = 'root',
        'password' = '******',
        'database-name' = 'demo',
        'table-name' = 'emp_info'
);

CREATE TABLE flink_doris_emp_detail_sink (
    emp_id BIGINT NOT NULL,
    emp_name STRING,
    age INT,
    dept_id INT,
    dept_name STRING,
    dept_leader INT,
    salary DECIMAL(22,4),
    database_name STRING,
    table_name STRING
) WITH (
        'connector' = 'doris',
        'fenodes' = '203.57.238.114:8030',
        'table.identifier' = 'example_db.ods_emp_detail',
        'username' = 'root',
        'password' = '******',
        'sink.properties.two_phase_commit'='true'
);
```

双流 Join 写入的 SQL 语句如下：

```
INSERT INTO flink_doris_emp_detail_sink
SELECT
a.emp_id,a.emp_name,a.age,a.dept_id,b.dept_name,b.dept_leader,a.salary,a.
    database_name,a.table_name
FROM flink_mysql_emp_source a
INNER JOIN flink_mysql_dept_source b
ON a.dept_id = b.dept_id;
```

结果截图如图 8-25 所示。

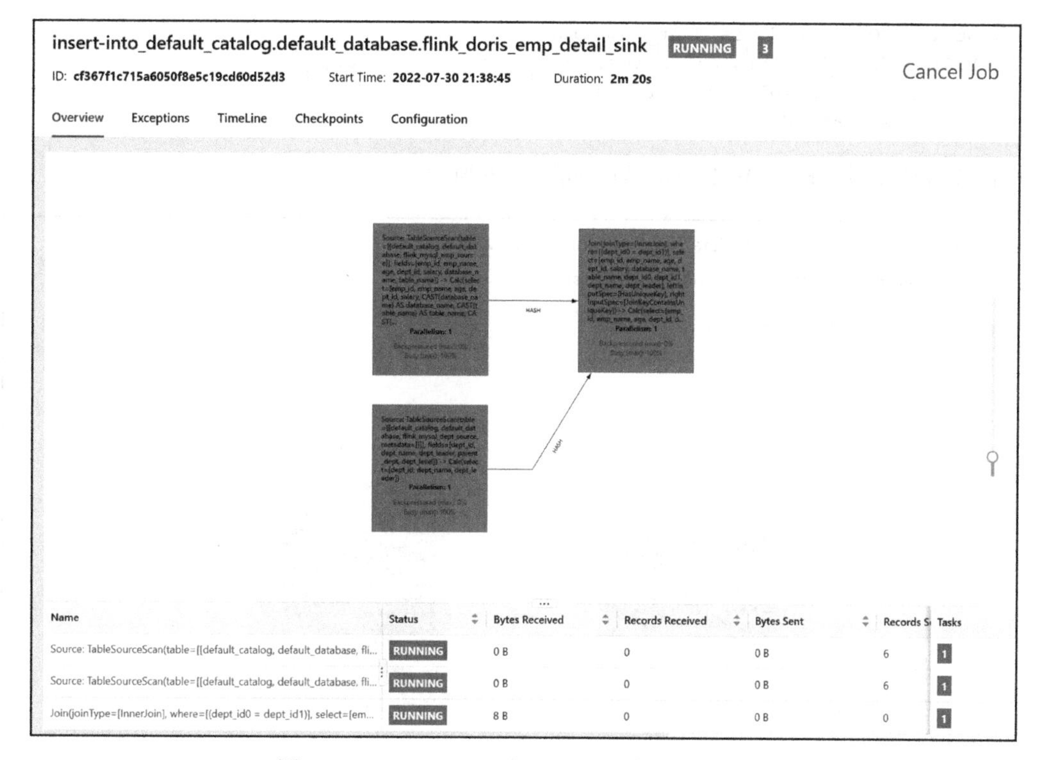

图 8-25　Flink SQL 双流 JOIN 写入数据结果截图

8.5.5　汇总数据

针对汇总数据场景，我们基于 emp_info 表将明细数据汇总到 dept_id 级别，计算 age 字段的平均值和 salary 字段的汇总值。

创建 Doris 内部表，然后创建 Flink SQL 连接 Doris 的内存表 flink_doris_dept_sum_sink：

```
CREATE TABLE flink_doris_dept_sum_sink (
    dept_id INT,
    age FLOAT,
    salary DECIMAL(22,4)
) WITH (
        'connector' = 'doris',
        'fenodes' = '203.57.238.114:8030',
        'table.identifier' = 'example_db.ods_emp_detail',
        'username' = 'root',
        'password' = 'doris123',
        'sink.properties.two_phase_commit'='true' ,
        'sink.label-prefix'='doris_demo_dept_sum_003'
);
```

写入数据的 Flink SQL 语句如下：

```
INSERT INTO flink_doris_dept_sum_sink
SELECT a.dept_id,avg(age) as age,sum(salary ) as salary
    FROM flink_mysql_emp_source a
GROUP BY a.dept_id;
```

任务启动以后，Flink Web 页面截图如图 8-26 所示。

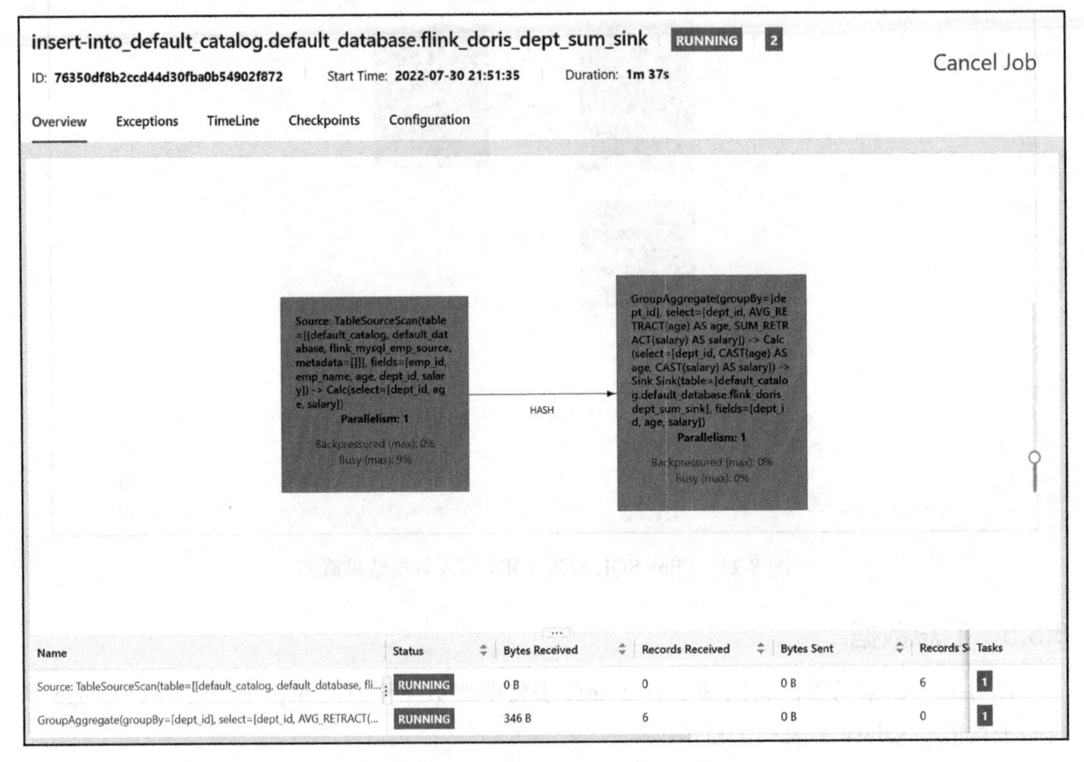

图 8-26 Flink SQL 汇总写入数据截图

总体来说，Flink SQL 操作比较简单，但是注意的细节比较多。操作过程也可以发现，目前针对一些简单的数据同步、表关联和汇总写入等场景，Flink SQL 的支持越来越好，但针对比较复杂的场景，例如两个以上表关联、有删除数据的汇总、多层嵌套查询等，Flink SQL 天然就有缺陷了。所以在实际项目中，针对复杂业务场景，建议采用接口表一对一实时同步的方式来获取最新数据，往上可以通过微批处理或者视图来获取更加准确的多表关联结果。

第9章 Chapter 9

Doris 外部表

在3.4节，我们简单地介绍了Doris外部表，本章将详细讲解Doris外部表运行原理、应用场景和实战案例。Doris外部表包括ODBC外部表、Hive外部表、ES外部表和Iceberg外部表。用户可以借助Doris查询引擎来查询外部数据库中的数据，实现类似于联邦查询的效果。当然，外部表的性能受到源库和网络传输的限制，性能较Doris相差甚远。除特殊场景外，建议先将数据同步到Doris再进行查询，或者仅查询外部表的少量数据。

9.1 ODBC 外部表

ODBC外部表省去了烦琐的数据导入工作，让Doris具有了访问各种数据库的能力，并借助Doris本身的OLAP能力来解决数据分析问题。

ODBC外部表支持各种数据源中的数据接入Doris；支持Doris与各种数据源中的表联合查询，完成更复杂的分析操作；支持通过INSERT INTO语句将Doris查询结果写入外部数据源。

本节主要介绍如何创建基于ODBC协议访问的外部表，以及如何导入这些外部表中的数据。目前，Doris支持的数据源包括MySQL、Oracle、PostgreSQL等。

使用ODBC外部表，首先需要在所有BE节点安装相同的驱动，并且安装路径相同，同时有相同的be/conf/odbcinst.ini配置。

ODBC软件安装及配置在2.4.1节已有详细介绍，这里访问MySQL数据库的链接信息如下：

```
vim /etc/odbc.ini
[bdy_mysql]
```

```
Description      = Data source MySQL w
Driver           = MySQLw
Server           = 120.48.17.186
Host             = 120.48.17.186
Database         = demo
Port             = 13306
User             = root
Password         = ******
CHARSET          = UTF8
```

如果还需要访问其他数据库，例如 Oracle、PostgreSQL，可以自行百度安装 ODBC 驱动并完成 ODBC 配置和数据库连接。

配置完成以后，通过 isql -v 验证数据库连接是否成功，如图 9-1 所示。

```
[root@my-bigdata ~]# isql -v bdy_mysql
+---------------------------------------+
| Connected!                            |
|                                       |
| sql-statement                         |
| help [tablename]                      |
| quit                                  |
|                                       |
+---------------------------------------+
SQL>
```

图 9-1 验证数据库连接是否成功

ODBC 外部表创建有两种方式。

第一种是直接将连接信息描述在建表语句中，例如：

```
CREATE EXTERNAL TABLE odbc_event_log (
    event_id int NOT NULL ,
    event_date date,
    user_id int NOT NULL,
    event_code varchar(40),
    event_detail varchar(4000),
    'create_time' datetime NOT NULL ,
    'update_time' datetime NULL
) ENGINE=ODBC
COMMENT "ODBC 远程事务日志表 "
    PROPERTIES (
    "host" = "120.48.17.186",
    "port" = "13306",
    "user" = "root",
    "password" = "******",
    "database" = "demo",
    "table" = "event_log",
    "driver" = "MySQL ODBC 8.0 Unicode Driver",
    "odbc_type" = "mysql"
);
```

然后执行查询，结果如图 9-2 所示。

```
3  select * from odbc_event_log
4
```

event_id	event_date	user_id	event_code	event_detail	create_time	update_time
1	2022-05-01	1	ERR101	insert error	2022-05-01 09:25:08	(Null)
2	2022-05-01	1	WRN201	djjdhhdjh	2022-05-01 09:25:43	(Null)
3	2022-05-01	11	INF201	djjd111hhdjh	2022-05-01 09:53:54	(Null)

图 9-2　通过 ODBC 查询 MySQL 数据

第二种是通过创建资源的形式统一管理连接信息，并在建表语句中引用该资源。

```
-- 先创建资源
CREATE EXTERNAL RESOURCE 'mysql_odbc'
PROPERTIES (
    "type" = "odbc_catalog",
    "host" = "120.48.17.186",
    "port" = "13306",
    "user" = "root",
    "password" = "******",
    "database" = "demo",
    "odbc_type" = "mysql",
    "driver" = "MySQL ODBC 8.0 Unicode Driver"
);
-- 然后在资源基础上创建表
CREATE EXTERNAL TABLE 'odbc_event_log2' (
    event_id int NOT NULL ,
    event_date date,
    user_id int NOT NULL,
    event_code varchar(40),
    event_detail varchar(4000),
    'create_time' datetime NOT NULL ,
    'update_time' datetime NULL
) ENGINE=ODBC
COMMENT "ODBC 远程事务日志表 "
PROPERTIES (
"odbc_catalog_resource" = "mysql_odbc",
"database" = "demo",
"table" = "event_log"
);
```

推荐使用第二种方式，因为可以复用数据库连接信息。

ODBC 连接参数说明如表 9-1 所示。

表 9-1　ODBC 连接参数

参数	说明
host	外部表的 IP 地址
driver	ODBC 外部表的驱动名，该名称需要和 be/conf/odbcinst.ini 中的驱动名一致
odbc_type	外部表所在数据库的类型，当前支持 Oracle、MySQL、PostgreSQL
user	外部表的用户名
password	对应用户的密码信息

创建的 ODBC 外部表不仅可以用于读取数据，还可以用于插入数据。这里还是以 odbc_event_log2 为例插入数据，虽然原表中 event_id、create_time、update_time 可以自动生成，但是通过 Doris 插入数据时还是需要给出字段值。操作截图如图 9-3 所示，在缺少字段的情况下会报错。

```
INSERT INTO odbc_event_log2
(event_id,event_date,user_id,event_code,event_detail,create_time,update_time)
VALUES(5,'2022-05-02',12,'WRN202','哈哈哈, whh',now(),now());
```

```
mysql> insert into odbc_event_log2 (event_id,event_date,user_id,event_code,event_detail)
values(5,'2022-05-02',12,'WRN202','哈哈哈, whh');
5002 - errCode = 2, detailMessage = 'create_time' must be explicitly mentioned in column permutation
mysql> insert into odbc_event_log2 (event_id,event_date,user_id,event_code,event_detail,create_time,update_time)
values(5,'2022-05-02',12,'WRN202','哈哈哈, whh',now(),now());
Query OK, 0 rows affected (0.51 sec)
mysql> select * from odbc_event_log2
;
+----------+------------+---------+------------+--------------+---------------------+---------------------+
| event_id | event_date | user_id | event_code | event_detail | create_time         | update_time         |
+----------+------------+---------+------------+--------------+---------------------+---------------------+
|        1 | 2022-05-01 |       1 | ERR101     | insert error | 2022-05-01 09:25:08 | NULL                |
|        2 | 2022-05-01 |       1 | WRN201     | djjdhhdjh    | 2022-05-01 09:25:43 | NULL                |
|        3 | 2022-05-01 |      11 | INF201     | djjd111hhdjh | 2022-05-01 09:53:54 | NULL                |
|        5 | 2022-05-02 |      12 | WRN202     | 哈哈哈, whh  | 2022-05-01 11:21:56 | 2022-05-01 11:21:56 |
+----------+------------+---------+------------+--------------+---------------------+---------------------+
4 rows in set (0.50 sec)
```

图 9-3 通过 ODBC 向 My SQL 表插入数据

ODBC 外部表不支持更新和删除数据，报错截图如图 9-4 所示。

```
mysql> update odbc_event_log2 set event_date ='2022-05-03',user_id = 13 where event_id =5;
1064 - errCode = 2, detailMessage = Only unique olap table could be updated.
mysql> delete from odbc_event_log2  where event_id =5;
1064 - errCode = 2, detailMessage = Table 'odbc_event_log2' is not a OLAP table
mysql> |
```

图 9-4 通过 ODBC 更新和删除 MySQL 表的数据时报错

对于创建 Oracle、PostgreSQL 数据库的外部表，只需要安装对应数据库的 ODBC 驱动，并将 odbc_type 和 driver 修改成对应数据库的名称。我们找到 be/conf/odbcinst.ini，可以看出其默认配置的就是这三种数据库，截图如图 9-5 所示。也就是说，Doris 读取的 ODBC 配置文件不是 ODBC 软件自带的，而是 Doris 内置的。

```
# Driver from the postgresql-odbc package
# Setup from the unixODBC package
[PostgreSQL]
Description     = ODBC for PostgreSQL
Driver          = /usr/lib/psqlodbc.so
Setup           = /usr/lib/libodbcpsqlS.so
FileUsage       = 1


# Driver from the mysql-connector-odbc package
# Setup from the unixODBC package
[MySQL ODBC 8.0 Unicode Driver]
Description     = ODBC for MySQL
Driver          = /usr/lib64/libmyodbc8w.so
FileUsage       = 1

# Driver from the oracle-connector-odbc package
# Setup from the unixODBC package
[Oracle 19 ODBC driver]
Description=Oracle ODBC driver for Oracle 19
Driver=/usr/lib/libsqora.so.19.1
```

图 9-5 ODBC 配置示例

然后，不同来源数据库的表字段类型和 Doris 中的表字段类型进行映射和转换。以上三种数据库中常用表字段类型和 Doris 中表字段类型的对应关系如表 9-2 所示。

表 9-2　不同数据库中表字段类型

字段分类	MySQL	PostgreSQL	Oracle	Doris	备注
定长字符	CHAR VARCHAR	CHAR VARCHAR	CHAR VARCHAR2	CHAR VARCHAR	当前仅支持 UTF8 编码，且一个中文占用 3 字符
不定长字符	TEXT	TEXT	CLOB	STRING	当前仅支持 UTF8 编码
整型	TINYINT INT SMALLINT BIGINT	INT SMALLINT BIGINT	INT SMALLINT	TINYINT INT SMALLINT BIGINT	
数值类型	FLOAT DOUBLE DECIMAL	FLOAT DOUBLE DECIMAL	FLOAT DOUBLE NUMBER	FLOAT DOUBLE DECIMAL	
布尔类型	BOOLEAN	BOOLEAN	NUMBER（1）	BOOLEAN	
日期类型	DATE	DATE	DATE	DATE	
时间类型	TIMESTAMP DATETIME	TIMESTAMP	TIMESTAMP	DATETIME	

此外，对于 ODBC 外部表，我们还有以下注意要点。

- 对于 ODBC 外部表，除了无法使用 Doris 中的数据模型（ROLLUP、预聚合、物化视图等）外，与普通的 Doris 表在查询方面并无区别。但是，ODBC 外部表不支持更新和删除数据操作。
- ODBC 外部表本质上是通过单一 ODBC 客户端访问数据源，因此并不适合一次性导入大量数据，建议分批多次导入。
- 对于外部表的查询，Doris 本质上是通过某个 BE 节点上的 ODBC 客户端对外部数据源进行连接和查询，所以要求外部数据源和 BE 节点双向连通。

最后，Doris 查询外部表时并不是分布式查询，而是将单个 BE 节点作为客户端连接目标数据库进行查询并获取数据，所以性能上要远低于 Doris 内部表。ODBC 外部表比较适用的场景是对一些频繁更新的维度表和 Doris 中存储的事实表进行关联查询，支持通过 INSERT INTO SELECT 语句将外部数据源中的数据同步到 Doris。

9.2　Hive 外部表

Hive 外部表提供了 Doris 直接访问 Hive 表的能力，省去了烦琐的数据导入工作，并借助 Doris 本身的 OLAP 能力来解决数据分析问题。

Hive 外部表支持将 Hive 数据源接入 Doris，并与 Doris 内部表进行联合查询或者更复杂的分析操作。

Hive外部表创建有两种方式。

方式一：Doris直接基于HDFS创建外部表。

与访问MySQL类似，Doris访问HDFS文件之前，需要提前建立与之相对应的外部表，具体如下：

```
CREATE EXTERNAL TABLE hdfs_external_table (
    k1 DATE,
    k2 INT,
    k3 SMALLINT,
    k4 VARCHAR(2048),
    k5 DATETIME)
ENGINE=broker
PROPERTIES (
    "broker_name" = "hdfs-broker",
    "path" = "hdfs://hdfs_host:hdfs_port/data1",
    "column_separator" = "|",
    "line_delimiter" = "\n")
BROKER PROPERTIES (
    "username" = "hdfs_username",
    "password" = "hdfs_password")
```

参数说明如下。

- broker_name：Broker的名字。
- path：HDFS文件路径。
- column_separator：列分隔符。
- line_delimiter：行分隔符。

Doris不能直接访问HDFS文件，需要通过Broker进行访问，所以建表时除了需要指定HDFS文件的相关信息之外，还需要指定Broker的相关信息。关于Broker的相关介绍，读者可以参见5.3节。

方式二：Doris基于Hive创建外部表。

一个Hive资源对应一个Hive集群，管理Doris使用的Hive集群的相关配置。创建Hive表时需要指定使用的Hive资源。

```
-- 创建一个名为hive_src的Hive资源
CREATE EXTERNAL RESOURCE "hive_src"
PROPERTIES (
    "type" = "hive",
    "hive.metastore.uris" = "thrift://10.10.44.98:9083");
-- 查看Doris中创建的资源
SHOW RESOURCES;
```

创建数据库：

```
CREATE DATABASE hive_test;
```

创建 Hive 外部表：

```
CREATE EXTERNAL TABLE profile_wos_p7 (
    id bigint NULL,
    first_id varchar(200) NULL,
    second_id varchar(200) NULL,
    p__device_id_list' varchar(200) NULL,
    p__is_deleted' bigint NULL,
    p_channel varchar(200) NULL,
    p_platform varchar(200) NULL,
    p_source varchar(200) NULL,
    p__city varchar(200) NULL,
    p__province varchar(200) NULL,
    p__update_time bigint NULL,
    p__first_visit_time bigint NULL,
    p__last_seen_time bigint NULL)
ENGINE=HIVE
PROPERTIES (
    "resource" = "hive_src",
    "database" = "ods",
    "table" = "profile_parquet_p7");
```

Hive 外部表有以下限制。

1）当前，Hive 外部表仅支持 Text、Parquet 和 ORC 存储格式。

2）Hive 外部表的列名要与 Hive 表的列名一一对应，列的顺序需要与 Hive 表的列的顺序一致，并且必须包含 Hive 表中的全部列。

3）Hive 外部表的分区列无须通过 partition by 语句指定，需要与普通列一样定义到描述列表中。

4）当前，Doris 默认支持的 Hive 版本为 2.3.7、3.1.2，未在其他版本中进行测试。

5）Hive 表 Schema 变更不会自动同步，需要在 Doris 中重建。

Hive 和 Doris 列类型对比如表 9-3 所示。

表 9-3 Hive 和 Doris 列类型对比

Hive 列类型	Doris 列类型	描述
INT、INTEGER	INT	
BIGINT	BIGINT	
TIMESTAMP	DATETIME	
STRING	VARCHAR	当前仅支持 UTF8 编码
VARCHAR	VARCHAR	当前仅支持 UTF8 编码
CHAR	CHAR	当前仅支持 UTF8 编码
DOUBLE	DOUBLE	
FLOAT	FLOAT	

Hive 外部表只支持 Doris 查询操作，不支持删除和修改操作，也不支持创建 ROLLUP、物化视图等数据库对象。

9.3 ES外部表

ElasticSearch（以下简称ES）是一个分布式搜索引擎，底层基于Lucene实现。ES屏蔽了Lucene的底层细节，具有分布式特性，同时对外提供了RESTful API。ES以其易用性迅速赢得大量用户，被用在网站搜索、日志分析等诸多方面。由于ES具有强大的横向扩展能力，很多人会直接将其当作NoSQL来用。

ES的优点是索引，支持多列索引，甚至支持全文语义索引（如term、match、fuzzy等）；缺点是没有分布式计算引擎，不支持关联操作等。与ES相反，Doris具备丰富的SQL计算能力，以及分布式查询能力，然而索引性能较低，不支持全文索引。

在Doris数据库中创建ES外部表后，FE会请求建表语句指定的主机，获取所有节点的HTTP端口信息以及索引分片信息等，如果请求失败，FE会按顺序遍历主机列表，直至获取成功或完全失败。当用户发起针对ES外部表的查询时，Doris会根据FE得到的一些节点信息和索引元数据信息，生成查询计划并发给对应的BE节点。BE节点会依据就近原则优先请求本地部署的ES节点，通过HTTP Scroll方式流式地在每个索引分片中并发地从source或DocValue中获取数据并进行计算。BE节点完成计算后将结果返给用户。

本节主要介绍该功能的简单使用方法。

第一步：建立一张ES索引表。

```
PUT test
{
    "settings": {
        "index": {
            "number_of_shards": "1",
            "number_of_replicas": "0"
        }
    },
    "mappings": {
        "doc": {
        // ES 7.x 版本之后创建索引时不需要指定type，会有一个默认且唯一的 '_doc' type
            "properties": {
                "k1": {
                    "type": "long"
                },
                "k2": {
                    "type": "date"
                },
                "k3": {
                    "type": "keyword"
                },
                "k4": {
                    "type": "text",
                    "analyzer": "standard"
                },
                "k5": {
```

```
                    "type": "float"
                }
            }
        }
    }
}
```

第二步：向 ES 索引表导入数据。

```
POST /_bulk
{"index":{"_index":"test","_type":"doc"}}
{ "k1" : 100, "k2": "2020-01-01", "k3": "Trying out Elasticsearch", "k4": "Trying
    out Elasticsearch", "k5": 10.0}
{"index":{"_index":"test","_type":"doc"}}
{ "k1" : 100, "k2": "2020-01-01", "k3": "Trying out Doris", "k4": "Trying out
    Doris", "k5": 10.0}
{"index":{"_index":"test","_type":"doc"}}
{ "k1" : 100, "k2": "2020-01-01", "k3": "Doris On ES", "k4": "Doris On ES",
    "k5": 10.0}
{"index":{"_index":"test","_type":"doc"}}
{ "k1" : 100, "k2": "2020-01-01", "k3": "Doris", "k4": "Doris", "k5": 10.0}
{"index":{"_index":"test","_type":"doc"}}
{ "k1" : 100, "k2": "2020-01-01", "k3": "ES", "k4": "ES", "k5": 10.0}
```

第三步：创建一张基于 ES 索引的 Doris 外部表。

```
CREATE EXTERNAL TABLE test (
    k1 bigint(20) COMMENT "",
    k2 datetime COMMENT "",
    k3 varchar(20) COMMENT "",
    k4 varchar(100) COMMENT "",
    k5 float COMMENT ""
) ENGINE=ELASTICSEARCH // ENGINE 必须是 ELASTICSEARCH
PROPERTIES (
    "hosts" = "http://192.168.0.1:8200,http://192.168.0.2:8200",
    "index" = "test",
    "type" = "doc",
    "user" = "root",
    "password" = "root"
);
```

ES 参数说明如表 9-4 所示。

表 9-4 ES 参数说明

参数	说明
hosts	ES 集群地址，可以是一个或多个，也可以是 ES 前端的负载均衡地址
index	对应的 ES 的索引名
type	索引的类型，ES 7.x 及以后版本不配置此参数
user	ES 集群用户名
password	对应用户的密码

在 Doris 中创建 ES 外部表，引擎必须指定为 ES。Doris 表中的列名需要和 ES 中的字段名完全匹配，字段类型应该保持一致。此外，PROPERTIES 部分还有几个关键参数。

1）enable_docvalue_scan：是否开启从 ES 列式存储中获取查询字段的值，默认为 false，表示关闭。开启后，Doris 从 ES 列式存储中获取数据时会遵循以下两个原则。

- 尽力而为：自动探测要读取的字段是否开启列式存储，如果获取的字段全部为列式存储，Doris 会从列式存储中获取所有字段的值。
- 自动降级：要获取的字段只要有一个字段没有开启列式存储，所有字段的值都会从行存 _source 中解析获取。

2）enable_keyword_sniff：是否对 ES 中字符串分词类型（text）进行探测，获取额外的未分词（Keyword）字段名，默认为 true。在 ES 中，可以不建立索引直接进行数据导入，因为 ES 会自动创建一个新的索引。针对字符串类型字段，ES 会创建一个既有 text 类型的字段又有 Keyword 类型的字段，这就是 ES 的 Multi-fields 特性。

3）es_nodes_discovery：是否开启 ES 节点，默认为 true。当配置为 true 时，Doris 将从 ES 中找到所有可用的数据节点。如果 ES 中数据节点的地址不能被 BE 节点访问，该参数设置为 false。ES 集群部署在与公共网络隔离的内网，需用户通过代理访问。

4）http_ssl_enabled：ES 是否开启 HTTPS 访问模式，默认为 false。

Doris 基于 ES 外部表的查询还有一个重要功能：过滤条件的下推。将过滤条件下推给 ES，只有真正满足条件的数据才会被 ES 发送到 Doris 的 BE 节点，这样能够显著提高查询性能和降低 CPU、内存占用。

表 9-5 中 SQL 操作符可优化成对应的 ES 操作符，以过滤数据。

表 9-5 SQL 操作符和 ES 操作符对应关系表

SQL 操作符	ES 操作符
=	term query
in	terms query
>, <, >=, ⇐	range query
and	bool.filter
or	bool.should
not	bool.must_not
not in	bool.must_not + terms query
is_not_null	exists query
is_null	bool.must_not + exists query
esquery	ES 原生 json 形式的 QueryDSL

在 Doris 中创建的 ES 外部表也无法使用 ROLLUP、物化视图等。更多关于 ES 外部表的用法，读者可以查看 Doris 官方文档。

9.4 Iceberg 外部表

Iceberg是由Netflix开发并开源的、用于庞大分析数据集的开放表格式。Iceberg在Presto和Spark中添加了使用高性能格式的表。官方对Iceberg的定义是一种表格式。我们可以简单理解为Iceberg是基于计算层（Flink、Spark）和存储层（ORC、Parquet）的一个中间层。

Iceberg与存储层的存储格式（比如ORC、Parquet之类的列式存储格式）的最大的区别是，它并不定义数据存储方式，而是定义数据的组织方式，向上提供统一的表的语义。它构建在存储层之上，存储层中的数据仍然以Parquet、ORC格式等进行存储。Iceberg并未绑定于某一特定引擎，实现了通用的数据组织格式，方便与不同引擎（如Flink、Hive、Spark）对接。

Iceberg作为“数据湖三剑客”之一，得到了广泛应用。在数据仓库中引入Iceberg，主要是为了解决以下两个痛点。

- T+0的数据落地和处理。传统的数据处理流程（从数据入库到数据处理）通常需要一个较长的环节，涉及许多复杂的逻辑来保证数据的一致性，且由于架构复杂，整个流水线延时明显。Iceberg的ACID能力可以简化整个流水线的设计，缩短整个流水线的延时。
- 降低数据修正的成本。传统Hive、Spark在修正数据时需要先读取数据，修正后再写入，产生极大的成本。Iceberg的修改、删除能力能够有效降低开销，提高效率。

Doris支持通过外部表的方式查询Iceberg数据湖中的数据，以实现对数据的极速分析。本节介绍如何在Doris中创建外部表，如何查询Iceberg中的数据。

创建Iceberg外部表的前提条件是Doris有权限访问Iceberg对应的Hive Metastore、HDFS集群或者对象存储的Bucket。目前，Iceberg外部表仅支持Catalog类型为Hive且数据存储格式为Parquet或者ORC，支持写时复制（Copy On Write）的表。同时，Iceberg外部表只能用于读取数据，不能写入数据。

在Doris中创建Iceberg外部表有两种方式。

方式一：单独创建一个外部表，用于挂载Iceberg表，示例如下。

```
-- 挂载 Iceberg 中 iceberg_db 下的 iceberg_table
CREATE TABLE 'test_iceberg'
ENGINE = iceberg
PROPERTIES (
"iceberg.database" = "iceberg_db",
"iceberg.table" = "iceberg_table",
"iceberg.hive.metastore.uris" = "thrift://192.168.0.2:9083",
"iceberg.catalog.type" = "HIVE_CATALOG"
);
```

方式二：创建一个Iceberg数据库，用于挂载远端对应的Iceberg数据库iceberg_db，同时挂载 iceberg_db 数据库下的所有表，示例如下。

```
-- 挂载 iceberg_db，同时挂载该数据库下的所有表
CREATE DATABASE 'iceberg_db'
PROPERTIES (
"iceberg.database" = "iceberg_db",
"iceberg.hive.metastore.uris" = "thrift://192.168.0.1:9083",
"iceberg.catalog.type" = "HIVE_CATALOG"
);
```

通过上述两种方式创建 Iceberg 外部表时无须声明表的列定义，Doris 可以根据 Iceberg 表的列定义自动转换。Doris 表字段类型和 Iceberg 表字段类型默认匹配如表 9-6 所示。

表 9-6 Doris 表字段类型和 Iceberg 表字段类型默认匹配对照

Iceberg 字段类型	Doris 字段类型	备注
BOOLEAN	BOOLEAN	
INTEGER	INT	
LONG	BIGINT	
FLOAT	FLOAT	
DOUBLE	DOUBLE	
DATE	DATE	
TIMESTAMP	DATETIME	TIMESTAMP 转成 DATETIME 会损失精度
STRING	STRING	
UUID	VARCHAR	使用 VARCHAR 来代替
DECIMAL	DECIMAL	
TIME	—	不支持
FIXED	—	不支持
BINARY	—	不支持
STRUCT	—	不支持
LIST	—	不支持
MAP	—	不支持

如果 Iceberg 表结构发生变更，Doris 不会自动同步，需要执行 REFRESH 命令来刷新 Iceberg 外部表的元数据。该命令会将 Doris 中的 Iceberg 外部表删除重建。

```
-- 同步 Iceberg 表
REFRESH TABLE t_iceberg;
-- 同步 Iceberg 数据库
REFRESH DATABASE iceberg_test_db;
```

我们也可以根据需求明确指定列定义来创建 Iceberg 外部表，但是需要自定义列名与 Iceberg 表列名一一对应，并且列顺序需要与 Iceberg 表的列顺序一致。Doris 中建立的 Iceberg 外部表仅用于查询分析，不支持修改和删除数据操作，也不支持创建物化视图和 ROLLUP 对象等。

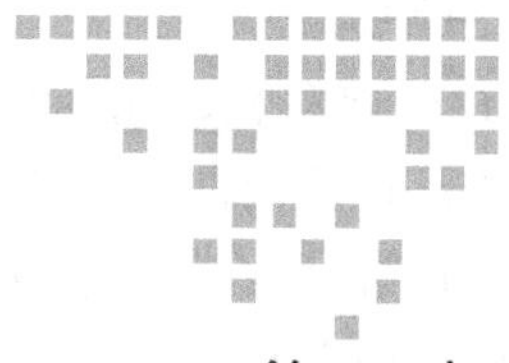

第 10 章 Chapter 10

Doris 集群管理

前面介绍的功能都是针对 Doris 开发的，本章将围绕 Doris 集群管理分享 Doris 在运维方面提供的强大能力。

10.1 集群管理

我们按照第 2 章内容搭建好 Doris 集群后，就需要针对集群上的应用规划数据库、用户和对应的权限。

10.1.1 数据库管理

Doris 数据库的创建可使用 CREATE DATABASE 命令，例如新建 Doris 内部数据库 demoDB，语句如下：

```
CREATE DATABASE demoDB;
```

Doris 已经默认采用 UTF8 字符集，因此不用像 MySQL 数据库那样指定字符集。

如果创建的数据库是从 Iceberg 映射过来的，我们需要在 PROPERTIES 中提供以下附加信息，例如：

```
CREATE DATABASE iceberg_demo
PROPERTIES (
"iceberg.database" = "doris",
"iceberg.hive.metastore.uris" = "thrift://127.0.0.1:9083",
"iceberg.catalog.type" = "HIVE_CATALOG"
);
```

10.1.2 用户管理

Doris 的用户管理和 MySQL 的用户管理非常接近。在 Doris 中，user_identity 唯一标识用户。user_identity 由两部分组成：user_name 和 host。其中，user_name 为用户名，host 标识用户端请求连接时所在的主机地址。host 部分可以使用 % 进行模糊匹配。host 如果不指定，默认为 '%'，即表示该用户可以从任意 host 连接到 Doris。

如果指定了角色（ROLE），Doris 自动将该角色所拥有的权限赋予新创建的用户。如果不指定角色，该用户默认没有任何权限。

创建一个用户 jack，无密码，当不指定 host 时，语句为 jack@'%'。

创建一个用户，有密码，只允许从 172.10.1.10 子网登录，语句如下：

```
CREATE USER jack@'172.10.1.10' IDENTIFIED BY '123456';
```

为了避免传递明文，可以先用 SELECT PASSWORD（‘123456’）；语句获得“123456”字符串对应的密文，然后直接用密文指定密码，语句如下：

```
CREATE USER jack@'172.10.1.10' IDENTIFIED BY PASSWORD '*6BB4837EB74329105EE4568D
    DA7DC67ED2CA2AD9';
```

创建一个用户，允许从‘192.168’子网登录的，同时指定其角色为 example_role：

```
CREATE USER 'jack'@'192.168.%' DEFAULT ROLE 'example_role';
```

10.1.3 权限管理

GRANT 命令用于赋予指定用户或角色指定的权限，主要包括 3 种权限。

第一种是最常见的库表权限。Doris 支持的库表权限是通过代码实现的，代码及其说明如表 10-1 所示。我们可以进行多个权限组合赋权，只需要用逗号连起来即可。

表 10-1 Doris 权限代码及其说明

权限代码	说明
ADMIN_PRIV	除 NODE_PRIV 以外的所有权限，ADMIN_PRIV 只能授予 *.* 对象
GRANT_PRIV	操作权限的权限，包括创建和删除用户、角色，授权和撤权，设置密码等
SELECT_PRIV	对指定的库或表的读取权限
LOAD_PRIV	对指定的库或表的导入权限
ALTER_PRIV	对指定的库或表的表结构变更权限
CREATE_PRIV	对指定的库或表的创建权限
DROP_PRIV	对指定的库或表的删除权限

另外，旧版 Doris 权限中的 ALL 和 READ_WRITE 会被转换成 SELECT_PRIV、LOAD_PRIV、ALTER_PRIV、CREATE_PRIV、DROP_PRIV；READ_ONLY 会被转换为 SELECT_PRIV。

授予库表权限的对象为 db_name[.tbl_name]，有 3 种表达方式：

1）*.* 表示权限可以应用于所有的库及其中所有的表。

2）db.* 表示权限可以应用于 db 库下所有的表。

3）db.tbl 表示权限仅应用于 db 库下的指定表 tb1。

为了兼容库表删除后重建，这里指定的库或表可以是不存在的库或表。

user_identity 是指被授予权限的对象，包括用户和角色。用户必须是 CREATE USER 语句创建的；角色则可以没有创建。如果指定的角色不存在，Doris 自动创建。

例如，授予 'jack'@'%' 用户 demoDB 数据库的全部操作权限。

```
GRANT SELECT_PRIV,ALTER_PRIV,LOAD_PRIV,CREATE_PRIV,DROP_PRIV ON demoDB.* TO
    'jack'@'%';
```

再比如，授予 'jack'@'192.8.%' 用户对所有数据库对象查询的权限。

```
GRANT SELECT_PRIV ON *.* TO 'jack'@'192.8.%';
```

第二种是资源权限。资源权限只能用 USAGE_PRIV 表示。* 表示对所有资源对象有权限，单独指定一个资源名表示仅对一个资源对象有权限。

例如，授予 odbc_resource 资源 my_role 角色。

```
GRANT USAGE_PRIV ON RESOURCE 'odbc_resource' TO ROLE 'my_role';
```

第三种是集群节点操作权限。集群节点操作权限包括节点上线、下线等操作权限，只有 root 用户有该权限。集群节点操作权限的代码是 NODE_PRIV。

REVOKE 命令用于撤销指定用户或角色指定的权限，和 GRANT 命令相反。例如，撤销 'jack'@'192.8.%' 用户对所有数据库查询的权限。

```
REVOKE SELECT_PRIV ON *.* FROM 'jack'@'192.8.%';
```

10.2 集群资源管理

集群资源管理是指针对集群资源进行合理的分配，防止单个用户或者单个查询占用过多的资源，导致其他任务不能正常执行。Doris 通过对集群内节点进行资源组划分和针对单个查询给予资源限制两种方式来实现资源隔离，以便多用户在同一 Doris 集群内进行数据操作时，减少相互干扰，将集群资源更合理地分配给用户。

10.2.1 节点资源划分

节点资源划分是指对一个 Doris 集群内的 BE 节点设置标签（Tag），标签相同的 BE 节点组成一个资源组。资源组可以看作数据存储和计算的一个管理单元。下面通过一个具体示例介绍资源组的使用方式。

第一步，为 BE 节点设置标签。假设当前 Doris 集群内有 6 个 BE 节点，在初始情况下，所有节点默认在资源组内。

我们可以使用以下命令将这 6 个节点划分成 3 个资源组：group_a、group_b、group_c。

```
alter system modify backend "host1:9050" set ("tag.location" = "group_a");
alter system modify backend "host2:9050" set ("tag.location" = "group_a");
alter system modify backend "host3:9050" set ("tag.location" = "group_b");
alter system modify backend "host4:9050" set ("tag.location" = "group_b");
alter system modify backend "host5:9050" set ("tag.location" = "group_c");
alter system modify backend "host6:9050" set ("tag.location" = "group_c");
```

这里将 host[1-2] 组成资源组 group_a，将 host[3-4] 组成资源组 group_b，将 host[5-6] 组成资源组 group_c。注意，一个 BE 节点只支持设置一个标签。

第二步，按照资源组分布数据。资源组划分好后，我们可以将用户数据的不同副本分布在不同资源组内。假设一张用户表 UserTable，我们希望在 3 个资源组内各存放一个副本，可以通过如下语句实现：

```
create table UserTable
(k1 int, k2 int)
distributed by hash(k1) buckets 1
properties(
    "replication_allocation"="tag.location.group_a:1, tag.location.group_b:1, tag.
        location.group_c:1"
)
```

这样，表 UserTable 中的数据将会以 3 副本形式存储在资源组 group_a、group_b、group_c 所在的节点，如图 10-1 所示。

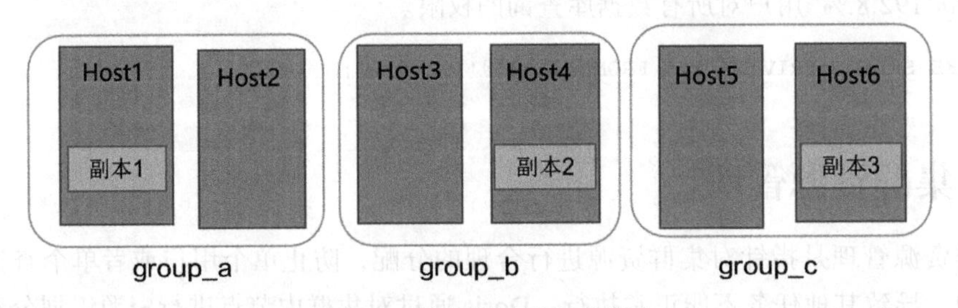

图 10-1 节点资源划分示意图

第三步，使用不同资源组进行数据查询。在前两步执行完成后，我们就可以通过设置用户的资源使用权限，来限制用户只能使用指定资源组中的节点来查询。比如我们可以通过以下语句限制 user1 只能使用 group_a 资源组中的节点进行数据查询，user2 只能使用 group_b 资源组中的节点进行数据查询，而 user3 可以同时使用 3 个资源组中的节点进行数据查询：

```
set property for 'user1' 'resource_tags.location' = 'group_a';
set property for 'user2' 'resource_tags.location' = 'group_b';
set property for 'user3' 'resource_tags.location' = 'group_a, group_b, group_c';
```

设置完成后，user1在发起对UserTable表的查询时，只会访问group_a资源组内节点上的数据副本，并且查询仅会使用group_a资源组内的节点计算资源，而user3可以使用任意资源组内的数据副本和计算资源。

这样，我们通过对节点的划分以及对用户的资源使用限制，实现了不同用户查询上的物理资源隔离。更进一步，我们可以给不同的业务部门创建不同的用户，并限制每个用户使用不同的资源组，避免业务部门之间使用资源的干扰。比如，集群内有一张业务表需要共享给9个业务部门使用，但是希望尽量避免不同部门之间的资源抢占，此时可以给这张表创建3个副本，分别存储在3个资源组中。接下来，我们为9个业务部门创建9个用户，每3个用户限制使用一个资源组。这样，资源的竞争程度就由9个部门降到了3个部门。

另外，我们可以利用资源组，实现针对在线查询和离线批处理的资源隔离。比如，我们可以将节点划分为etl、olap两个资源组。离线任务和实时数据接入的过程表存放在etl资源组中，供业务方查询使用的结果表存放在olap资源组中，这样可以极大地降低数据加工处理对报表查询的影响，从而实现在同一个集群同时执行在线查询和离线批处理。

10.2.2 节点资源限制

前面提到的资源组方法是节点级别的资源隔离和限制，但在资源组内依然可能存在资源抢占情况。比如前文提到的将3个业务部门安排在同一个资源组内，虽然降低了资源竞争程度，但是这3个部门的查询依然可能相互影响。因此，除了资源组方案外，Doris还提供了对单个查询的资源限制功能。

目前，Doris对单个查询的资源限制主要包括内存限制和CPU限制两方面。

1. 内存限制

Doris可以限制单个查询允许使用的最大内存开销，以保证集群的内存资源不会被某一个查询全部占用。我们可以通过变量exec_mem_limit来限制单个查询的内存使用。

变量exec_mem_limit可以只针对单个查询SQL语句生效，也可以针对一个查询会话生效，或者全局有效，具体形式如下：

```
# 设置会话变量 exec_mem_limit，之后该会话内（连接内）的所有查询都使用这个内存限制
set exec_mem_limit=16G;
# 设置全局变量 exec_mem_limit，之后所有新会话（新连接）的所有查询都使用这个内存限制
set global exec_mem_limit=16G;
# 在单个查询 SQL 语句中设置变量 exec_mem_limit，该变量仅影响这一个 SQL 语句
select /*+ SET_VAR(exec_mem_limit=16G) */ id, name from tbl where xxx;
```

因为Doris的查询引擎是基于全内存的MPP查询框架，所以当一个查询的内存使用超过限制后，查询会终止。因此，当一个查询无法在合理的内存限制下执行时，我们就需要通过一些手段来优化SQL或者给集群扩容。

2. CPU 限制

用户可以通过变量 cpu_resource_limit 来限制查询占用的 CPU 资源。

变量 cpu_resource_limit 可以分为会话级别和用户级别。该会话级别的变量仅对执行了 set 命令以后的所有查询语句生效，而用户级别的变量针对该用户所有的查询生效，并且该用户级别的变量优先级高于会话级别，不会被会话级别的变量覆盖，具体示例如下：

```
# 设置会话级别的变量 cpu_resource_limit
set cpu_resource_limit = 2
# 设置用户级别的变量 cpu_resource_limit
set property for 'jack' 'cpu_resource_limit' = '3';
```

cpu_resource_limit 的取值是一个相对值，取值越大表示查询能够使用的 CPU 资源越多。但单个查询能使用的 CPU 资源上限取决于表的分区分桶数。原则上，单个查询的最大 CPU 使用量与查询涉及的 Tablet 数量正相关。极端情况下，假设一个查询仅涉及一个 Tablet，即使 cpu_resource_limit 设置值较大，也仅能使用一个 CPU 的资源。

通过内存和 CPU 资源限制，我们可以在一个资源组内，对用户查询进行更细粒度的资源划分。比如我们可以让部分时效性要求不高，但是计算量很大的离线任务使用更少的 CPU 资源和更多的内存资源，而让部分对延时敏感的在线任务，使用更多的 CPU 资源以及合理的内存资源。

10.3 集群备份和恢复

10.3.1 数据导出

在数据库应用过程中，我们经常会有数据导出需求。目前，Doris 支持 3 种方式导出数据。

1. EXPORT

EXPORT 是 Doris 提供的一种将数据导出的命令。该命令可以将用户指定的表或分区中的数据以文本格式，通过 Broker 进程导出到远端存储系统，如 HDFS、BOS 等。目前，该方式仅支持对指定表或分区进行全量导出，不支持对导出结果进行映射、过滤或转换操作，导出格式为 CSV。导出文件到 BOS 需要使用 S3 兼容协议。

例如，通过如下语句提交一个导出作业。

```
EXPORT TABLE ods_emp_info
TO "s3://test-doris/ods_emp_info.csv"
WITH S3(
    "AWS_ENDPOINT" = "http://s3.bj.bcebos.com",
    "AWS_ACCESS_KEY" = "80e498daf3bc4b1082cacc57dc486abd",
    "AWS_SECRET_KEY"="97dfeb8290674202bff86523e98a6430",
    "AWS_REGION" = "bj"
);
```

在提交导出任务以后，我们可以通过 SHOW 命令查看执行中的导出任务，并按 StartTime 降序排序。

```
SHOW EXPORT FROM example_db ORDER BY StartTime DESC;
```

导出完成以后，我们登录 BOS 控制台，可以看到导出文件是一个文件夹，截图如图 10-2 所示。

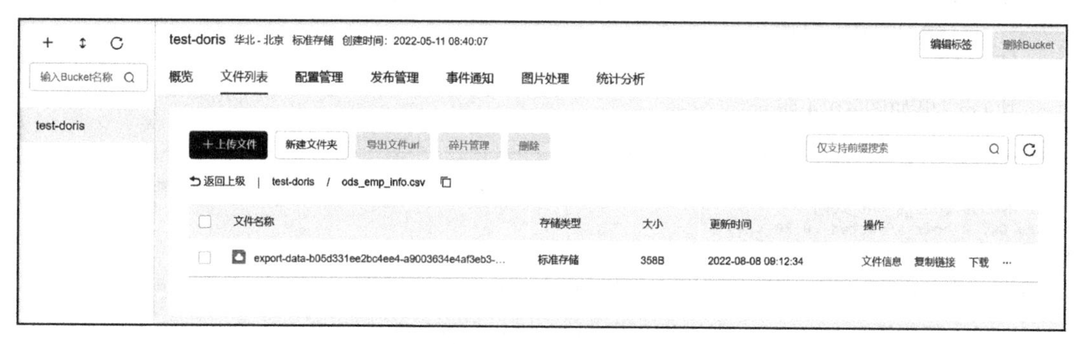

图 10-2　导出文件截图

下载文件并打开后，我们可发现是由 tab 符分割的文本文件，生成文件夹只是为了多节点并行执行。

2. SELECT INTO OUTFILE

SELECT INTO OUTFILE 语句支持将查询结果导出到文件中。目前，Doris 支持通过 Broker 进程将查询结果导出到远端存储系统，如 HDFS、S3、BOS，或者直接导出到 FE 节点的本地磁盘（云上不支持）。用户可以通过该语句，借助灵活的 SQL 语法，导出期望的查询结果。但受限于最终结果的单线程产出，效率要低于 EXPORT 命令方式。

导出数据到本地磁盘需要在 FE 节点上增加参数 enable_outfile_to_local=true。

SELECT INTO OUTFILE 语句本质上是一个同步执行的 SQL 查询命令，因此会受到会话变量 query_timeout 的超时限制。如果导出较大结果集或 SQL 本身执行时间较长，请先设置合理的超时时间。

例如，导出数据到 Doris FE 节点的本地磁盘，截图如 10-3 所示。

```
select * from example_db.ods_emp_info
INTO OUTFILE "file:///data/ods_emp_info.csv";
```

```
mysql> select * from example_db.ods_emp_info
    -> INTO OUTFILE "file:///data/ods_emp_info_";
+------------+-----------+----------+--------------------------------------------------------------------------+
| FileNumber | TotalRows | FileSize | URL                                                                      |
+------------+-----------+----------+--------------------------------------------------------------------------+
|          1 |        10 |      358 | file:///192.168.1.17/data/ods_emp_info_3a66f586554d4405-80f4b2793a9bd9b7_ |
+------------+-----------+----------+--------------------------------------------------------------------------+
1 row in set (0.02 sec)
```

图 10-3　导出数据到 Doris FE 节点的本地磁盘

3. INSERT

Doris 支持通过 INSERT 命令直接将数据写入 ODBC 外部表，操作过程和数据写入内部表一样。写入操作是以单 ODBC 客户端连接方式实现的，因此不建议一次性提交大量数据。

继续利用原来创建的 MySQL 外部表 odbc_event_log，向表中写入数据。

```
insert into demoDB.odbc_event_log
select event_id+10 as event_id,event_date,user_id,event_code,event_detail,create_
    time,update_time
from demoDB.odbc_event_log;
```

执行结果如图 10-4 所示。

```
mysql> insert into demoDB.odbc_event_log
select event_id+10 as event_id,event_date,user_id,event_code,event_detail,create_time,update_time
from demoDB.odbc_event_log;
Query OK, 0 rows affected (0.80 sec)
mysql> select * from demoDB.odbc_event_log ;
+----------+------------+---------+------------+--------------+---------------------+---------------------+
| event_id | event_date | user_id | event_code | event_detail | create_time         | update_time         |
+----------+------------+---------+------------+--------------+---------------------+---------------------+
|        1 | 2022-05-01 |       1 | ERR101     | insert error | 2022-05-01 09:25:08 | NULL                |
|        2 | 2022-05-01 |       1 | WRN201     | djjdhhdjh    | 2022-05-01 09:25:43 | NULL                |
|        3 | 2022-05-01 |      11 | INF201     | djjd111hhdjh | 2022-05-01 09:53:54 | NULL                |
|        5 | 2022-05-02 |      12 | WRN202     | 哈哈哈，whh  | 2022-05-01 11:21:56 | 2022-05-01 11:21:56 |
|       11 | 2022-05-01 |       1 | ERR101     | insert error | 2022-05-01 09:25:08 | NULL                |
|       12 | 2022-05-01 |       1 | WRN201     | djjdhhdjh    | 2022-05-01 09:25:43 | NULL                |
|       13 | 2022-05-01 |      11 | INF201     | djjd111hhdjh | 2022-05-01 09:53:54 | NULL                |
|       15 | 2022-05-02 |      12 | WRN202     | 哈哈哈，whh  | 2022-05-01 11:21:56 | 2022-05-01 11:21:56 |
+----------+------------+---------+------------+--------------+---------------------+---------------------+
8 rows in set (0.56 sec)
```

图 10-4 导出数据到 ODBC 外部表

另外，设置会话变量 enable_odbc_transaction 为 true，可以开启事务支持。事务支持可以保证数据写入的原子性，不会出现只有部分数据写入的情况。但是开启事务支持会降低写入效率，请权衡考虑。

10.3.2 数据备份

数据资产概念的提出表明数据价值得到充分重视。为了避免数据异常丢失，我们需要充分做好数据备份工作。在备份足够快的情况下，我们可以每周备份一次全量数据，每天备份一次关键数据。

Doris 支持将当前数据以文件的形式，通过 Broker 进程备份到远端存储系统。之后，我们可以通过恢复命令，从远端存储系统中将数据恢复到任意 Doris 集群。通过这个功能，Doris 可以支持将数据定期进行快照备份，也可以在不同集群间进行数据迁移。

备份操作是将指定表或分区的数据，直接以 Doris 文件存储形式，上传到远端存储系统进行存储。当用户提交 Backup 请求后，系统内部会做如下操作。

1）快照及快照上传。快照阶段会对指定的表或分区数据文件进行快照。之后，备份都是对快照文件进行操作。在快照之后，对表进行的更改、导入等操作都不再影响备份。快照只是对当前数据文件产生一个硬链，耗时很短。快照完成后，开始对这些快照文件进行逐一上传。快照上传由各个 Backend 进程并发完成。

2）元数据准备及上传。快照文件上传完成后，Frontend 进程会首先将对应元数据写入本地文件，然后通过 Broker 进程将本地元数据文件上传到远端存储系统，完成最终备份作业。

3）动态分区表说明。如果该表是动态分区表，备份之后会自动禁用动态分区属性，在做恢复的时候需要手动将该表的动态分区属性启用，命令如下：

```
ALTER TABLE tbl1 SET ("dynamic_partition.enable"="true")
```

4）备份和恢复操作都不会保留表的 colocate_with 属性。

创建一个 BOS 远端存储系统，并将数据库表 example_tbl 中的数据备份到远端存储系统中。

```
-- 创建一个 BOS 的远端存储系统 bos_repo
CREATE REPOSITORY 'bos_repo'
WITH S3
ON LOCATION "s3://test-doris/backup_repo"
PROPERTIES
(
    "AWS_ENDPOINT" = "http://s3.bj.bcebos.com",
    "AWS_ACCESS_KEY" = "80e498daf3bc4b1082cacc57dc486abd",
    "AWS_SECRET_KEY"="97dfeb8290674202bff86523e98a6430",
    "AWS_REGION" = "bj"
);
-- 创建数据快照
BACKUP SNAPSHOT example_db.snapshot_label2
TO bos_repo
ON (ods_emp_info,
    test_bos_load)
PROPERTIES ("type" = "full");
```

提交备份任务以后，我们还可以通过 SHOW BACKUP 命令查看最近 Backup 作业的执行情况，也可以通过 SHOW SNAPSHOT ON bos_repo WHERE SNAPSHOT = "snapshot_label2" 查看远端存储系统中已存在的备份快照，截图如图 10-5 所示。

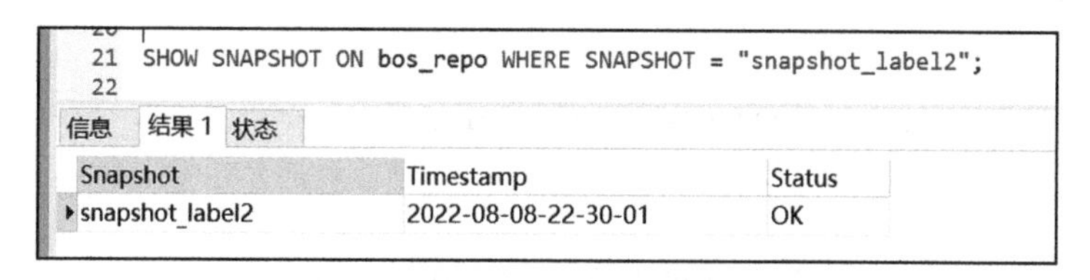

图 10-5 查看已经存在的备份快照

Doris 支持最小分区粒度的全量备份（增量备份有可能在 Doris 未来版本支持）。当表的数据量很大时，建议按分区分别执行，以减小失败重试的代价。如果需要对数据进行定期备份，首先需要在建表时合理规划表的分区分桶，比如按时间进行分区，然后在之后的运行过程中，按照分区粒度定期进行数据备份。

因为备份操作的都是实际的数据文件，所以当一个表的分片过多，或者一个分片有过多的文件时，可能即使总数据量很小，依然需要很长时间。用户可以通过 SHOW PARTITIONS FROM table_name; 和 SHOW TABLET FROM table_name；来查看各个分区的分片数量以及各个分片的文件数量，预估作业执行时间。文件数量对作业执行时间影响非常大，所以建议在建表时合理规划分区分桶，以避免过多的分片。

一个数据库内只允许有一个正在执行的备份作业。当通过 SHOW BACKUP 或者 SHOW RESTORE 命令查看作业状态时，我们有可能会在 TaskErrMsg 一列中看到错误信息。但只要 State 列不为 CANCELLED，就说明作业依然在继续，这些作业有可能会重试成功。当然，有些错误会直接导致作业失败。

10.3.3 数据恢复

数据恢复操作需要指定一个远端仓库中已存在的备份，然后将这个备份的内容恢复到本地集群。当用户提交 Restore 请求后，系统内部会做如下操作。

1）在本地创建对应的元数据。这一步首先会在本地集群中创建数据恢复对应的表分区等结构。创建完成后，该表可见，但是不可访问。

2）在本地执行快照。这一步是对第一步创建的表进行快照。这其实是一个空快照（因为刚创建的表是没有数据的），目的主要是在 Backend 进程中产生对应的快照目录，以便之后接收从远端仓库下载的快照文件。

3）下载快照。远端仓库中的快照文件会被下载到第二步生成的快照目录中。这一步由各个 Backend 进程并发完成。

4）快照生效。快照下载完成后，我们要将各个快照映射为当前本地表的元数据，然后重新加载这些快照，使之生效，完成最终的数据恢复作业。

从前面 bos_repo 的备份中恢复表数据，语句如下。

```
RESTORE SNAPSHOT example_db.snapshot_3
FROM 'bos_repo'
ON (test_bos_load)
PROPERTIES
(
    "backup_timestamp"="2022-08-08-22-30-01",
    "replication_num" = "1"
);
```

如果恢复作业是一次覆盖操作（指定恢复数据到已经存在的表或分区），那么从数据恢复作业的提交阶段开始，当前集群上被覆盖的数据有可能不能再被还原。此时，如果恢复作业失败或被取消，有可能造成之前的数据损坏且无法访问。在这种情况下，只能通过再次执行恢复操作，并等待作业完成。因此，建议如无必要，尽量不要使用覆盖方式恢复数据，除非确认当前数据已不再使用。

10.3.4 模式备份

Python 作为数据分析最常用的编程语言和脚本语言，也可以很方便地通过 MySQL 插件连接 Doris 进行各种操作。下面给出一个具体的案例，通过 Python 脚本配合 Linux Cron 表达式，实现每天 3 次定时备份 Doris 数据库里面的表、视图等对象的创建语句。这在数据仓库开发中具有非常重要的意义。

通过 Python 脚本定时备份 Doris 的元数据信息和视图创建语句，以便开发过程中进行版本追溯。

```
#!/usr/bin/python
# -*- coding: UTF-8 -*-
import pymysql
import json
import sys
import os
import time
if sys.getdefaultencoding() != 'utf-8':
    reload(sys)
    sys.setdefaultencoding('utf-8')
BACKUP_DIR='/data/cron_shell/database_backup'
BD_LIST=['ods_add','ods_cdp','ods_drp','ods_e3_fx','ods_e3_jv','ods_e3_
    pld','ods_e3_rds1','ods_e3_rds2','ods_e3_zy','ods_hana','ods_rpa','ods_
    temp','ods_xgs','ods_xt1','t01_hana','xtep_cfg','xtep_dm','xtep_dw','xtep_
    fr','xtep_rpa']
if __name__ == "__main__":
    basepath = os.path.join(BACKUP_DIR,time.strftime("%Y%m%d-%H%M%S", time.
        localtime()))
    print basepath
    if not os.path.exists(basepath):
        # 如果不存在，则创建目录
        os.makedirs(basepath)
    # 连接database
    conn = pymysql.connect(
        host='192.168.6.9',
        port=9030,
        user='root',
        password='root',
        database='information_schema',
        charset='utf8')
    # 得到一个可以执行 SQL 语句的光标对象
    cursor = conn.cursor()  # 执行完毕后返回的结果集默认以元组形式显示
    # 得到一个可以执行 SQL 语句并且将结果作为字典返回的游标
    #cursor = conn.cursor(cursor=pymysql.cursors.DictCursor)
    for dbname in BD_LIST:
        #生成数据库文件夹
        dbpath = os.path.join(basepath ,dbname)
        print(dbpath)
```

```
        if not os.path.exists(dbpath):
            # 如果不存在，则创建目录
            os.makedirs(dbpath)

        sql1 = "select TABLE_SCHEMA,TABLE_NAME,TABLE_TYPE from information_
            schema.tables where TABLE_SCHEMA ='%s';"%(dbname)
        print(sql1)
        # 执行 SQL 语句
        cursor.execute(sql1)
        for row in cursor.fetchall():
            tbname = row[1]
            filepath = os.path.join(dbpath ,tbname + '.sql')
            print(u'%s 表结构将备份到路径: %s'%(tbname,filepath))
            sql2 = 'show create table %s.%s'%(dbname,tbname)
            print(sql2)
            cursor.execute(sql2)
            for row in cursor.fetchall():
                create_sql = row[1].encode('GB18030')
                with open(filepath, 'w') as fp:
                    fp.write(create_sql)

    # 关闭光标对象
    cursor.close()
    # 关闭数据库连接
    conn.close()
```

选择一个 FE 节点部署程序，设置 Cron 定时任务，每天早中晚备份 3 次代码，以有效避免代码被覆盖或者表结构被误删。

```
# 备份代码，每天执行三次
0 8,12,18 * * * python /data/cron_shell/backup_doris_schema.py >>/data/cron_
    shell/logs/backup_doris_schema.log
```

10.4 集群高可用

10.4.1 Doris 一键启动

Doris 的 BE 节点和 FE 节点都提供了相应的启动和停止脚本。在简单情况下，我们需要登录每一台服务器，依次执行启停操作。目前，针对大数据集群启停操作，Doris 主要通过打通 SSH 认证来实现，打通 SSH 认证以后，集群的安全性降低，并且会增加集群安装和集群扩容操作。

基于一切从简的思维，Doris 不要求节点之间打通 SSH 认证，因此也就不提供单条命令启停集群的功能。如果确有必要，用户可以参考以下脚本完成启停集群操作，前提条件是打通 Doris-FE01 到启停节点的 SSH 认证，内容如下：

```
[root@Doris-FE01 shell]# vi doris-cluster.sh
```

```
#! /bin/bash
SERVERS="Doris-BE01 Doris-BE02 Doris-BE03"
MASTER="Doris-FE01"
case $1 in"start") {
echo "------ 正在启动 Doris 集群 ------"
for SERVER in $SERVERS
do
    ssh $SERVER "source /etc/profile ; /opt/doris/fe/bin/start_fe.sh --daemon"
done
echo "------ 启动 FE 集群 ------"
for SERVER in $SERVERS
do
    ssh $SERVER "source /etc/profile; /opt/doris/be/bin/start_be.sh --daemon"
done
echo "------ 启动 BE 集群 ------"
};;"stop"){
echo "------ 正在停止 Doris 集群 ------"
for SERVER in $SERVERS
do
    ssh $SERVER "source /etc/profile ; /opt/doris/fe/bin/stop_fe.sh --daemon"
done
echo "------ 停止 BE 集群 ------"
for SERVER in $SERVERS
do
    ssh $SERVER "source /etc/profile ; /opt/doris/be/bin/stop_be.sh --daemon"
done
echo "------ 停止 FE 集群 ------"};;
esac~
```

10.4.2 Doris 自启动

Doris 推荐的方式是通过配置守护进程，保证进程退出后可被自动拉起。Supervisor 是用 Python 开发的一个 Client、Server 服务，是 Linux、Unix 系统下的一个进程管理工具。它可以很方便地监听、启动、停止、重启一个或多个进程。当一个进程被意外杀死，Supervisor 监听到后会自动将它重新拉起，很方便地做到进程自动恢复，不再需要人工写 Shell 脚本来控制。

因为 Supervisor 是用 Python 开发的，用户在安装 Supervisor 前需检查系统否安装了 Python 2.4 以上版本。CentOS 系统默认安装了 Python 2.7 版本，所以只需要执行以下两个联合命令——配置 repo 源、初始化 Supervisor 软件。Supervisor 安装截图如图 10-6 所示。

```
yum install -y epel-release && yum install -y supervisor
```

Supervisor 安装完成后会生成 3 个重要命令。supervisord 是服务端命令，负责启动所管理的进程，并将所管理的进程作为自己的子进程来启动，而且可以在所管理的进程崩溃时自动重启。supervisorctl 是客户端命令，负责子进程管理。echo_supervisord_conf 用来生成默认的配置文件，一般生成的默认文件为 supervisor.conf，一般位于 /etc/supervisord.d/ 目录下。

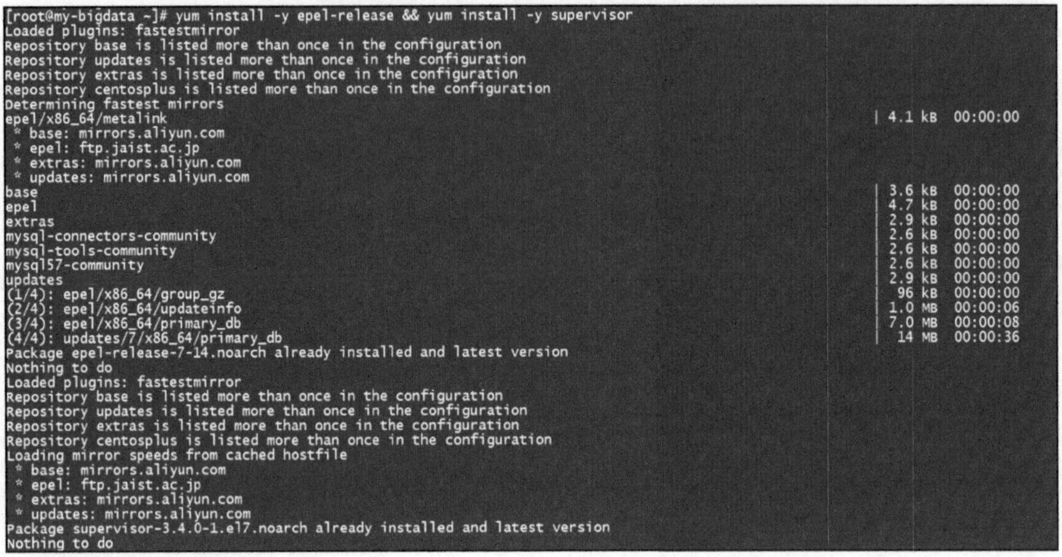

```
[root@my-bigdata ~]# yum install -y epel-release && yum install -y supervisor
Loaded plugins: fastestmirror
Repository base is listed more than once in the configuration
Repository updates is listed more than once in the configuration
Repository extras is listed more than once in the configuration
Repository centosplus is listed more than once in the configuration
Determining fastest mirrors
epel/x86_64/metalink                                                    | 4.1 kB  00:00:00
 * base: mirrors.aliyun.com
 * epel: ftp.jaist.ac.jp
 * extras: mirrors.aliyun.com
 * updates: mirrors.aliyun.com
base                                                                    | 3.6 kB  00:00:00
epel                                                                    | 4.7 kB  00:00:00
extras                                                                  | 2.9 kB  00:00:00
mysql-connectors-community                                              | 2.6 kB  00:00:00
mysql-tools-community                                                   | 2.6 kB  00:00:00
mysql57-community                                                       | 2.6 kB  00:00:00
updates                                                                 | 2.9 kB  00:00:00
(1/4): epel/x86_64/group_gz                                             |  96 kB  00:00:00
(2/4): epel/x86_64/updateinfo                                           | 1.0 MB  00:00:06
(3/4): epel/x86_64/primary_db                                           | 7.0 MB  00:00:08
(4/4): updates/7/x86_64/primary_db                                      |  14 MB  00:00:36
Package epel-release-7-14.noarch already installed and latest version
Nothing to do
Loaded plugins: fastestmirror
Repository base is listed more than once in the configuration
Repository updates is listed more than once in the configuration
Repository extras is listed more than once in the configuration
Repository centosplus is listed more than once in the configuration
Loading mirror speeds from cached hostfile
 * base: mirrors.aliyun.com
 * epel: ftp.jaist.ac.jp
 * extras: mirrors.aliyun.com
 * updates: mirrors.aliyun.com
Package supervisor-3.4.0-1.el7.noarch already installed and latest version
Nothing to do
```

图 10-6 Supervisor 安装截图

早期 Supervisor 版本使用前需要修改 start_fe.sh 脚本，去掉最后的 & 符号，但是最新的版本已经不需要这个操作了。从 start_fe.sh 脚本最后执行的命令可以看出，当执行 ./start_fe.sh --daemon 时，启动脚本执行的是 nohup command & 命令。nohup 放在命令的开头，表示不挂起，即关闭终端或者退出某个账号，进程也继续保持运行状态，一般配合 & 符号一起使用。有 & 符号表示启动命令会异步执行，没有 & 符号表示需要手动退出启动模式。

使用 Supervisor 管理进程需要先创建对应的配置文件。Doris FE 进程对应的配置文件参考如下：

```
vim /etc/supervisord.d/palo_fe.ini
[program:palo_fe]
environment = JAVA_HOME="/usr/local/jdk1.8.0_202/"
process_name=%(program_name)s ；进程名称
directory=/data/palo-0.15.1-rc09/fe/ ；工作目录
command=sh /data/palo-0.15.1-rc09/fe/bin/start_fe.sh ；运行的命令
autostart=true ；自动开启
autorestart=true ；自动重启
user=root ；用户
numprocs=1 ；进程数
startretries=3 ；启动重试次数
stopasgroup=true ；是否停止子进程
killasgroup=true ；是否杀死子进程
startsecs=5 ；启动 5s 后，如果还是运行状态则认为进程已经启动
```

用户只需要将上述文件中的 environment、directory 和 command 值替换为自己的实际安装路径即可。

Doris BE 进程对应的配置文件参考如下：

```
vim /etc/supervisord.d/palo_be.ini
[program:palo_be]
process_name=%(program_name)s ;进程名称
directory=/data/palo-0.15.1-rc09/be/ ;工作目录
command=sh /data/palo-0.15.1-rc09/be/bin/start_be.sh ;运行的命令
autostart=true ;自动开启
autorestart=true ;自动重启
user=root ;用户
numprocs=1 ;进程数
startretries=3 ;启动重试次数
stopasgroup=true ;是否停止子进程
killasgroup=true ;是否杀死子进程
startsecs=5 ;启动 5s 后，如果还是运行状态则认为进程已经启动
```

Doris Broker 进程对应的配置文件参考如下：

```
vim /etc/supervisord.d/palo_hdfs_broker.ini
[program:BrokerBootstrap]
environment = JAVA_HOME="/usr/local/jdk1.8.0_202/"
process_name=%(program_name)s ;进程名称
directory=/data/palo-0.15.1-rc09/apache_hdfs_broker ;工作目录
command=sh /data/palo-0.15.1-rc09/apache_hdfs_broker/bin/start_broker.sh ;运行的命令
autostart=true ;自动开启
autorestart=true ;自动重启
user=root ;用户
numprocs=1 ;进程数
startretries=3 ;启动重试次数
stopasgroup=true ;是否停止子进程
killasgroup=true ;是否杀死子进程
startsecs=5 ;启动 5s 后，如果还是运行状态则认为进程已经启动
```

通过 jps 和 ps 命令检查，确保没有 FE、BE、Broker 进程在运行，如果有则使用 kill -9 [processid] 杀死，操作如图 10-7 所示。

```
[root@my-bigdata supervisord.d]# jps
25346 Jps
659 WrapperSimpleApp
[root@my-bigdata supervisord.d]# ps -ef|grep palo
root      2405     1  0 Feb16 ?        02:05:24 /data/palo-0.15.1-rc09/be/lib/palo_be
root     25363 24927  0 09:10 pts/1    00:00:00 grep --color=auto palo
[root@my-bigdata supervisord.d]# kill -9 2405
[root@my-bigdata supervisord.d]# ps -ef |grep fe
root        75     2  0 Feb16 ?        00:00:00 [deferwq]
root     25368 24927  0 09:11 pts/1    00:00:00 grep --color=auto fe
[root@my-bigdata supervisord.d]# ps -ef |grep be
root     25370 24927  0 09:11 pts/1    00:00:00 grep --color=auto be
[root@my-bigdata supervisord.d]# ps -ef |grep brok
root     25373 24927  0 09:11 pts/1    00:00:00 grep --color=auto brok
[root@my-bigdata supervisord.d]#
```

图 10-7 进程检查

BrokerBootstrap 为 Broker 进程名称，PaloFe 为 FE 进程名称，两个都可以通过 jps 命令检查；BE 进程是基于 C++ 开发的，只能通过 ps -ef 命令检查。

启动 Supervisor 并验证 FE、BE、Broker 进程是否启动。启动 Supervisor 的命令为 supervisord-c

/etc/supervisord.conf，查看 Supervisor 守护进程状态的命令为 supervisorctl status，操作截图如图 10-8 所示。

```
[root@my-bigdata supervisord.d]# supervisord -c /etc/supervisord.conf
[root@my-bigdata supervisord.d]# supervisorctl status
BrokerBootstrap                  RUNNING   pid 25402, uptime 0:00:12
palo_be                          RUNNING   pid 25403, uptime 0:00:12
palo_fe                          RUNNING   pid 25404, uptime 0:00:12
[root@my-bigdata supervisord.d]# jps
659 WrapperSimpleApp
26741 PaloFe
26856 Jps
26095 BrokerBootstrap
[root@my-bigdata supervisord.d]# ps -ef|grep palo_be
root     26267 25403  0 09:15 ?        00:00:00 /data/palo-0.15.1-rc09/be/lib/palo_be
root     26883 24927  0 09:15 pts/1    00:00:00 grep --color=auto palo_be
```

图 10-8 查看 Supervisor 守护进程状态的截图

完成以上配置后，Supervisor 就会自动启动失败的进程了。但是当服务器重启时，Supervisor 守护进程也是未启动的，这就需要给 Supervisor 配置系统进程。有了双重保险，用户就再也不担心 Doris 进程挂掉了。

10.4.3 Doris 升级版本

Doris 可以通过滚动升级的方式平滑升级。通常情况下，Doris 集群升级只需升级 FE、BE、Broker 进程，须严格按照 BE → FE → Broker 顺序升级，不能颠倒顺序。

为了保证在集群升级过程中，Doris 服务是可用的，建议集群按照数据 3 副本、FE 高可用（3 个以上节点）的要求来部署。

升级过程中会有节点重启情况，可能会触发不必要的副本均衡和副本修复逻辑，可以先通过以下命令关闭副本均衡和副本修复逻辑：

```
#关闭普通表的副本均衡逻辑
admin set frontend config("disable_balance" = "true");
#针对特殊的 Colocation 表，执行以下命令关闭副本均衡逻辑
admin set frontend config("disable_colocate_balance" = "true");
#关闭副本调度逻辑。关闭后，所有已产生的副本修复和副本均衡任务不会再被调度
admin set frontend config("disable_tablet_scheduler" = "true");
```

普通表的副本均衡是以单副本为粒度的，即单独为每一个副本寻找负载较低的 BE 节点。而 Colocation 表的均衡是 Bucket 级别的，即一个 Bucket 内的所有副本都会一起迁移，所以 Colocation 表的副本均衡参数和普通表的不同。

在集群升级完毕后，用户通过以上命令将对应配置设为原值即可。

Doris 不支持跨两位版本升级，比如用户现在使用的是 0.12.x 版本，不能直接升级到 0.14.x 版本，必须先升级到 0.13.x 版本。Doris 可以跨三位版本升级，比如用户可以将 Doris 0.13.15 版本直接升级到 0.14.13 版本。

目前，Doris FE 节点元数据不支持回退，因此在升级之前一定要做好元数据备份和元

数据兼容性测试。在完成 BE 节点数据正确性及 FE 节点元数据兼容性测试后，将 BE 和 FE 节点的新二进制文件分发到各节点目录下。

通常小版本升级，BE 集群只需升级 palo_be，FE 集群只需升级 palo-fe.jar。如果是大版本升级，可能需要升级其他文件（包括但不限于 bin、lib 等文件）。如果你不清楚是否需要升级其他文件，建议全部升级。

确认新版本部署完成后，逐个重启 FE 和 BE 实例，建议先逐个重启 BE 实例后再逐个重启 FE 实例。因为通常 Doris 保证 FE 到 BE 的向后兼容性，即老版本的 FE 可以访问新版本的 BE，但可能不支持老版本的 BE 访问新版本的 FE。建议确认前一个实例启动成功后，再重启下一个实例，直到所有节点实例都重启完成，就完成了 Doris 升级。

10.5　集群扩缩容

Doris 可以很方便地针对 FE、BE、Broker 实例进行扩缩容，并且扩缩容过程中用户无感知，不会影响系统运行以及正在执行的任务，自动完成数据副本均衡。

10.5.1　FE 扩容

FE 节点包括 Leader、Follower 和 Observer 三种角色。默认一个集群中，只能有一个 Leader，可以有多个 Follower 和 Observer。其中，Leader 和 Follower 组成一个 Paxos 组，如果 Leader 宕机，剩下的 Follower 会自动选出新的 Leader，保证写入高可用。Observer 同步 Leader 的数据，但是不参加选举。如果只部署一个 FE，该 FE 默认就是 Leader。

一般来说，Follower 组成员（包括 Leader 角色）的数量必须为奇数，建议最多部署 3 个（1 个 Leader，2 个 Follower），组成高可用（HA）模式。另外，我们可以通过增加 Observer 来扩展 FE 的读服务能力，通常一个 FE 节点可以指挥 10 ～ 20 个 BE 节点。

第一个启动的 FE 自动成为 Leader。在此基础上，我们可以添加若干 Follower 和 Observer。Follower 和 Observer 的配置必须和 Leader 的配置相同。第一次启动 Follower 和 Observer 角色的 BE 时，需要添加 –helper 参数，指定 Leader 节点对应的 IP 和端口，执行命令如下：

```
./bin/start_fe.sh --helper host:port --daemon
```

添加 Follower 或 Observer 时，需要使用 mysql-client 连接到已启动的 FE，并执行以下命令：

```
# 添加 Follower
ALTER SYSTEM ADD FOLLOWER "host:port";
# 添加 Observer
ALTER SYSTEM ADD OBSERVER "host:port";
```

其中，host 为 Follower 或 Observer 所在节点的 IP；port 为配置文件 fe.conf 中的 edit_log_port，默认为 9010。

通过 SHOW PROC '/frontends'; 命令，我们可以查看当前已加入集群的 FE 及其对应角色。

10.5.2 FE 缩容

FE 缩容也就是删除 FE 节点，我们可以使用以下命令删除 FE 节点中的某个角色：

```
ALTER SYSTEM DROP FOLLOWER[OBSERVER] "fe_host:edit_log_port";
```

删除 Follower 角色 FE 时，需要确保最终剩余的 Follower 组成员（包括 Leader 角色）为奇数，并且不可删除当前 Leader 角色。如需删除 Leader 角色，请先将 Leader 角色服务杀掉，等自动选出新的 Leader 后，再通过上述命令删除。

10.5.3 BE 扩容

当数据量过大或者查询压力较大时，我们可以通过增加 BE 节点来实现集群扩容。我们可以通过 ALTER SYSTEM ADD BACKEND 命令增加 BE 节点。

BE 扩容后，Doris 会自动根据负载情况进行数据均衡。根据集群现有数据量，集群会在几小时到 1 天时间恢复负载均衡状态。

10.5.4 BE 缩容

当节点故障或者硬件无法升级成为整个集群短板时，我们需要下线某些 BE 节点。删除 BE 节点有两种方式：DROP 和 DECOMMISSION。

DROP 语句如下：

```
ALTER SYSTEM DROP BACKEND "be_host:be_heartbeat_service_port";
```

DROP 命令会直接删除 BE 节点，并且节点上的数据不能再恢复！所以，不推荐使用 DROP 这种方式删除 BE 节点。使用该语句时，系统会有对应的防误操作提示。

DECOMMISSION 语句如下：

```
ALTER SYSTEM DECOMMISSION BACKEND "be_host:be_heartbeat_service_port";
```

DECOMMISSION 命令用于安全删除 BE 节点。命令下发后，Doris 会尝试将删除 BE 节点上的数据向其他 BE 节点迁移。当所有数据迁移完成后，Doris 会自动删除该 BE 节点。该命令是一个异步操作语句。执行后，我们可以通过 SHOW PROC '/backends'；看到该 BE 节点的 isDecommission 状态为 true，表示该节点正在下线。

DECOMMISSION 命令不一定执行成功。比如剩余 BE 节点存储空间不足以容纳下线 BE 节点上的数据，或者剩余机器数量少于最小副本数时，该命令都无法执行成功，并且下线 BE 节点的 isDecommission 状态一直为 true。

DECOMMISSION 命令的执行进度可以通过 SHOW PROC '/backends'；命令查看执行结果中的 TabletNum 字段，如果命令正在执行，TabletNum 值将不断减小。

如果需要终止 DECOMMISSION 操作，可以通过如下命令取消：

```
CANCEL DECOMMISSION BACKEND "be_host:be_heartbeat_service_port";
```

取消后，该 BE 节点上的数据将维持当前剩余的数据量，后续 Doris 将会重新进行负载均衡。

10.5.5　Broker 扩缩容

Broker 实例的数量没有硬性要求，通常每台物理机部署一个即可。Broker 实例的添加和删除可以通过以下命令完成：

```
ALTER SYSTEM ADD BROKER broker_name "broker_host:broker_ipc_port";
ALTER SYSTEM DROP BROKER broker_name "broker_host:broker_ipc_port";
```

Broker 是无状态的进程，可以随意启停，当然，停止后正在该节点上运行的作业会失败，需要切换到其他节点重试。

10.6　删除恢复

为了避免误操作造成灾难，Doris 支持对误删除的数据库、表、分区进行数据恢复。在删除数据库、表、分区之后，Doris 不会立刻对数据进行物理删除，而是在 Trash 中保留一段时间，管理员可以通过 RECOVER 命令对误删除的数据库、表、分区进行恢复。

恢复名为 example_db 的数据库：

```
RECOVER DATABASE example_db;
```

恢复名为 example_tbl 的表：

```
RECOVER TABLE example_db.example_tbl;
```

恢复表 example_tbl 中名为 p1 的分区：

```
RECOVER PARTITION p1 FROM example_tbl;
```

以 example_db.test_bos_load 为例，我们尝试删除表后恢复，操作过程截图如图 10-9 所示。

恢复操作仅能恢复一段时间内（默认为 1 天）删除的数据库对象，如果需要延长可以通过 fe.conf 文件中 catalog_trash_expire_second 参数进行配置。如果删除数据库对象后新建了同名、同类型的数据库对象，之前删除的数据库对象不能被恢复。

```
mysql>  select * from example_db.test_bos_load;
+----+------+
| id | name |
+----+------+
|  1 | AA   |
|  2 | BB   |
+----+------+
2 rows in set (0.08 sec)

mysql> drop table test_bos_load;
Query OK, 0 rows affected (0.05 sec)

mysql> recover table example_db.test_bos_load;
Query OK, 0 rows affected (0.05 sec)

mysql>  select * from example_db.test_bos_load;
+----+------+
| id | name |
+----+------+
|  1 | AA   |
|  2 | BB   |
+----+------+
2 rows in set (0.09 sec)
```

图 10-9 删除表后恢复操作截图

第四部分 Part 4

实　战

前面三部分介绍了Doris的入门、进阶和拓展内容，接下来进入数据仓库的实战环节。在数据仓库实战部分，我们先科普一下数据仓库的发展历程和应用场景，然后针对数据仓库的架构设计进行展开，对建模思路、分层设计和实时演进线路进行分析，最后针对不同的应用场景介绍Doris在数据仓库系统中的应用。

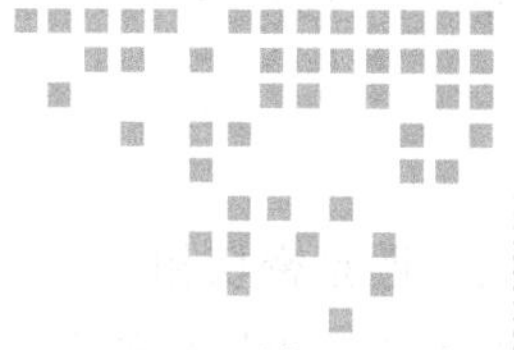

第 11 章 Chapter 11

数据仓库概述

11.1 数据仓库的起源

数据仓库的概念可以追溯到 20 世纪 80 年代，当时 IBM 的研究人员提出了商业数据仓库的概念。本质上，数据仓库试图提供一种从操作系统到决策支持环境的数据流模型。数据仓库概念的提出是为了解决和数据流相关的各种问题，特别是多重数据复制带来的高成本问题。

在没有数据仓库的时代，数据分析人员需要收集、清洗、整合多个数据源的数据，并对每个决策支持环境做部分数据复制，耗时长且准确率低。在当时的大型企业里，通常多个决策支持环境独立运作。一方面，由于系统迭代快，数据源通常是已经下线的旧业务系统，为数据分析工作增加了难度。另一方面，尽管每个决策分析环境服务于不同的用户，但这些环境经常需要大量相似或者相同的数据，导致数据清洗过程重复且烦琐。在这个发展背景下，数据仓库应运而生。

数据仓库之父 Bill Inmon 在 1991 年出版的 *Building the Data Warehouse* 一书中首次提出了数据仓库概念。Inmon 将数据仓库描述为一个面向主题的、集成的、随时间变化的、非易失的数据集合，用于辅助管理者的决策制定。这个定义比较复杂并且难以理解，下面我们将它分解开进行说明。

1. 面向主题

传统的操作系统是围绕功能性应用进行组织的，而数据仓库是面向主题的。主题是一个抽象概念，简单地说就是与业务相关的数据的类别，每一个主题基本对应一个宏观的分析领域。数据仓库可以辅助分析数据，例如一个公司要分析销售数据，就可以建立一个销售类数据仓库。主题域是对某个主题进行分析后确定的主题的边界，如客户、销售、产品。

2. 集成

集成与面向主题是密切相关的。还是以销售为例，假设公司有多条产品线和多条产品销售渠道，而每条产品线都有独立的销售数据库，此时要想从公司层面整体分析销售数据，我们必须先将分散的数据源中的数据格式统一，再放到数据仓库。因此，数据仓库不能有诸如产品命名冲突、计量单位不一致等问题。当完成了数据整合工作后，该数据仓库就可称为是集成的。

3. 随时间变化

为了洞察业务变化趋势，发现业务存在的问题、新的机会，我们需要分析大量历史数据，这与联机事务处理（On Line Transaction Processing，OLTP）系统形成鲜明对比。联机事务处理反映的是当前时间点的数据情况，要求高性能、高并发和极短的响应时间。出于这样的需求考虑，联机事务处理系统一般将数据依据活跃程度进行分级，把历史数据迁移到归档数据库。而数据仓库关注的是数据随时间变化的情况，能反映在过去某个时间点的数据。换句话说，数据仓库存储着反映了某一历史时间点数据的快照，这也是术语“随时间变化”的含义。当然，任何一个存储结构都不可能无限扩展，数据也不可能只入不出地永久停留在数据仓库中，它在数据仓库中也有自己的生命周期。到了一定时候，数据会从数据仓库中移除。移除的方式可能是将细节数据汇总后删除、将旧数据转存到大容量介质后再删除或者直接物理删除等。

4. 非易失

非易失指的是一旦进入数据仓库，数据就不应该再有改变。操作环境中的数据一般会频繁更新，数据仓库环境中的数据一般不更新。当数据进入数据仓库时会产生新的记录，这样就保留了数据历史变化轨迹。也就是说，数据仓库中的数据基本是静态的。这是一个不难理解的逻辑概念。

11.2 数据仓库的流行

数据仓库是在数据库技术成熟以后才逐步流行起来的。分析数据来源于 OLAP 数据库，这就意味着企业必须先搭建成熟的 OLAP 系统。20 世纪 90 年代，继美国提出“信息高速公路计划”之后，世界各地掀起“信息高速公路”建设热潮，中国迅速做出反应。1993 年年底，中国正式启动国民经济信息化建设起步工程——三金工程。“三金工程”即金桥工程、金卡工程、金关工程。金桥工程目标是建设国家共用经济信息网，具体目标是建设一个覆盖全国并与国务院各部委专用网连接的国家共用经济信息网。金关工程目标是建设针对国家外贸企业的信息系统实联网，推广电子数据交换技术（EDI），实行无纸贸易。金卡工程是以推广使用信息卡和现金卡为目标的货币电子化工程。“三金工程”本质上是国家级的信息化项目，实现政府、银行、企业之间信息的互联互通，将数据逐步下沉到数据库，实现核心业务无纸化。

随着信息化的发展，大型银行开始启动数据大集中项目，将分散在全国各地分行的存款、贷款、个人信息等数据统一汇总到总行，银行业率先走上信息化道路。2003年年底，银监会启动“1104工程”，既为银行业信息化指明了方向，又推动银行业率先搭建企业级数据仓库。以银行信息化“领头羊”——中国建设银行为例，中国建设银行在2006年正式完成数据仓库对1104报表体系的支持，基于数据仓库整合80多个源系统，将交易系统、数据传输通道加载到数据仓库后，进一步加工汇总数据，生成近百张不同报送频度的1104报表体系，实现总行和各地分行监管数据报送自动化，如图11-1所示。

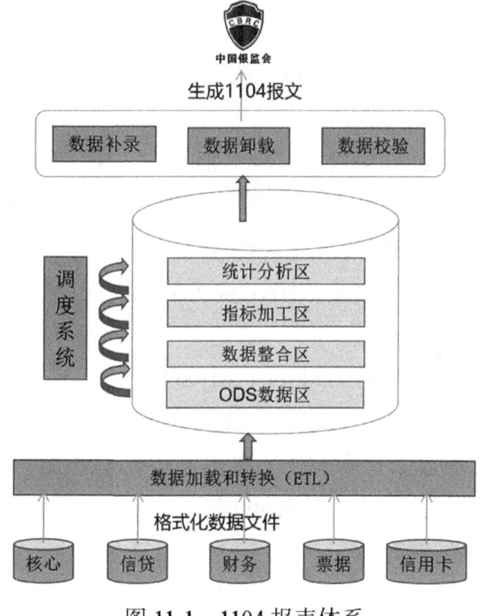

图11-1 1104报表体系

2010年左右，数据仓库成为银行业和电信业的标配。这时候的数据仓库主要以Oracle、DB2、Teradata等为核心，以DataStage、Informatica等ETL工具为辅助，以Oracle BIEE、IBM Cognos等为前端展示工具。也是在这个阶段，ETL工程师开始诞生。当然，这里也要说明一下，ETL只是沿用了早期国外的简称，实际上国内的数据仓库都是先抽取（Extract），然后加载（Load），最后完成转换（Transform），这是业界的标准数据处理流程。

11.3 数据仓库的分布式之路

事实上，站在银行业和电信业角度看，传统数据库虽然存在一定瓶颈，但是通过扩容和优化，还是可以满足企业内部需求的。因此，银行业更多地将精力放在数据治理、流程优化、数据安全等方面。

但是在互联网时代，以4G为代表的移动互联网带来了巨大流量，互联网企业不再满足于只关注交易数据、日志数据、点击数据等，非结构化数据成为数据分析的重点和难点。于是，数据仓库成为一个独立发展的领域。

在这个阶段，典型代表是Hadoop。相信学习过Hadoop的人都了解WordCount程序，但是很少有人知道这个程序的应用场景。WordCount原本是用于分析网页浏览日志，以及页面的受欢迎程度。因为互联网时代网页访问量巨大，并且日志格式不规范，在当时没有数据库可以保存如此海量的数据并进行分析查询，于是HDFS分布式存储系统和"分而治之"的MapReduce计算框架产生了。

正是由于这个背景，早期的Hadoop生态主要有日志采集工具Flume、机器学习Mahout、列存储数据库HBase、数据分析平台Pig、流数据传输工具Kafka、流数据处理工具Storm等。在这个阶段，Hadoop生态其实不会冲击传统数据仓库，只是作为传统数据仓库的扩展和辅助工具。

带来颠覆性改变的是Hive和Sqoop组件。原本复杂难用的MapReduce框架，在外层套一个Hive框架以后，居然可以支持主流的SQL语言，数据采集可以通过简单的命令完成。从此，Hadoop体系开始迅速发展。这时诞生了一个新的词汇"Hive大数据仓库"。随着大数据概念的热炒和开源生态的繁荣，Hive成为数据仓库的首选框架。

Hive数据仓库主要有以下优点。

1）开源免费。Hive及其依赖的Hadoop、MySQL、Sqoop等组件都是开源免费的。相比于传统商业数据库的商业授权和付费支持，Hive数据仓库省掉了这部分费用。

2）硬件成本低。在传统数据仓库时代，要提高数据库性能，只能纵向扩容服务器，购买更昂贵的小型机或者大型主机。在Hadoop时代，只需要廉价的X84服务器即可搭建性能更强大的集群，硬件成本大幅减低。

3）海量存储变得轻松。在单机数据库时代，只能通过SAN或者NAS来提供磁盘服务，对磁盘要求更高，数据修复难度更大。Hadoop体系由于有了HDFS设计，使用廉价磁盘也可以实现数据的高可用，并且可以轻易扩容。

4）资源管理瓶颈得到解决。再强大的数据库，也敌不过高频次的大数据查询和数据加工，即使是性能最强悍的内存数据库Hana也有支撑不住的情况。但是Yarn资源管理器将内存和CPU按需切分成小的组合，完成定量的数据计算任务，新加入的任务会按照资源管理策略排队等候，非常适合离线批处理任务场景。

5）扩容变得容易。当内存、CPU、磁盘任何一方存在瓶颈时，Hive数据仓库支持扩容，并且不会出现木桶效应。

当然，Hive数据仓库也有一些不足。

1）Hive的蓬勃发展得益于开源生态，但是也受制于开源生态。各大云厂商基于社区开源版本做了一些定制化和优化，又很少反馈给社区，反而导致版本割裂，无法形成合力。

2）开发成本提高。相较于传统数据仓库的索引机制、支持更新和删除等优点，Hive数据仓库对开发者提出了更高的要求，需要开发者学会用set参数来优化SQL查询性能，学会脚本式开发。

3）运维成本提高。Hive版本升级后经常出现向下不兼容的情况，也出现过与Hadoop版本不兼容的情况，导致运维成本提高。

4）目前，Hive内置的查询引擎主要有MR、Tez和Spark，其中MR出奇的慢；Tez兼容性差；Spark运行不灵活，无法支持JDBC连接。

11.4　MPP架构的崛起

最早流行的MPP数据库是商业数据库TeraData和Greenplum。由于Hive数据仓库的不断发展，Greenplum数据库于2015年10月正式开源，为数据仓库生态构建提供了一个新的选择，也带来了“国产数据库”的繁荣。

MPP（Massively Parallel Processing，大规模并行处理）是在非共享数据库集群中（传统的单节点不属于集群，双机热备或Oracle RAC等均是基于共享集群存储的），每个节点都有独立的磁盘存储系统和内存系统，业务数据根据数据库模型和应用特点划分到各个节点，每个数据节点通过专用网络或者商业通用网络互相连接，彼此协同计算，提供数据库服务。非共享数据库集群有完全可伸缩性、高可用、高性能、高性价比、资源共享等优势。

简单来说，MPP数据库是将任务并行地分散到多个服务器和节点，在每个节点的计算任务完成后，将各节点的结果汇总在一起得到最终结果。MPP数据库仍然保留了数据库最关键的关系模型和数据模式，所以说MPP数据库是传统数据库的“嫡系传人”。

从数据库技术架构来说，分布式数据库技术架构包括完全共享、共享磁盘、无共享3类，完全共享类一般是针对单个主机，完全共享CPU、内存，并行处理能力是最差的，典型代表是SQL Server。共享磁盘类的典型代表是Oracle RAC，用户访问Oracle RAC就像访问一个数据库，而其是一个集群，需保证数据一致性。无共享类的典型代表是Hadoop和Greenplum，但是二者在实现上又有很大的不同。三类架构的差异如图11-2所示。

MPP数据库是将程序由主节点拆分以后交由子节点执行，然后汇总数据返给用户。而Hadoop是把执行环境和代码打包给存储数据的节点，交由子节点分阶段执行以后把最终结果反馈给用户。与MPP数据库相比，Hadoop数据库的资源管理器（YARN）可以提供更细粒度的资源管理，MapReduce模型也不需要并行运行所有计算任务。表11-1是传统数据库、Hadoop和MPP数据库多个维度的对比。

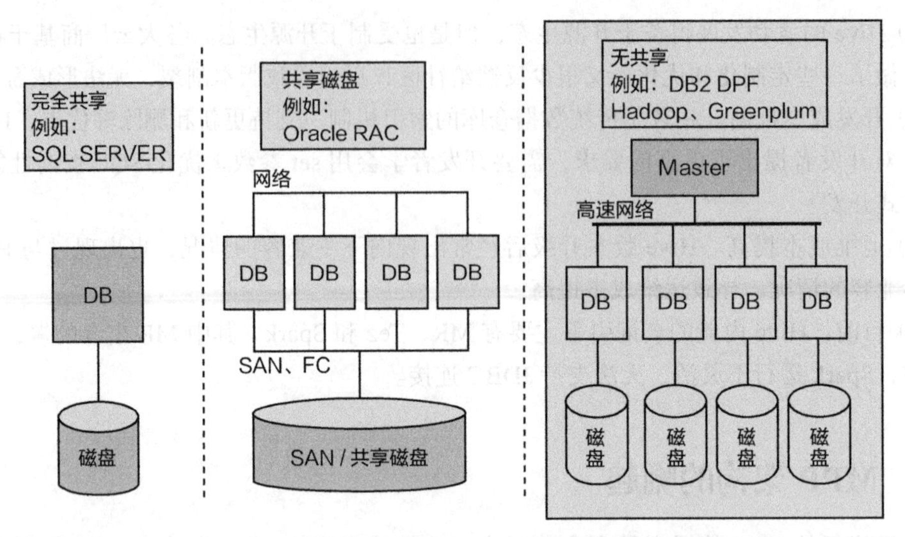

图 11-2 完全共享、共享磁盘和无共享类数据库技术架构对比

表 11-1 传统数据库、Hadoop 和 MPP 数据库的对比

特征	传统数据库	Hadoop	MPP 数据库
平台开放性	低	高	低
运维复杂度	中	高	中
扩展能力	低	高	中
软硬件成本	高	低	低
应用开发难度	中	高	中
集群规模	一般是单个节点，少数突破10个节点	一般几十到数百个节点	一般几个到几十个节点
数据规模	TB 级别	PB 级别	部分 PB 级别
计算性能	低	高	中
数据结构	结构化数据	结构化、半结构化和非结构化数据	结构化数据
SQL 支持	高	中（低）	高
更新	支持	不支持	支持
删除	支持	不支持	支持
查询性能	中	低	高
平均查询延迟	1 min 左右	1 ～ 3 min	1 ～ 10 s
查询优化	支持	不支持（优先支持）	支持

随着 Impala 和 Presto 的引入，Hadoop 数据库也具有了 MPP 数据库的特点，二者的界限正在变得模糊。

总体来说，MPP 数据库相对于 Hadoop 数据库主要有以下优点。

1）MPP 数据库有模式，数据写入前会进行格式验证，提高了数据质量；

2）MPP 数据库一般有自己的数据存储空间，按照数据库管理系统要求保存数据；

3）MPP 数据库的查询速度普遍高于 Hive 内置的查询引擎，一般是 MapReduce 的数百倍，是 Tez 和 Spark 的几十倍。

4）MPP 数据库独立运行，无外部依赖或者较少有外部依赖。

5）MPP 数据库支持删除和修改操作。

6）MPP 数据库拓展了非结构化数据的 JSON 和 XML 格式支持。

7）MPP 数据库支持快速扩容。

8）MPP 数据库支持标准 SQL 或者兼容标准 SQL，开发更简单。

典型的 MPP 数据库除了 Greenplum 及其衍生数据库以外，还有 ClickHouse、GaussDB（DWS）、Doris 等。由于 MPP 数据库在中小企业的巨大优势，云平台和开源生态都在向 MPP 数据库倾斜，MPP 数据库已经逐步成为一股不可忽视的力量。

11.5　数据仓库的未来

过去十年，开源技术和分布式技术的引入给数据库领域带来巨大改变，定向作为数据仓库的数据库逐步变成市场的主角。在 OLTP 领域，原本存在的 Oracle、Hana、MySQL、PostgreSQL 等主流数据库已经满足大部分数据增、删、改、查场景需求。针对少数不能满足需求的特殊场景，通过 MySQL 和 PostgreSQL 的分库分表设计，配合 Redis 缓存，也可以满足高频的增、删、改、查需求。

随着交易数据和日志数据的积累，原本处于附属地位的 OLAP 技术逐步成为一项更具挑战的技术。不管是围绕 Hive 数据仓库衍生出来的 Presto、Kylin、Impala，还是独立发展的 Greenplum、Doris、ClickHouse 等技术，都是为了解决数据仓库的 OLAP 查询性能问题而诞生的。在这些技术发展历程中，业界逐步达成一些共识。

1）新兴数据库要想赢得市场，必须支持 SQL 语言。SQL 语言是一门简单易入门的语言，可以帮助开发者快速完成数据加工，也可以协助数据分析师快速查询数据，更能轻松地通过 JDBC、ODBC 集成多种成熟的 BI 工具。

2）新一代数据库的典型特点就是分布式。由于吸收了 NoSQL 数据库的优点，新一代数据库都支持横向扩展，通过多台廉价机器实现更强大的性能。

3）数据仓库的核心依然是批处理。无论 Flink 流批一体，还是“数据湖三剑客”，始终无法取代数据仓库的批处理模式。可以很肯定地说，只有批处理才能保证数据准确性。Flink 流批一体和数据湖只能在某些场景发挥一定的作用，但是动摇不了数据仓库的地位。

4）列存储是一种选择。列存储是相对于行存储来说的。对于数据仓库和分布式数据库来说，大部分情况下会从各个数据源汇总数据，然后进行分析和反馈，大多数操作是围绕同一个字段（属性）进行的，而当查询具有某个属性的数据时，列式存储数据库只需返回与列属性相关的值。在大数据查询场景中，列式存储数据库可在内存中高效组装各列的值，最终形成关系记录集，因此可以显著减少开销并缩短查询响应时间，非常适合数据仓库和分布式应用。

5）向量化执行引擎是未来的核心技术。自从 ClickHouse 创造性地引入向量化执行引擎，OLAP 数据库的查询性能直接提升了一个数量级，将普通查询的时间从秒级降到了毫秒级，原因是向量化执行引擎利用空闲的寄存器实现单指令多数据结构查询，提高了数据并行处理能力。向量化执行引擎可以充分利用 CPU 并行查询，非常适合有并行计算需求的场景，所以向量化执行引擎成为后起数据库必需的功能。

6）存算分离和云原生是未来发展方向。由于数据仓库耗费的存储资源和计算资源巨大，如何精细化管理成为数据仓库发展的一个挑战。对象存储系统由于其高稳定性和低成本优势，逐渐成为 HDFS 的重要对手，但是如果想把数据保存到对象存储系统中，就需要先实现存算分离。存算分离是离线批处理的一个较好选择，但是不适合结果数据的查询。另外，由于维护一套大数据平台存在较大难度，云原生提供了一种可拔插的、易运维的模式，简化了大数据使用流程，让开发者更加聚焦实际应用开发。

而作为一款综合了以上优点的数据库，Doris 将是企业搭建或者升级数据仓库的最优选择之一。

11.6 概念对比

最后，我们澄清几个模糊的概念，让读者可以更清楚地认识什么是数据仓库。

11.6.1 数据仓库与数据库

数据库与数据仓库的区别实际上讲的是 OLTP 与 OLAP 的区别。

OLTP（On Line Transaction Processing，联机事务处理）系统主要针对具体业务在数据库联机下的日常操作，适合对少数记录进行查询、修改，例如财务管理系统、ERP 系统、刷卡交易管理系统等。该类系统侧重于基本的、日常的事务处理，是业务系统的“压舱石”，保障业务正常运行。对于该类系统，用户较为关心操作响应时间、数据安全性、数据完整性和并发支持的用户数等。前文也多次说到，像 Oracle、MySQL、PostgreSQL 已经逐步成为该领域的主流选择。

OLAP（On Line Analytical Processing，联机分析处理）系统主要针对某些主题的历史数据进行分析，辅助管理决策制定，主要包括数据仓库、数据集市、管理分析系统等。该类系统侧重于复杂的分析查询操作，是业务系统的“船帆”，提供决策支撑。OLAP 系统的数据一般来源于 OLTP 系统。

从上述分析可以看出，数据库是为捕获数据而设计的，数据仓库是为分析数据而设计的。

以银行业务为例，数据库是事务处理系统的数据平台，记录客户在银行的每笔交易。这里可以简单地理解为用数据库记账。数据仓库是分析处理系统的数据平台，它从事务处理系统获取数据，并做汇总、加工，为决策者提供决策制定的依据。比如，某银行分行一个月发生多少交易，当前存款余额是多少，如果存款客户多，消费交易记录也多，那么该分行是否有必要设立 ATM。

11.6.2　数据仓库与大数据技术

数据仓库和大数据技术也是容易被混为一谈的两个名词。

数据仓库设计理论包括设计思想、建模思想、开发和测试流程、上线和持续迭代方案。数据仓库设计理论是伴随着数据仓库系统建设而逐步完善的，主要出版物以《数据仓库工具箱》为代表。随着技术的发展，我们一般把数据更新频率为 T+1 的数据仓库叫作离线数据仓库，把数据更新频率高于 T+1 的数据仓库叫作准实时数据仓库或者实时数据仓库。

大数据技术是为了解决数据量膨胀问题而诞生的，主要是依靠分布式架构分而治之，将大量数据切分成小的数据块来处理。大数据技术不等同于 Hadoop，但是以 Hadoop 体系为典型代表。所有处理大数据的技术都可以称为大数据技术，例如 MPP 数据库、Spark 计算引擎、Flink 实时引擎、Kafka 数据管道等。

11.6.3　数据仓库与数据中台

数据中台是近几年非常火的一个概念。从广义上理解，数据中台包含顶层数据战略、数据治理体系、数据管理及运营、数据文化培养和组织架构支撑，是一套持续管理和运营的体系。从狭义上理解，数据中台是通过数据技术，对海量、多源、多样的数据进行采集、处理、存储、计算，统一标准和口径，并以标准形式存储，形成大数据资产层，以满足前台数据分析和应用需求。

从定义来看，我们可以发现数据仓库与数据中台并不是非此即彼的关系，在数据源、建设目标、数据应用几个方面存在一定差异。从数据源看，数据仓库以业务数据库的结构化数据为主，也就是可由二维表结构表达的数据。数据中台是一套体系，可以包含数据仓库。这里做一个简单说明，具备行和列结构的就是结构化数据，比如表格，CSV、XML、JSON 格式数据属于半结构化数据；而我们工作中常用到的文档、PDF 文件内容等属于非结构化数据；图像、视频、音频属于二进制数据。

从建设目标上看，数据仓库以输出某个业务主题的 BI 报表和决策为主，目标单一。数据中台主张打通全域数据孤岛，消除数据标准和口径不一致问题，释放业务方数据应用价值。

从数据应用上看，数据仓库主要针对管理决策制定等分析类场景，在其他方面则存在局限性，比如数据建模、数据追踪与探查等。数据中台不仅适合分析类场景应用，也适合交易类场景应用，比如营销推荐、风险评估等。

从以上分析可以看出，数据中台是对数据仓库的拓展和平台化、标准化，围绕数据分析进行了拓展。

11.6.4 数据仓库与数据湖

简单来说，数据湖是一个大型的基于对象的存储库，以数据的原始格式保存数据。它的显著特点在于，像湖泊一样没有固定形态和边界，能“容纳”各种数据，导入数据空间就扩大，移除数据空间会缩小，灵活性和包容性很高。

关于数据湖、数据仓库、数据中台，网上对它们有一个形象的比喻：如果把数据仓库比喻成“图书馆”，那么数据湖就是“地摊”，数据中台就是“智慧图书馆”。去地摊买书没有人会给你把关，什么书都有，你自己翻找、随用随取，流程上比去图书馆借书便捷多了，但大家找书的过程是没有经验可复用的；去图书馆借书，书籍质量有保障，但你得等，等什么？等管理员先查到这本书属于哪个类目、在哪个架子上，你才能精准拿到自己想要的书；而智慧图书馆提供了自助式服务，你可以通过手机或者电脑先查找要借的书存放位置、库存量，然后再去书架取书。

以上举例不一定准确，但基本能解释三者的优势、劣势。数据仓库具有规范性，但取数、用数流程长；数据湖取数、用数更实时、存储量大，但数据质量难以保障；数据中台能精准、快速地响应业务需求，离业务侧最近。

从以上分析我们可以看出，数据湖主要有 3 个特点。

1）数据湖包含原始系统所产生的原始数据以及为了各类任务而产生的转换数据，包括来自关系型数据库中的结构化数据、半结构化数据、非结构化数据和二进制数据。

2）数据湖能实现数据的集中管理，为企业提供全局的、统一的企业级数据概览视图，让人人了解、分析数据，提供自助式探索数据的可能。

3）数据湖能结合不同的工具做数据获取处理和分析，不止于输出报表，也同样适合数据探索和发现，能够为企业挖掘新的运营需求。

总体来说，数据中台是从数据获取到业务价值实现架构的中间层，可以建立在数据仓库和数据湖之上。

至于在什么阶段搭建数据仓库、在什么阶段搭建数据湖、在什么阶段搭建数据中台，企业需根据现阶段的具体情况，比如数据量、数据分析维度及要求、数据应用场景、预算等做决定。总之，只有把工具和需求匹配起来，才能真正解决企业业务诉求。

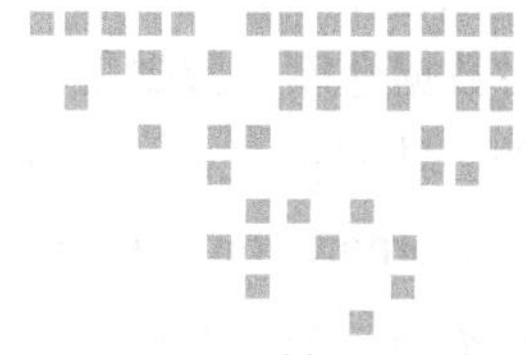

第 12 章 Chapter 12

数据仓库设计

12.1 数据仓库架构

数据仓库是伴随着信息与决策支持系统的发展而产生的。数据仓库的概念最早由 IBM 公司提出。1988 年，为了解决数据集成问题，IBM 公司的 Barry Devlin 和 Paul Murphy 提出了信息仓库概念。信息仓库是指搭建一个结构化的环境，能支持最终用户管理全部的业务，并支持信息技术部门保障数据质量。

自数据仓库概念诞生以来，人们对数据仓库如何建设的问题进行了长时间探索。20 世纪 90 年代初，William H.Inmon 在其里程碑式的著作 *Building the Data Warehouse* 中提出了数据仓库概念，随后数据仓库的研究和应用得到了广泛关注。该书对数据仓库做了定义：数据仓库是面向主题的、集成的、包含历史数据的、相对稳定的、面向决策支持的数据集合。该定义到现在仍然是数据仓库建设的基本原则。Inmon 凭借这本书奠定了其在数据仓库建设领域的专家地位，被称为“数据仓库之父”。

1994 年前后，数据仓库项目大多以失败告终，使得数据集市被提出并大范围运用，代表人物是 Kimball。Kimball 于 1996 年出版了 *The Data Warehouse Toolkit* 一书，提出维度建模架构，掀起了数据集市浪潮。这本书提供了优化分析型数据模型的详细指导意见，从此维度建模被广泛关注，为传统的关系型数据模型和多维 OLAP 系统建立了桥梁。数据集市仅为数据仓库的一部分，实施难度低，并且能够满足公司内部各业务部门的迫切需求，在初期获得了较大成功。

随着数据集市不断增多，维度建模这种架构的缺陷逐渐显现。公司内部独立建设的数据集市由于遵循不同的标准和原则，导致数据集市中的数据混乱且不一致。为了保证数据的准确性和实时性，有的数据集市中的数据甚至可以由 OLTP 系统直接修改。为了保证系统的性能，有的数据集市甚至删除了历史数据。这又衍生了一些新的应用，例如ODS。直至此时，人们对数据仓库、数据集市、ODS的概念还是非常模糊。

解决问题的方法只能是回归数据仓库最初的基本建设原则。1998年，Inmon提出了新的BI架构CIF（Corporation Information Factory，企业信息化工厂），新架构在不同层次上采用不同的构件来满足不同的业务需求。CIF的核心思想是把整个架构分为不同的层次，以满足不同的需求。现在，CIF已经成为数据仓库建设的框架指南。

在国内数据仓库领域，关于Inmon和Kimball的理论争论不休，随着数据仓库建设逐步深化，把企业数据仓库作为企业数据整合平台成为业界的共识，越来越多的企业开始重视在内部建设企业级数据仓库以支撑业务运作和发展。

Inmon和Kimball各自倡导的数据仓库建设体系，代表了数据仓库设计的两种思路。虽然Inmon的CIF体系包含了Kimball的数据集市，承认了数据集市的地位，但是二者在数据仓库设计和实现过程中仍然有很大不同。

12.1.1 Inmon的企业信息化工厂

Inmon的企业信息化工厂建模方式是自下而上的，即先打好广而全的数据基础，考虑当下业务场景中的所有可能，基于范式建模的理念设计数据仓库，然后基于各种业务场景开发数据集市以及BI应用。Inmon的数据仓库设计思路如图12-1所示。

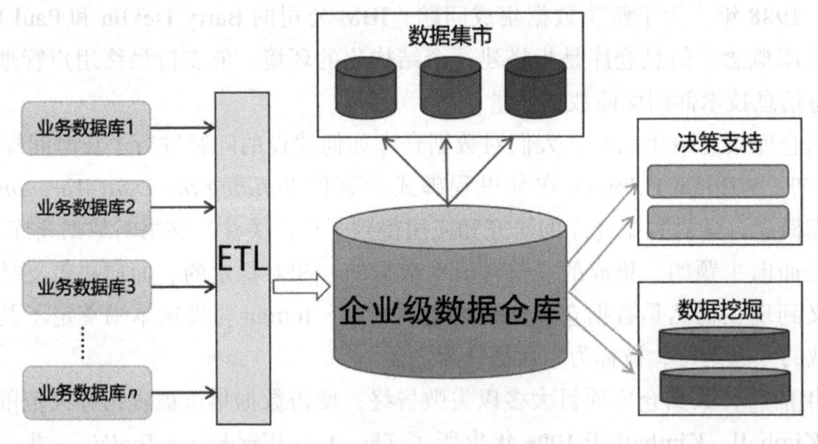

图12-1 企业信息化工厂建模方式

图12-1左侧是业务交易系统或者操作型事务系统，数据可能存储在关系型数据库，也可能存储在离线文件中，这些数据经过ETL处理，加载到企业数据仓库中。ETL处理也叫数据集成，包括针对数据的抽取、清洗、转换和整合等操作。

企业级数据仓库是企业信息化工厂的枢纽，是原子数据的集成仓库。企业级数据仓库存储的不是多维格式数据，因此不适合直接用于BI应用查询。企业级数据仓库建设的目的是整合企业不同来源的数据，按照统一的标准来存储、加工、整合数据，为后续的应用提供明细数据。

数据集市针对不同的主题，从企业级数据仓库中获取数据，将其转换成多维格式数据，然后通过不同手段进行聚集、计算，最后提供给用户分析、使用，因此 Inmon 把数据从企业级数据仓库移动到数据集市的过程称为数据交付。

12.1.2　Kimball 的维度建模数据仓库

Kimball 的维度建模数据仓库构建方式是自上而下的，这种方式不用考虑很大的框架，针对某一个数据域或者业务进行维度建模，得到最细粒度的事实表和维度表，形成适用于某一个数据域或业务域的数据集市之后，再将各个数据集市集成数据仓库。

Kimball 的维度建模数据仓库是基于维度模型建立的企业级数据仓库，该数据仓库架构有时也可以称为总线体系结构，和 Inmon 提出的企业信息化工厂有很多相似之处，都是考虑原子数据的集成仓库。维度建模数据仓库架构如图 12-2 所示。

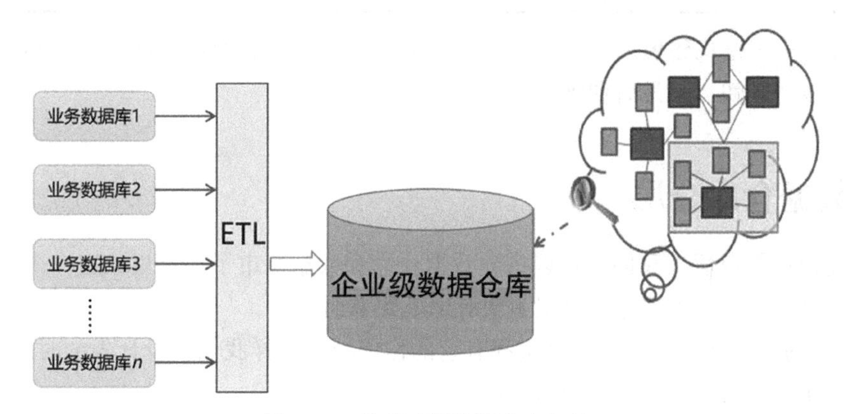

图 12-2　维度建模数据仓库架构

维度建模的要点是保持各集市之间的维度和事实一致，这样在集成为数据仓库时才能保证各个模块的连通性和关联性，确保不会出现数据差异。

12.1.3　两种建模方式对比

这两种建模方式有很多相似之处。

1）假设操作型系统和分析型系统是分离的。

2）数据来源（操作型系统）都非常多。

3）ETL 过程整合了多种操作型系统的数据，并集中到一个企业级数据仓库。

二者最大的不同是企业级数据仓库的模式不同，即 Inmon 模式是按照第三范式的要求设计模型，Kimball 模式是采用多维模型（一般是星型模型）的设计思想，并且还是保留最小粒度的数据存储。

Kimball 的架构中有一个可变通的设计，就是在 ETL 过程中加入 ODS 层，使得 ODS

层中能保留满足第三范式的一组表作为 ETL 过程的过渡。该思想在 Kimball 看来只是 ETL 过程的辅助。另外，我们还可以把数据集市和数据仓库分离开来，这样多了一层所谓的“展现层”。这些变通的设计都是可以接受的，都符合企业分析需求。

一般来说，Inmon 的第三范式建模比较适合业务成熟度高、变化相对比较缓慢的企业，例如银行业。Kimball 的维度建模更适合追求业务灵活性的互联网企业、零售企业、快消品企业。Kimball 和 Inmon 的建模对比如表 12-1 所示。

表 12-1 Kimball 和 Inmon 建模对比

特性	Kimball 的维度建模	Inmon 的第三范式建模
时间	快速交付	费时且难度大
开发难度	小	大
维护难度	大	小
技能要求	入门级	专家级
数据要求	特定业务	企业级

Inmon 的第三范式建模周期比较长，投入成本大，但是后期稳定性高。Kimball 的维度建模开发速度比较快，但是后期维护会比较麻烦。

12.2 数据仓库分层

有了建模思想以后，我们就可以搭建数据仓库和数据集市了。这里又有一个关键思想：对数据仓库进行分层。数据仓库分层主要有以下几方面优势。

1）清晰的数据结构：每一个分层都有它的作用域，这样我们在设计表的时候可以有一套标准，使用表的时候能够减少沟通成本。

2）方便追踪数据来源：由于数据仓库最终提供的分析数据通常是经过复杂架构汇总的结果，有了标准的分层，我们就可以更快速地定位数据来源。

3）减少重复开发：规范数据架构分层，开发一些通用的中间组件，减少重复计算，提高程序复用性。

4）复杂问题简单化：将一个复杂任务分解成多个步骤来完成，每一层只完成单一的操作，比较简单和容易理解，而且便于保证数据的准确性，当数据出现问题时，可以不用修复所有数据，只需要从有问题的步骤开始修复即可。

5）屏蔽业务的影响：业务调整时不需要全部重新接入数据。

每个企业根据自己的业务需求可以将数据仓车分成不同的层次，最基础的分层思想是将数据划分为三层，即操作数据存储（ODS）层、数据仓库（DW）层、应用数据（ADS）层，这一点在业界是统一的。在实际工作中，我们会基于该基础分层添加新的层次，以满足不同的业务需求。数据仓库（DW）层会进一步细分为明细数据（DWD）层、服务数据（DWS）层和维度数据（DIM）层。其中，业务数据加工主要在 DWD 和 DWS 层完成；DIM

层用于沉淀主数据和维度数据，如图 12-3 所示。

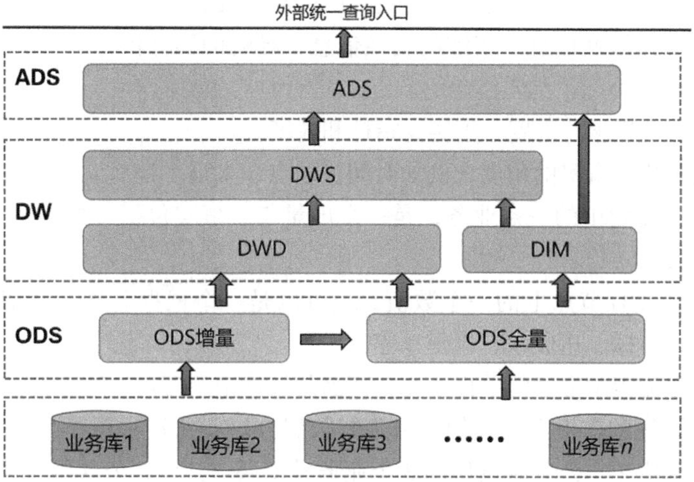

图 12-3　数据仓库四层架构

12.2.1　操作数据存储层

操作数据存储（Operate Data Store，ODS）层是外部系统接入数据中台的第一层。ODS 层的数据一般保持和来源系统中的数据一致，经过增量或者全量抽取，加载到 ODS 层。

ODS 层数据的来源如下。

1）业务库：通常会使用 DataX 来抽取数据，比如每天定时抽取一次。在实时方面，我们可以考虑用 Canal 监听 MySQL 的 BinLog，实时接入数据。

2）埋点日志：线上系统会产生各种日志，这些日志一般以文件形式保存，我们可以选择用 Flume 定时抽取日志，也可以用 Spark Streaming 或者 Flink 实时接入日志。

3）消息队列：来自 ActiveMQ、Kafka 等的数据。

一般来说，ODS 层保留接口数据的全量快照。对于业务数据，根据二八原则，80% 的表只占用 20% 的存储空间，这类表可以每天抽取全量数据进行覆盖。剩下的 20% 的接口表则需要采取增量接口的方式进行数据同步，先将增量数据存到临时表，然后合并历史数据和最新数据，去重后存入全量表。对于非批处理的流式数据，一般只需要源源不断地写入 ODS 层。

ODS 层的表结构和数据一般保持和源系统一致，不做任何加工和处理。这样做的好处是可以简化接口同步逻辑，避免遗漏数据。

12.2.2　数据仓库层

数据仓库（Data Warehouse，DW）层是整个数据建模的核心。在这里，我们将 ODS 层抽取到的数据按照主题建立各种数据模型。例如以零售行业的商品销售流水业务为例，可以将POS数据分成正常销售订单、退货订单；也可以按照系统分成线上销售订单、线下销售订单。我们需要将这些不同的业务数据进行整合，产出一个汇总全渠道销售流水的数据集，然后结合商品的属性信息、店铺的属性信息、导购的属性信息、会员的属性信息展开多维分析。

我们先了解4个概念：维度、事实、指标和粒度。

- 维度是用来描述事实的角度，例如时间、地点、人员。
- 事实是业务流程中的一条业务，是一个度量集。事实包括可加事实、半可加事实和不可加事实。
- 指标是业务流程节点上的一个数值，也可以是一个根据业务逻辑衍生出来的度量，比如销量、目标、达成率、售罄率等。
- 粒度是业务流程中度量的单位，比如商品是按件记录度量，还是按批记录度量。

在理解基础指标的前提下，我们再来理解数据分层就比较容易了。一般来说，数据仓库可以进一步细分成1个公共维度层和3个业务模型层。其中，公共维度层是必不可少的，3个业务模型层有时候可简化成2个业务模型层，即去掉中间的公共指标层。公共指标层的功能还是会保留，只是拆分到明细数据层或者数据服务层。

1. 公共维度层

公共维度（Dimension，DIM）层基于维度建模理念，建立整个企业的数据一致性维度，降低数据汇总口径和聚合结果不统一的风险。公共维度层是独立于业务数据模型的。公共维度层的数据可以来自多个系统，需要进行数据整合去重，保证数据的准确性。

前文销售流水案例中，店铺信息、商品信息、会员信息、导购信息、节假日主数据都是公共维度范畴的数据。

2. 明细数据层

明细数据（Data Warehouse Detail，DWD）层主要对ODS层数据做一些清洗和规范化操作。数据清洗包括去除空值、脏数据、超过极限范围的数据等。规范化操作包括整合交易系统关键信息，还原业务全貌，让用户通过一张表即可了解某项业务的核心内容。规范化操作是一个业务抽象过程，一般按照交易系统的逻辑进行关联，去掉大量附属和冗余信息。

前文销售流水案例中，因为DWD层一般按照数据来源系统加工、整合数据，所以会把销售订单和退货订单整合在一起。跨系统数据的整合一般不在DWD层进行。DWD层的模型需要充分考虑业务的独特性，例如线上销售和线下销售的关注点不一样，模型设计也会不一样。

3. 数据服务层

数据服务（Data Warehouse Service，DWS）层以分析的主题对象为建模驱动，基于上层的应用和产品的指标需求，构建公共粒度的汇总指标事实表，以宽表构建物理模型，构建命名规范、口径一致的统计指标体系，为上层提供公共指标，建立汇总宽表、明细事实表。DWS层数据模型是在DWD层的基础上，整合某些维度信息汇总成分析某一个主题域的服务数据层，一般是宽表。DWS层作为数据仓库主要的对外服务层（特殊情况下，后端应用也可以查询DWD层或者DIM层上的数据），为数据中台的各种应用提供统一的数据接口。

前文销售流水案例中，DWS层可以基于DWD层的销售明细数据进行加工后，关联店铺构建渠道销售模型，关联商品信息构建商品销售模型，关联会员信息构建会员购买模型，关联导购信息构建导购销售模型，关联节假日信息构建节假日销售分析模型。

根据笔者的经验，DIM层是必须存在的，除此之外，DW层包含DWD层和DWS层也是经过多次实践得出的最合理的方案。笔者曾经尝试将DW层分为一层或者分为三层，结果都不尽如人意。分为两层的优点在于：逻辑清晰，职责明确。DWD层基于ODS层完成数据的简单整理、字段类型的标准化、多数据来源系统的数据对齐；DWS层则承接集市层需求，按照报表需要的汇总粒度完成不同粒度需求的数据汇总和多数据域的组合。合理的分层不仅可以大大减少代码的重复开发，也可以简化数据加工的逻辑，让复杂问题简单化。

12.2.3　应用数据层

应用数据（Application Data Store，ADS）层主要面向特定应用创建的数据集，提供数据产品和数据分析使用的数据。由于DW层保存的数据过于细，在大多数情况下无法满足数据分析需求，我们可以在ADS层针对数据分析场景创建一些聚合表。数据聚合以后，数据量大幅下降，查询性能会有很大提升，这是ADS层设计的初衷。

在一些情况下，数据应用场景不同，需要的信息也不相同，开放DWS层的大宽表不容易控制数据权限，还需要在ADS层构建裁剪字段或者记录数的表。由于ADS层面向的应用比较灵活，因此ADS层的构建并没有特定的规范。我们可以简单地认为，数据怎么方便使用，我们就怎么构建ADS层。

这里需要特别说明的是，针对不同的系统架构，ADS层的设计会有很大不同。在基于Hive构建的数据仓库中，如果集市层数据查询采用的是MySQL、Oracle之类的关系型数据库，我们需要将ADS层数据汇总到百万级别，以适应前端应用快速查询的性能要求。如果是基于Kylin为OLAP引擎，我们可以省略ADS层或仅在ADS层构建少量的表，通过Kylin的MOLAP功能实现数据的多维度关联和向上聚合。如果是基于ClickHouse或者ElasticSearch构建OLAP引擎，我们应尽可能保留大宽表结构，减少数据查询时的关联操作。

当然，如果是基于Doris构建数据仓库或者数据中台，这些问题就都可以不用考虑了。Doris是目前同时支持宽表模型和星型模型且性能优秀的数据库。基于Doris实现的ADS层既可以基于列存储设计大宽表，也可以基于星型模式设计事实表和维度表，这取决于具体的数据量和应用场景。

以零售流水模型为例，我们可以按照“店铺＋订单日期”构建店铺聚合结果表，汇总销售流水数据和销售目标数据，构建渠道相关的主题报表。针对零售行业最常见的售罄率模型，我们可以汇总“商品分类＋商品季＋店铺＋日期”粒度的库存数据、销售数据，这时推荐使用大宽表模型，供用户自由选择字段进行分析、查询。

12.3 实时数据仓库的两条线路

随着大数据应用的发展，人们逐渐对系统的实时性提出了要求，为了获得一些实时指标数据，在离线数据仓库基础上增加了实时计算链路，并对数据源做流式改造（把数据发送到消息队列），实时订阅消息队列，直接完成指标增量的计算，并推送给下游的数据服务层，由数据服务层完成离线、实时结果的合并。

1. Lambda 架构

Lambda 是由 Twitter 工程师南森·马茨（Nathan Marz）提出的大数据处理架构。这一架构是基于马茨在 BackType 和 Twitter 上的分布式数据处理系统经验提出的。Lambda 架构使开发人员能够方便地构建大规模分布式数据处理系统。它具有很好的灵活性和可扩展性，对硬件故障和人为失误有很好的容错性。

如图 12-4 所示，Lambda 架构总共分为 3 层：批处理层、速度处理层、响应查询的服务层。

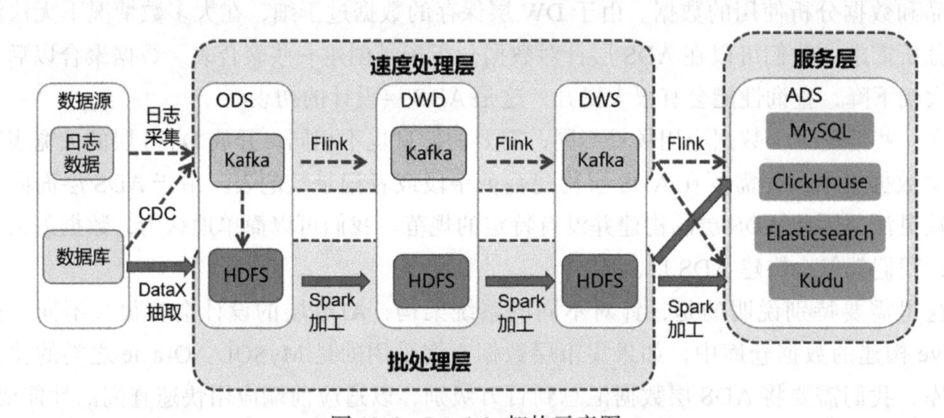

图 12-4 Lambda 架构示意图

- 批处理层：存储管理主数据集（不可变的数据集）和预先批处理计算好的数据视图，也就是我们常说的离线处理数据。它基于完整的数据集来重新计算，能够修复任何错误，然后更新数据视图。输出通常存储在只读数据库中，更新视图后则完全取代现有的数据视图。
- 速度处理层：实时处理新数据，通过提供最新数据的实时视图来最小化延时。速度处理层所生成的数据视图可能不如批处理层最终生成的数据视图那样准确或完整，但它几乎可在收到数据后立即更新。当同样的数据在批处理层处理完成后，在速度层的旧数据就被替代了。

- 响应查询服务层：合并查询批处理层和速度处理层的数据，将最终结果返给用户。查询服务器需要一个可以同时查询批处理数据和实时数据的查询引擎（例如 Presto）来汇总两边的数据。

虽然 Lambda 架构使用起来十分灵活，并且适用于很多场景，但在实际应用时，Lambda 架构也存在一些不足，主要表现在维护很复杂。

1）同样的需求需要开发两套代码，这是 Lambda 架构最大的问题。两套代码不仅意味着开发困难（同样的需求不仅要在批处理引擎上实现，还要在流处理引擎上实现，而且要分别进行数据测试保证两者结果一致），后期维护更加困难，比如需求变更后需要分别更改两套代码，独立测试结果，且两个作业需要同步上线。

2）同样的逻辑计算两次，资源占用会增加。

2. Kappa 架构

Lambda 架构虽然满足了实时计算需求，但带来了更多的开发与运维工作，其流处理引擎还不完善，流处理结果作为临时、近似的值供参考。后来随着 Flink 等流处理引擎的出现，流处理技术很成熟了，这时为了解决上述问题，Linkedln 的 Jay Kreps 提出了 Kappa 架构。

Kappa 架构可以认为是 Lambda 架构的简化版（只要移除 Lambda 架构中的批处理部分即可），如图 12-5 所示。在 Kappa 架构中，需求修改或历史数据重新处理都通过上游重放完成。Kappa 架构最大的问题是流式重新处理历史数据的吞吐能力低于批处理，但这可以通过增加计算资源来弥补。

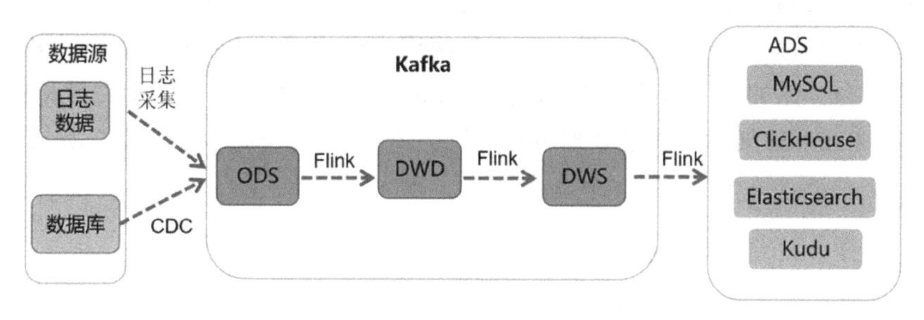

图 12-5　Kappa 架构示意图

流式重新处理是人们对 Kappa 架构最担心的点，但理论上并不复杂，实际操作可能会比较麻烦，如图 12-6 所示。

1）选择一个具有重放功能、能够保存历史数据并支持多消费者的消息队列，根据需求设置历史数据保存时长。

2）当某个或某些指标有重新处理的需求时，按照新逻辑写一个新作业，然后从上游消息队列的最开始重新消费，并把结果写到一个新的下游表中。

3）当新作业赶上进度后，应用切换数据源，读取步骤 2 产生的新结果表数据。

4）停止旧的作业，删除旧的结果表。

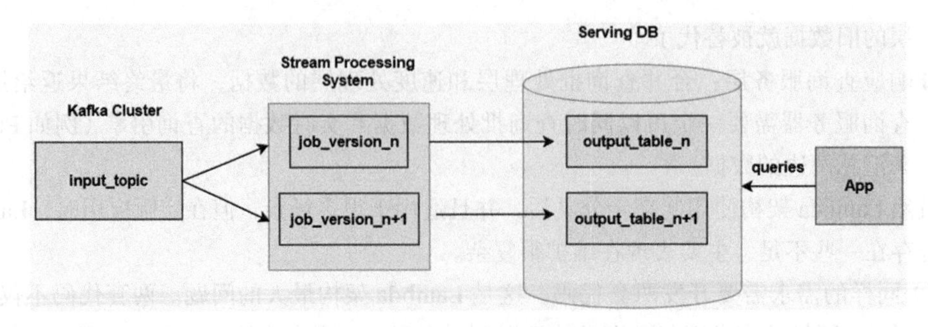

图 12-6 Kappa 架构数据重放示意图

3. Lambda 架构与 Kappa 架构的对比

Lambda 架构与 Kappa 架构各有优缺点，二者对比如表 12-2 所示。

表 12-2 Lambda 架构与 Kappa 架构对比

对比项	Lambda 架构	Kappa 架构
实时性	秒级实时	秒级实时
计算资源	流批分开执行，资源消耗大	只有流计算，正常运行资源消耗少，只有重算比较耗资源
重算能力	批式全量处理，吞吐量高	流式全量处理，数据吞吐较批处理低
开发测试	每个需求都要开发两套代码，开发测试成本高	仅需一套代码，开发难度小
运维成本	维护两套架构，运维成本高	只维护一套系统，维护成本低

虽然 Kappa 架构看上去比 Lambda 架构更领先，但是以目前的技术体系来构建 Kappa 架构还是比较困难的。很多真实场景中并不是使用完全规范的 Lambda 架构或 Kappa 架构，而是两者的混合，比如大部分实时指标使用 Kappa 架构完成计算，少量关键指标（比如金额相关）使用 Lambda 架构完成批处理重新计算，增加一次校对，如图 12-7 所示。

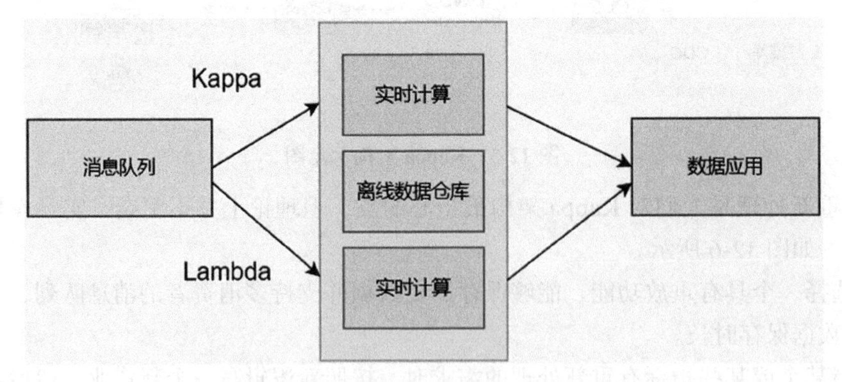

图 12-7 Kappa 架构和 Lambda 架构混合

Kappa 架构的中间结果并不是完全不落地，现在很多大数据系统需要支持机器学习（离线训练），所以实时中间结果需要落地到对应的存储引擎供机器学习使用，另外在明细查询场景中也需要把明细数据导出到对应的存储系统，如图 12-8 所示。

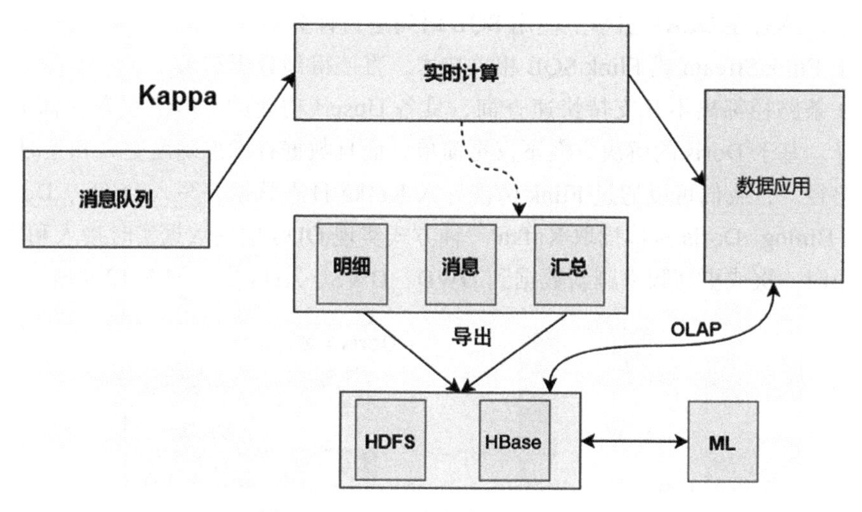

图 12-8　Kappa 架构保存中间过程

12.4　实时数据仓库的新选择

12.3 节说到，Lambda 架构维护成本高，Kappa 架构重算历史数据比较困难，所以提出 Flink 流批一体概念。

2020 年，阿里云实时计算团队提出“流批一体”理念，期望依托 Flink 框架解决企业数据分析的 3 个核心问题。该理念包含 3 个着力点：一套班子、一套系统、一个逻辑。

- 一套班子：即统一开发人员角色，现阶段企业数据分析有两个团队，一个团队负责实时计算开发，一个团队负责离线处理开发，在流批一体理念中，期望促进两个团队的融合。
- 一套系统：即统一数据处理技术，不管实时计算开发，还是离线处理开发都是用 Flink 框架进行的，如非必要，尽可能少用其他系统。
- 一个逻辑：当前，企业数据分析有两套班子、两套技术体系、两套计算模式，导致实时数据和离线数据经常对不上，期望通过 Flink SQL 让离线处理和实时计算逻辑保持一致。

Flink 框架是一个纯粹的计算框架，没有数据存储组件进行配套。企业在进行流批一体实践中，演化出 3 条不同的路径，具体如下。

- 基于 Flink Streaming Sink 技术，实现对 HDFS 的实时写入，通常将增量数据写入数据仓库的 STG 或 ODS 层，然后基于写入的数据以半小时或一小时一次的频率进行作业调度。
- 基于 Flink Stream 或 Flink SQL 相关技术，利用实时 OLAP 引擎提供的 Upsert 功能，

将实时数据增量更新到 OLAP 引擎，或者将实时数据加工成宽表后实时更新到 OLAP 引擎，然后在 OLAP 引擎上使用 SQL 语句进行计算。

- 基于 Flink Stream 或 Flink SQL 相关技术，直接得到分析结果。

以上 3 条路径都离不开支持快速查询、具备 Upsert 功能的 OLAP 引擎，而 Doris 就是最好的选择。基于 Doris 的解决方案不仅更简单，而且数据查询准确度更高和延时更短。

针对路径一，我们可以通过 Flink 清洗导入 Kafka 日志数据并写入 Doris、Doris 直接读取 MySQL Binlog、Doris 直接读取 Kafka 三种方式实现 ODS 层的数据实时接入和实时更新，然后以半小时一次或更高频率刷新数据到 DWD、DWS、ADS 层，如图 12-9 所示。

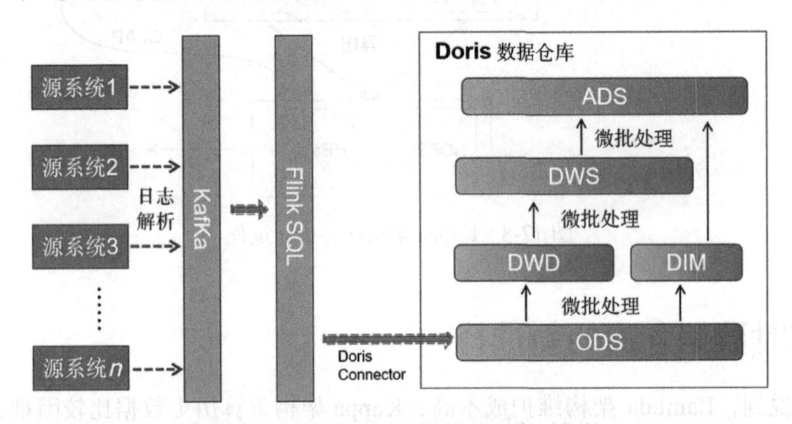

图 12-9 基于 Doris 的微批处理实时架构

针对路径二，我们通过 Flink SQL 读取 Kafka 数据后，利用 Flink SQL 的 ETL 能力，将数据依次加载到 DWD、DWS 层，然后写入 Doris，并在 Doris 中通过报表直接查询 DWS 层的数据，完成数据的实时呈现，如图 12-10 所示。

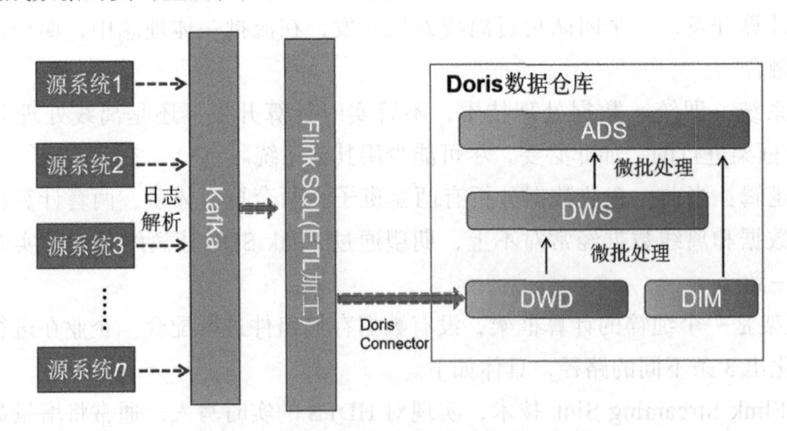

图 12-10 基于 Doris 的微批处理实时架构二

针对路径三，我们通过 Flink SQL 完成数据的全流程加工，直接将 ADS 层的数据写入 Doris，由数据分析平台直接读取结果并展示数据，如图 12-11 所示。

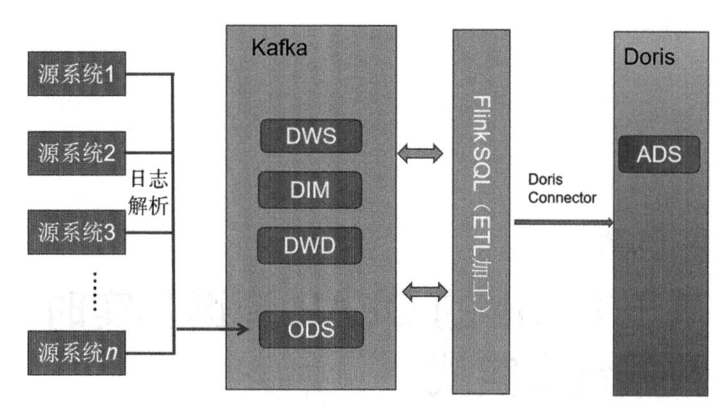

图 12-11 基于 Doris 的纯流处理实时架构

此外，针对业务不是特别复杂的场景或者数据量不大的场景，我们还可以对路径一和路径二进行优化，将 ODS 层或者 DWD 层往上的数据加工替换成视图，然后由数据分析平台直接查询顶层的视图，这样就衍生出方案四和方案五。方案四和方案五的优点是不需要跑批，可以直接查询实时数据，缺点是如果代码过于复杂，会影响前端查询性能。

针对以上 5 种方案，我们可以从多个维度简单地进行对比，如表 12-3 所示。

表 12-3 5 种实时查询方案对比

	方案一	方案二	方案三	方案四	方案五
时效性	低	较低	高	高	较高
支持更新	支持	有限支持	几乎不	支持	有限支持
数据准确性	高	较高	低	高	较高
回溯历史	简单	较难	难	简单	较难
ETL 压力	大	一般	无	无	无
查询压力	小	小	小	大	较大

5 种方案各有优点，也有各自的使用场景。笔者首推方案四，次推方案一，因为我认为数据仓库的查询准确性需优先保证。

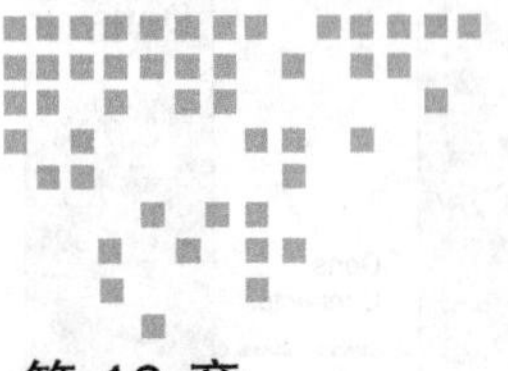

Chapter 13 第 13 章

基于 Doris 的 OLAP 查询和实时数据仓库实战

基于前文介绍，相信读者已经全面认识了 Doris，也知道了 Doris 在数据仓库中承担的角色。本章以笔者参与设计和开发的某服装品牌 BI 项目为例，为读者解析“Hive+Doris”的数据仓库模式。

13.1 项目背景

该项目是某头部运动品牌企业旗下的一个子品牌的零售 BI 项目，项目内容包括主数据梳理、零售业务分析和商品库存分析。项目各交易系统积累了 3 年左右的历史数据，包括 2000 万的零售小票和 6000 万的库存出入明细数据，数据量不大，但是计算逻辑比较复杂，报表查询范围也比较广。

该项目主要解决的业务痛点包括以下 4 方面。

1）数据孤岛。随着业务快速发展，SAP 系统、新零售系统、电商系统、渠道系统逐步上线，需要有一套分析体系打通各业务系统中的数据，形成完整的业务视图。

2）手工制作报表耗时耗力。底层数据没有统一的规范，报表制作成本高，耗时长。

3）企业现有分析维度单一。零售数据集成到企业微信仅局限于终端销售数据展示，缺乏全链路数据分析维度。

4）未能体现历史数据的价值。目前企业都是被动接收需求，临时提取数据，缺乏完整的商业分析思路，未能发挥历史数据的价值。

13.2 项目需求

该项目的需求主要围绕零售和商品库存业务展开，主要抽取店铺的销售明细数据、店仓的进出库明细数据，搭建以店铺为中心的零售模型和以店仓为中心的库存模型。

零售模型主要包括线下门店销售和线上门店销售。线下门店销售数据主要从新零售系统抽取，用于计算店铺销售数量、销售金额、销售吊牌金额、折扣等，然后围绕店铺的考核加工有效店、同店的标识，计算同店销售金额。线上门店销售是指电商渠道销售，主要包括天猫、京东、唯品会、抖音等电商平台的销售，其数据统一来源是新电商系统。不过，该系统数据更新较晚，通常需要第二天早上 6 点才能采集完。

库存模型数据主要来自大仓库存、门店库存、电商库存。大仓库存和门店库存数据都来自新零售系统，包括每日仓库进出明细、每月汇总的库存状态以及仓库间调拨明细。围绕库存基础数据，我们主要关注每日库存数量、每日库存吊牌金额、每日在途库存数量、每日在途库存吊牌，以及销售数据计算齐码率、售罄率、库销比等指标。电商库存数据相对比较简单，取自新电商系统，给到的就是每日库存，可直接用于计算售罄率。

在构建零售模型、库存模型基础上，我们以业务为导向，实现移动端数据的实时呈现和 PC 端数据的多维分析。系统前端展现包括 3 种形式。

1）移动端 BI 报表，包括总部零售看板、区域零售看板、门店零售看板、总部商品看板等。

2）PC 端自助分析报表，包括零售多维自助分析报表、销存结构多维自助分析报表、售罄率多维自助分析报表等。

3）实时销售报表，包括总部、区域、门店 3 个维度的当日实时销售数据分析报表。

技术层面上要求系统采用开源技术架构搭建大数据平台，满足未来五年的业务扩展需求；搭建灵活的零售数据仓库模型，以便于业务拓展和快速响应新需求。

业务层面上要求数据准确率达到 99%，数据时效性达到 1 min 入库，页面操作响应速度快（网页响应时间为 6 s，移动端响应时间为 3 s），提升用户体验。

13.3 技术方案实现

在项目选型阶段，我们先后测试和对比过 Hana、Greenplum+Oracle、Hive+Kyligence（kylin 商业版）解决方案，最终决定采用 Hive on Spark 数据加工、DataX 数据同步、Doris OLAP 查询的开源解决方案。同时为了满足部分零售报表实时数据查询需求，我们在系统中增加了 Flink 模块，完成实时数据的清洗加工，并将数据最终写入 Doris，实现数据秒级查询。此外，我们还采用了集团统一购买的商业 BI 软件完成移动端报表、PC 端自助分析报表和实时销售报表等的呈现。系统整体架构如图 13-1 所示。

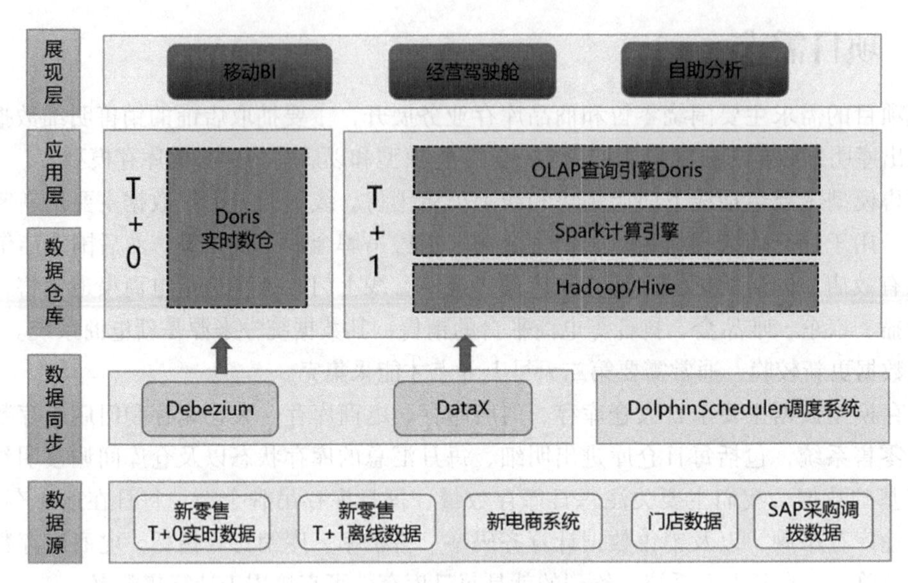

图 13-1 零售数仓系统架构

13.3.1 基于 DataX 的接口数据抽取

该项目抽取数据的来源库主要包括新零售系统的 Oracle、EBI 系统的 SQL Server、导购人员信息的 Oracle 数据库、权限信息的 MySQL 数据库。ODS 层抽取的接口表比较多，仅本项目涉及的接口表有 100 多张，所以在 ODS 层最重要的就是实现数据抽取流程标准化配置，简化操作。当然，标准化配置针对增量、全量两种数据抽取模式。针对数据量超过 10 万的表，要求必须采用增量模式，以实现稳定的数据同步。

全量数据抽取需要配置数据来源实例、数据库、表名或者查询语句以及目标数据库和目标表名，由平台自动生成建表语句和数据同步任务。

增量数据抽取比全量数据抽取复杂很多，需要保证抽取完成以后，接口数据不丢、不重复、不多。为了保证数据不丢失，我们要求源库增加字段记录数据创建或者修改事件；为了保证数据不重复，我们汇总数据以后通过业务主键进行数据去重、合并；为了保证数据不多，我们要求源库尽可能避免 DELETE 操作，并且增加删除标记字段。

一般情况下，我们只需要抽取最近一天新增或者变化的数据作为增量。以 p_bl_sell_hd 表为例，抽取增量数据的语句如下：

```
SELECT * FROM p_bl_sell_hd
WHERE uptimestamp>= to_date('${sys.bizdate}','yyyy-MM-dd')
AND uptimestamp< to_date('${sys.nextBizdate}','yyyy-MM-dd')
```

当主表的字段信息不足以判断数据为新增时，可关联其他表来协助判断，并通过 SQL 语句来读取增量数据。这种情况在接入 SAP 系统时很常见，例如抽取 p_bl_sell_dt 表的增量数据时就需要借助 p_bl_sell_hd 表标记的更新时间。

```
select a.* from p_bl_sell_dt a
    left join p_bl_sell_hd b
        on a.billid=b.billid
    where b.uptimestamp>= to_date('${sys.bizdate}','yyyy-MM-dd')
        and b.uptimestamp< to_date('${sys.nextBizdate}','yyyy-MM-dd')
```

增量数据抽取配置比全量数据抽取配置多了一个逻辑主键输入框，可以输入一个字段或者多个字段。在抽取到临时表增量数据以后，需要通过逻辑主键进行数据合并。假设有一张表 p_bl_sell_hd，对应的逻辑主键是 BILLID，那么数据合并语句如下：

```
SELECT * FROM jt_ods.ods_xls_p_bl_sell_hd_di
WHERE dt = '2021-12-30'
UNION ALL (
SELECT * FROM jt_ods.ods_xls_p_bl_sell_hd_df as i
WHERE i.dt = '2021-12-29'
AND not EXISTS(SELECT 1 FROM jt_ods.ods_mxls_p_bl_sell_hd_di as d
WHERE  d.dt = '2021-12-30' and i.BILLID = d.BILLID))
```

这个逻辑主键可以是业务主键，也可以是一个区分数据增量的日期。在增量数据抽取时，系统会先将增量数据抽取到一个带日期分区的临时表（该临时表保存全量初始化数据和每日增量数据），然后基于前一日的快照和当日抽取的增量数据合并生成当日的全量快照。

13.3.2　基于 Hive 构建数据仓库

Hadoop 大数据集群是基于开源组件搭建的。该项目主要用到的组件包括 HDFS、Yarn、Hive、Spark、Flink。从业务系统同步过来的数据都存储在 HDFS 中，也就是我们常说的 ODS 层。数据仓库工程师只需要开发 Hive SQL 脚本并上传到 Git，调度平台自动拉取最新版本的 SQL 文件并通过 Spark-shell 命令提交到 Spark 集群执行。

该项目数据仓库模型采用行业通用的分层架构，主要分为 DIM 层、DWD 层、DWS 层。关于分层的详细介绍，12.2 节已有介绍，这里就不再展开。

DIM 层数据主要围绕商品、网点两个主数据进行加工。根据鞋服行业的实际情况，商品主数据以 SKC 为核心展开，常见的分析维度包括商品大类、商品中类、商品品类、销售年季、上市日期、上市批次、商品系列等。之所以选择 SKC 粒度，是因为 SKC 作为鞋服商品定价的最细粒度，可以保留以吊牌价计算库存吊牌金额，同时又不会因为数据量过大，给数据关联带来压力。

零售小知识

零售领域的 SPU、SKC、SKU 等常见概念如下。

- SPU（Standard Product Unit，标准化产品单元）是商品信息聚合的最小单位，是一组可复用、易检索的标准化信息集合。该集合描述了一个产品的特性。通俗点讲，属性值、特性相同的商品可以称为一个 SPU。例如，iphone4 就是一个 SPU，

N97 也是一个 SPU，这与商家，产品颜色、款式、套餐无关。

- SKU（Stock Keeping Unit，库存量单位）是库存进出计量单位，可以是以件、盒、托盘等，在鞋服类商品中使用最普遍。SKU 是物理上不可分割的最小存货单元，也是销售的最细粒度。
- SKC（Stock Keeping Color，单款单色）是鞋服领域常用的一个概念，用于进行鞋服销售和库存统计。SKC 在销售分析和库存分析方向有广泛应用。

网点由店铺和仓库组成，店铺又包括线下实体门店和线上虚拟店铺，而仓库包括对接工厂的总仓、各省市的中间仓库、电商综合仓库和线下门店的储物仓。其中，线下门店的储物仓和线下门店通常采用相同的编码，以便于汇总数据到一个实体。根据不要的实体类型，网点主数据有不同的维度属性。常见的分析维度有线上线下标识、店仓标识、门店的省市区位置、门店管理层级、经营方式、加盟形式、商圈、开关店日期等。为了便于统一维度分析口径，我们在数据仓库建模时会整理所有维度的网点主数据。

DWD 层数据加工主要围绕商品销售明细和商品出入库明细展开，包含销售和库存两个模块。销售模块围绕销售订单展开，关联销售明细中的商品编码、销售数量和销售金额，构建以销售订单、店铺、商品编码为核心的销售明细模型。库存模块抽取所有的商品调拨明细、出入库数据，并以尺码为粒度，构建以调拨单号、店仓代码、商品 SKU 为核心的出入库明细模型。此外，还衍生一个在途模型：抽取商品在调出和调入之间由于时间差产生的在途数据进行构建，需要在计算库存时算入收货方库存。

DWS 层在 DWD 层的基础上汇总数据并根据业务逻辑计算指标。销售明细模型加工的指标有销售吊牌价、同店销售明细、有效店销售明细等，出入库明细模型加工的指标有物理库存、在途库存、财务库存，需结合库存和销售明细计算的指标有售罄率、动销率、齐码率、库销比等。具体的业务逻辑在后面的业务方案模块展开介绍。

按照分层逻辑，数据仓库的简化模型如图 13-2 所示。

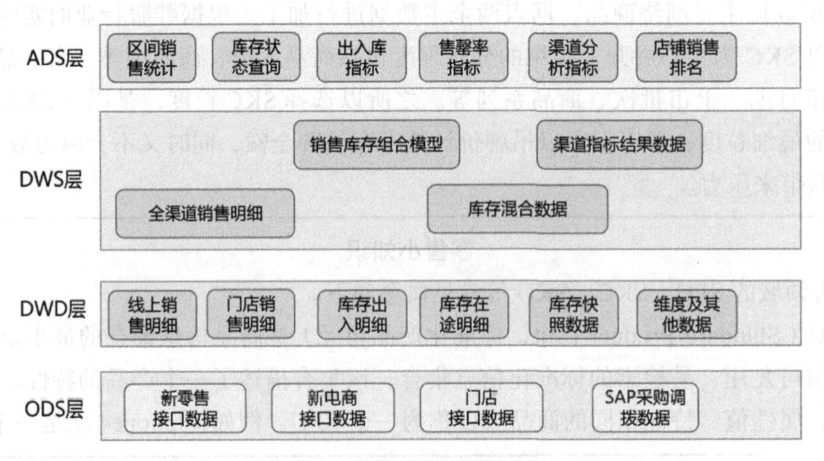

图 13-2 数据仓库的简化模型

由于具体的代码过长，这里就不展示了，感兴趣的可以去本书的 Git 项目中获取。

13.3.3　基于 Doris 构建数据集市

该项目的集市层数据加工依然是通过 Hive 完成的，数据加工好以后通过全量或者增量模式同步到 Doris。Hive 数据加工过程和仓库层数据加工过程类似，集市层主要是增加了同期计算，并关联了维度数据，进行了一些维度收敛，缩少数据查询规模。

数据同步到 Doris 是通过 Routine Load 来实现的。这里不得不夸一下 Doris，Doris 支持基于 Key 字段的数据删除操作，因此可以先删除数据再插入，以便实现数据增量同步。前文说到，电商业务的数据通常第二天 6 点以后才可以抽取完，且系统数据必须分成两条链路加工，但是报表需要组合在一起查看，所以需要在 Doris 中合并数据。因此每次抽取数据时需要先执行删除操作，典型示例如下：

```
delete from m_gd_hw_goods_sql_month where logsys ='NEWRETAIL';
LOAD LABEL load_m_gd_hw_goods_sql_month_xls_${runTime}
(
DATA INFILE
("hdfs://hadoopcluster/hive/warehouse/hw_dm.db/m_gd_hw_goods_sql_month_xls/*")
INTO TABLE m_gd_hw_goods_sql_month
FORMAT AS "orc"
(sell_month, sell_year, phj, brand_code, qdpp_code, area_code, cms_code, catagory,
    b_code, tag_price, sex, m_code, item_series, upanddown, item_series_name, item_
    series2_name, list_date, item_type, bq_stock_tag_money, bq_stock_qty, bqlj_
    sales_tag_money, bqlj_sales_money, bqlj_sales_qty, bq_sales_tag_money,
    bq_sales_money,bq_bc_money, bq_sales_qty, tq_stock_tag_money, tq_stock_
    qty, tqlj_sales_tag_money, tqlj_sales_money, tqlj_sales_qty, tq_sales_tag_
    money, tq_sales_money, tq_bc_money, tq_sales_qty, lastmonth_sales_tag_money,
    lastmonth_stock_tag_money,logsys,sys_create_time)
)
WITH BROKER broker_name ("username"="admin", "password"="",
"dfs.nameservices" = "hadoopcluster",
"dfs.ha.namenodes.hadoopcluster" = "nn1,nn2",
"dfs.namenode.rpc-address.hadoopcluster.nn1" = "192.168.80.31:8020",
"dfs.namenode.rpc-address.hadoopcluster.nn2" = "192.168.80.32:8020",
"dfs.client.failover.proxy.provider" =
"org.apache.hadoop.hdfs.server.namenode.ha.ConfiguredFailoverProxyProvider"
)
PROPERTIES (
"timeout" = "3600",
"max_filter_ratio" = "0.1",
"load_parallelism" = "4");
show load from hw_mbi where label
='load_m_gd_hw_goods_sql_month_xls_${runTime}';
```

其中，导入语句中 load_parallelism 参数可以根据数据量大小进行调整，通常需要同步的数据记录数小于 1000 万时采用 1 个并行处理任务即可；超过 1000 万的数据记录数可以根据可接受时长来调整并行处理任务。

当然，Broker Load 也有不方便的地方，因为数据加载是异步的，需要不断轮询才能确保数据加载完成。读者可以参考 5.3 节 Broker Load 的内容，通过 Python 代码实现数据轮询。如果有新的应用场景，建议采用 DataX 抽取数据的方式进行数据同步。

13.3.4 基于 Flink SQL 的实时数据流

在离线批处理基础上，针对销售数据，我们还有实时分析需求。销售数据主要来自 Oracle 数据库和 SQL Server 数据库。我们可通过 Debezium 强大的日志解析功能，读取两个库的 CDC 日志到 Kafka，然后由 Flink 实时计算平台完成数据的清洗并关联离线批处理好的维度数据，写入 Doris。Doris 中的目标表采用 Unique 模型，取多个字段组合作为主键字段，以防数据重复。实时数据加工流程如图 13-3 所示。

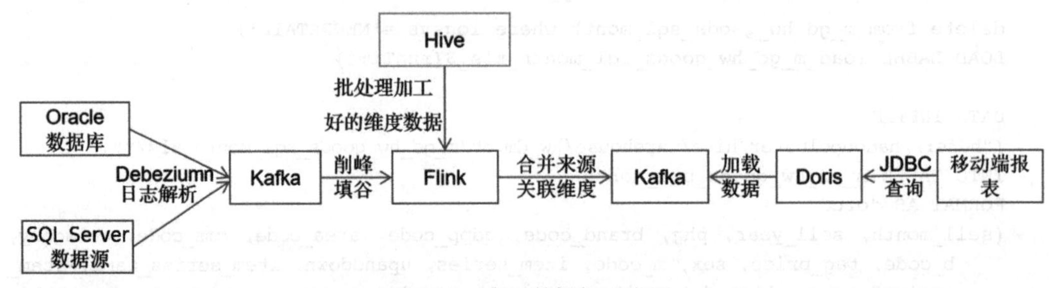

图 13-3 实时数据加工流程

Debezium 是一个用来捕获数据库数据变更操作的分布式服务。Debezium 以事件流的形式记录每张表的行级变更，然后应用以事件产生顺序读取事件变更记录。目前，Debezium 支持的数据源有 MySQL、MongoDB、PostgreSQL、Oracle、SQL Server、DB2 等。由于该项目对接的数据库包含 Oracle 和 SQL Server，所以只能选择 Debezium 组件。

Flink 实时计算逻辑采用 Flink SQL 实现，关键代码如下：

```
SELECT
            proctime,     -- 数据处理时间
            hd.SELLTIME,-- 销售时间戳
            SUBSTR(hd.SELLTIME,1,2) AS SELL_HOUR,               -- 小时
            hd.STOREID AS STORE_CODE,                            -- 门店
                COALESCE(cms.qdpp_code,' ') AS QDPP_CODE,        -- 渠道品牌
                COALESCE(cms.area_code,' ') AS AREA_CODE,        -- 区域
                COALESCE(cms.bazaar_type,' ') AS BAZAAR_TYPE,-- 商场类型
                COALESCE(cms.dpdw,' ') AS DPDW_CODE,             -- 渠道品牌
                COALESCE(cms.jy_type,' ') AS JY_TYPE_CODE,       -- 经营形势
                COALESCE(cms.bu_id,' ') AS BU_ID,                -- 事业部编码
            SELLTIMESTAMP,                                       -- 销售时间戳
            COALESCE(cms.cms_code,' ') AS CMS_CODE,              -- 网点
            hd.SELL_DATE,                                        -- 日期
            hd.BILLID AS BILL_CODE,                              -- 小票
            dt.ITEMID AS ITEM_CODE,                              -- 物料
```

```
        hd.SELLTYPECODE AS XPLX,                                -- 小票类型
        COALESCE(item.b_code,' ') AS B_CODE,                    -- 大类
            COALESCE(item.retail_price,0) AS TAGPRICE,          -- 吊牌
        dt.QTY,
        dt.FACTRETAILMONEY AS MONEY,                            -- 金额
        dt.REALAMOUNT AS JSJE ,                                 -- 结算金额
            COALESCE(td.td,0) AS TD_FLAG,                       -- 同店标识
            dt.series
    FROM myhive.hw_dwd.f_ev_so_sell_hd_flink hd
    join myhive.hw_dwd.f_ev_so_sell_dt_flink dt
    on hd.BILLID = dt.BILLID
    left join d_ch_cms_info_xls
    /*+ OPTIONS('streaming-source.enable'='true',-- 开启流式处理
    'streaming-source.partition.include' = 'latest', -- 加载最新分区数据
    'streaming-source.monitor-interval' = '12 h', -- 每隔12h重新加载一次数据
    'streaming-source.partition-order' = 'partition-name') */-- 分区名排序
FOR SYSTEM_TIME AS OF hd.proctime cms
on hd.STOREID = cms.store_code
LEFT JOIN d_gd_item_info_xls
/*+ OPTIONS('streaming-source.enable'='true',
    'streaming-source.partition.include' = 'latest',
    'streaming-source.monitor-interval' = '12 h',
    'streaming-source.partition-order' = 'partition-name') */
FOR SYSTEM_TIME AS OF hd.proctime item
on dt.ITEMID = item.item_code
LEFT JOIN myhive.hw_dws.a_ev_so_td_day_xls
/*+ OPTIONS('streaming-source.enable'='true',
    'streaming-source.partition.include' = 'latest',
    'streaming-source.monitor-interval' = '12 h',
    'streaming-source.partition-order' = 'partition-name') */
FOR SYSTEM_TIME AS OF hd.proctime td
on hd.SELL_DATE = td.calendar_day
and hd.STOREID = td.store_code
```

早期的Doris不支持Flink直接写入数据，需要通过KafKa中转，因此在Flink加工数据之后，还需要在Doris中创建ROUTINE LOAD任务来实时消费KafKa中的数据并写入Doris内部表。

```
CREATE ROUTINE LOAD hw_mbi.dm_hw_sales_real_hour_flink ON dm_hw_sales_real_hour_flink
COLUMNS(logsys, sell_hour, store_code, cms_code,item_code,bill_code, sell_date,
    b_code,xplx, qdpp_code, area_code, bazaar_type, dpdw_code, jy_type_code,
    qty, jsje, tagmoney, td_flag ,series)
PROPERTIES(
    "desired_concurrent_number"="3",
    "max_batch_interval" = "20",
    "max_batch_rows" = "300000",
    "max_batch_size" = "209715200",
    "max_error_number" = "209715200",
    "strict_mode" = "false",
    "format" = "json",
    "jsonpaths" =
```

```
"[\"$.LOGSYS\",\"$.SELL_HOUR\",\"$.STORE_CODE\",\"$.CMS_CODE\",\"$.ITEM_
    CODE\",\"$.BILL_CODE\",\"$.SELL_DATE\",\"$.B_CODE\",\"$.XPLX\",\"$.QDPP_
    CODE\",\"$.AREA_CODE\",\"$.BAZAAR_TYPE\",\"$.DPDW_CODE\",\"$.JY_TYPE_
    CODE\",\"$.QTY\",\"$.JSJE\",\"$.TAGMONEY\",\"$.TD_FLAG\",\"$.SERIES\"]"
    )
    FROM KAFKA
    (
        "kafka_broker_list" =
        "192.168.80.1:9092,192.168.80.2:9092,192.168.80.3:9092,192.168.80.4:
            9092,192.168.80.5:9092",
        "kafka_topic" = "dm_hw_sales_real_hour",
        "property.group.id" = "hw_dm.dm_hw_sales_real_hour_flink",
        "kafka_partitions" = "0",
        "kafka_offsets" = "OFFSET_BEGINNING"
    );
```

13.3.5 代码发布和作业监控

仓库层的数据加工主要采取 Hive SQL 脚本实现，该项目采用 Git 管理开发代码，但是 Git 不支持自动发布代码，所以需要手动触发代码发布。

其实，笔者更推荐使用 SVN 管理 SQL 代码。如果代码管理工具是 SVN，我们可以通过配置 hook 文件，以及 Linux 系统的 Crontab 命令，实现自动发布代码。

13.4 业务方案实现

一个完整的业务方案实现离不开具体的实践，做好一个项目的核心就在于业务方案。好的业务方案的判断标准就是是否满足业务需求，是否能够合理地完成业务指标的计算。本节重点介绍零售数据仓库建设的业务方案实现。

13.4.1 零售流水及本期、同期计算

零售流水指标主要指线下门店销售产生的明细数据分析指标。部分指标包含线上电商平台销售数据。该项目针对线下销售主要抽取多品牌新零售系统产生的销售订单数据，针对线上销售抽取 EBI 系统获取的日销售汇总数据。零售流水指标含义及其计算逻辑如表 13-1 所示。

表 13-1 零售流水指标含义及其计算逻辑

指标名称	指标定义	指标计算
零售金额	终端实际产生的结算金额（折后价）	零售吊牌金额 × 销售折扣
零售目标达成率	销售期间（比如日、周、月、年），零售金额对比零售目标值的符合程度（达成目标的程度），反映终端运营情况的关键衡量指标	本期零售金额 / 本期零售金额目标 ×100%
零售目标缺口	销售期间（比如日、周、月、年），零售金额对比零售目标值的绝对值偏差程度，反映终端运营情况的关键衡量指标	本期零售金额目标 − 本期零售金额
零售吊牌金额	终端实际销售出去的累计吊牌金额	单 SKU 销售数量 × 该 SKU 单品吊牌价

（续）

指标名称	指标定义	指标计算
折扣率	终端实际产生的结算折扣	零售金额 / 吊牌金额 ×100%
折扣偏差	终端实际产生的结算折扣与同期间产生的结算折扣差异	本期折扣率 - 同期折扣率
零售数量	终端实际结算的产品数量（粒度细到件数或双数）	
小票数	销售期间所成交的小票数量（零售小票数）	
客单价	销售期间每一个顾客购买商品的平均金额	零售金额 / 零售小票数量
客单量	平均每张小票销售的商品件数（也叫连带率）	零售数量 / 零售小票数量
件单价	销售期间每一个已售商品的平均吊牌金额	零售吊牌金额 / 零售数量
零售 SKU 数	产生销售的商品 SKU 计数	
平均零售天数	衡量店铺营业时长	期间所有网点营业天数 / 所有网点数

除了上述指标，还有针对每个指标的日、周、月、年等不同周期的同环比，其中金额类和数量类指标的同环比一般等于（本期 - 同期）/ 同期，而比例类指标是本期数据减去同期数据，例如周折扣率环比 = 本周折扣率 - 上周折扣率。

13.4.2　有效店、同店及渠道分析

有效店、同店是渠道分析的两个核心指标，主要针对线下业务。所谓“店”，是指商场或者街边的实体门店。说到渠道指标，这里需要先解释几个业务名词。

- 新开店：开店所在月份期间都称为新开店。
- 改造店：改造开始日至改造完成日期间都称为改造店。
- 不变店：新开店从开店日所在月的下一个月份后都称为不变店。
- 关闭店：关闭日及以后均称为关闭店。
- 有效店：在某个自然月，如果一间店铺的新开和关闭都不在该月，且这个月没有改造、月度零售流水大于 0，则该店铺视为有效店。
- 同店：店铺在某个月以及去年的同月都是有效店，则视为同店。

以上指标中“店”的统计范围也有规定，指纳入渠道管理系统统一管理、有唯一编码的独立、正常经营店铺（不含临时网点及临时特卖网点）。

基于以上定义产生的渠道原子指标及衍生指标的定义及其计算逻辑如表 13-2 所示。

表 13-2　渠道原子指标及衍生指标的定义及其计算逻辑

指标名称	指标定义	指标计算
网点数	当年纳入品牌核算的网点数量	
面积	店铺装修系统提供的店铺面积	
平均面积	店铺的平均面积	店铺总面积 / 店铺数
坪效	店铺每月每平方米产生的销售	单店有效零售金额 / 单店的（面积 × 有效月数）
保有量	有效店铺数量	

（续）

指标名称	指标定义	指标计算
撤除店数	停止营业的店铺数量	
改造店数	当年改造开业的店铺数量	
新增店数	当年新增开业的店铺数量，不含补网点数量	
店效	有效店铺的月平均零售金额	有效零售金额 / 有效销售月数
改造店店效	改造后的平均店效	本期改造后有效零售金额 / 改造后有效销售月数
新增店效	新增店铺的月均销售	有效零售金额 / 有效销售月数
店均小票	某销售期间，平均每家店的销售小票数	小票数 / 店铺数
改造店有效零售金额	店铺改造后有效销售月份产生的业绩	

其中，最重要的店铺类型为有效店和同店，由此衍生的有效店及同店指标定义及其计算逻辑如表 13-3 所示。

表 13-3 有效店及同店指标定义及其计算逻辑

指标名称	指标定义	指标计算
有效零售金额	店铺的有效销售月产生的业绩	
有效销售月数	店铺的有效销售月数量	
有效店铺	纳入渠道管理系统统一管理、有唯一店铺编码的独立、正常经营店铺	
同店店数	有本同期数据可对比的店铺数量	
同店面积	有本同期数据可对比的店铺面积	
同店库存金额	有本同期数据可对比的店铺本期的库存金额（改造月份不计入）	
同店零售金额	有本同期数据可对比的店铺本期的零售金额（改造月份不计入）	
同店零售数量	有本同期数据可对比的店铺本期的实际结算产品销售数量（改造月份不计入）	
同店小票数	有本同期数据可对比的店铺本期的小票数（改造月份不计入）	
同店店效		同店零售金额 / 同店销售月数
同店吊牌均价	有本同期数据可对比的店铺本期零售吊牌金额比本期零售数量（改造月份不计入）	本期同店零售吊牌金额 / 本期同店零售总数量
同店客单价	有本同期数据可对比的店铺本期零售金额比本期零售小票数（改造月份不计入）	本期同店零售金额 / 本期同店零售小票数量
同店连带率	有本同期数据可对比的店铺本期零售数量比本期零售小票数（改造月份不计入）	本期同店零售数量 / 本期同店零售小票数量
同店零售吊牌金额	有本同期数据可对比的店铺本期的零售吊牌金额（改造月份不计入）	
同店零售均价	有本同期数据可对比的店铺本期零售金额比本期零售数量（改造月份不计入）	本期同店零售金额 / 本期同店零售总数量
同店零售目标缺口	-	本期同店零售金额目标 − 本期同店零售金额

13.4.3　库存及齐码率分析

库存及齐码率是零售行业数据分析的一个重要方向。众所周知，商品库存是占用资金和成本的。对于线下门店来说，最小化库存来保持商品的快速流通，这样才可以利润最大化。消费者喜欢什么商品、购买什么商品，这是商家不能决定的，但是商家可以决定摆设什么商品，促销和推广什么商品，这里面就涉及库存的盘点和调拨。

根据库存业务逻辑，财务库存 = 物理库存 + 在途库存 = 期初库存 + 出入库日汇总 + 在途库存。而构建库存模型最核心的任务就是计算出每一天的财务库存。为此，我们构建了3个业务模型，分别是每日仓库进出库存明细、在途库存的每日收发货明细、汇总到月末的期末结转库存。在此基础上，进一步获得“仓库 +SKC”粒度的每日库存状态。

齐码率是基于财务库存计算的衍生指标，用于衡量一个门店畅销商品的码数是否完整。齐码率一般按照品牌、商品大类、年龄段指定3～7个尺码为主码组（也有客户以最畅销的3～4个尺码为主码组），判断主码组的尺码是否存在三连码或者四连码。

基于库存和齐码率的衍生指标定义及其计算逻辑如表13-4所示。

表13-4　基于库存和齐码率的衍生指标定义及其计算逻辑

指标名称	指标定义	指标计算
库存吊牌金额	截至某时间点，系统内有库存的货品吊牌金额总计	
库存数量	截至某时间点，系统内有库存的货品数量总计	
库存 SKU 数	截至某时间点，系统内有库存的货品 SKU 计数	
期初库存金额	某个销售周期初始，系统内有库存的货品吊牌金额总计	期初库存数量 × 商品吊牌价
期初库存数量	某个销售周期初始，系统内有库存的货品数量总计	
期末库存金额	某个销售周期期末，系统内有库存的货品吊牌金额总计	期末库存数量 × 商品吊牌价
期末库存数量	某个销售周期期末，系统内有库存的货品数量总计	
齐码 SKU 数	单 SKU 中，三连码均有库存为齐码，记入齐码商品的 SKU 个数	
齐码率	一件商品的所有尺码或主销尺码齐全的比率	齐码 SKU 数 / 总 SKU 数
齐码数量	齐码 SKU 的合计库存数量	
库存上架率	截至某时间点，已进入门店的新品存量占总库存量比例，以评估新品上市速度是否符合预期要求	门店库存量 / 总库存量

13.4.4　库销比及售罄率分析

商品库销比和售罄率是分析商品的去化情况和畅销情况的指标。月度库销比 =（月初库存吊牌金额 + 月末库存吊牌金额）/2/ 当月销售吊牌金额；商品售罄率 = 商品累计零售吊牌金额 / 商品累计到货吊牌金额。

由于门店之间的调拨过程非常复杂，存在各种退货或者返仓情况，因此我们根据对业务的理解，可以将累计到货吊牌金额简化成一个更简单的公式：累计到货吊牌金额 = 期末

库存吊牌金额 + 期末累计销售吊牌。

通过指标的定义，我们可以看出，库销比反映的是商品流通情况，库销比越小，门店商品流通率越高；售罄率反馈的是商品的畅销情况，售罄率越高，说明客户对该商品的喜爱程度越高。这两个指标都是把门店销售和门店库存结合起来进行分析的。库销比和售罄率相关指标的定义及其计算逻辑如表 13-5 所示。

表 13-5 库销比和售罄率相关指标的定义及其计算逻辑

指标名称	指标定义	指标计算
累计到货数量	商品的终端累计销售数量和库存数量的总和（包括在途库存）	零售数量 + 库存数量
累计到货吊牌金额	商品终端累计销售吊牌金额和库存吊牌金额的总和，包括在途商品金额	累计零售吊牌金额 + 期末库存吊牌金额
累计到货售罄率 - 数量	根据数量计算商品销售进度	商品累计零售数量 / 当季商品累计到货数量 ×100%
累计到货售罄率 - 吊牌金额	根据吊牌金额计算商品销售进度	商品累计零售吊牌金额 / 当季商品累计到货库存吊牌金额 ×100%
累计到货 SKU 数	终端累计销售的 SKU 和库存 SKU 并集的 SKU 数量	
期初到货数量	某个销售周期期初，终端累计销售数量和库存数量的总和（包括在途库存）	累计期初的零售数量 + 期初库存数量
期初到货吊牌金额	某个销售周期期初，终端累计销售吊牌金额和库存吊牌金额的总和（包括在途库存）	累计期初的零售吊牌金额 + 期初库存吊牌金额
到货数量	某个销售周期期间的到货数量	期末到货数量 - 期初到货数量
到货吊牌金额	某个销售周期期间的到货吊牌金额	期末到货吊牌金额 - 期初到货吊牌金额
到货售罄跳点 - 数量	根据数量计算某个销售周期期间的到货售罄跳点	期间零售数量 / 期末到货数量 ×100%
到货售罄跳点 - 吊牌金额	根据吊牌金额计算某个销售周期期间的到货售罄跳点	期间零售吊牌金额 / 期末到货吊牌金额 ×100%
动销率	某个销售周期期间，有产生销售的 SKU 数量占比，以此衡量库存 SKU 有效性以及销存吻合情况	零售 SKU 数 / 经营 SKU 数（库存 + 销售）
覆盖率	单 SKU/ 款式在某个销售周期期间覆盖的店数比例，可检验铺货情况	覆盖网点数 / 系统内网点数
覆盖网点数	单 SKU/ 款式在某个销售周期期间覆盖的店数	期间有库存的网点总数
库销比	某个销售周期期间，库存吊牌与销售吊牌的正比相关性，可用于衡量终端商品大盘的健康度，判断库存是否溢出或严重短缺	（当月月末库存吊牌 + 当月月初库存吊牌）/2/ 当月销售吊牌 累计库销比 = 各月末平均库存吊牌 / 各月平均销售吊牌
SKU 上架率	截至某时间点，已进入门店的新品 SKU 占总订单 SKU 比例，以评估新品上市速度是否符合预期要求	期间经营 SKU/ 当季订单 SKU

13.5　项目总结

该项目在项目组成员的高效配合下，于 2021 年 6 月底顺利完成。本次项目任务清单如表 13-6 所示。

表 13-6　项目任务清单

任务分层	任务清单
数据接入	ODS 层接口，约 100 张表，其中增量任务 25 个
数据建模	DIM 层主数据表 23 张
	DWD 层业务模型表 10 张
	DWS 层汇总模型表 28 张
数据应用	ADS 层事实表 21 张
	数据同步任务 21 个
实时数据	实时业务流 1 个
数据展现	自助分析报表 4 张
	移动端报表 4 张

本次项目交付的报表包括零售、渠道、商品、目标 4 个模块的移动端报表和 R01- 渠道零售分析、R02- 零售运营分析、R03- 任意时间段销存结构分析、R04- 售罄率分析 4 张自助分析表。移动端报表是按照实时、日、周、月、年等不同的分析粒度汇总数据，实时报表统计当日数据，日报统计最近 93 个自然日数据，周报统计最近 52 周数据，月报统计最近 24 个月数据，年报统计最近 5 年数据。PC 端报表统计最近 2 年的数据，用于自助分析。基于该需求背景，我们设计移动端报表按照宽表模型构建，PC 端报表按照星型模型构建，最终实现了报表查询性能和灵活度的完美统一——移动 BI 软件在 3s 内完成查询（实际上 95% 以上的 SQL 语句执行在 1 s 内完成），PC 端满足任意维度和任意时间区间的报表查询，并在 30 s 内呈现结果（实际是 90% 以上的查询在 5 秒内完成）。

总体来说，本次项目完美地实现了业务需求，超预期达成最初制定的目标。这一切既归功于项目组团队的精诚合作和务实精神，也得益于项目需求管控到位和 Doris 平台强大的性能。

在这个项目中，Doris 仅承担了 OLAP 查询功能，和 Kylin 的功能非常类似。正好我们在前面一个数量级类似的供应链项目中使用 Kyligence（Kylin 的商业版）作为 OLAP 查询引擎，这里对比一下 Doris 和 Kyligence 优劣势，如表 13-7 所示。

表 13-7　Doris 和 Kyligence 对比

对比项	Doris	Kyligence
安装难度	简单，易上手	安装困难，需要依赖 Hadoop、Hive、Spark、HBase 等组件
模型构建	支持宽表模型和星型模型	在 Hive 中提前构建宽表模型或者在 Kyligence 中构建宽表模型

（续）

对比项	Doris	Kyligence
数据存储	数据存储不能复用，但是Doris列存储比较省空间	复用HDFS存储空间，但是存在一定的膨胀率
SQL支持	优秀，兼容MySQL语法，支持窗口函数	只支持SELECT操作，不支持其他操作，例如INSERT、UPDATE和DELETE，删除数据后需要重新构建
查询性能（千万级）	95%的查询在1s内完成，查询超时主要是因为资源紧张	95%的查询在3s内完成，如无法命中索引或者查询明细数据则时间更久
Bitmap结构	支持，但是需要在库内加工	支持在数据构建过程中加工
BI支持	支持，完全适配MySQL协议	支持较好，部分BI工具（例如Tableau）依赖插件
并发能力	较好，取决于集群规模	支持较好，重复查询占用缓存
数据同步	支持全量和增量模式，数据同步快	模型构建比较快
实时数据	对Kafka和Flink支持非常好，可以达到秒级实时查询	只能通过微批增量来构建，只能达到分钟级实时查询
后续运维	简单轻松，监控系统稳定即可	需要不断优化，人工干预的工作量大，灵活性差

通过对比，我们可以看到，作为OLAP领域冉冉升起的新星，Doris在很多方面具有优势。事实上，很多企业已经在用Doris替换Kylin。

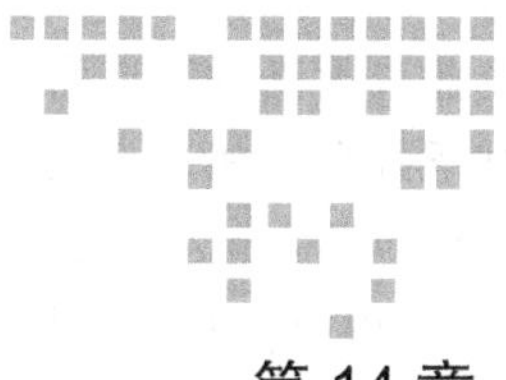

第 14 章 Chapter 14

基于 Doris 的流批一体数据仓库实战

第 13 章介绍了基于 Doris 的 OLAP 查询引擎，完美地实现了数据的高并发和亚秒级查询。本章将介绍基于 Doris 和启数道大数据平台的特步儿童 BI 项目实现。本项目以 Doris 集群为数据仓库的唯一存储平台，完成“实时数仓 + 离线数仓”的一体化建设，不仅实现了高效的 OLAP 查询，还实现了基于同一套代码的“流批一体 + 全增量一体”实时数仓。

14.1 项目背景

特步（中国）有限公司于 2008 年 6 月 3 日正式在港交所挂牌上市，是一家集综合开发、生产和销售运动鞋、服装、包、帽、球、袜等为主的大型体育用品企业。

2012 年，厦门市特步儿童用品有限公司成立，正式进军童装行业。特步儿童的强大实力来自母公司——特步集团的全力支持。针对目前国内童装品牌现状，特步儿童制定品牌差异化发展战略，主张释放孩子的天性，关爱孩子健康，集中一切可利用的资源，创造行业新的品牌推广模式。

特步儿童坚持中高档的商品定位，三四线城市的价格定位，专注于 3 ～ 14 岁儿童群体，关注白领阶层父母对儿童商品的消费，旨在提供高性价比且品类丰富的儿童运动用品，为广大消费者带来轻松、舒适的体验和物超所值的购买经历。

特步儿童是特步旗下第二大品牌，也是从特步品牌中衍生出来的，所以和特步共用一套系统。早期的特步交易系统和分析系统都围绕 SAP 构建，2019 年在阿里云的帮助下，构建了基于分布式 RDRS 的业务中台系统（简称“全渠道 DRP 系统”），这也是本次项目接入数据的主要来源系统。

在本次项目启动之前，特步儿童从底层业务到中层管理都实现了信息化运作，但现有信息化系统对企业决策支持需求尚难满足，之前的HANA数据仓库较难满足日常的敏捷数据分析需求，缺乏经营分析平台对数据进行整合，快速梳理各个业务单元经营表现及发现异常的能力，存在的具体问题如下。

1）企业经营过程中各业务环节数据未打通，业务分析断层。公司已经建设统一的数据仓库，但从应用到业务的流程长，从商品经营到终端经营各环节数据尚未打通，跨环节数据提取难度大、效率低。

2）数据处理依赖手工，耗时长，工作量大。企业管理数据依赖数据分析人员手工汇总、处理，易出错、效率低，且不能满足经营层、管理层和业务部门的需求。

3）缺乏数据洞察能力，数据展现不直观。企业主要通过各类报表进行数据分析，但报表之间缺乏关联和对照关系，导致不能及时、准确地获取数据的含义和发展趋势；缺乏对移动端报表的支持，不能满足移动办公与数据协同需求。

为了实现特步的业务增长和效率提升战略，特步通过准确、统一、快速的数据分析能力建设，持续提升数字化战略实现价值，实现精细化管理运营。本次项目需要加强数据自动化采集、计算，数据多平台整合，数据分析能力建设，同时，从IT角度考虑公司其他职能部门对此项目所搭建平台的复用性，基于行业最佳实践模式，统筹建设内部共享的、安全的敏捷数据分析平台。

在本次项目架构确定前，特步和百度、启高、观远等多方经过多次交流，选取了“全零售战绩”大屏作为试点项目，测试了Doris的Routine Load功能和查询能力。

14.2 项目需求

本次项目聚焦于特步儿童业务的BI分析需求，其销售渠道组织架构如图14-1所示。本次项目要求整合线上、线下数据，打通数据孤岛，提供全口径、准确、实时的数据分析结果。

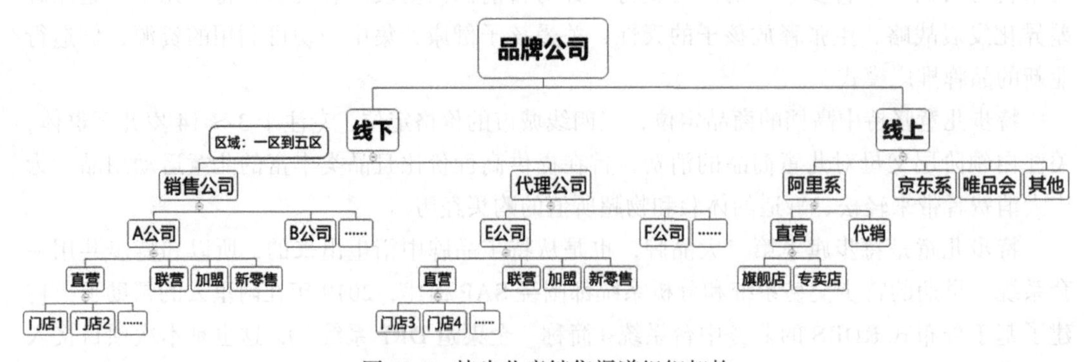

图14-1 特步儿童销售渠道组织架构

项目范围包含高管概览、零售、商品、会员、渠道、导购、节假日、故事包、直配店、店群管理、KPI 看板 11 个场景，主要包括商品和店铺等维度数据、线下全渠道销售数据、线上电商销售数据、库存商品变动数据和补录的考核目标数据。

分析这些业务主题时，涉及的维度主要有时间（年 > 季度 > 月 > 周 > 日、节假日）、组织架构（最细到店铺粒度）、产品（最细到款式、SKU 粒度）、会员（最细到单个会员粒度），实际分析维度以指标清单为准。

系统处理的业务数据主要包括全渠道 DRP 系统中的门店销售模型数据、门店商品调拨数据、会员消费数据，SAP 系统中的商品调拨数据、批发数据、总仓和分公司仓库明细，多套电商平台中的商品销售数据，业务部门手动维护的目标数据等。本次项目需要完成以上数据的采集、建模、整合和汇总展现。

在本次项目中，前端数据可视化采用观远 BI 分析平台，通过数据库直连的方式读取加工好的数据，按照高管概览、零售、渠道、商品、故事包、KPI 看板、直配店、节假日、会员等业务主题进行数据最终呈现，支持用户在平台进行数据查看和下载。可视化结果支持在移动端和 PC 端查看。

项目要求日常零售（包括节假日销售、线下销售、线上销售等）数据要以近实时（目标是 5 ～ 10 min 间隔）的频率刷新，目标数据、维度数据和商品库存数据可以 T+1 模式更新。

14.3　技术方案实现

本次项目选择基于 Doris 搭建整个数据仓库，辅以启数道平台为数据中台，完成任务管理、工作流管理、元数据管理、数据资产管理、数据质量管理、数据安全管理等，如图 14-2 所示。

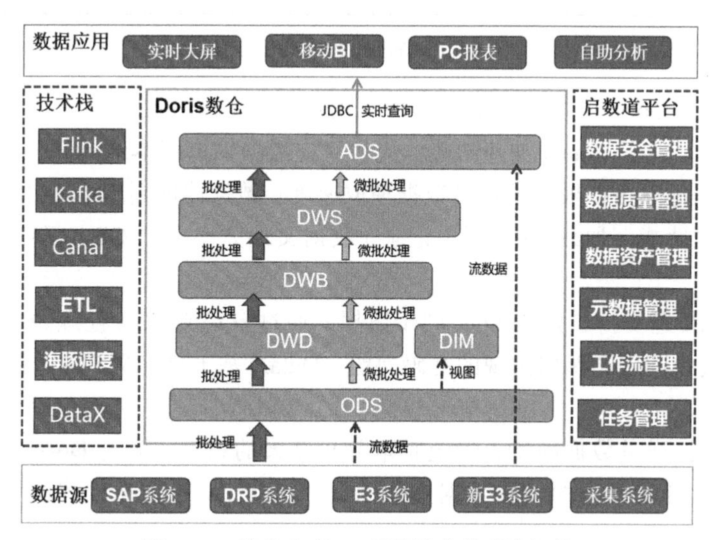

图 14-2　特步儿童 BI 项目搭建的系统架构

14.3.1 批量数据同步

启数道批量数据同步功能基于 DataX 实现，提供界面化操作，只需简单几步即可完成表同步任务的创建。如图 14-3 所示，选择来源表和目标表，点击“匹配”按钮后，字段自动进行同名映射，然后保存。

图 14-3 DataX 数据同步配置

在项目初期，Doris 未发布 DataX 插件，仅通过原始的 JDBC 插入数据，达不到性能要求。产品团队开发了 DataX 加速功能，先将对应数据抽取到本地文件，然后通过 Stream Load 方式加载入库，可以极大地提升数据抽取速度。数据读取到本地文件取决于网络宽带和本地系统读写性能，加载 2000 万条记录（数据文件大小 12.2 GB）仅需 5 min，截图如图 14-4 所示。

此外，DataX 还支持自定义 SQL 同步数据，通过自定义 SQL 处理 SQL Server 数据库难解决的字符转换问题和偶尔出现的乱码问题。DataX 基于自定义 SQL 同步数据的配置界面如图 14-5 所示。

DataX 还支持增量数据同步，通过抽取最近 7 天的数据，配合 Doris 的主键模型，轻松解决大部分业务场景下的增量数据抽取问题。DataX 增量数据同步配置截图如图 14-6 所示。

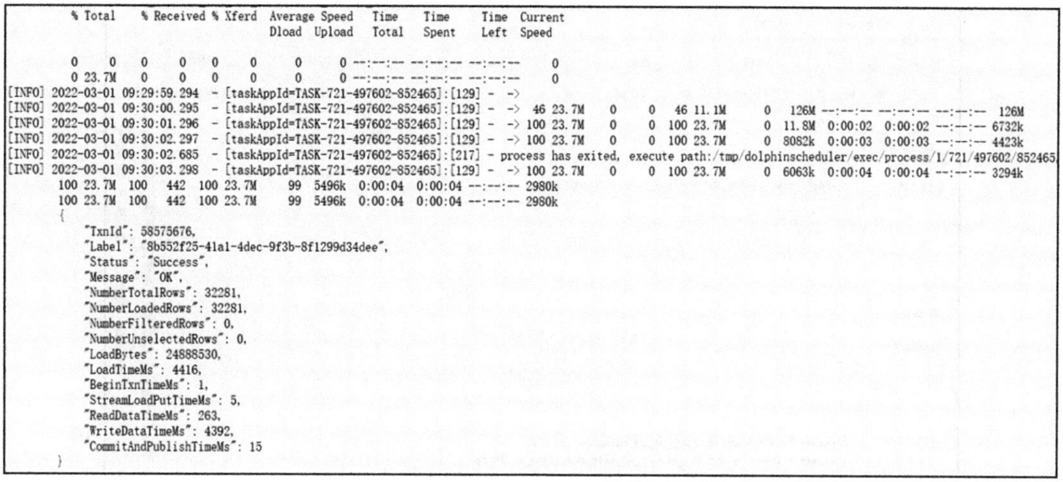

```
      % Total    % Received % Xferd  Average Speed   Time    Time     Time  Current
                                     Dload  Upload   Total   Spent    Left  Speed

      0     0    0     0    0     0      0      0 --:--:-- --:--:-- --:--:--     0
      0 23.7M    0     0    0     0      0      0 --:--:-- --:--:-- --:--:--     0
[INFO] 2022-03-01 09:29:59.294  - [taskAppId=TASK-721-497602-852465]:[129] -  ->
[INFO] 2022-03-01 09:30:00.295  - [taskAppId=TASK-721-497602-852465]:[129] -  ->  46 23.7M    0     0  46 11.1M     0  126M --:--:-- --:--:-- --:--:--  126M
[INFO] 2022-03-01 09:30:01.296  - [taskAppId=TASK-721-497602-852465]:[129] -  -> 100 23.7M    0     0 100 23.7M     0 11.8M 0:00:02  0:00:02 --:--:-- 6732k
[INFO] 2022-03-01 09:30:02.297  - [taskAppId=TASK-721-497602-852465]:[129] -  -> 100 23.7M    0     0 100 23.7M     0 8082k 0:00:03  0:00:03 --:--:-- 4423k
[INFO] 2022-03-01 09:30:02.685  - [taskAppId=TASK-721-497602-852465]:[217] - process has exited, execute path:/tmp/dolphinscheduler/exec/process/1/721/497602/852465
[INFO] 2022-03-01 09:30:03.298  - [taskAppId=TASK-721-497602-852465]:[129] -  -> 100 23.7M    0     0 100 23.7M     0 6063k 0:00:04  0:00:04 --:--:-- 3294k
    100 23.7M  100    442  100 23.7M     99  5496k  0:00:04  0:00:04 --:--:-- 2980k
    100 23.7M  100    442  100 23.7M     99  5496k  0:00:04  0:00:04 --:--:-- 2980k
    {
        "TxnId": 58575676,
        "Label": "8b552f25-41a1-4dec-9f3b-8f1299d34dee",
        "Status": "Success",
        "Message": "OK",
        "NumberTotalRows": 32281,
        "NumberLoadedRows": 32281,
        "NumberFilteredRows": 0,
        "NumberUnselectedRows": 0,
        "LoadBytes": 24888530,
        "LoadTimeMs": 4416,
        "BeginTxnTimeMs": 1,
        "StreamLoadPutTimeMs": 5,
        "ReadDataTimeMs": 263,
        "WriteDataTimeMs": 4392,
        "CommitAndPublishTimeMs": 15
    }
```

图 14-4　Stream Load 加载数据截图

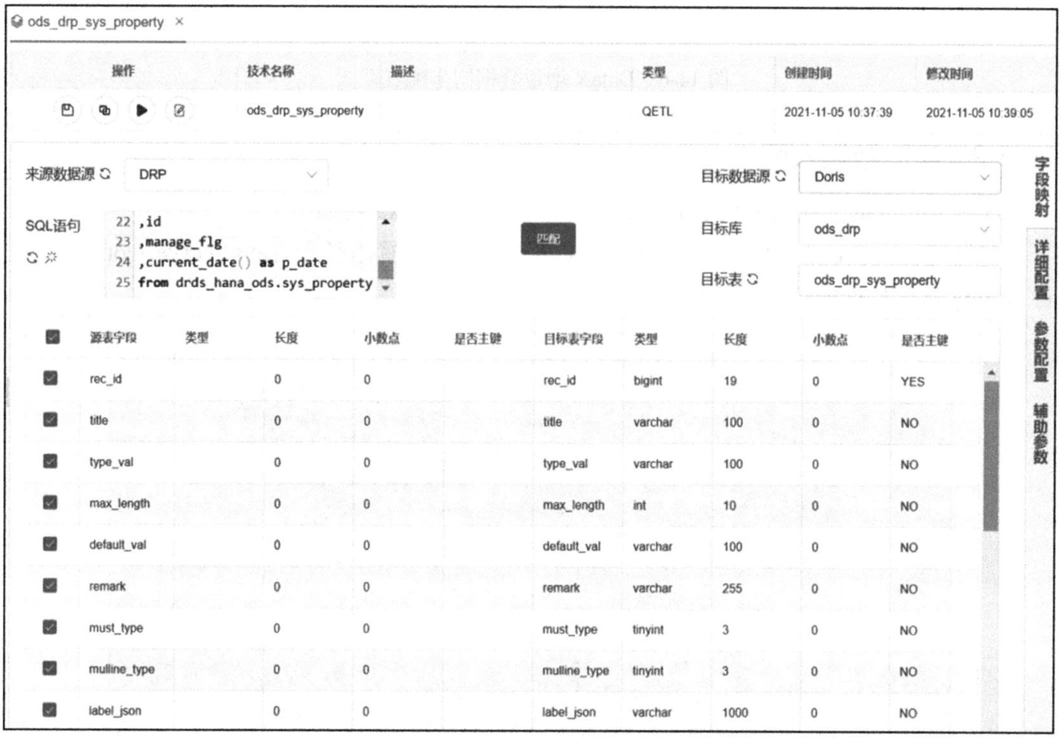

ods_drp_sys_property ×

操作	技术名称	描述	类型	创建时间	修改时间
	ods_drp_sys_property		QETL	2021-11-05 10:37:39	2021-11-05 10:39:05

来源数据源　DRP　　　　目标数据源　Doris

SQL语句

```
22 ,id
23 ,manage_flg
24 ,current_date() as p_date
25 from drds_hana_ods.sys_property
```

匹配

目标库　ods_drp

目标表　ods_drp_sys_property

字段映射　详细配置　参数配置　辅助参数

	源表字段	类型	长度	小数点	是否主键	目标表字段	类型	长度	小数点	是否主键
☑	rec_id		0	0		rec_id	bigint	19	0	YES
☑	title		0	0		title	varchar	100	0	NO
☑	type_val		0	0		type_val	varchar	100	0	NO
☑	max_length		0	0		max_length	int	10	0	NO
☑	default_val		0	0		default_val	varchar	100	0	NO
☑	remark		0	0		remark	varchar	255	0	NO
☑	must_type		0	0		must_type	tinyint	3	0	NO
☑	mulline_type		0	0		mulline_type	tinyint	3	0	NO
☑	label_json		0	0		label_json	varchar	1000	0	NO

图 14-5　DataX 基于自定义 SQL 同步数据的配置界面

ods_drp_or_sd_saleorder_line_et_incr ×

操作	技术名称	描述	类型	创建时间	修改时间
	ods_drp_or_sd_sale...	订单行表	QETL	2021-09-26 08:33:48	2021-09-28 05:40:56

读取设置

数据过滤

```
1 update_time >=DATE_SUB(CURRENT_DATE,INTERVAL 7 DAY)
```

写入设置

写入前sql

```
1
```

写入后sql

```
1 insert into ods_drp.ods_drp_or_sd_saleorder_line_et
2 select * from ods_drp.ods_drp_or_sd_saleorder_line_et_incr;
```

写入模式 插入　　清空目标表 □ 清空

writer选择 mysqlWriter

字段映射 详细配置 参数配置 辅助参数

图 14-6 DataX 增量数据同步配置截图

14.3.2 实时数据入库

针对实时数据，我们采用 Routine Load 模式加载 Kafka 数据。

首先需要在 Canal 中配置 Binlog 日志拦截。Canal 配置路径在 /canal-server/conf 下，进行 Binlog 日志拦截配置截图如图 14-7 所示。

图 14-7 Binlog 日志拦截配置截图

在数据库文件夹下修改 instance.properties 文件，按照正则表达式拦截对应表的 Binlog 日志，截图如图 14-8 所示。这里支持正则表达式，可以同时获取分库分表的日志，极大地降低了配置工作量。

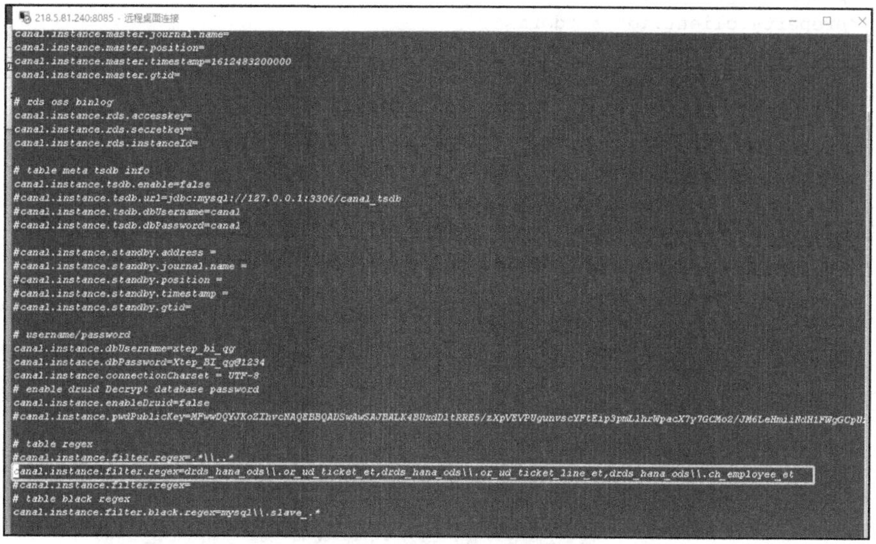

218.5.81.240:8085 - 远程桌面连接

```
canal.instance.master.journal.name=
canal.instance.master.position=
canal.instance.master.timestamp=1612483200000
canal.instance.master.gtid=

# rds oss binlog
canal.instance.rds.accesskey=
canal.instance.rds.secretkey=
canal.instance.rds.instanceId=

# table meta tsdb info
canal.instance.tsdb.enable=false
#canal.instance.tsdb.url=jdbc:mysql://127.0.0.1:3306/canal_tsdb
#canal.instance.tsdb.dbUsername=canal
#canal.instance.tsdb.dbPassword=canal

#canal.instance.standby.address =
#canal.instance.standby.journal.name =
#canal.instance.standby.position =
#canal.instance.standby.timestamp =
#canal.instance.standby.gtid=

# username/password
canal.instance.dbUsername=xtep_bi_qg
canal.instance.dbPassword=Xtep_BI_qg@1234
canal.instance.connectionCharset = UTF-8
# enable druid Decrypt database password
canal.instance.enableDruid=false
#canal.instance.pwdPublicKey=MFwwDQYJKoZIhvcNAQEBBQADSwAwSAJBALK4BUxdDltRRE5/zXpVEVPUgunvscYFtEip3pmLlhrWpacX7y7GCMo2/JM6LeHmiiNdH1FWgGCpU

# table regex
#canal.instance.filter.regex=.*\\..*
canal.instance.filter.regex=drds_hana_ods\\.or_ud_ticket_et,drds_hana_ods\\.or_ud_ticket_line_et,drds_hana_ods\\.ch_employee_et
#canal.instance.filter.regex=
# table black regex
canal.instance.filter.black.regex=mysql\\.slave_.*
```

图 14-8　Binlog 日志解析配置截图

然后在 Doris 中新建 ROUTINE LOAD 任务，代码示例如下：

```
ALTER TABLE DS_ORDER_INFO ENABLE FEATURE "BATCH_DELETE";
CREATE ROUTINE LOAD t02_e3_zy.ds_order_info ON DS_ORDER_INFO
WITH MERGE
COLUMNS (order_id, order_sn, deal_code, ori_deal_code, ori_order_sn,crt_time =
    now(), cdc_op),
DELETE ON cdc_op="DELETE"
    PROPERTIES
    (
    "desired_concurrent_number"="1",
    "max_batch_interval" = "20",
    "max_batch_rows" = "200000",
    "max_batch_size" = "104857600",
    "strict_mode" = "false",
    "strip_outer_array" = "true",
    "format" = "json",
    "json_root" = "$.data",
    "jsonpaths" =
    "[\"$.order_id\",\"$.order_sn\",\"$.deal_code\",\"$.ori_deal_code\",\"$.ori_
        order_sn\",\"$.type\" ]"
    )
FROM KAFKA
    (
    "kafka_broker_list"
```

```
    = "192.168.87.107:9092,192.168.87.108:9092,192.168.87.109:9092",
    "kafka_topic" = "e3_order_info",
    "kafka_partitions" = "0",
    "kafka_offsets" = "OFFSET_BEGINNING",
    "property.group.id" = "ds_order_info",
    "property.client.id" = "doris"
);
```

执行 SHOW ROUTINE LOAD 命令查看任务进程，详细内容参考 5.4 节。

14.3.3 数据仓库分层

按照项目前期和客户沟通的结果，数据仓库层分成了 3 个子层，即 DWD、DWB、DWS，如图 14-9 所示。增加 DWB 的原因有 3 点：电商业务数据来自多个系统，需要先进行合并才能进行汇总计算；指标层的计算规则变动频繁，客户期望将配置规则做成参数表，由程序自动解析（配置过于复杂，暂未实现）；项目将 DWS 层定位为宽表模型，因此需要在 DWB 层完成指标逻辑的加工。

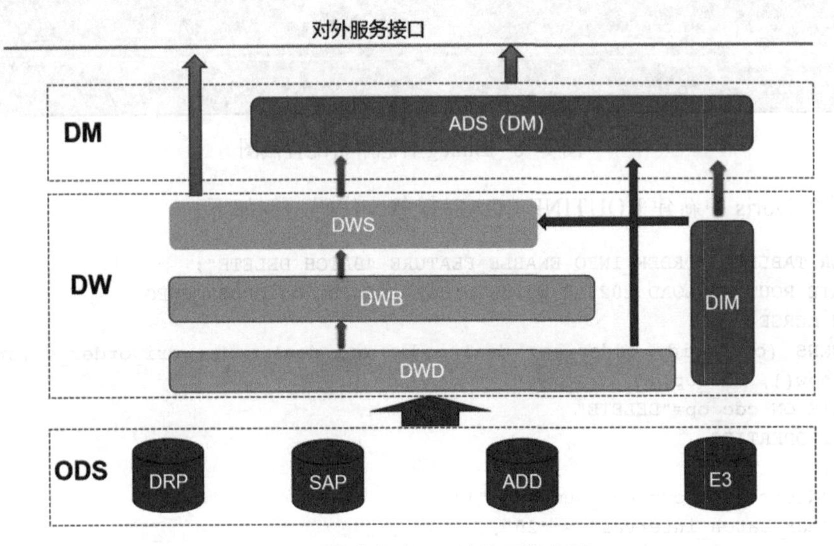

图 14-9 特步儿童 BI 项目系统分层

分层逻辑如下。

- DWD 层：明细数据的组合加工，包括行头合并、商品拆箱处理、命名统一、数据粒度统一等。DWD 层的销售、库存明细数据均按照来源系统加工，保留每条业务数据的主键信息，通过 Doris 的 Unique 模型确保数据不膨胀。
- DWB 层：按照公共维度汇总数据。根据业务需求统计小票数量，其他业务数据均汇总到业务日期、店铺、分公司、SKC 等粒度，并基于汇总数据加工公共维度指标，例如销售吊牌金额、库存吊牌金额。DWB 层采用 Duplicate 模型，以业务日期和店仓代码为 Key 字段，以 SKC 编码为分布键。

- DWS 层：将 DWB 层计算结果宽表化，数据粒度、数据模型、数据分布等和 DWB 层保持一致。

数据仓库层之外的 ODS 层、DM 层和 11.2 节的仓库分层逻辑一致，这里不再赘述。

14.3.4　全增量一体化数据加工

通过前文的介绍，我们了解到 Doris 不支持存储过程。综合考虑视图和 SQL 脚本开发，我们最终选择了视图。二者的对比如表 14-1 所示，仅供各位参考。

表 14-1　视图和 SQL 脚本开发对比

	视图	SQL 脚本
优点	编译即生效，代码调试方便； 在需要分步执行或者增量处理时，不需要维护两套代码； 代码格式统一由数据库或者客户端软件管理	一般用 Git 或者 SVN 进行管理，文件不易丢失，版本不易冲突
缺点	不便进行版本管理； 需要额外开发备份工具； 不支持代码注释	从代码发布到执行的流程比较长，修改也比较麻烦

业务数据的加工逻辑都比较复杂，不合理的设计会导致 SQL 代码非常长。在实际项目开发中，我们应尽量控制代码行数在 200 行以内，一方面是可读性强，便于维护，另一方面可以避免逻辑过于复杂而导致计算超时。这里展示一个简单的 DWB 层 SQL 代码：

```
CREATE VIEW dwb_god_stock_detail_drp_v AS
SELECT
    t.SKC_CODE AS SKC_CODE,
    t.SKU_CODE AS SKU_CODE,
    t.STOCK_DATE AS STOCK_DATE,
    t.STOCK_YEAR AS STOCK_YEAR,
    t.SOURCE_RECEIPT_TYPE AS MOVE_TYPE,
    t.WAREHOUSE_ID AS WAREHOUSE_ID,
    t.WAREHOUSE_CODE AS WAREHOUSE_CODE,
    t.ORG_ID AS ORG_ID,
    t.ITEM_CODE AS ITEM_CODE,
    t.COLOR_CODE AS COLOR_CODE,
    t.PRODUCT_SEASON AS PRODUCT_SEASON,
    sum(CASE WHEN INOUT_TYPE = 1 THEN QTY * BOX_QTY ELSE 0 END) AS IN_STOCK_QTY,
    sum(CASE WHEN INOUT_TYPE = -1 THEN QTY * BOX_QTY ELSE 0 END) AS OUT_STOCK_
        QTY,
    sum(INOUT_TYPE * QTY * BOX_QTY) AS STOCK_QTY
FROM default_cluster:xtep_dw.dwd_god_stock_detail_drp t
GROUP BY
    t.SKC_CODE,
    t.SKU_CODE,
    t.STOCK_DATE,
    t.STOCK_YEAR,
    t.SOURCE_RECEIPT_TYPE,
    t.WAREHOUSE_ID,
```

```
t.WAREHOUSE_CODE,
t.ORG_ID,
t.ITEM_CODE,
t.COLOR_CODE,
t.PRODUCT_SEASON;
```

代码逻辑保存在视图中，需要按照10.3.4节介绍的方式每天3次备份表结构和视图创建语句。数据加工关键链路上的每一个视图，都有一张物理表来存储对应的数据。这里不用物化视图是因为很多加工需要多表关联计算，并且数据是批量更新的，物化视图效率低。

数据从视图中读出再写入物理表，这对Doris来说是一个较大的挑战。Doris支持快速高效查询，所以内存分配比较充裕，但是超大规模数据的加工或者过多的并发很容易占满内存导致某个BE节点崩溃，从而造成任务执行失败或者超时。经过多次尝试和优化，我们最终选择了根据业务日期来控制数据的处理量级。针对过亿数据量的汇总业务，单次仅计算一个季度的数据；针对数据量适中的业务，一次计算一个自然年度的数据；针对千万级以下的表，直接全量加工。这样，基于相同的视图逻辑，既可以完成超大规模数据的加工，又可以确保Doris夜间调度的稳定。一个复杂的全量批处理任务截图如图14-10所示。

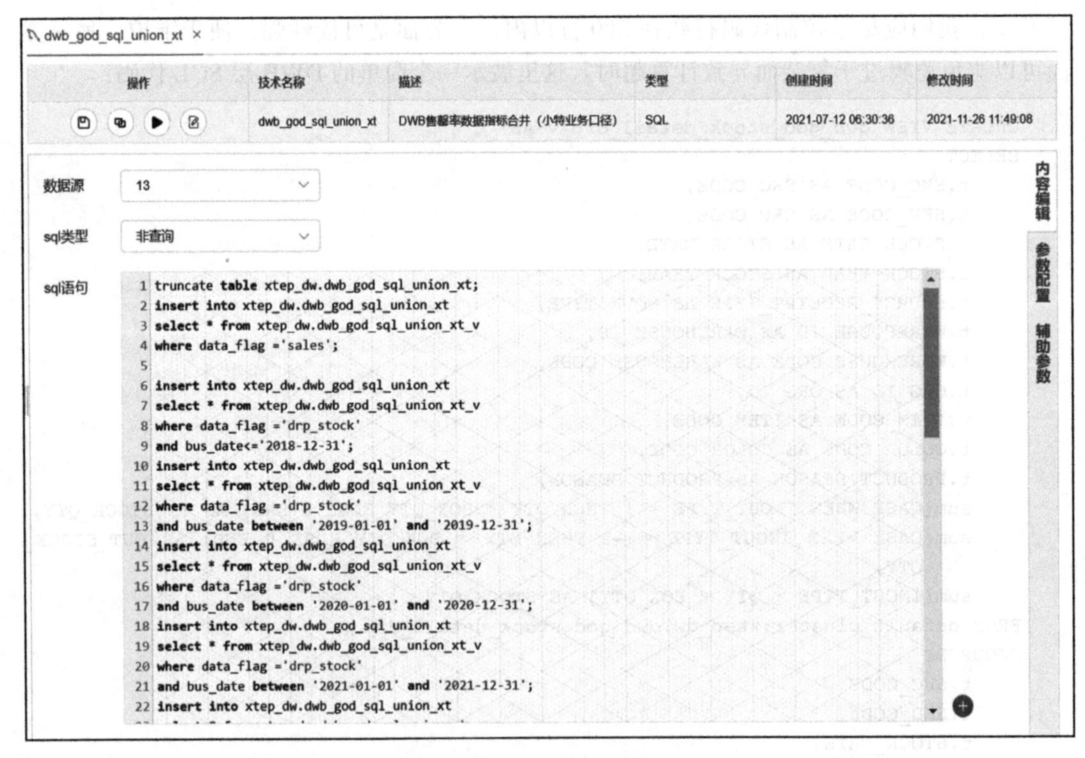

图14-10 全量批处理任务截图

根据项目要求，调度平台会自动拆解SQL语句，并在一个会话连接内逐句执行，中间有连接失败时立即报错。

针对增量数据加工任务，我们也可以采用先删除后插入的方式，继续复用视图逻辑。针对上述任务，每次只更新最近2个自然月的数据，SQL语句内容如下：

```
delete from xtep_dw.dwb_god_sql_union_xt where bus_date >={{p_lastmonth}};
insert into xtep_dw.dwb_god_sql_union_xt
select * from xtep_dw.dwb_god_sql_union_xt_v
    where bus_date >={{p_lastmonth}}
        and data_flag <>'drp_stock';
insert into xtep_dw.dwb_god_sql_union_xt
select * from xtep_dw.dwb_god_sql_union_xt_v
    where bus_date >={{p_lastmonth}}
        and data_flag ='drp_stock';
```

Doris的DELETE语句不支持表达式，只能通过任务变量{{p_lastmonth}}来植入一个常量值。通过这种方式，全量和增量任务实现了逻辑的统一，大大减少了系统维护的工作量。该方式有一个缺点，针对数据量特别大的任务，需要提前预设未来1～2年的跑批语句，看上去会比较奇怪，但是未来日期的SQL语句会快速执行，并不会影响跑批性能，因此是可以接受的。

报表数据实时统计任务和增量数据同步任务一样，从9点到24点每半小时循环刷新一次。数据刷新包含面向仓库层的数据刷新和面向报表展示的数据刷新。仓库层的数据由于不涉及展现，可以直接删除以后重新查询，典型的SQL语句如下：

```
delete from xtep_dw.dwb_ret_sale_detail where order_date ={{p_curdate}};
insert into xtep_dw.dwb_ret_sale_detail
select * from xtep_dw.dwb_ret_sale_detail_v
    where order_date ={{p_curdate}};
```

针对面向报表展示的数据刷新任务，在数据重新写入过程中可能会有页面查询，导致查到空数据，因此不能先删除再插入。这里有3种方案可选。

方案一，继续保留主键，构建Unique模型，每次跑批追加当日最新数据。该方案适合几乎不会删除数据的场景。

方案二，针对有业务数据删除或者无法构建主键模型的场景，先将当日数据写入临时表，然后快速将临时表中的数据写入当前表。数据从临时表写入当前表的过程中不涉及复杂计算，因此用户几乎无感知。

```
truncate table xtep_dm.dm_ret_shop_sale_index_temp;
insert into xtep_dm.dm_ret_shop_sale_index_temp
select * from xtep_dm.dm_ret_shop_sale_index_v
    where report_date ={{p_curdate}};
delete from xtep_dm.dm_ret_shop_sale_index
    where report_date ={{p_curdate}};
insert into xtep_dm.dm_ret_shop_sale_index
select * from xtep_dm.dm_ret_shop_sale_index_temp
    where report_date ={{p_curdate}};
```

方案三，针对计算结果是高度汇总，没有合适的Key字段做增量删除的场景，推荐使用Swap方式，如图14-11所示。

dm_rpt_ret_sales_online_kpi_xt ×

操作	技术名称	描述	类型	创建时间	修改时间
	dm_rpt_ret_sales_online...	小特线上kpi加工	SQL	2021-09-19 06:50:52	2021-10-13 21:17:41

数据源 Doris

sql类型 非查询

sql语句

```
1 truncate table xtep_dm.dm_rpt_ret_sales_online_kpi_xt_swap;
2 insert into xtep_dm.dm_rpt_ret_sales_online_kpi_xt_swap
3 select * from xtep_dm.dm_rpt_ret_sales_online_kpi_xt_v;
4 alter table xtep_dm.dm_rpt_ret_sales_online_kpi_xt replace with table dm_rpt_ret_sales_online_kpi_xt_swap;
5
```

图14-11 利用Swap方式无缝交换数据

通过以上3种方案，我们可以实现全量数据计算、增量数据更新、微批处理实时数据3种模式复用一套代码，不仅大大减少了代码维护工作量，而且满足了不同业务场景需求，确保了数据的准确性和可靠性。

14.3.5 流批融合的实时大屏

虽然T+1更新和微批处理可以满足业务分析需求，但是面对"双十一"大屏这种实时性要求更高的场景，我们必须将数据的延时降到秒级。由于"双十一"大屏主要关注当日实时销售数据，并且不需要进行复杂的指标计算，因此我们直接复用DWD层的计算逻辑，以DWD层的视图数据来加工大屏数据。因为ODS层的数据是通过Kafka写入的，直接查询DWD层的视图，相当于去掉了调度跑批，直接将查询时效提高到秒级。

以"双十一"大屏的关键指标为例，其查询语句如下：

```
select count(distinct ticket_id) as ticket_num,
       sum(quantity) as sale_qty,
       sum(sale_amount) as sale_amount,
       now() as query_time
    from xtep_dw.dwd_ret_sales_detail_drp_v t
where tot.order_date >=current_date()
```

大屏通常还会展现分组汇总数据或者排名数据，以店铺排名为例，其查询语句如下：

```
select rank()over(order by x.sale_amount) as rank_num,
       shop_code,
       shop_name,
       sale_amount,
       sale_qty,
       ticket_num,
       now() as query_time
```

```
    from (select t.shop_code,
                 t.shop_name,
                 count(distinct ticket_id) as ticket_num,
                 sum(quantity) as sale_qty,
                 sum(sale_amount) as sale_amount
          from xtep_dw.dwd_ret_sales_detail_drp_v t
          left join xtep_dw.dim_shop_info b
             on t.shop_code = b.shop_code
           where tot.order_date >=current_date()
           group by t.shop_code,
                    t.shop_name
        ) x
order by x.sale_amount desc
limit 10
```

ODS层的接口采用Unique模型，可以实现基于主键的数据去重，但是在查询时，资源会有损耗，这时我们就要让大表实现Colocate Join，尽可能降低资源消耗。以上方法只能缩短Doris查询时间，但是并不能保证前端可以无缝展示查询结果。在这里，我们引入一个操作：在前端页面发起查询请求时，直接读取Redis中的数据并返给前端，如果Redis中的数据生成时间在30秒内，则不再发起查询，如果Redis中的数据生成时间超过30秒，则请求Doris查询数据来更新Redis，这样下一次请求数据就又快又准确。

14.3.6　调度任务

有了抽取任务和数据加工任务，我们就可以把任务串联起来，组成工作流，交由定时管理器来定时启动执行。这是所有调度平台都具有的功能。启数道的调度平台基于DolphinScheduler进行二次开发，提升了调度效率，也在用户体验方面做了较多优化。

针对数据量较大的任务或者占用内存较多的任务，我们采用串行执行方式，如图14-12所示。

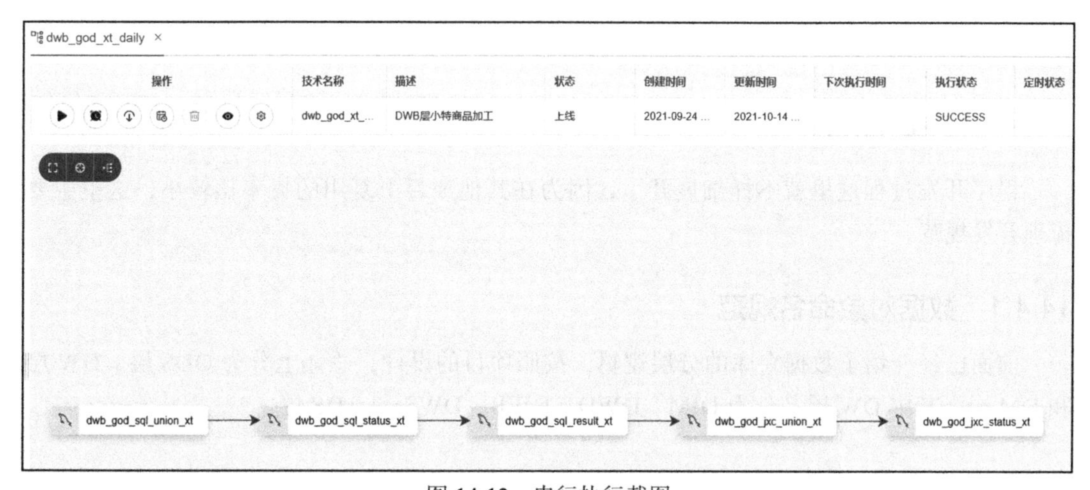

图14-12　串行执行截图

针对报表任务，处理逻辑比较简单，我们较多采用并行执行方式，提高跑批速度，如图 14-13 所示。

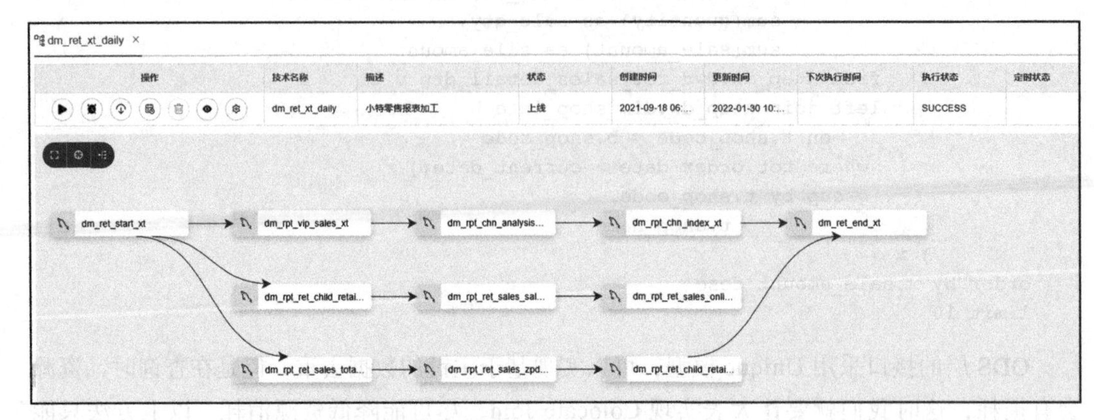

图 14-13 并行执行截图

多个子工作流串联并设置定时，如图 14-14 所示。

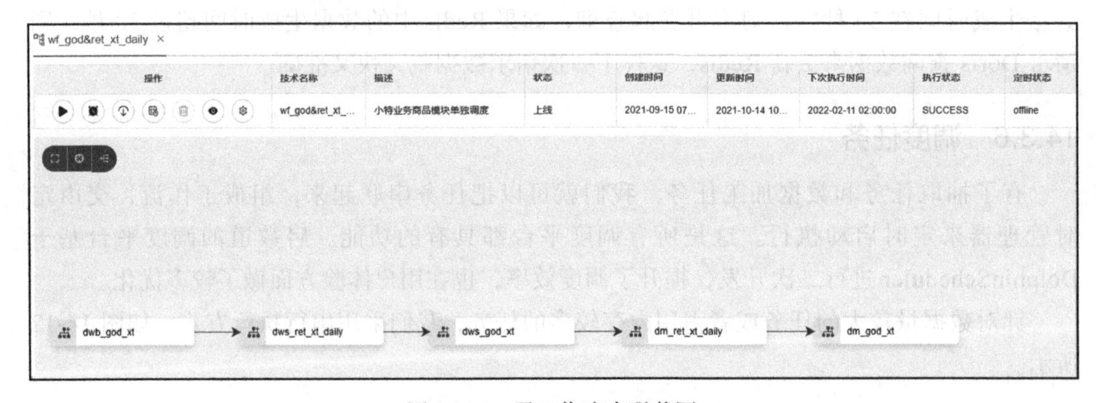

图 14-14 子工作流串联截图

14.4 开发规范

程序开发过程这里就不详细展开了，因为在其他项目上复用的概率比较小，这里主要梳理开发规范。

14.4.1 数据对象命名规范

前面已经介绍了数据仓库的分层逻辑，按照项目的设计，总体上分为 ODS 层、DW 层和 DM 层，其中 DW 层又分为 DIM、DWD、DWB、DWS 和 ADS 层。

ODS层的表以“ods_系统简称_源系统表名[_后缀]”为标准命令。后缀包括_incr、_hist、_chain 3种。不带后缀的表保存和源系统一致的数据。_incr保存一个批处理周期的增量数据；_hist保存多个时间点的快照；_chain保存拉链数据。系统简称同模式名，主要有drp、ezy、efx、epa等。

DW层的表命名前缀包括两种：以dim_开头，以dws_、dwb_和dwd_开头，具体命名如下：

- dim_表内容含义[_系统简称][_后缀]
- dwd_业务领域_表内容含义[_系统简称][_后缀]
- dwb_业务领域_表内容含义[_品牌标识][_后缀]
- dws_业务领域_表内容含义[_品牌标识][_后缀]

具体来说，特步集团内部把零售数仓划分为零售ret、会员vip、渠道chn、商品god、供应链scm五个业务领域。后缀包括_hist、_chain、_tmp、_incr。品牌标识主要有特步dt、特步儿童xt、电商ds、新品牌xpp。例如dim_shop_info表示DIM层的店铺维度表，dwd_god_stock_detail_drp表示DWD层的DRP系统库存明细表，dws_ret_sale_detail_xt表示DWS层的特步儿童品牌销售明细表。

DM层的表命名以dm_开头，要求命名标准为“dm_应用方向_业务领域_表内容含义（报表代码、汇总粒度、核心指标等）_品牌标识”。例如：dm_rpt_god_listing_xt表示特步儿童商品上市分析。

除ODS层以外，视图和表几乎是一一对应的，所有的视图命名在对应目标表名基础上增加_v结尾。当有同一个数据多次加工需求时，推荐使用with as语句来处理，若需要建多个视图，可以根据业务含义建不同名的视图。

14.4.2 建表规范

Doris建表规范具体如下。

1）replication_num指定分区的副本数，默认为3。

2）分桶数维度表选择1，业务表选择2、4、8、10等。

3）DISTRIBUTED BY取最能平均分布数据的字段，一般是VARCHAR类型。

4）引擎默认为OLAP。

5）bloom_filter_columns取类似于唯一键的字段。

6）colocate_with和DISTRIBUTED BY配合使用，可以减少桶数据广播情况发生，需要关联的头行表取相同字段作为DISTRIBUTED键，并且指定和colocate_with为同一组。

7）ODS层、DW层规定主数据为group0，流水为group1，库存为group2。

我们需要根据各张表的数据内容来确定表引擎，如表14-2所示。

表 14-2 各层表引擎选择

	Unique 表	Duplicate 表	Aggregate 表
ODS 层	优先使用	可以用	不能用
DIM 层	优先使用	可以用	不能用
DWD 层	优先使用	可以用	可以用
DWB 层	可以用	优先使用	可以用
DWS 层	可以用	优先使用	可以用
ADS 层（DM 层）	不能用	优先使用	优先使用

分区表推荐按年分区和按月分区，不推荐按日分区。分区表建表语句示例如下：

```
drop table if EXISTS test.T01_GROUP_partition;
CREATE TABLE test.T01_GROUP_partition
(
    data_date DATE,
    siteid INT DEFAULT '10',
    citycode SMALLINT,
    username VARCHAR(32)DEFAULT '',
    amout BIGINT SUM DEFAULT '0'
)
AGGREGATE KEY(data_date, siteid, citycode, username)
PARTITION BY RANGE(data_date)
(
    PARTITION p201706 VALUES LESS THAN ('2017-07-01'),
    PARTITION p201707 VALUES LESS THAN ('2017-08-01'),
    PARTITION p201708 VALUES LESS THAN ('2017-09-01')
)
DISTRIBUTED BY HASH(siteid) BUCKETS 10
PROPERTIES("replication_num" = "2");
```

14.4.3 字段命名规范

字段命名以容易理解和前后一致为最高原则。字段名由词根组成，词根选择业务英文翻译或者业务拼音首字母，一般由 2 ～ 5 个字符组成。如果字段只有两个词根，可以适当延长，例如 currency_code（币种编码）、material_code（物料编码）。对于某些简写的业务名词，没有合适的翻译也可以选择拼音首字母，例如：sql（售罄率），kxb（库销比），xhl（消化率）。

前后一致是指数据仓库层和数据集市层用到的相同含义的字段名应该保持一致，例如商品编码统一用 skc_code，店铺代码统一用 shop_code。

DW 层和 DM 层可以参考 ODS 层的字段命名，但是要保持相同含义的字段名一致。

命名字段时，注意 id 和 code 字段，name 和 desc 字段，尽量不要用 _no 字段。id 和 code 字段同时存在时优先保留 code 字段。

- 数据库生成的无意义的随机字符串或者序列，以 _id 结尾，例如 org_id。
- 有规则的编码或者编号，以 _code 结尾，例如 curreny_code。
- 有确定含义的业务命名（值是定长或者接近定长），以 _name 结尾，例如 curreny_name；
- 仅仅是解释性和描述性的业务命名（值长短不齐，可能包含中英文或者标点符号），以 _desc 结尾，例如 material_desc。

14.4.4　调度任务命名规范

一般来说，一个任务只有一个目标表，因此，任务编码必须要包含目标表，以便于理解和查找。调度任务主要分为以下 3 种。

1）实时同步任务。针对实时同步的数据，解析 MySQL 数据库日志并写入 Kafka 以后，创建 ROUTINE LOAD 任务来读取数据。ROUTINE LOAD 任务以“rtld+ 表名”命名。

2）DataX 数据同步任务。DataX 数据同步任务分为全量和增量同步任务，全量同步任务将全部数据直接写入目标表，增量同步任务将数据先写入临时表，然后通过后置 SQL 写入目标表。全量同步任务以“ sync+ 目标表名”命名，增量同步任务以“ incr_ 目标表名”命名。

3）数据加工 SQL 任务。数据加工统一由 SQL 任务组成，但是针对相同的目标表，会有不同的数据刷新周期，因此 SQL 任务以“目标表 + 数据刷新周期”命名。例如 dwb_ret_sale_detail_curday、dwb_ret_sale_detail_all 分别表示刷新 dwb_ret_sale_detail 表当日数据和刷新 dwb_ret_sale_detail 表全量数据。

在调度任务之上，按照业务模块组合成工作流。工作流以“模块名 + 执行频率”命名，例如 ods2dwd_ret_10min 表示零售模块每 10 min 刷新一次 ODS 层数据到 DWD 层。

14.5　项目交付成果

本次项目交付成果包括 PC 端报表、移动端报表、自助分析报表和实时大屏。其中 PC 端报表、移动端报表和自助分析报表都是基于观远 BI 平台开发的，实时大屏基于 E-Charts 定制化开发的。

14.5.1　PC 端报表

PC 端报表主要采用组合图的方式开发，配合少量表格。PC 端报表支持多维条件筛选，但是不支持变更展现样式。最典型的案例是线下商品概览报表，图 14-15 是该类报表的核心指标，图 14-16 是该类报表关键指标的对比分析，图 14-17 是该类报表的商品销量排名。

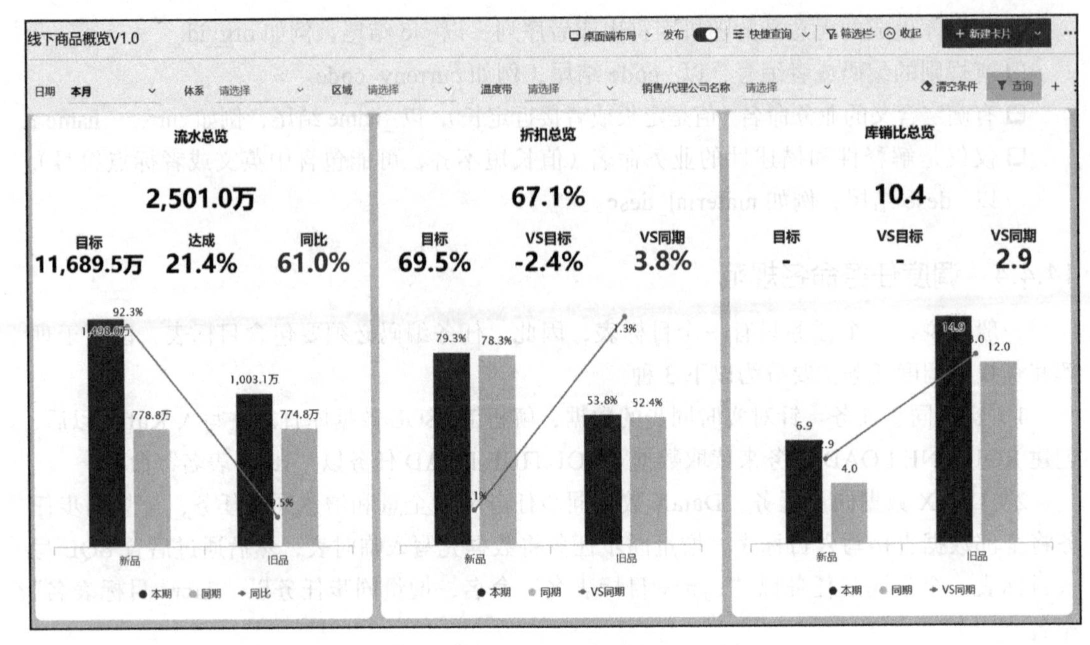

图 14-15 线下商品概览报表的核心指标

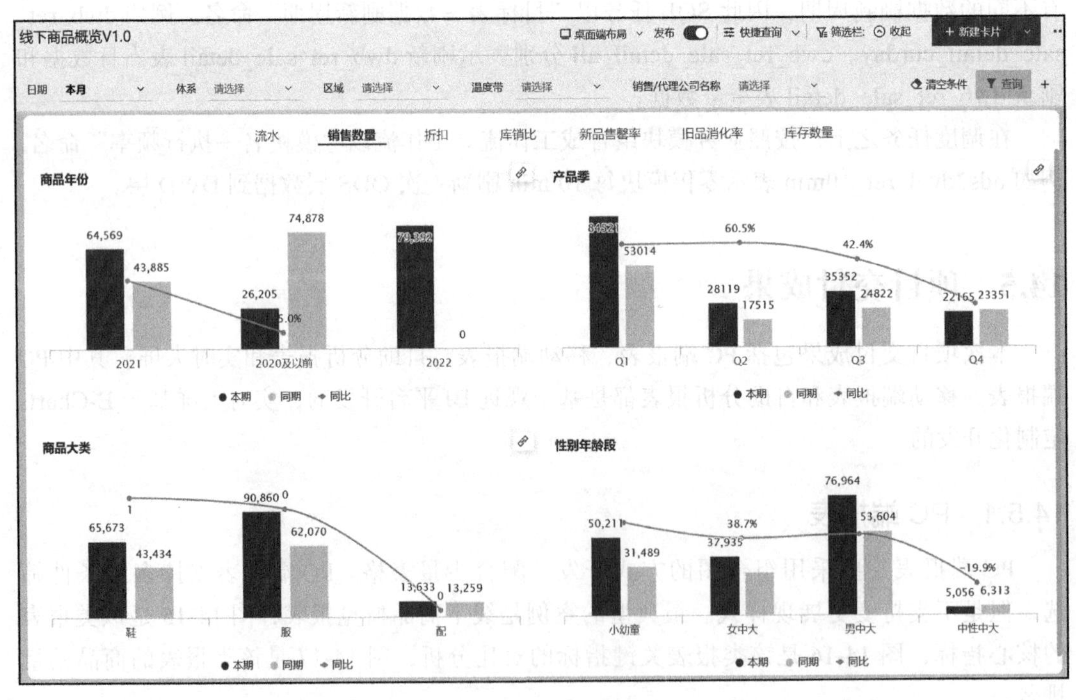

图 14-16 线下商品概览报表关键指标的对比分析

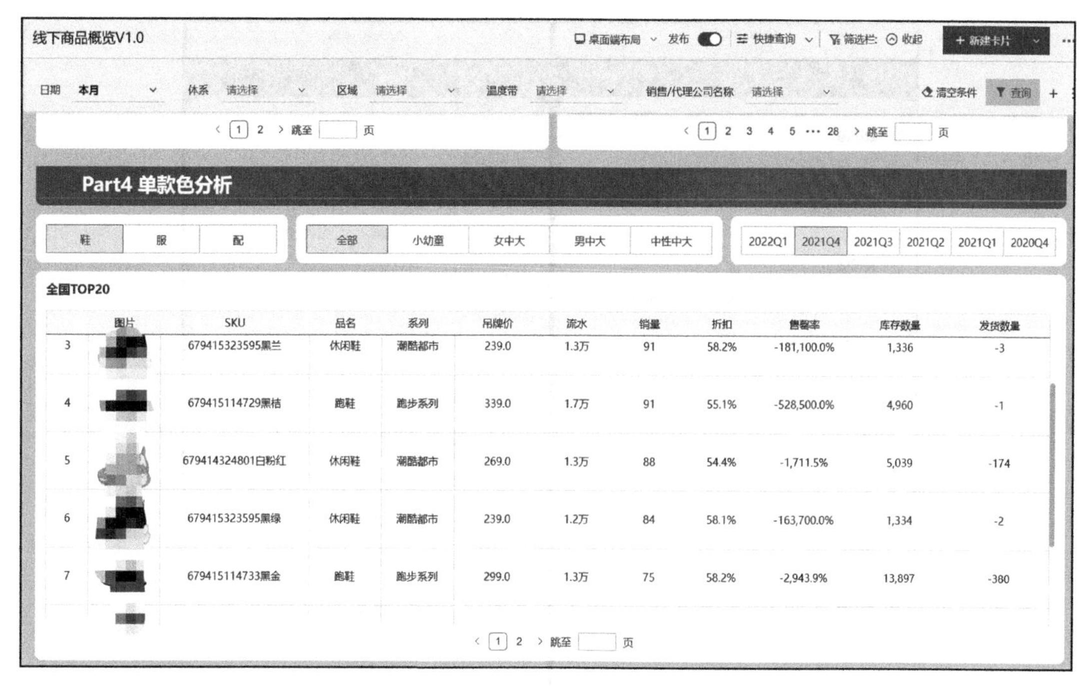

图 14-17　线下商品概览报表的商品销量排名

14.5.2　移动端报表

移动端报表组件更丰富，包含指标卡、组合图、饼图、折线图等多种展现形式，同时针对手机屏幕进行适配。移动端报表也支持多种条件组合筛选。图 14-18 是移动端报表清单截图。

移动端由于屏幕尺寸因素，页面内容被拉长。这里展示简单拼接两张报表的局部截图，组合图标展示效果如图 14-19 所示，筛选框和表格全屏效果如图 14-20 所示。

14.5.3　自助分析报表

自助分析报表是基于预定义的宽表数据集，自由组合维度指标进行分析后产出的报表。由于使用灵活，自助分析报表受到数据分析师的广泛欢迎。自助分析报表也是本次项目构建的重点，因此我们在项目初期就确定了 DWS 层的大宽表都要作为自助分析的数据源，最终建设了零售、渠道、会员、进销存和售罄率 5 个自助分析报表。其中，零售自助分析报表展现效果如图 14-21 所示，进销存自助分析报表展现效果如图 14-22 所示。

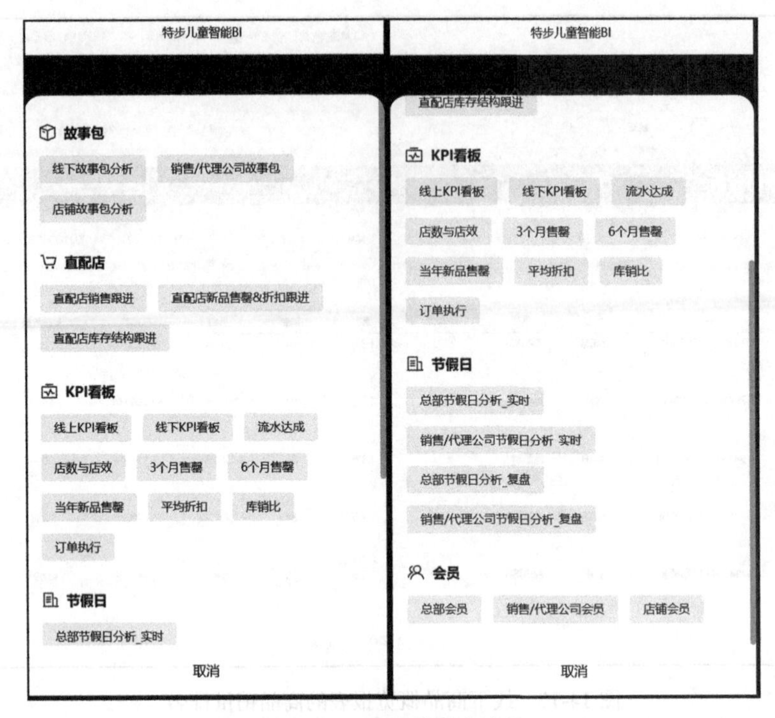

图 14-18 移动端报表清单

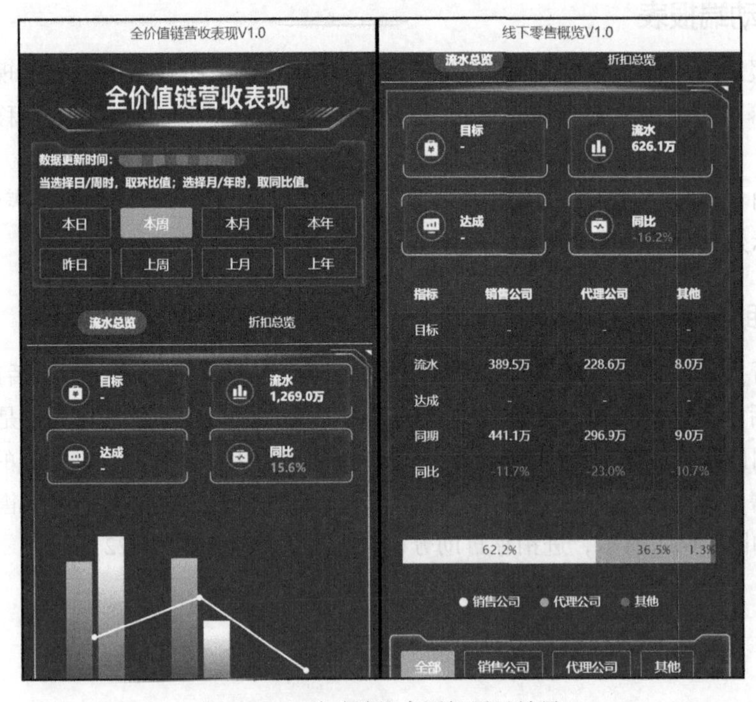

图 14-19 移动端组合图标展示效果

数据更新时间：
当选择日/周时，取环比值；选择月/年时，取同比值。

本日 本周 本月 本年
昨日 上周 上月 上年

体系	请选择	区域	请选择
温度带	请选择	销售/代理...	请选择
店铺名称	请选择	产品季	2021Q4
大类	鞋	性别年龄段	请选择
系列	请选择	故事包	请选择
品名	请选择	中类	请选择
价格段	请选择	厚薄装	请选择

新旧品	大类	性别年龄段	流水 际	同比	占比	实际
新品	鞋	小幼童	4.0万	22.2%	14.15%	45,117
		女中大	1.4万	21.3%	8.58%	23,085
		男中大	0.2万	10.7%	21.41%	53,571
		中性中大	0万		0.00%	0
		小计	5.6万	16.2%	44.14%	121,773
	配	小幼童	.7万	84.0%	0.18%	3,386
	服	小幼童	3.8万	1.4%	11.17%	42,801
	配	女中大	.8万	72.4%	0.33%	7,418
	服	女中大	0.6万	3.1%	13.96%	46,020
	配	男中大	.8万	37.6%	0.66%	15,087
	服	男中大	8.5万	8.2%	29.40%	96,553
		中性中大	1万	44.4%	0.00%	7
	配	中性中大	.4万	-62.5%	0.16%	6,294
		小计	.7万	11.4%	1.32%	32,185

图 14-20 移动端筛选框和表格全屏效果

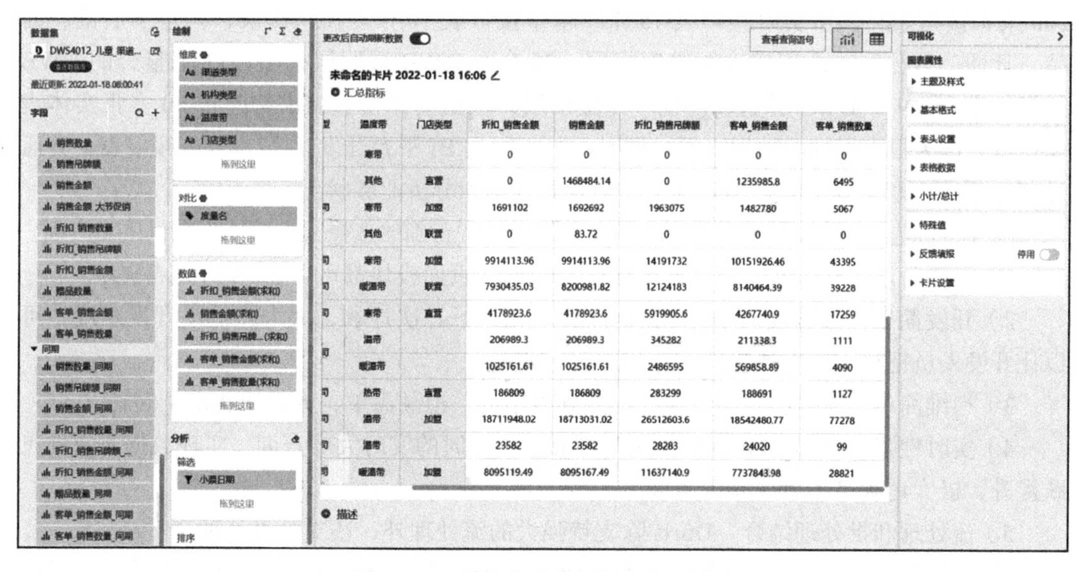

温度带	门店类型	折扣_销售金额	销售金额	折扣_销售吊牌额	客单_销售金额	客单_销售数量
寒带		0	0	0	0	0
其他	直营	0	1468484.14	0	1235985.8	6495
寒带	加盟	1691102	1692692	1963075	1482780	5067
其他	联营	0	83.72	0	0	0
寒带	加盟	9914113.96	9914113.96	14191732	10151926.46	43395
暖温带	联营	7930435.03	8200981.82	12124183	8140464.39	39228
寒带	直营	4178923.6	4178923.6	5919905.6	4267740.9	17259
温带		206989.3	206989.3	345282	211338.3	1111
暖温带		1025161.61	1025161.61	2486595	569858.89	4090
热带	直营	186809	186809	283299	188691	1127
温带	加盟	18711948.02	18713031.02	26512603.6	18542480.77	77278
温带		23582	23582	28283	24020	99
暖温带	加盟	8095119.49	8095167.49	11637140.9	7737843.98	28821

图 14-21 零售自助分析报表展现效果

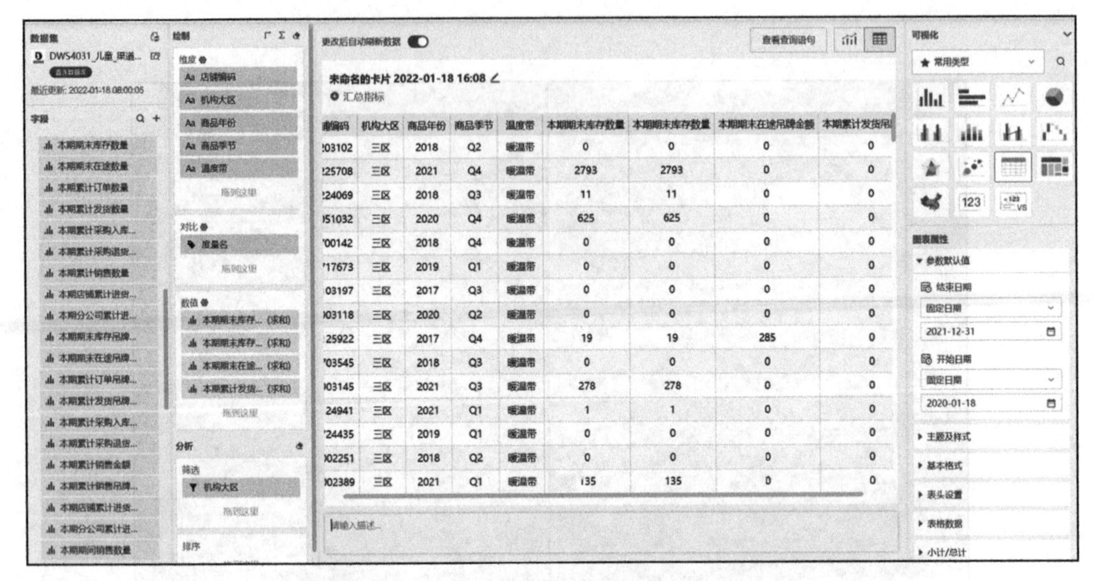

图 14-22 进销存自助分析报表展现效果

14.6 项目总结

特步儿童 BI 项目自 2021 年 4 月份启动，经过 1 个月的需求设计、3 个月的开发、2 个月的测试，于 9 月底上线。

数据仓库 ODS 层主要对接 DRP 系统、E3 系统、SAP 系统和业务补录数据，共接入 200 余张接口表，其中实时接口表 15 张、增量接口表 10 张。在仓库层，构建了店铺、商品、日期、分公司、仓库等 6 个维度模型，20 余个 DWD 层明层模型，11 个整合的 DWB 层指标模型，9 个 DWS 层宽表模型。在集市层，根据具体报表需求构建了 30 多张实体表和视图，作为报表查询的数据来源。同时，基于观远 BI 平台开发了 27 张 PC 端报表，并通过 App 适配到移动端，方便用户随时随地查看数据和分析业务状况。

本次项目选择 Doris 作为数据仓库平台是一个非常正确的选择，主要体现在以下几方面。

1）查询高效。基本上不需要太多优化，90% 的页面模块都可以在 3s 内完成刷新。

2）开发简单。数据接入 Doris 数据库后不用进行二次迁移，大大降低了开发难度，可以让开发人员把精力集中在模型设计和优化上。

3）运维简单。数据都是通过视图加载到表中的，追溯简单，方便快速定位问题。

4）实时性强。通过 30 min 的微批处理和秒级延时的实时大屏查询，实现数据时效性飞跃提升，极大地满足了数据分析需求。

5）流处理和批处理结合。Doris 除支持强大的流处理外，还支持批处理。

项目建设也不是一帆风顺的，我们在数据仓库设计、任务调度和秒级查询等方面都踩了不少坑。后期，我们计划将集群节点进行拆分，将 Kafka 数据加载、任务跑批和报表查询分开，减少资源的抢占，让系统可以更加稳定地运行。